AUS DER LETZTEN GROSSEN ZEIT DER SEGELSCHIFFAHRT

Johann Friedrich Fokken, Kapitän und Konsul in Mexiko
geb. 9. Januar 1846 in Westeraccumersiel
gest. 10. Oktober 1910 in Esens

JOHANN FOKKEN

AUS DER LETZTEN GROSSEN ZEIT DER SEGELSCHIFFAHRT

EIN OSTFRIESISCHER KAPITÄN AUF BREMER UND HAMBURGER SEGELSCHIFFEN ERZÄHLT

HERAUSGEGEBEN VON
KARL-HEINZ WIECHERS

VERLAG H. M. HAUSCHILD GMBH · BREMEN

Layout: Ernst August Echtermann · Bremen
Schutzumschlag: Gernot Braatz · Bremen
Gesamtherstellung: H. M. Hauschild GmbH · Bremen

ISBN: 3-926 598-04-2

FRAU EVA REINSHAGEN,
DER ENKELIN
DES KAPITÄNS UND KONSULS FOKKEN,
GEWIDMET

a *Focksegel*
b *Vormarssegel*
c *Vorbramsegel*
d *Vor-Reuelsegel*
e *Unterleesegel*
f *Voroberleesegel*
g *Vorbramleesegel*
h *Großsegel*
i *Großmarssegel*
k *Großbramsegel*

l *Groß-Reuelsegel*
m *Großmarsleesegel*
n *Großbramleesegel*
o *Kreuzmarssegel*
p *Kreuzbramsegel*
q *Kreuz-Reuelsegel*
w *Großstengenstagsegel*
x *Großmarsstagsegel*
y *Großbramstagsegel*
z *Groß-Reuelstagsegel*

aa *Kreuzstengenstagsegel*
ab *Flieger*
ad *Besan*

r *Blinde*
s *Bovenblinde*
t *Außenklüver*
u *Klüver*
v *Vorstengenstagsegel*

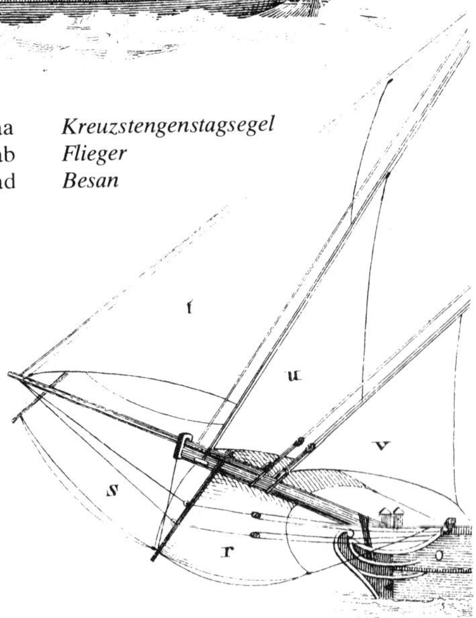

Inhalt

Kuff WILHELMINE *von Westeraccumersiel*
Kapitän Ulfert Hayungs Wilken
Aquarell, Wm. Schmidt, 1885

Vorwort

Die vorliegende Lebensbeschreibung des Kapitäns Fokken zeichnet ein faszinierendes Bild der letzten großen Zeit der Segelschiffahrt. Deshalb reizte es den Herausgeber, dieses schöne Dokument mit reichen Anmerkungen zu versehen, durch Bilder zu weiterer Veranschaulichung zu bringen und es zu veröffentlichen.
Um einer besseren Lesbarkeit willen hat der Herausgeber den in schöner, gefälliger Handschrift angefertigten Bericht syntaktisch und grammatisch korrigiert sowie interpunktiert und gleichzeitig um etwa den siebten Teil gekürzt. Dabei ist er so behutsam wie möglich verfahren und hat im wesentlichen Ausführungen zum geschäftlichen Teil weggelassen.
Ganz herzlich zu danken habe ich den Familien Erich Reinshagen in Herford und Wolfgang Reeder in Ennigerloh, die mir das Originalmanuskript und weitere Dokumente zur Verfügung gestellt und auch sonst zur Veröffentlichung wesentlich beigetragen haben.
Weiter danke ich Herrn Gert Schlechtriem vom Deutschen Schiffahrtsmuseum Bremerhaven, dem Schiffahrtsmuseum Brake, Herrn Bernhard Havighorst in Bremen und nicht zuletzt Herrn Ernst August Echtermann vom Verlag H. M. Hauschild GmbH in Bremen für die Ausgestaltung dieses Bandes.

Karl-Heinz Wiechers

Hamburg, im Sommer 1988

Einführung

Zweifellos wird die zweite Hälfte des 19. Jahrhunderts als die Zeit des großen Umbruchs in die Seefahrtsgeschichte eingehen. Die Segelschiffahrt erlebte einerseits mit den imposantesten Seglern ihre höchste Blüte und wurde anderseits doch allmählich, aber mit fast unerbittlicher Härte von den Dampfern verdrängt.
In dem vorliegenden Buch berichtet ein Zeuge dieser Zeit mit wachen Sinnen von den Vorgängen auf See in jener so geschichtsträchtigen Epoche. Er wächst in einem Sielhafenort der ostfriesischen Küste in einer Seefahrerfamilie auf, arbeitet sich mit unvorstellbarer Zähigkeit hinauf bis zum Kapitän großer Segelschiffe und wird schließlich Kaiserlicher Deutscher Konsul in Tabasco (Campeche in Mexiko).
Nicht nur die packenden Darstellungen unzähliger Erlebnisse auf See als Schiffsjunge, Steuermann und Kapitän in fast allen Gegenden der Welt fangen das Ambiente jener Zeit der großen Segler ein, sondern auch seine klaren Vorstellungen in kaufmännischer Hinsicht.
In einem wesentlichen Teil des Buches geht es um den Import von Edelhölzern aus Mexiko, aus Laguna de Terminos in der Karibik. Mir ist keine Darstellung bekannt, in der der Leser eine so klare Vorstellung aller Einzelheiten dieses so wesentlichen Wirtschaftszweiges gewinnen kann.

Bremen und Hamburg spielen im Hinblick auf den Holzimport in dieser Chronik die dominierende Rolle. Dabei wird auch die Geschichte der Reederei Seetzen wieder lebendig, die einst ihren Sitz in Bremen hatte, ihn dann nach Hamburg verlegte und später nach Bremen zurückkehrte.
Die großen Passagierdampfer, die Hamburg und Bremerhaven erstmals in Wochenfrist mit New York verbanden, mit ihren völlig neuen Reisebequemlichkeiten und dem Flair der großen Welt bilden den Kontrapunkt zu jenen teils abenteuerlichen Fahrten auf den Windjammern. Aber hier wie dort gelten sportlicher Ehrgeiz, man will gefordert sein, will zeigen, was man kann: Stolz erfüllt den Kapitän, wenn er mit seinem Segelschiff in möglichst kurzer Zeit seinen Bestimmungshafen erreicht oder auf See anderen Schiffen davonläuft. Und bei den großen Dampfern geht es schließlich um das Blaue Band.
Die Zusammenschau aller Einzelheiten — das Kolorit der Welt der Segelschiffe, der eiserne Wille, im Leben etwas zu leisten, das stetige Bemühen um guten Gewinn, die Sorge um das Wohlergehen der Familie, zäher Seefahrergeist, die Freude an der Schönheit fremder Länder, die Bekanntschaft mit fremden Menschen —, dies alles macht den Reiz dieser Beschreibung eines reichen Lebens aus, die jene Zeit der zu Ende gehenden Segelschiffahrt neu vor uns erstehen läßt.

Eine der letzten Kuffen im Hafen von Westeraccumersiel. Aufnahme um 1900

1. Meine Jugend an Ostfrieslands Küste

Zu Westeraccumersiel[1] an der Nordseeküste, der Insel Langeoog gegenüber, erblickte ich am 9. Januar 1846 als dritter Sohn meiner Eltern[2] das Licht der Welt. Mein Vater war „Schiffer auf kleiner Fahrt"[3], und meine beiden Brüder Diedrich[4] und Hinrich[5] waren, kaum 14 Jahre alt, ebenfalls zur See gegangen, zwei Jahre auf die kleine und dann auf die große Fahrt.

Meine Eltern hatten anfangs den Kaufmannsberuf für mich bestimmt, konnten aber, mit der Zeit finanziell sehr zurückgekommen, für meine Ausbildung nichts tun, so daß ich wie meine Brüder Seemann wurde.

Schon in recht jugendlichem Alter zeigte ich große Lust für die Schiffahrt. Es gab für mich kein höheres Vergnügen als Bootsegeln und Rudern. Das Wasser war mein Element; ich zählte wohl auch zu den besten Schwimmern des Ortes. Als ich etwa zwölf Jahre alt war, traf es sich, daß das Zollaufseherboot während der Rekognoszierungsfahrt[6] nach der Insel Langeoog auf der Rückreise wegen zu starken Südwindes in der Nähe des Außentiefes ankern mußte und von den Insassen verlassen wurde. Da erbot ich mich, das zweimastige Segelboot hereinzuholen, und es wurde trotz des starken Südwindes anscheinend ohne Bedenken von den Beamten erlaubt. Sehr bald hatte ich zwei Kameraden gefunden, die das Vergnügen gern mit mir teilten.

Während der Ebbezeit wanderten wir drei — es war an einem Sonnabendnachmittag — über den Heller[7] und erreichten das Boot eben vor Beginn der Flut; es lag noch trocken. Sofort gingen wir an die Arbeit, die Segel zu setzen und gleich zu reffen, weil der Wind für die vollen Segel noch zu stark war. Dann warteten wir etwa eineinhalb

Alter Hafen von Westeraccumersiel, einstiger Segelschiffshafen, von dem aus Johann Fokken seine ersten Reisen unternahm. Durch die Vorverlegung des Deiches besteht dieser Hafen seit 1965 nicht mehr.

Stunden, bis das Wasser genügend gestiegen war, um das Tief aufkreuzen zu können. Als wir unter Segel gingen, wurden wir von der Besatzung der beiden Kuffschiffe WILHELMINE[8], Kapitän Wilken, und PAULINE[9], Kapitän Pauls, die in der Balje[10] vor Anker lagen, beobachtet. Stolz segelten wir an den Schiffen vorbei, das Sprietwasser flog über unsere Köpfe weg in die Segel. Man grüßte uns, und wir schwenkten zum Gegengruß unsere Mützen. In der Mündung des Tiefs angelangt, begannen wir das Kreuzen gegen den Wind, und ich war der „Schipper". Nach zwei Stunden harter Arbeit erreichten wir alle halbdurchnäßt den Accumersieler Hafen und erhielten als Belohnung einen Reichstaler. Seitdem wurden wir von den Schiffern „die verwegenen Jungs" genannt. Ich hatte übrigens gar keine große Waghalsigkeit darin gefunden, das Boot einzuholen. Das Wasser war eben mein Element.

Im Sommer, wenn es mit der Tide[11] paßte, badeten wir zwei- bis dreimal täglich, waren unermüdlich im Schwimmen; und im Winter spielte das Schlittschuhlaufen für uns eine große Rolle. Aber noch größer war das Vergnügen, wenn wir bei Tauwetter auf den Eisschollen im Tief umherschiffern konnten[12].

Der Schulunterricht währte des Vormittags von 9 bis 12 und des Nachmittags von 1 bis 4 Uhr. Vormittags wurden wir im Deutschen und des Nachmittags im Holländischen[13] unterrichtet. Anfang und Ende der Schulzeit wurden durch ein kräftiges Glockengeläute verkündet. Die Glocke hing in einem Galgen auf dem Dache der kleinen Dorfschule und wurde mit Hilfe eines Taues unten im Hause in Bewegung gesetzt.

Unser Lehrer Gossel, ein kleiner Mann, aber ein Tollkopf, bediente sich zum Prügeln eines Taues und eines Rohrstockes. Mit dem Tau wurden wir Jungs und mit dem Stock die Mädchen bedacht. Dabei strengte sich der kleine Mann zuweilen so sehr an, daß sein Kopf blutrot wurde. Gossel war jedoch im Grunde kein schlechter Lehrer, er unterrichtete gewissenhaft. Später habe ich mir oft gesagt, daß ich, obwohl ich kaum dreizehnjährig schon die Schule verlassen mußte, doch etwas mehr hätte lernen können. Was ich lernte, lernte ich aus eigenem Antrieb; väterlicher Ansporn fehlte gänzlich, weil der Vater stets abwesend war. Die gute Mutter quälte sich wohl oft mit anderen Sorgen, weil sie, die aus guten Verhältnissen stammte, für den Lebensunterhalt der Familie schon damals fast ohne die notwendigen Mittel war und von der Hand in den Mund leben mußte. Dies war der alleinige Grund, daß ich mit kaum dreizehn Jahren die Schule verließ.

Grabstein der Familie Fokken aus der ersten Hälfte des 18. Jahrhunderts auf dem Kirchhof von Westeraccum. Dieser Gedenkstein steht heute unter Denkmalschutz.

2. Auf kleiner Fahrt

Im Februar 1859 trat ich meinen Dienst bei Schiffer Tjark Hinrichs auf dem einmastigen Küstenfahrzeug CATHARINE[14] an. Die Besatzung bestand aus dem Schiffer Hinrichs, seiner Frau und mir. Die Frau zählte schon deshalb mit zu der Besatzung, weil sie während der Segelmanöver das Ruder hielt und ansonsten das Essen besorgte.
Unsere Reisen beschränkten sich auf Routen zwischen der Ems und dem Jadebusen. Im April wurden wir auf der Spiekerooger Reede eines Abends von einem heftigen Sturmwind aus Nordwesten überrascht. Wir hatten zufällig Besuch von Besatzungsangehörigen eines in unserer Nähe ankernden Spiekerooger Kuffschiffes. Der Wind fing so heftig zu wehen an, daß wir sofort den zweiten Anker fallen lassen mußten. Die ganze Kettenlänge wurde ausgestreckt, und kaum konnten die beiden Anker das kleine Fahrzeug halten. Die Wellen schlugen kreuz und quer über das Deck. Die Boote wurden an Bord gehievt; es war nicht daran zu denken, daß unser Besuch mit seinem Boote abfahren konnte. Trotz großer Sorge um ihr Schiff, auf dem sich allein der Koch befand, mußten der Steuermann und der Matrose bei uns bleiben; ihr Kapitän war bei seiner Familie an Land. In der Dunkelheit sahen wir noch, daß die Kuff forttrieb. Später hatte es der Koch allein fertiggebracht, den zweiten Anker fallen zu lassen und beiden Ankern so viel Kette zu geben, daß sie Halt bekamen.
Das erfuhren wir jedoch erst am folgenden Tag. Es war eine Nacht voll banger Sorgen. Auch unser kleines Schiff hatte schwer zu leiden, der Bug setzte sich oft vollständig unter Wasser. Für mich war dies der erste Kampf mit den tobenden Elementen. Etwas, einige Kabellängen weit, waren auch wir von unserem ursprünglichen Ankerplatz weggetrieben, einige andere Fahrzeuge recht weit fort, wieder andere hatten schweren Schiffbruch erlitten, und ihre Besatzungsangehörigen hatten das Leben eingebüßt. Zu diesen gehörte auch mein unglücklicher Vater, der am Tag davor die Elbe verlassen hatte, mit einer Ladung Stückgüter nach Amsterdam bestimmt, und verschollen blieb.
Das war ein harter Schicksalsschlag für unsere gute Mutter. Als ich nach diesem Sturm zum ersten Male wieder nach Hause kam, empfing mich Mutter mit den Worten: „Du kommst Gott sei Dank wieder, dein Vater leider nicht." Voll und ganz empfand ich schon damals den großen Verlust. Bitterlich weinend, warf ich mich auf die Knie vor einem Stuhle nieder; die Mutter und die beiden Schwestern im Alter von zehn und sieben Jahren standen neben mir, und wir weinten uns aus.
Im Laufe des Sommers mußte ich wegen heftigen Nervenfiebers vier Monate lang meinen Dienst aufgeben und zu Hause bleiben. Nach meiner Genesung brachte die Mutter mich zu Fuß nach Neßmersiel, wo „mein" Schiff angekommen war, um daselbst eine Ladung Getreide einzunehmen.
Im Oktober wurde die CATHARINE in Neßmersiel in den Winterschlaf gelegt, und von dort wanderte ich mit meinem Bündel Zeug über den Rücken auf dem Deich entlang nach Hause. Acht Tage später kam auch mein Bruder Hinrich, der den Sommer über mit Kapitän H. Betten auf der Kuff JUNO[15] gefahren war, nach Hause, reiste aber bald nach Brake ab, um von nun an auf große Fahrt zu gehen.
Während des Winters besuchte ich auf Dornumersiel bei Lehrer Schuster[16] die Privat-Abendschule. Wir hatten zwei Stunden Unterricht im Rechnen. Im März 1860 trat ich als Koch mit einer Heuer von fünf Gulden monatlich auf der Hecktjalk PAULINE[17] unter Kapitän Pauls von Westeraccumersiel meine erste Reise nach Grimstad in

Norwegen an. Die PAULINE, ein zweimastiges Fahrzeug, hatte eine Besatzung von vier Mann. Der Steuermann Conrad Döring und auch der Matrose waren von Langeoog.
Nun wurde die Sache für mich schon interessanter, das Schiff hatte mehr Segel, ja, sogar eine Brefockrahe[18], und es machte mir ein großes Vergnügen, als wir unter vollen Segeln bei gutem Wetter und günstigem Südwestwind zwischen Langeoog und Baltrum nach See fuhren. Es währte aber nicht lange, da stellte sich die Seekrankheit bei mir ein, und an dieser widerlichen Krankheit hatte ich während der ersten Reise sehr zu leiden.
Ich war beim Steuermann auf Wache, der Matrose beim Kapitän. Bei gutem Wetter löste ich den Steuermann zuweilen am Ruder ab, der Matrose mußte aber des Nachts vier Stunden am Ruder aushalten. Der Schiffer (Kapitän) löste den Matrosen nur eben ab, wenn etwas bei den Segeln zu tun war. In meiner Eigenschaft als Koch war ich nur die zweite Person, der Schiffer besorgte die Zubereitung. Ich war anfangs nur Handlanger, mußte Kartoffeln schälen und abwaschen.
In Grimstad[19] gab es viel Interessantes für mich zu sehen, mehrere große Schiffe lagen dort im Hafen, um Holz zu laden. Die Stadt liegt hübsch am Bergeshang bis hinunter zum Wasser. Mit dem Schiffer mußte ich verschiedene Male an Land. Die norwegische Sprache klang mir anfangs recht eigenartig. Beladen mit Holz fuhren wir nach Westeraccumersiel zurück. Die Heimreise war etwas stürmisch, sie währte sieben Tage.
Die zweite Reise führte nach Middlesbrough[20] (England). Tiefbeladen mit Kohlen, fuhren wir nach Varel. Die Wellen schlugen vorne und mittschiffs fast ständig übers Deck. Am stärksten blieb mir von dieser Reise in Erinnerung, daß ich eines Vormittags Salz ins Salzfaß tun sollte und den Sack vorne im Roof[21] (Logis) im Wasser liegend fand. Durch das ständige Schlingern des Schiffes war der kleine Sack vom Nagel heruntergefallen, das Salz somit ganz durchnäßt und größtenteils geschmolzen. Als ich dem Schiffer dies zeigte, nahm er mir den Sack aus den Händen und schlug ihn mir um die Ohren, während er mich anschrie: „Dunnerslag, worum hest du dor nich för uppaßt!"
Fluchen konnten die Seeleute damals schrecklich, ebenso Tabakkauen. Je doller gesegelt wurde, desto fester kauten sie den Tabak, vor allem der Schiffer. Wenn wir binnen segelten und er etwas aufgeregt war, dann trank er auch gern einen Schnaps. Die Kost an Bord war kräftig und gut.
So wechselten unsere Reisen nach Norwegen mit denen nach England ab. Während der Makrelenfangzeit hatten wir des Abends mitunter das ganze Achterdeck voller Makrelen liegen. An jeder Seite war eine Angel mit einem weißen Logger daran nach hinten ausgeschlagen. Kurz nach Sonnenuntergang konnten wir mitunter nicht schnell genug einziehen. Sobald die Angel zu Wasser kam, saß wieder eine Makrele dran. „Hest al weer een, Jung?" rief der Schiffer dann. Das war ein Vergnügen! Die Fische, die wir nicht verzehren konnten, wurden geräuchert oder gesalzen. Ein herrlicher Fisch! Schellfisch erhielten wir auf See oft von den englischen Fischerbooten im Tausch gegen Tabak und Spirituosen, die eigens dazu mitgenommen wurden.

3. Zum erstenmal auf großer Fahrt

Unsere letzte Reise mit einer Ladung Holz von Kragerö endete im Oktober in Brake an der Weser[22]. Hier verheuerte ich mich mit Hilfe meines Schiffers Pauls bei Kapitän J. H. de Vries auf dem Schoner NICOLAUS[23] als Kajütjunge gegen fünf Taler monatlich. Die NICOLAUS war erst vom Stapel gelaufen (man war noch beim Auftakeln) und hatte ihren Namen nach dem Reeder Nicolai erhalten. Daß ich auf diesem Schiffe so viel Trauriges erleben sollte, wie wir später lesen werden, davon hatte ich damals nicht die geringste Ahnung.

Bis zum Dienstantritt hatte ich noch etwa drei Wochen Zeit. Ich fuhr somit zuerst noch mit der PAULINE nach Hause übers Watt, d. h. zwischen den Inseln und dem Festland hindurch. Da Brake Freihafen war, wurden verschiedene Kolonialwaren gekauft und zwischen falschen Schotten in der Kajüte sorgfältig versteckt. Als wir in Westeraccumersiel angekommen waren, kamen die Zöllner an Bord und stöberten das ganze Schiff durch, ohne etwas zu finden. Das war eine Freude, als die Aufseher wieder vom Schiff waren! Nun wurde die PAULINE in Winterlage gelegt, Segel und das laufende Tauwerk wurden im Schiffsraum verstaut. Was diese Kleinschiffer während des Sommers verdienten, wurde im Winter zum großen Teil von der Familie verzehrt. Charakteristisch für die müßigen jungen Seeleute auf den Sielen war, daß sie gewöhnlich mit den Bauernsöhnen im Streit lagen, so daß es oft zu heftigen Schlägereien kam.

Kümmerlich ausgerüstet, reiste ich nach Brake ab; meine Mutter brachte mich nach Esens. Bei Gastwirt Rodenbäck, wo wir liebevoll bewirtet wurden, stieg ich wehmutsvoll, mit Tränen in den Augen, in den Omnibus. Rodenbäcks Gasthof war das Absteigequartier aller Seeleute, die hier durchreisten. Der gute Mann zeigte großes Interesse für die Schiffahrt; so hatte er nichts dagegen, daß sein ältester Sohn, Hero Tannen, auch Seemann werden wollte. Über Varel schaukelten wir nach Brake, bald mit dem Omnibus, bald per Postwagen. Eisenbahnen gab es hier damals noch nicht.

Am Gasthof Kegeler in Brake mußte ich aussteigen, abends neun Uhr war es. Hier herrschte ein tolles Leben, die Gaststube war voller Seeleute. Es wurde viel Grog getrunken, und von meinen Schiffskollegen, die hier vollzählig vertreten waren, wurde ich freudig begrüßt.

Die Seeleute waren damals viel lustiger und ausgelassener als heute. Es lag zu der Zeit viel mehr Poesie in der Segelschiffahrt. Die ungeliebten Dampfer kamen damals erst auf. Segelschiffe, aus den fernen Weltteilen ankommend, brachten die neuesten Nachrichten mit. So wurden die Seeleute in jener Zeit wegen ihres Berufes überall bewundert, wohingegen heute die weitesten überseeischen Reisen als alltäglich betrachtet werden. Telegraphenkabel und Schnelldampfer haben zusammen mit Eisenbahnen zugunsten des Weltverkehrs einen großen Umschwung gebracht.

Der folgende Vormittag gehörte der Anmusterung. Die ganze Besatzung der NICOLAUS bestand aus acht Mann. Die Größe des Schiffes betrug 350 Tons Schwergut. Es wurde Sandballast eingenommen, die Segel wurden untergebunden, und der Proviant für die Reise wurde an Bord gebracht. Schauerleute besorgten diese Arbeit. Die Reise sollte nach Cardiff[24] und weiter gehen. Die NICOLAUS lag auf dem Strom verankert, einen Hafen hatte Brake noch nicht. Am Abend vor unserer Abfahrt war der Steuermann noch mit den Matrosen an Land gegangen, um sich bei Hotes noch Tabak und Branntwein zu kaufen. Bei dieser Gelegenheit hatten sie aus Übermut dem Hotes einige

Sachen aus dem Laden gestohlen, worüber sie sich an Bord lustig machten; als Diebstahl betrachteten sie das nicht. Jeder hatte ein kleines Fäßchen Branntwein in der Koje. Der junge Steuermann, eines Lotsen Sohn aus Brake, trank gemeinschaftlich mit den Matrosen.

Mit frischem Südwind verließen wir die Weser, die NICOLAUS erwies sich als ein guter Segler. Trotz stürmischer Gegenwinde erreichten wir nach zehn Tagen Cardiff. Mit einer Ladung Steinkohlen fuhren wir von hier nach Trinidad de Cuba[25]. Vor dem Englischen Kanal, auf den Gründen, warf der Steuermann zwei Springer[26], von den Seeleuten Schweinsfische genannt, weil der aufgeschnittene Fisch mit seinen Rippen, Nieren und der Leber dem Schwein ähnlich sieht. Das Fleisch ist dunkel und schmeckt, als Beefsteak gebraten, vor allem auf See gut, wo man sich an einem frischen Bissen gern erfreut.

Von guten Winden begünstigt, erreichten wir bald den Passat, schon bei Madeira[27] wurden Leesegel beigesetzt, Unter-, Ober- und Bramleesegel[28] an beiden Seiten. Wie interessant mir das war! Und dazu das schöne warme Wetter im Januar! Jetzt gab es viel in den Masten zu klettern, die Leesegel erforderten viel Arbeit. Mit dem Rad zu steuern war für mich auch neu; auf der PAULINE hatten wir mit der Ruderpinne gesteuert. Wie schön war abends das Meeresleuchten!

Im Nordostpassat war der Himmel oft wolkenleer und mit unzähligen Sternen übersät. Wie schön waren die Nächte! In dunklen Nächten wurde mittschiffs eine weiße Laterne an der Luvseite[29] ausgehängt. Nach ihr flogen die Fliegenden Fische auf Deck. Sie wurden später zum Frühstück gebraten. Ein zarter Fisch! Auch einen Springer warfen wir noch einmal, aber beim Aufhissen riß die Harpune heraus, und so entkam er uns.

Die Reise nach Trinidad währte 44 Tage. Hier war es sehr warm und das Kohlenlöschen eine schwere und schmutzige Arbeit für die Mannschaft. Unser Sonntagsvergnügen bestand darin, Korallen und Muscheln zu suchen. In die Stadt kam ich nicht, sie lag landeinwärts, weit von unserem Ankerplatz entfernt. Hier sah ich zum ersten Male die großen, starken Neger mit den schneeweißen Zähnen. Nachdem die Kohlen gelöscht waren, wurde Zucker in Fässern geladen, womit wir nach London fahren sollten. — Das Verhältnis zwischen dem Kapitän und dem Steuermann war nicht gut, die beiden hatten oft heftigen Wortwechsel, wohl als Folge des Alkoholtrinkens.

Von London segelten wir in Ballast nach Aguadilla, einer Stadt an der Nordseite von Puerto Rico, in 31 Tagen. Der Ankerplatz lag dicht am offenen See-Sandstrande, war während der Sommermonate jedoch ungefährlich. Da ich geschickt im Bootrudern und Segeln war, mußte ich hier wie während der vorigen Reise in Trinidad stets mit dem Kapitän fahren, bald segelnd, bald rudernd. Ich war ständiger Bootsgast. So wurde ich denn auch bei einigen Familien bekannt.

Eine kinderlose deutsche Familie, sehr gut situiert, hat Kapitän de Vries wiederholt gebeten, er möge mich dort lassen, sie wollte mich an Kindes Statt annehmen. Der Kapitän meinte jedoch, er dürfe das nicht tun. Sonst wäre ich dort wohl geblieben, mir gefielen die Leute und auch das Klima auf dieser Insel.

Wir luden Tabak in Ballen und fuhren damit nach Brake. Die Heimreise war teilweise recht stürmisch, da aber das Schiff leicht beladen war, machten wir eine rasche Reise. In Brake wurden wir gleich alle entlassen.

Nach einer Woche Aufenthalt fuhr ich schon wieder mit der Schonerbrigg OCEANUS[30] unter Kapitän Springer mit einer Ladung Stückgüter nach Santa Marta[31]

und Sabanilla[32] ab. Mein verdientes Geld hatte ich an meine arme Mutter geschickt und ihr geschrieben, daß ich in meinem Berufe siegen oder sterben wolle.
Wir hatten 25 Deckpassagiere mitgenommen, auch verschiedenrassige Hunde, die kamen in Santa Marta an Land. Für diesen Platz war auch der größte Teil der Ladung bestimmt. Ich war nun Leichtmatrose und in Sabanilla wiederum Bootsgast. Alle Tage mußte ich mit dem Kapitän lossegeln, wenn nicht ans Land, dann nach anderen Schiffen. Der Ankerplatz war recht weit vom Dorfe entfernt. Wir luden hier wieder Tabak; dieser wurde mit Kanus den Fluß herunter von Baranquilla[33] gebracht, wo der Sitz der Kaufleute war.
Auf der OCEANUS gefiel es mir nicht besonders, die Mannschaft vorne ebensowenig wie der Steuermann und der rothaarige Bootsmann. Auf der Heimreise nach Brake wurde der Bootsmann nach einem schweren Sturm früh um sechs Uhr, während er ein Reff aus dem Großsegel nahm, von diesem Segel getroffen, vom großen Baum heruntergeschlagen und fiel über Bord. Sofort wurden Rettungsgürtel sowie andere lose Gegenstände ihm nachgeworfen. Man schlug Alarm: „Alle Mann an Deck, Mann über Bord!" Dann wurde das Boot ausgesetzt, aber damit ging zuviel Zeit verloren, weil erst die Taljen[34] nach oben gebracht werden mußten. Dabei brachte der eine Matrose auch noch zuerst die unterste nach oben. Die Boote standen nämlich eines im anderen auf der großen Luke. Als das Boot an die Unfallstelle kam, war der Mann verschwunden, nur die über Bord geworfenen Gegenstände brachte man wieder mit.
Wiederholt hatten wir sehr schwere Gewitter auf dieser Reise. Bei dunkler Nacht bildeten sich an den Toppen der Stengen und an den Nocken (Enden) der Rahen und Gaffel Lichter, danach folgte der Sturm. Ohne weitere Unfälle erreichten wir nach 48 Tagen Brake. Hier traf mich die traurige Nachricht, daß die Bark GERHARD[35], auf der mein ältester Bruder Diedrich gefahren hatte, auf der Reise von der Weser nach New York verschollen sei. Über diese Nachricht war ich untröstlich. Sehr lange habe ich um diesen Bruder getrauert, den ich als Knabe so sehr liebgewonnen und von dem ich immer nur Gutes gehört hatte, vor allem über seine großen Fähigkeiten. Neunzehnjährig mußte er schon sein Leben lassen. Nach Hause reiste ich nicht, es blieb bei dem traurigen Briefwechsel mit meiner Mutter, der ich mein verdientes Geld schickte und nebenbei versicherte, daß ich an meinem Weiterkommen in meinem Berufe nicht zweifelte.
Als Leichtmatrose mit einer monatlichen Heuer von acht Talern fuhr ich mit der Schonerbrigg MIMI[36] unter Kapitän Thomsen bald wieder in Ballast nach Sabanilla ab, wo wir Tabak laden sollten. Auf diesem Schiff gefiel es mir besser, hier waren auch sehr tüchtige Matrosen an Bord. In Sabanilla war ich wieder Bootsgast. Auf der Retourfahrt hätten wir in der Nähe von Jamaika[37] beinahe Schiffbruch erlitten. Es war eine mondhelle, schöne Nacht, als um ein Uhr der Mann auf dem Ausguck Land sichtete; wir waren zwischen die Morant Cays (Sandinseln) südöstlich von Jamaika gesegelt.
Im Nu waren auch die Männer der Freiwache auf den Beinen, die sich bei dem schönen Wetter auf Deck zum Schlafen hingelegt hatten. Sofort wurde die MIMI herumgehalst[38]. Dann sahen wir an beiden Seiten die Sandinseln, auch den Meeresboden konnten wir sehen, kamen aber glücklich wieder aus der Gefahr heraus. Es wäre auch eine Blamage für den Kapitän und den Steuermann gewesen, bei so schönem Tropenwetter dort mit dem Schiffe aufzulaufen. Allerdings hatte die MIMI in dem ruhigen Wasser mehr Fahrt als vermutet gemacht, vielleicht hatte auch Strömung das Schiff etwas versetzt. Nach kaum vier Monaten waren wir wieder in Brake.

Um keine Zeit zu verlieren, fuhr ich nach einigen Tagen mit der Schonerbrigg NICOLAUS unter Kapitän de Vries, der zufällig hier war, wieder nach Cardiff. Wir sollten dort Kohlen laden. Von hier fuhren wir nach St. Thomas (einer dänischen Insel auf den Kleinen Antillen). Lübbe Dood[39] von Westeraccumersiel war Steuermann, und die Mannschaft vorne bestand auch bis auf einen Mann aus Ostfriesen, die damals oft von Brake aus fuhren. Kapitän de Vries krakeelte jetzt noch mehr als früher mit der Mannschaft.

Lübbe Dood war ein tüchtiger Seemann und resolut. — In St. Thomas wurden die Kohlen an einer hohen Landungsbrücke gelöscht. Auf einer hohen Stellage waren zwei Matrosen postiert, um die aufgewundene Kohlenkarre umzukippen. Von Negern, Frauen und Mädchen wurden die Kohlen in Tenatos (leichte Strohkörbe) längs der Brücke an Land getragen. Im Schiffsraum waren fünf Neger angestellt, und die übrige Mannschaft, auch ich, mußte an der Winsch[40] drehen. Am zweiten Tag stürzte der Matrose H. Hillerichs oben von der Stellage herunter, wobei er eine stark blutende Wunde über dem Auge davontrug und einen Augenblick besinnungslos liegen blieb. Ein Arzt war bald zur Stelle.

Kapitän de Vries wurde an diesem Unglückstag bettlägerig. Abends nach Feierabend sagte der Matrose Jann Schmidt (aus Arle, Ostfriesland): „Jeden Abend setzt sich eine schwarze Katze ins Fallreep (das ist auf der Riegelung mittschiffs, wo man gewöhnlich mit den Booten anlegt); das ist eine schlechte Vorbedeutung, es wird jemand von uns sterben müssen." Der Matrose Hillerichs war nach einer Woche wieder gesund, aber der Kapitän starb bereits kurz vor Port au Prince (Haiti)[41], wohin wir von St. Thomas in Ballast gefahren waren. Er starb gegen Mitternacht unter höllischem Geschrei. Eben vorher war er noch an Deck gewesen, wo er an seiner Absicht, über Bord zu springen, gehindert worden war. „Habe ich es nicht gesagt", sagte Jann Schmidt, „dat een von uns dran glöben muß?" Den Nachmittag darauf kamen wir an die Stadt, die Flagge wehte halbmast. Mit den Insassen des Sanitätsbootes wurden Absprachen getroffen, die Leiche möglichst schnell zu landen, weil bei dem warmen Wetter die Verwesung schon stark eingetreten war. Bald war der Sarg zur Stelle, und ein Teil der Mannschaft gab dem toten Kapitän das Geleit bis zur letzten Ruhestätte.

Der Steuermann Lübbe Dood war nur im Besitz des Steuermannspatents, mußte daher von einigen dort anwesenden Kapitänen über seine Fähigkeit geprüft werden. Danach wurde ihm vom deutschen Konsul die Befugnis erteilt, die NICOLAUS zu führen. Er wurde kommissarisch Kapitän.

Mit Kaffee tief beladen, fuhren wir von hier nach Triest (Gibraltar für Order). Einen Steuermann hatten wir nicht bekommen. Kapitän Dood wählte mich aus der Mannschaft aus, die Dienste des Steuermanns wahrzunehmen, unbekümmert dessen, daß ich kaum siebzehn Jahre zählte. Im Volkslogis entstand hierüber eine Unzufriedenheit, aber an der Entscheidung änderte sich nichts.

Vor den Caicos-Inseln[42] trafen wir mit einem uns verdächtig aussehenden Gaffelschoner zusammen, der auf uns zusegelte. Es war an einem Nachmittag, der Wind wehte sehr leicht. Auffallend erschien uns die starke Bemannung des Schiffes. In unserer Nähe angekommen, setzte man das Boot aus, welches, mit sechs starken Männern besetzt (darunter vier Negern), uns längsseits ruderte. Zuerst erkundigten sie sich, woher wir kämen und woraus unsere Ladung bestehe. Darauf kletterten zwei Mann über, unterhielten sich etwa eine halbe Stunde mit dem Kapitän, dem sie sich als Lotsen aufdrängten, um die NICOLAUS während der Nacht zwischen den Caicos durchzulot-

sen, worauf sich Kapitän Dood jedoch nicht einließ. Man hatte wahrscheinlich die Absicht, unser Schiff auf den Strand zu segeln, um dann die Ladung rauben zu können. Ohne ihren Zweck erreicht zu haben, ruderten sie ab, wahrscheinlich um mit ihrem Kapitän zu verhandeln.
Inzwischen hatte sich die Sonne dem Horizont genähert, als auch der Wind langsam auffrischte, während der Gaffelschoner in unserem Kielwasser steuerte, aber zurückblieb. Die NICOLAUS war ein vorzüglicher Segler, höchst selten holte uns ein Schiff ein. Erst nach sieben Uhr, in der Dunkelheit, während wir eine niedrige Sandinsel passierten, die Wellen in den Sand wühlten und hohe Brandungen verursachten, bemerkten wir, daß der Schoner, nun wohl ohne Hoffnung, seinen Kurs änderte. Daß die NICOLAUS schneller segelte, war für uns eine große Beruhigung, denn zweifellos war es ein Kaperschiff, das uns verfolgt hatte. Die starke Besatzung von sechszehn Mann konnte dies nur bestätigen, und an eine Verteidigung unsererseits war nicht zu denken gewesen.
Weiter verlief die Reise ohne besondere Vorfälle bei meist günstigem Winde und gutem Wetter. Der Kapitän unterrichtete mich mehrmals in der geographischen Steuermannskunst, damit für den Fall, daß ihm ein Unglück passiere, das Schiff nicht ganz einem ungünstigen Zufall preisgegeben wäre. Kapitän Dood — ich wiederhole es — war ein vorzüglicher Seemann, hatte auch eine große Gewandtheit im Harpun-Werfen: Mehrere Delphine warf er während der Reise. Der Delphin stirbt unter starken Erschütterungen und wechselt dabei häufig — man sagt neunmal — seine Farbe. Einige Seeleute behaupten, daß der Delphin zu einer bestimmten Jahreszeit Giftstoffe in sich trage. Aus Vorsicht wurde daher beim Kochen ein Silberstück mit in den Topf gelegt.
Bei schönem Wetter, Leesegel an beiden Seiten gesetzt, fuhren wir durch die Straße von Gibraltar. Kaum hatten wir auf Gibraltar-Reede Anker geworfen, da kam auch schon das Sanitätsboot längsseits. Als der Arzt erfuhr, daß wir von Port au Prince kamen, wurde man sehr vorsichtig. Die Papiere und Briefe nahm man im Boote mit einer Zange in Empfang, und ohne sie mit den Fingerspitzen zu berühren, warf man die Schriftstücke in einen Beutel. Port au Prince stand wegen des dort häufig bösartig auftretenden Gelben Fiebers in schlechtem Ruf. Es wurden uns hier deswegen auch drei Tage Quarantäne auferlegt. Dann erhielten wir unsere Order, nach Triest zu versegeln. Mit frischem Fleisch, Brot und Gemüse wurden wir neu ausgerüstet. Das war dann ein Hochgenuß bei Tisch. Im Mittelmeer sahen wir während einer Windstille in der Nähe des Schiffes zwei große Schildkröten schlafend treiben. „Donnerwetter“, sagte Dood zu mir, „wir wollen mal schnell das Boot aussetzen.“ Das war bald geschehen. Dood, ein Matrose und ich ruderten leise darauf los, gaben dabei dem Boot eine kräftige Fahrt und legten dann, der Schildkröte näherkommend, ebenso leise die Riemen ein. Mit einem geschickten Griff warf der Kapitän die Schildkröte auf den Rücken, und dann hoben wir sie ins Boot. Das war ein Gaudium! So hatten wir eine kräftige Suppe und ein schönes Beefsteak. Im Adriatischen Meerbusen (Bai von Venedig), dicht vor Triest, hatten wir noch gegen stürmischen Wind, dort Boa genannt, mit gerefften Segeln zu lavieren (kreuzen). Nirgends habe ich das Wasser so salzig wie hier gefunden, eine Rinde von Salz hatten wir durch das herüberdampfende Wasser auf dem Gesicht.
Die Ostertage feierten wir in Triest. Da hier alle Bewohner katholisch sind, hatten sämtliche Schiffe die Rahen drei Tage lang gekreuzt, auch die Flaggen von Karfreitag bis zum ersten Ostertag halbstock wehen. Hier in Triest gefiel es uns sehr gut; der kleine Hafen, der aussah, als sei er in die Stadt hineingebaut, lag voller Segler. Die köst-

Triest, Postkarte um 1900

lichen Südfrüchte ließen wir uns munden. Während der Feiertage und auch nach Feierabend machten wir schöne Spaziergänge. Von der Reederei in Brake wurde uns der Steuermann Ohmstede, der Sohn eines Gutsbesitzers in Brake, zugewiesen. Dood blieb also Kapitän. Da in Triest keine lohnende Ausfracht zu erhalten war, segelten wir in Ballast nach St. Thomas, fuhren durch die Straße von Messina, wo wir zweimal wegen Windstille ankerten. Der Ätna von Catania rauchte stark. In St. Thomas erhielten wir Fracht, in Santo Domingo[43] und an der Küste Pockholz und Mahagoni als Ladung für Order nach Falmouth.

St. Domingo ist eine schmutzige Stadt, daher die Stätte epidemischer Krankheiten, hauptsächlich Gelben Fiebers. Hier löschten wir den Ballast und nahmen so viel Pockholz ein, daß wir genügend Gewicht zum Versegeln nach der Küste hatten. Während dieser wenigen Tage unseres Hierseins stellte sich bei einigen der Mannschaft, auch bei mir, Durchfall ein, welcher ja doch bald glücklicherweise vorüberging. Ein Head-Stevedore (Stauer) mit sieben Negern wurde engagiert, die an der Küste das Mahagoniholz (vierkantig behauene Stämme) in Flößen aus dem Flusse durch die Brandung längsseits des Schiffes zu bringen hatten, damit wir es im Schiff verstauen konnten. Das Aufwinden sollte nämlich die Mannschaft besorgen. So lauteten die Bedingungen auf Zahlung von Fr. 3,— per Tonne, zu 40 Kubikfuß engl. gerechnet. Für die Verpflegung seiner Arbeiter hatte der Stauer in der Hauptsache selbst zu sorgen. Am Meeresufer, wo einige Hütten standen, hatten wir noch etwa 40 Tons Pockholz zu laden. Mit dem Großboot holten wir es vom Strande. Das Boot mit den schweren Stücken zu beladen war eine harte Arbeit, während der wir bis zum Leib im Wasser waten mußten; denn Pockholz sinkt wie Blei, und das Boot mußte an dem flachen Ufer flottbleiben. Der Matrose Jann Schmidt äußerte bei dieser Arbeit, daß ich der erste sei, der krank würde, weil ich mich der wollenen Strümpfe in St. Domingo entledigt hatte und leicht geklei-

det ging, wie ich es stets in den Tropen gewohnt war. — Der Stauer war inzwischen mit seinen Leuten einige Meilen östlich von hier an dem Mahagoniplatz gelandet, um die notwendigen Vorbereitungen für die Verschiffung des Holzes zu treffen.
Als wir unseren Ankerplatz verließen, lagen bereits zwei Matrosen, Jann Schmidt und Hillerichs, schwer krank am Gelben Fieber. Abends um neun Uhr starb Hillerichs[44]. Die Leiche wurde in ein Segeltuch genäht und blieb die Nacht über auf der großen Luke an Deck liegen. Am folgenden Morgen um acht Uhr wurde sie, mit einem Bündel Steinkohlen an den Füßen beschwert, unter einem stillen Gebet ins Meer gesenkt, während die Flagge halbmast wehte. Während des Tages wurden noch zwei Mann krank, und abends, als wir an dem Mahagoni-Platz ankerten, mußte auch Kapitän Dood sich hinlegen. Auf den Beinen waren noch der Steuermann Ohmstede, der Kajütsjunge Ede Janßen und ich. Am Nachmittag darauf kam der Stauer mit einigen Leuten ans Schiff gerudert, um sich zu erkundigen, weshalb wir halbmast flaggten. Er nahm dann auf dessen Bitten den Kapitän mit an Land, um ihn auf einem zweirädrigen Maulesel-Wagen nach Santo Domingo zu bringen. Die Schwerkranken konnten diese Fahrt nicht mitmachen, sie sollten, sobald sich ein kleines Küstenfahrzeug uns näherte, mit dem nach der Stadt gebracht werden.
Es folgten einige, ja, mehrere schreckliche Tage für mich, da ich die Kranken zu bedienen hatte. Zwei Tage lang hatten wir mit Hilfe von vier Arbeitern, die uns der Stauer von Land besorgt hatte und die nun die Winsch bedienten, zwei Flöße mit zusammen 61 Blöcken geladen, als abends auch Steuermann Ohmstede schwer erkrankte. Abends um zehn Uhr, bevor ich mich schlafen legen wollte, machte ich die Runde übers ganze Schiff, und als ich an die hintere Kajütstür kam, hörte ich in der Dunkelheit den Steuermann wie einen Sterbenden an der Kajütstür stöhnen. In meiner Angst und Besorgnis rannte ich schnell nach vorne in den Raum und holte mir zwei Mann von den Leuten des Stauers, damit sie mir halfen. Ich machte Licht in der Kajüte und bereitete dort ein Lager auf dem Fußboden, wo wir den besinnungslosen Steuermann hinlegten. Auf mein Bitten blieb der eine Neger bei mir. Wir schliefen auf dem oberen Kajütsdeck unter dem Sonnensegel. Gegen drei Uhr nachts wachte ich von einem Geräusch auf, und zu meinem Schrecken sah ich, daß der Steuermann an Deck war und die Kajüttreppe wieder hinuntersteigen wollte. Am anderen Morgen wußte er nichts mehr darüber und blieb auch bis nachmittags um drei Uhr auf den Beinen. Dann hatte er wieder eine schlimme Nacht zu bestehen, und endlich kam die Erlösung: Früh um sieben Uhr erblickte ich einen Küstenfahrer, ostwärts segelnd. Sofort hißte ich die Flagge halbmast, worauf das Fahrzeug nach etwa zwei Stunden längsseits bei uns anlegte. Mühsam wurden die Kranken auf das kleine Schiff transportiert. Gegen den Steuermann hatte ich einen schweren Stand, er wollte das Schiff nicht verlassen. Endlich siegte ich und gab mein Versprechen, die Ladung korrekt zu empfangen und auf alles achten zu wollen. Obgleich ich nun mit dem Jungen Ede und den Negern allein war, konnte ich doch sehr froh sein, mich von der Bedienung der Kranken befreit zu sehen und deren Klagen nicht mehr hören zu müssen. Außerdem fühlte ich mich nun erhoben zum Kapitän des Schiffes, ich führte jetzt das Kommando und wollte mich in jeder Hinsicht des Vertrauens würdig erweisen.
Früh morgens um drei Uhr rückte der Stauer mit seinen Leuten aus, und gegen neun Uhr lag das Floß längsseits. Im Laufe des Vormittags mußte das Holz geladen sein, weil nachher durch den auffrischenden Passatwind die See zu hoch lief. In den Mußestunden unterhielt ich mich, so gut es ging, mit einigen mir sympathisch erscheinenden Negern.

Auf den westindischen Plätzen, wo ich vorher gewesen war, hatte ich schon etwas Spanisch gelernt, und diese Sprache gefiel mir. Hay hieß der eine Schwarze, mit dem ich mich viel unterhielt. Mit dem Jungen Ede und zehn Negern war ich nun allein auf dem Schiff. Pünktlich um acht Uhr morgens zog ich den Chronometer[45] auf, wie es mir der Steuermann gezeigt hatte, die Ladung empfing ich gewissenhaft und war mir auch sonst meiner Aufgabe bewußt. Von dem Schicksal des Kapitäns Dood und der Mannschaft hörte ich in den ersten Tagen nichts. Als wir wegen zu hohen Seegangs einige Tage lang keine Ladung erhielten, nutzten die Arbeiter die Zeit zum Fischen und Jagen, brachten auch mal ein kleines Schwein mit vom Lande. Außerdem fehlte es uns nicht an Sweetpotatoes[46], Bananen und anderen Früchten.
Der Junge Ede war ein Schmierfink, weshalb ich ihn wiederholt hart anpacken mußte. — Eines Tages kam die Nachricht, daß der Kapitän gestorben sei. Das stimmte mich sehr traurig. Nach wenigen Tagen sagte ich zu Ede: „Die paar Flaschen Bier, die noch da sind, wollen wir nun austrinken." Einige Tage später sah ich zu meinem Erstaunen den Kapitän im Boot des Stauers von Land kommen; blaß sah er aus, wie der Tod. Anfangs glaubte ich einen Geist zu sehen, aber nein, er war es wirklich. Nachdem er seiner großen Freude über unser Wohlergehen Ausdruck gegeben hatte, erzählte er mir, daß der Steuermann Ohmstede gestorben sei und die anderen sich in langsamer Besserung befänden.
Die NICOLAUS war beladen. Abends wurden bei eintretender Landbrise die Anker gehievt. Dabei entdeckten wir das Unbegreifliche: Es fehlte ein Anker an der Kette. Schnell lief ich zum Kapitän, der beim Ruder war. „Lügst je woll", sagte er, „dat is jo nich mögelk." Ich faßte das Steuerrad, damit er sich selbst zu überzeugen vermochte. Er konnte es nicht fassen: Der Anker fehlte. Wie leicht hätten wir auf diese Weise bei Nacht auf den Strand oder vom Ankerplatz forttreiben können, während alle schliefen; denn an Wache war nicht zu denken, da Ede und ich allein waren und die Arbeiter nicht zur Wache zu bewegen waren. So hatten wir in diesem Unglück doch noch Glück. Am folgenden Morgen ankerten wir auf der Seereede von Santo Domingo. Das Schiff wurde ausklariert[47], und die Mannschaftsangehörigen, die nicht gestorben waren, kamen abgemagert wie Geister wieder an Bord, da sie die Krankheit überwunden hatten. An Stelle der Verstorbenen erhielten wir einen Franzosen, der von einem französischen Schiffe im Hospital zurückgeblieben war, und einen Holländer (Kreole) von Curaçao[48]. Ich mußte nun wieder Steuermannsdienste tun, und in dieser Aufgabe wollte ich mir auch nicht das Geringste zuschulden kommen lassen. Ich hatte es aber sehr schwer, weil unter der Mannschaft vor allem am Anfang der Reise nur der Holländer kräftig war. Die Krankheit hatte die anderen zu sehr mitgenommen, sie erholten sich nur langsam.
Eines Morgens kletterte ich bei Tagesanbruch in der Fockwant[49] nach oben, die Hände voll Schmarting (Segeltuchstreifen) und Kabelgarn[50], erblickte dann auf halber Höhe zum Mastkorb einen Segler gerade voraus. Dorthin schaute ich und hielt mich, da ich die Hände voll hatte, nur nachlässig fest. Da zerriß die Webeleine[51] unter meinen Füßen, und ich fiel hinunter, mit dem Rücken auf die Regeling[52], jedoch glücklicherweise so, daß das Mehrgewicht nach innen und somit auf Deck fiel. Vor Schmerz mich krümmend, ohne einen Laut von mir geben zu können, anfangs kaum in der Lage, Atem zu holen, kroch ich einige Minuten lang bei der Vorderluke auf Deck ohne Hülfe umher. Ich erholte mich langsam; zwei Tage habe ich in der Koje liegen müssen, bis ich so weit hergestellt war, daß ich die Wache wieder wahrnehmen konnte.

Segelschiffe auf der Reede von Falmouth, dem Hafen, der als erster von Übersee meistens für Order angelaufen wurde. Postkarte von 1901

Wir hatten weiterhin eine stürmische Heimfahrt, und da ich bei jedem Segelmanöver die Hauptperson sein mußte, so hatte ich fast keine heile Stelle an den Händen. Fast überall, vor allem an den Knöcheln, war die Haut abgestoßen. Die Stellen waren durch beständige Salzwassernässe in Eiterung übergegangen. In Falmouth erhielten wir Order, nach London zu segeln[53], und hier stellte sich beim Löschen auch die Übereinstimmung der Ladung mit dem Frachtbrief heraus, an der Kapitän Dood während der Reise noch gezweifelt hatte.
Von London segelten wir in Ballast nach Brake und kamen dort im September 1863 an. Dann reiste ich nach Hause, um im Winter 1863/64 zum Konfirmandenunterricht zu gehen. Es wurde ja auch Zeit damit, ich war nun siebzehn Jahre alt. Als ich nach Hause kam, sagte meine Mutter zu mir: „Deine schönen roten Wangen hast du zurückgelassen, mein Junge." Ja, eine blaßgelbliche Farbe hatte ich bekommen, und das war nach einer so schrecklichen Reise auch nicht verwunderlich.
Am 19. Februar 1864 wurde ich in der Kirche zu Westeraccum von Pastor Janssen konfirmiert. Im Laufe dieses Winters erfuhr ich von meiner Mutter, weshalb wir finanziell so zurückgekommen waren, wohingegen es unseren nächsten Verwandten recht gut ging. Unsere Lage hatte sich durch den frühen Verlust des Vaters wesentlich verschlimmert. Der geringe Überschuß meines bisherigen Verdienstes und der meines Bruders Hinrich, der weniger sparte, reichten nicht aus, um die gute, sorgsame Mutter und die beiden kleinen Schwestern zu unterhalten. Daher quälte sich Mutter beständig mit Sorgen, was wohl die Ursache ihrer späteren Gemütskrankheit wurde. Diesen Winter über empfand ich so recht, wie hart und bitter das Leben unter Nahrungssorgen war. Und was mich am meisten kränkte, war, daß einige meiner früheren Schulkameraden, die

noch so glücklich waren, einen Vater zu haben, denen es somit besser erging als uns und die, obgleich nur einige Monate älter als ich, während der Wintermonate schon die Navigationsschule in Timmel besuchten, um möglichst recht jung schon im Sommer mit dem Vater auf dessen Kuffschiff als Steuermann fahren zu können, die dann während der Weihnachtsferien mit dem gelben Band um die Mütze[54] zu Hause waren und einen unerfreulichen Eigendünkel besaßen, die Bevorzugten herausstellten und den Verkehr mit mir verschmähten, wie es ja meistens der Fall ist, wenn es mit einer Familie abwärts geht, sei es durch Unglücksfälle oder durch eigenes Verschulden. Solche Familien werden teils wohl noch bemitleidet, aber meistens doch bald gemieden. Wenn allerdings jemand auf der Höhe bleibt oder sogar steigt, dann wird man ihm unter die Arme fassen und ihn noch mehr heben. Das ist wohl immer so gewesen.

Wenngleich ich gegen diese mindere Beachtung auch sehr empfindlich war, so war ich doch weit davon entfernt, diese meine früheren Kameraden zu beneiden. Ich hatte genügend Selbstbewußtsein und dachte: „Wir sehen uns später wieder." Schon lange vorher hatte ich mir ein Ziel gesetzt und nicht angeberisch an meine Mutter geschrieben, daß ich entweder siegen und sterben wolle in meinem Beruf. Die bittere Erfahrung in diesem Winter zu Hause festigte meinen energischen Willen wohl noch mehr. Preußens Krieg mit den Dänen wegen Schleswig-Holstein behinderte die Schiffahrt, und deshalb reiste ich erst im April nach Brake. Meine Mutter begleitete mich bis Esens, wir kehrten im Gasthof Schwan bei Rodenbäck ein, woselbst wir die Abfahrt des Omnibusses abwarteten. Am Familientisch mußten wir zum Tee Platz nehmen. Frau Rodenbäck bat mich, eben meine Ausrüstung zu sehen; denn ihr ältester Sohn Hero wollte auch Seemann werden. An dieser Stelle will ich erwähnen, daß Hero auf seiner ersten Reise 1865 am Gelben Fieber in Nuevitas an Kubas Nordküste gestorben ist. Über diesen Verlust trauerten die Eltern sehr lange. Rodenbäck hielt sehr viel von der Schiffahrt und hatte große Hoffnung in seinen Sohn gesetzt.

Bei meiner Ankunft in Brake verheuerte ich mich sofort bei Kapitän Bunje auf dem Schoner WILHELMINE[55] aus Stedingerland für elf Taler monatlich, also für einen Taler weniger, als die Vollmatrosen-Heuer betrug. Dies tat ich aus Vorsicht, weil ich körperlich noch nicht sehr kräftig war und ich mich auch keinen Vorwürfen aussetzen wollte. Ich konnte gleich an Bord gehen, und das war mir sehr lieb. Die WILHELMINE war ein kleiner Schoner mit sechs Mann Besatzung. Mit einer Ladung Tabak sollten wir nach Genua segeln. — Zwei Tage war ich an Bord, da überraschte mich Behrend Wilken[56], einer der vorhin erwähnten Timmeler Navigationsschüler, der früher mein bester Schulfreund gewesen war. Er hatte gehört, daß ich auf der WILHELMINE sei, und sich, um mit mir zusammenzusein, auch, aber als Vollmatrose, auf diesem Schiff verheuert. Bisher war er nur mit seinem Vater nach Norwegen und England gefahren[57]. Er war etwa ein Jahr älter als ich, größer und kräftiger. Behrend drückte seine Freude darüber aus, mit mir zusammen auf dasselbe Schiff zu kommen. Ich dachte bei mir: „Nun muß ich dir während der Reise beweisen, daß ich dir gewachsen bin." Mit Bestimmtheit nahm ich an, daß ich ihm ebenbürtig, vielleicht überlegen war. Es bot sich auch schon bald Gelegenheit für den Nachweis, als wir kaum das Außenweser-Feuerschiff passiert hatten und die Leesegel beisetzten. Meine Fähigkeit bei diesem Segelmanöver entging den Augen des Kapitäns Bunje nicht, weshalb er bemerkte: „Ick seeg woll, Jan, du bist de Best, du schallst bi mi up de Wach." Abends bei der Wach-Verteilung rief der Steuermann Jagdmann: „Jan un Wilhelm (der Leichtmatrose) bi de Koptain up Wach, Beh-

Behrend Claassen Wilken, Kapitän der WANGERLAND, als Matrose

rend un de Koch up mien Wach." Dadurch hatte ich eine große Bevorzugung, weil ich auf offener See die Wache des Kapitäns wahrnehmen mußte, da er gern in der Koje blieb. Dann waren wir mit zwei Rudergängern auf der Wache, während Behrend beim Steuermann oft die ganze Wache über vier Stunden am Ruder stehen mußte, weil der Koch das Steuern noch erst zu lernen und auch noch in der Kombüse tätig zu sein hatte.

Im Atlantischen Ozean ließ sich Kapitän Bunje höchst selten bei Nacht auf der Wache an Deck sehen, und wenn ich ihn bei Veränderung des Windes mal aufweckte in der Meinung, daß wir wohl wenden müßten, dann sagte er gewöhnlich: „Ah, Jan, du kannst hümm wol alleen herumkriegen." Mir machte es stets eine Freude, das Manöver allein mit Wilhelm, dem Leichtmatrosen, auszuführen. Wir beide mußten dabei aber äußerst flink sein; das Ruder band ich dann für Augenblicke fest. Alles klappte, und bald waren wir mit der Arbeit fertig. Tadellos stellte ich stets die Segel, namentlich auch die Klüverschoten[58]. Wenn der Alte mal nachsah, konnte ich auf seinem Gesicht Befriedigung ablesen. Nicht einmal kam es vor, daß der Kapitän oder Steuermann die Segelstellung verbessern mußte. Kapitän Bunje hatte aber eine üble Gewohnheit, die-

Brigg WANGERLAND, Kapt. B.C. Wilken aus Westeraccumersiel. Hinterglasbild, auf zwei Scheiben gemalt, ohne Signatur. Weyts, Antwerpen, zugeschrieben.

weil er zeitweise etwas mehr Schnaps trank, als ihm guttat, und bei dieser Gelegenheit ließ er dann die Segel barbarisch lange draufhängen, so daß der Schandeckel[59] mittschiffs unter Wasser lag. Er nörgelte oft mehr aus Gewohnheit, als daß er Ursache gehabt hätte, und hierunter hatte mein Freund Behrend sehr zu leiden. „Für dich hat er nichts als Lob, während er mich stets tadelt", klagte Behrend mir dann. — Der größte Übelstand auf unserem Schiff waren die vielen Wanzen, ein ganz widerliches Ungeziefer. — Dicht vor Genua hatten wir noch einen kräftigen Sturm zu bestehen, kamen aber mit heiler Haut davon.

In Genua gefiel es mir sehr; es hat einen schönen Hafen, in dem sich viele Gondeln bewegten. Hier wurde auch gebadet. Damen benutzten eine Sicherheits-Korkboje, und ein breiträndriger Strohhut schützte den Kopf vor den Sonnenstrahlen. Neben uns lag ein griechisches Schiff. Nach Feierabend badete die ganze Mannschaft; es waren tüchtige und verwegene Schwimmer, sie sprangen oben von der Regeling, sogar von der Fockrah[60] herunter ins Wasser. Bald machten Behrend und ich dieselben tollkühnen Sprünge, ja, wir beide schwammen sogar einmal über die Luri[61], erholten uns an der Ankerkette eines Dampfers und schwammen zurück. Des Sonntagnachmittags gingen wir an Land, besahen uns die Stadt und Umgebung. Sehr schön fand ich auch den Friedhof. — Wir tranken später ein Glas guten Wein.

Mit Tabakstengeln in Fässern fuhren wir nach Brake zurück. Behrend erhielt Order von seinem Vater, sofort nach Hause zu kommen, er sollte als Bestmann mit ihm nach Norwegen segeln, die letzte Reise in diesem Jahr machen, dann sollte das Kuffschiff in Winterlage gelegt werden. Behrend ist dann für immer dort geblieben[62], hat mal seines Vaters Schiff gefahren, und später hörte ich, daß man ihm einen früheren Lotsenkutter gekauft habe und daß er damit bald in der Nordsee verschollen sei.

Meine Absicht, mich auf einem großen Schiff als Matrose zu verheuern, kam nicht zur Ausführung. Kapitän Bunje hatte, obgleich es schon Herbst war, Fracht angenommen, nämlich eine Ladung Holz von Riga zu holen, was um diese Jahreszeit gut bezahlt wurde. Aber für eine so schwierige Reise konnte er nur sehr schwer Matrosen bekommen, weil ein Einfrieren des Schiffes in Riga sehr wahrscheinlich war. Man bat mich so lange, bis ich endlich annahm. Ich erhielt achtzehn Taler pro Monat, also um die Hälfte mehr als die eigentliche Matrosen-Heuer.

Die Reise nach Riga verlief, abgesehen von dem stürmischen Wetter in der Ostsee, recht günstig. Sofort nach Ankunft wurde der Ballast mit Hülfe von Frauen und Mädchen gelöscht. Es war keine Zeit zu verlieren, es konnte jeden Augenblick starker Frost kommen, und dann saßen wir fest. So kam es denn auch. Die WILHELMINE war gut halb beladen, da fing es schon stark zu frieren an. Bald war der Fluß (Düna) zugefroren, und als wir auch unsere Deckladung komplett hatten, waren schon täglich große, kräftige Eisbrecher in Tätigkeit, um den Fluß möglichst in der Mitte offenzuhalten. Mit voller Fahrt jagten die Eisbrechdampfer auf das Eis hinauf, fuhren dann wieder rückwärts und von neuem drauf los. Große Eisschollen schoben sich dann vor dem Steven und an der Seite des Dampfers in die Höhe. Das bot, von ferne gesehen, einen schönen Anblick. Alles war dicht mit Schnee bedeckt; eine schöne Winterlandschaft zeigte sich uns, es war aber schrecklich kalt.

Wir waren also im Holzhafen festgefroren, drei Wochen lang nach der Beladung der WILHELMINE. In unserem Logis befand sich auch die Kombüse mit dem Kochofen, und weil das Feuer noch abends, wenn wir uns schlafen legten, stark brannte, war es gemütlich warm. Eines Abends hatten wir wegen der furchtbaren Kälte die Türen zu dicht gemacht, so daß ich beinahe erstickt wäre. Glücklicherweise wachte ich gegen ein Uhr nachts auf, wollte an Deck gehen, konnte es aber nicht. Die Beine wollten mich nicht tragen. In den Kniegelenken war keine Kraft mehr, ich fiel immer wieder um. Dabei war mir so dumpf im Kopf. Durch mein Gepolter auf Deck war der Steuermann Jagdmann erwacht und kam heraus. Er meinte, daß Diebe da seien. Es kamen nämlich sehr viele Diebstähle vor auf den Schiffen. Als ich dem Steuermann klagte, was mir fehle, da fragte er auch schon, ob wir die Türen wohl zu dicht gehabt hätten. „Da hättet ihr alle ersticken können“, sagte er. In der kalten, ja, eisigen Luft auf Deck fühlte ich mich bald besser.

Endlich konnten wir unsere Heimfahrt nach der Weser antreten; es wurde aber eine sehr stürmische Rückreise. Nur der Seemann, der im Dezember durch die Ostsee und das Kattegat gefahren ist, hat den richtigen Begriff von solchen Reisen. Die langen finsteren Nächte im Sturm und Schneegestöber an Deck zu stehen und dann die häufigen Segelmanöver auszuführen ist nicht ganz angenehm, vor allem dann nicht, wenn zeitweise so gesegelt wird, daß die Leeseite[63] mittschiffs unter Wasser liegt. Mir machte das trotz allem Spaß. — Bei Bremerhaven erhielten wir Order, nach Elsfleth zu segeln.

Sofort nach der Abmusterung ging ich nach Brake und suchte mein altes Quartier (Schlafstelle von den Seeleuten genannt) wieder auf. Claaßen hieß der Wirt, er war auch zugleich Heuerbaas. Nach einigen Tagen besorgte er mir eine Stelle als Matrose auf der Bremer Bark CLARA[64] unter Kapitän Probst. Dieses Schiff lag in Bremerhaven; in Bremen sollte die Mannschaft (14 Personen) angemustert werden. Mit vier Personen aus unserem Quartier fuhren wir über Oldenburg nach Bremen. Eine Eisenbahn war hier noch nicht vorhanden, und die Weser war zugefroren. Die wenigen Tage in Brake hatte ich angenehm in Familienkreisen verbracht, mein erspartes Geld meiner Mutter geschickt. Der Wirt Claaßen, der früher als Kapitän gefahren war, bevorzugte mich immer, indem er mich oft zu seiner Familie in die Stube einlud. Hier sagte er dann u. a. auch, daß ich mich so sehr verändert hätte, daß ich früher ein so rotbackiger Junge gewesen sei.

Außerdem verkehrte ich bei der Familie Finke, die auch einen Sohn zur See hatte, mit dem ich befreundet war. Die älteste Tochter Marie war mit einem Kapitän verlobt, die

Bark CLARA. *Öl, O. Jaburg 1864*

jüngste Tochter Catharine, 15 Jahre alt, ein bildhübsches Mädchen mit großen, dunklen Augen, besuchte noch die Schule.

Auf der CLARA herrschte in Bremerhaven reges Leben. Drei Kähne lagen an der einen Seite mit Ballast, welcher von Arbeitsleuten hinübergeworfen wurde, und die Schauerleute waren mit dem Unterbinden der Segel beschäftigt, als wir an Bord kamen. Am folgenden Tag wurde der Proviant übergenommen, und wir segelten nach Cardiff ab, um von hier mit Kohlen nach Trinidad de Cuba, wo ich früher schon gewesen war, zu versegeln. Kapitän Probst war ein schöner, stattlicher Mann, der Obersteuermann Koch, ebenfalls aus Bremen, klein und gesetzt. Der Bootsmann, ein Stedinger, war schon in den fünfziger Jahren, war schon viele Jahre mit Probst gefahren. Wir hatten an Bord sehr gute Verpflegung, viel besser als auf den Oldenburger Schiffen.

Ich wurde, nachdem wir Cardiff verlassen hatten und in besseres Wetter kamen, auf Veranlassung des Kapitäns bei den Schiffsarbeiten bevorzugt. Nach alter Bremer Bauart hatte auch die CLARA eine sehr große zweite Kajüte mit Kammern für Passagiere. Wegen Mangels an Dampfern wurden damals noch die meisten Auswanderer mit Segelschiffen nach Amerika befördert. Auf diesem großen Kajütsdeck lagen die Boote, die ich sämtlich instandzubringen hatte, reinigen und streichen mußte. Und als die Gig[65] an die Reihe kam, stand der Kapitän alle Augenblicke bei mir. Die Gig war ein sehr feines Vergnügungs-Ruderboot, von innen und außen war das Holz gelb geölt, sauber war das Boot gearbeitet, und daran hatte Kapitän Probst sichtlich großen Gefallen. Er hatte mich auch schon als seinen Bootsgast für Trinidad gewählt, und damit war ich von allen schmutzigen Arbeiten befreit. Hierüber nörgelte wohl einmal der eine oder andere Kollege, aber das änderte die Sache nicht. Es waren unter der Besatzung einige verkommene und streitsüchtige Matrosen. Der eine, sogar aus sehr guter Familie stammend, hatte häufig Streit mit dem Obersteuermann.

Im Karibischen Meere trafen wir mit einer bekannten Bremer Bark zusammen, die ebenfalls westwärts steuerte. Sie kam uns so nahe, daß man uns Apfelsinen zuwarf. Das war ein Vergnügen, aber ein Bedauern, wenn einmal eine ins Wasser fiel. In Trinidad wurde ich auch vom Kohlenlöschen auf Befehl des Kapitäns Probst dispensiert. Bei Windstille fuhr ich den Kapitän in der Gig an Land, die wie ein Pfeil durchs Wasser schoß. Wenn genug Wind war, benutzten wir das Segelboot. Kapitän Probst, stets sauber weiß gekleidet, faßte nie das Ruder des Segelbootes, das überließ er mir. Da er oft in Familien verkehrte, wurde es häufig nach Mitternacht, bis wir an Bord kamen. Das lange Warten auf ihn an der Landungsbrücke war dann recht langweilig für mich. Sonntags blieb er an Bord. An zwei Sonntagen ging ich mit meinen Kollegen an Land, wir mieteten uns Reitpferde und ritten nach Trinidad in die Stadt, die weiter landeinwärts liegt. Reitsport wurde hier viel von Männern und Frauen betrieben. Bei einer Negerwirtschaft machten wir halt und amüsierten uns auf unsere Weise.
Von Trinidad segelten wir mit Zucker in Fässern nach Falmouth für Order. Unmittelbar vor der Florida-Straße hatten wir Windstille, unzählige Scharen von Bonitos[66] sammelten sich um das Schiff herum. Als wir eine große Anzahl geangelt hatten, stellten sich auch Haifische ein. Von ihnen holten wir einen mittelgroßen am Haihaken aus dem Wasser. Da an Deck alles frisch gestrichen und geölt war, sollte er nicht ganz hochgezogen werden, wir ließen ihn am Heck hängen. Mit den anderen Fischen machten wir uns ein weiteres Vergnügen. Vor dem Bug wurden Bonitos geangelt, von der Angel gelöst, mit einem stärkeren Bindfaden (Schirmannsgarn) am Schwanz angebunden und wieder lebend zu Wasser gelassen. Durch das Umherflattern dieser Bonitos kamen dann die Haifische heran, und sobald sich einer halb auf den Rücken warf, um den Bonito zu fassen, stach ein anderer Matrose unten vom Stampfstock[67] aus mit dem Bootshaken auf den Haifisch ein. Das gab dann ein großes Gelächter; die ganze Mannschaft war auf der Back[68]. In seiner freien Bewegung ist der Bonito so flink, daß ihn der Haifisch bei weitem nicht einholen kann.
In Falmouth erhielten wir Order nach Greenock (an der Clyde), einer schmutzigen Stadt. Hier löschten wir den Zucker und fuhren in Ballast nach Bremerhaven. Die CLARA sollte nun mit Passagieren nach New York segeln. Bei der Abmusterung wurden ich und noch einige andere gefragt, ob wir wieder mit der CLARA auslaufen wollten. Ich lehnte ab, weil ich mit meinem Bruder Hinrich zu Hause zusammentreffen wollte, und die CLARA sollte nach zehn Tagen wieder abfahren.
Ungefähr drei Wochen war ich mit meinem Bruder zu Hause, dann fuhren wir zusammen nach Brake. In Esens kehrten wir wie immer bei Gastwirt Rodenbäck ein. Hinrich verheuerte sich in Brake für eine Reise nach Ostindien und ich für eine nach New York, beide ab Bremerhaven. In Bremen fand die Anmusterung statt. Mit vierzehn Vollmatrosen waren wir für das Vollschiff LOUIS HENRY[69] unter Kapt. Tegeler bestimmt. Es hatte im ganzen neunzehn Mann Besatzung. Die LOUIS HENRY war nicht mehr neu und sollte — sie hatte ein Zwischendeck — mit Kajütspassagieren (380 Personen) nach New York segeln.
Wie immer hatte ich mein verdientes Geld meiner Mutter gegeben. Zu Hause hatten mich schwere Sorgen wegen ihres Zustandes bedrückt; sie war mir so tiefsinnig vorgekommen. Nahrungssorgen waren es wohl, mit denen sie sich quälte. Ich konnte aber nicht mehr für sie tun, als ich bisher getan hatte. Mit meinem Geld war ich stets so sparsam umgegangen wie möglich, so daß ich mir keine Vorwürfe zu machen hatte.

In Bremerhaven bot sich neben und auf der LOUIS HENRY ein sehr reges Leben. Eine Reihe von Zimmerleuten war mit dem Aufschlagen der Bettstellen im Zwischendeck beschäftigt, im Unterraum wurden der Proviant und die großen Gepäckstücke der Passagiere verstaut, Handwerker, Klempner und Schlosser, liefen an und von Bord. Mit dem nächsten Zuge sollten die Passagiere ankommen. Unter den Rahen hingen die Segel zum Unterbinden bereit, eine Arbeit, die auf uns wartete. Kaum hatten wir unsere Sachen an Ort und Stelle und uns umgekleidet, da erklang auch schon des Obersteuermanns Albert Nordenholt kräftige Stimme. Aber nicht alle gingen an die Arbeit, einige entschuldigten sich damit, sie hätten noch Besorgungen zu machen. Nordenholt führte ein gutes Kommando, sechs Jahre fuhr er schon auf diesem Schiff. Der Untersteuermann machte als solcher seine erste Reise, der Bootsmann, ein Faktotum, war ein Stedinger.
Bald kamen die Passagiere, ganze Familien und auch ledige Personen, jung und alt, ein Bündel Zeug auf dem Rücken und in der Hand Blechgeschirr und Handgepäck. Das war ein Gewimmel! Uns war das alles sehr interessant; denn ich sah diese Völkerauswanderung hier zum ersten Male. Die große zweite Kajüte und das Zwischendeck wurden voll besetzt. Auf dem Vorderdeck konnte man zuweilen kaum durch die Menschenmenge kommen. Immer wieder erklang die kräftige, befehlende Stimme des Obersteuermanns, eines stattlichen Mannes mit schwarzem Schnurr- und Vollbart. Sein Kommando gefiel mir gleich am Anfang.
Abends, als wir das Außenweserfeuerschiff passiert hatten, fand Wachverteilung statt. Ich kam auf Nordenholts Wache, worüber ich mich freute. Unter den Passagieren befanden sich ganz nette junge Mädchen, und es währte auch nicht allzulange, bis jeder von uns sich ohne Ausnahme eine Freundin ausgesucht hatte. Die Mädchen schlossen sich uns gern an, sie fanden uns nicht so übel, wie man ihnen uns Seeleute geschildert hatte. Ich hatte mich einer kleinen niedlichen Böhmin (Franziska) genähert, mit der ich den zweiten Abend auf See nach Feierabend vorne in der zweiten Kajüte auf einem Koffer saß, um zu plaudern, dicht bei der Tür, damit ich das Kommando gut hören konnte, als zu meinem Schrecken Nordenholt hereinkam. Ich zog in der eben hereinbrechenden Dunkelheit blitzschnell meinen Filzhut vornüber und Franziska ihr Kopftuch übers Gesicht, aber Nordenholt steuerte gleich auf uns los und zog der Kleinen das Tuch vom Gesicht, wobei er zufrieden lächelnd bemerkte: „Sieh mal an, diesen Geschmack lasse ich mir gefallen", und ging weiter, um die Runde zu machen. Meine Befürchtung, tüchtig von ihm gerüffelt zu werden, war unnötig, er ließ mich ruhig sitzen. Der Steuermann ist sehr streng, aber auch gut, stellte ich fest. O weh, wenn aber sein Kommando ertönte und nicht gleich alle zur Stelle waren oder gar einer fehlte, dann gab es ein Donnerwetter. Er litt auch nie, daß der Mann auf dem Utkiek (Ausguck) sich hinsetzte, der mußte herumwandern und auch bei dem schlechtesten Wetter auf der Back aushalten.
Die Verpflegung auf der LOUIS HENRY war ganz vorzüglich. Viermal in der Woche gab es abends beim Tee die beliebte Seemannsspeise, den Labskaus (feingehacktes Fleisch, mit Kartoffeln, Zwiebeln und Sauce gemischt). Wie froh war ich, auf dieses große Schiff gekommen zu sein! Bei den Bremer Reedereien war es doch viel besser als bei den oldenburgischen, und dann fuhren diese großen Schiffe auch nicht nach den kleinen Plätzen in Westindien.
Unsere Fahrt ging langsam vonstatten, stürmische Gegenwinde hinderten uns am Weiterkommen. Reffs rein und Reffs raus, wenden und halsen, so blieb es fast während

der ganzen Reise. Aber es gab zuweilen auch Spaß beim Manöver, vor allem, wenn auf der Wache die schweren, großen Marssegel[70] gehißt werden sollten. Dann holte Nordenholt einige Passagiere aus der zweiten Kajüte mit heran, junge Mädchen sowohl als Männer, und wenn die LOUIS HENRY dann mal nach der Seite überholte, gab es ein Gejuchze und Gelächter, und manchmal kam auch eine Salzwasser-Dusche dazu. So hatten wir bei all dem Unwetter auch unseren Spaß. Bei gutem Wetter, das allerdings selten war, wurde abends auf dem Achterdeck getanzt — einige Musiker waren unter den Passagieren. Durch das langsame Rollen wurden dann die Paare nicht selten an der Regeling zusammengedrängt; das gab dann ein großes Gelächter.
Ein Passagier starb während der Reise, er wurde in ein Segeltuch genäht, mit einem kleinen Sack voller Feldsteine an den Füßen beschwert und abends ins Meer gesenkt. Ein Kind wurde an Deck geboren, bei Sturmwetter ein Passagier ziemlich schwer am Kopf verletzt. Nordenholt war der Wunderdoktor, man sah ihn jeden Tag, auch den Untersteuermann, mit Medikamenten umherlaufen. Der Gesundheitszustand der Passagiere war trotz der langen, beschwerlichen Reise von 54 Tagen bis New York recht gut.
Bei schönem Wetter mußten auch alle Zwischendeckspassagiere an Deck, damit gereinigt und gehörig ausgelüftet werden konnte. Schmutzige Arbeiten hatten wir leider auch zuweilen zu verrichten, wobei ich mich einmal so sehr ekelte, daß ich mich krank hinlegen mußte und einige Tage in der Koje blieb.
Kapitän Diedrich Tegeler, ein breitschultriger, kräftig gebauter Mann mit etwas krummen Beinen und hoch in den Fünfzigern, war ein guter Mensch. Er ließ die Segel zwar nicht übermäßig stehen, aber für das achtzehn Jahre alte Schiff zuweilen genug draufhängen. Die LOUIS HENRY war nach alter Bauart gezimmert, vorne oben recht voll und breit, dagegen achtern sehr scharf gebaut und ein sehr guter Segler, der bis zu dreizehn Knoten erreichte. Wenn das Schiff unter vollen Segeln durch das Wasser schnitt, hielt ich mich liebend gern vorne auf der Back auf, und zwar während der Freizeit, um mich an dem schönen Bild zu erfreuen. Die Segel waren immer so tadellos gesetzt, daß auch nichts daran auszusetzen war. Dafür hatte Nordenholt ein scharfes Auge. Wenn er die Wache übernahm, bei Tage oder bei Nacht, dann war sein erster Gang nach dem Mann am Ruder. Er schaute vom Kompaß nach oben, ob die Rahen richtig gebraßt[71] waren. Der Wind muß nämlich möglichst so in die Segel fallen, und zwar unter einem gewissen Winkel, daß er in Lee wieder herausschlägt.
Es ist daher von großem Wert, die Segel stets richtig zu stellen und zu verstehen, sie rechtzeitig beizusetzen oder einzuziehen. Des Obersteuermanns Nordenholt Gewohnheiten eignete ich mir für mein späteres Fortkommen vollständig an. Wie oft kam mir beim Anschauen der Segel der Gedanke, wie schön es sein würde, wenn ich erst Führer eines so großen Schiffes wäre.
Meine Freundin Franziska war wie ich neunzehn Jahre alt, sie reiste mit ihrer Mutter und Schwester. Der Vater war schon ein Jahr früher nach Amerika gegangen. Zu Hause in Böhmen hatte man die Matrosen als rohe Menschen geschildert, und die Auswanderer fanden doch hier das Gegenteil. Mit Interesse erkundigten sie sich am Anfang der Reise nach den Verhältnissen auf dem Schiff, und dann mußte ich auch von meinen früheren Reisen und Erlebnissen erzählen, die ja allerdings nicht ganz rosig gewesen waren.
Erst einen Tag nach Ankunft in New York konnten die Passagiere gelandet werden. Beim Verlassen des Schiffes machten viele recht bedenklich ernste Gesichter, dagegen

waren wieder andere vergnügt, die neue Heimat zu betreten. Es war Ende Dezember 1865, und wer damals mit etwas Intelligenz und Willenskraft sowie mit guten Schulkenntnissen und guten Handwerkereigenschaften in Amerika landete, der konnte auch sein Glück in diesem Lande machen.

Wie ausgestorben kam uns nun das Schiff vor. Daß wir aber nicht in Träumerei verfielen, dafür sorgte Nordenholt. Gleich mußten wir uns an die Aufräumung des Zwischendecks machen, das Bettgestellholz etc. wurde in Leichter verladen und an Land gebracht. Dann wurde die LOUIS HENRY nach einem East-River-Pier[72] geschleppt, damit sie daselbst Tabak in Fässern für Marseille laden konnte. Hier desertierten sechs Mann der Mannschaft, die durch andere ersetzt wurden.

Bitter kalt war es im Januar. Leicht mit Tabak beladen, verließen wir den Hudson-River bei einem stürmischen Nordwind. Vor dem Winde führten wir gereffte Marssegel und die Fock[73]. Mehrere Tage hielt der Sturm an, beständig standen zwei Mann am Ruder. Erst als wir den Azoren näherkamen, konnten alle Segel beigesetzt werden. Von New York ab war ich beständig mit dem Untersteuermann, dem Segelmacher und noch einem Matrosen in der zweiten Kajüte mit Segelnähen, Ausbessern und Neuanfertigungen beschäftigt. Bei Nordenholt war ich hoch angesehen. Kapitän Tegeler interessierte sich ebenfalls sehr fürs Segelmachen, er nähte auch selber zuweilen mit.

Von den Azoren bis Marseille hatten wir schönes Wetter. Unter vollen Segeln durchschnitt die LOUIS HENRY manchmal mit zwölf bis dreizehn Knoten Fahrt das Meer; es war eine schnelle und schöne Reise. Die in New York neu an Bord gekommenen sechs Mann kamen in Marseille wieder frei, weil sie nur für diese Überfahrt angemustert waren. Schmutzige Leute waren darunter, Engländer, Schotten, Iren und Holländer.

In Marseille fand ich es wieder sehr schön. Das Klima war angenehm, nach Feierabend und des Sonntags ging ich mit meinem Hauptfreund, dem Matrosen Fritz Bergmann aus Bremen, spazieren und besuchte auch wohl ein schönes Café oder eine Weinstube. Wir fanden hier alles so billig im Verhältnis zu New York. An den herrlichen Südfrüchten labten wir uns. Sehr schöne Spazierwege hat Marseille, auch am Meeresufer entlang. Die Frau das Kapitäns war von Bremen herübergekommen, um zugleich große Einkäufe für ihr Delikatessengeschäft, welches sie an der Bischofsnadel in Bremen besaß, zu machen. Da wir hier Wein in Fässern und Kisten luden, blieben wir recht lange, was uns ganz angenehm war. Die Ladung war für New Orleans bestimmt.

Beim Verstauen wurde viel genascht. Einige Matrosen und der erste Zimmermann besaßen große Geschicklichkeit, den Fässern Wein zu entlocken, ohne daß nachher auch nur das Geringste an den Fässern zu sehen war. Um den Flaschenwein zu probieren, wurde mit der Ecke einer Kiste heftig aufgestoßen, bis eine Flasche entzwei war, und dann hielten wir ein Gefäß darunter. Es wurden auch wohl einmal einige Flaschen aus der Kiste herausgenommen. Als Diebstahl betrachtete man das nicht. Fritz Bergmann und ich gingen eines Abends spät in Marseille auch in den Laderaum, ich hielt mit großer Angst das Licht, und Bergmann öffnete einige Kisten.

Allerdings stimmten mich die Briefe, die ich von Zuhause erhielt, wehmütig, und doch konnte ich weiter nichts für die gute Mutter tun, als ihr mein erspartes Geld zu geben.

Es war eine schöne Reise von Marseille nach New Orleans, den Passat hinunter, im ganzen ein vergnügtes Leben. Auf halbem Wege hatten wir einmal einen großen Haifisch am Haihaken. Schnell wurde eine Talje an der Vorbrampardune[74] angebracht, und als wir den Fisch in der Höhe der Schanzung[75] hatten, riß zu unser aller Bedauern der Haken aus. Das gewaltige Tier hatte zu stark umhergeschlagen, wodurch der Haken fast geradegebogen war. Ein anderes Mal hatten wir mehr Vorsicht walten lassen, eine Schlinge, Handspeiche, alles vorher fertig hingelegt und erst dann mit dem Aufhieven begonnen. Dieser Hai war allerdings nicht ganz so groß wie der vorige. Sobald der Hai an Deck lag, wurde ihm vom Untersteuermann, allerdings nicht ohne Mühe, die eichene Handspeiche in ganzer Länge in den Rachen geschoben. Danach war ihm seine Gewalt genommen, und das Schlachten begann. Die Freiwache war mit an Deck gekommen, das war ein Gaudium für Janmaat[76]! Allerlei Witze wurden gemacht. Das Rückgrat reinigte man sorgfältig, es sollte zu einem Spazierstock dienen, und die rohe Haut wurde getrocknet und später als Schmirgel zum Glattscheuern der Masten und anderer Holzwerke verwendet, wozu sie sich ganz vorzüglich eignet.

Sechs Wochen lagen wir vor der Barre[77] des Mississippiflusses. Wegen zu niedrigen Wasserstandes konnten wir nicht hinüber. Mit Hülfe von drei Schleppdampfern waren wiederholt Versuche gemacht worden, aber ohne Erfolg. Während dieser Zeit drehte ein Matrose, ein Ire, durch, er hatte sich Sonntagskleider angezogen und war über Bord gesprungen. Schnell wurde ein Boot hinuntergelassen. Der Untersteuermann, noch drei Mann und ich sprangen rasch hinein, um den Iren zu retten, was uns auch gelang. Ein Engländer faßte ihn zuerst mit den Worten beim Kragen, er solle sich in Zukunft einen Stein um den Hals binden, dann brauchten wir ihn nicht wiederzuholen. Das Schiff wieder zu erreichen war in dem harten Strom für uns auch keine leichte Arbeit. Nun wurde der Mann eingesperrt, und zwar im Lukenhaus, wo er toll umhertobte. Bei Nacht war es recht unangenehm anzuhören.

Die LOUIS HENRY war mit der schweren Ladung auf Grund gestoßen und bereits leck geworden, so daß häufig gepumpt werden mußte. Endlich kam die Erlösung, ein ungewöhnlich hoher Wasserstand, und mit Hülfe der Schleppdampfer kamen wir über die Barre. Das Leck des Schiffes war von selbst wohl wieder dicht geworden, denn nach und nach machte es weniger Wasser. Als wir an die Stadt kamen, sprach man allgemein von dem großen deutschen Schiff, das sechs Wochen vor der Barre gelegen hatte.

In New Orleans herrschte das Gelbe Fieber sehr stark, es starben täglich sechzig bis achtzig Personen an dieser schrecklichen Krankheit. Als die Ladung gelöscht war, wurden wir von den Arbeiten in der Sonne möglichst verschont. Am Ende der Löschtage hatten wir den Wein noch alle kräftig probiert. Mit dem letzten Faß wurde der Matrose Justus Dahnert unter Hurra-Rufen, während er einen Besen schwang, hoch unter den Ladebaum gehievt. Alle Mann gaben nochmals ein dreifaches Hurra, und dann wurde der Matrose gelandet.

In New Orleans luden wir Baumwolle für Bremen. Das Übernehmen und Verstauen war ausbedungen, wir hatten damit nichts zu tun. Unser Schiff war inzwischen ganz dicht geworden, die Pumpen wurden aber aus Vorsicht am Morgen und Abend gepeilt[78]. Unbesorgt wegen des früheren Lecks, traten wir die Reise nach Bremen an. Als wir aber aus der Florida-Straße in bewegte See kamen, da zeigte sich das Leck von neuem und war in der Nähe von Cap Hatteras[79] schon so schlimm, daß beide Pumpen fast ständig bemannt waren und keine fünfzehn Minuten stehen durften. Da wurde Schiffsrat gehalten und beschlossen, New York als Nothafen anzulaufen. Das war unser Glück; denn acht Tage nach unserer Ankunft dort wehte auf dem Ozean ein Orkan, in dem wir ohne Zweifel untergegangen wären, weil wir zum entsprechenden Segelmanöver bei solchem Wetter keine Zeit gehabt hätten.

Die Ladung wurde gelöscht, das Schiff ins Trockendock gelegt und ganz kalfatert[80]. Dann wurden Kimmkielschweine[81] zur Verstärkung eingelegt, die Ladung wurde wieder eingenommen, und wir segelten nach Bremen weiter. Nach 21 Tagen erreichten wir wohlbehalten die Weser. Beim Einsegeln wehte ein starker NNW-Wind. Da hörte ich, daß der Lotse zu Kapitän Tegeler sagte: „Nu is dat ook woll Tiet for uns Grootseil?" „Ja, Lotse, hang't der man up, wenn't nich holln will, mutt't bräken." Wir standen mit zwei Mann am Ruder. Ich dachte, der Alte habe nun Eile, nach Hause zu kommen, und konnte mich des Lachens kaum erwehren; denn fast die ganze Mittelnaht seines Seerocks war auf dem Rücken aufgeplatzt, so daß die Watte heraushing. Ich glaube, der Alte hatte sich einen guten Sherry-Wein genommen.

Kolossal schob sich das Schiff durchs Wasser. In Bremerhaven wurden wir alle gleich am ersten Tag entlassen. Beim Packen meiner Sachen war ich recht traurig, wehmutsvoll gestimmt darüber, daß ich nun wieder aus dem Verdienst kam und dieses Schiff, auf dem ich sehr gerne gefahren war, wieder verlassen mußte.

Dazu quälte mich der Gedanke, wie es wohl zu Hause sei. Keiner von uns wurde gefragt, ob wir wieder auslaufen wollten, und das befremdete uns. Der Matrose Friedrich Pauls, Hermann Früchtenicht und ich wollten z. B. gerne wieder mitfahren, und als wir in Bremen an der Bischofsnadel in Kapitän Tegelers Wohnung unser Geld erhielten und auch hier nicht gefragt wurden, da taten wir drei uns auf der Straße zusammen, einigten uns, noch einmal wieder hineinzugehen und dem Kapitän zu sagen, daß wir gerne wieder mit ihm fahren wollten. Da erfuhren wir denn, weshalb er uns nicht gefragt hatte: Die LOUIS HENRY sollte verkauft werden.

Nun verließen wir das Haus beruhigt. In dem schönen, großen Delikatessen-Laden standen zwei hübsche Blondinen, die unsere Grüße freundlich erwiderten. Wir drei, Hermann, Friedrich und ich, verabredeten uns nun, wieder zusammen auf einem Schiff nach dem Süden zu fahren. Es wurde wieder Winter, und deshalb wollten wir die stürmischen Reisen in der Kälte nach Nordamerika vermeiden. Friedrich blieb mit mir in der Schlafstelle in Bremen, und Hermann ging auf einige Tage nach Grohn/Vegesack, er hatte dort eine Braut. Unser Seezeug wurde ergänzt, und mein erübrigtes Geld schickte ich wie sonst nach Hause, worauf die Dankesbriefe der Mutter kamen.

Wir verheuerten uns nach einigen Tagen bei Kapitän Adolf Dannemann auf der Bark CUPIDO[82], einem jüngst von ihm angekauften italienischen Schiff, welches in Hamburg Ladung für Montevideo und Buenos Aires einnahm. In Bremen wurden wir angemustert. Es war kein großes Schiff, die Besatzung bestand aus zwölf Mann im ganzen.

Mein Bruder Hinrich besuchte hier jetzt die Steuermannsschule. Da sein Geld knapp war, gab ich ihm 48 Taler. Mit dem Matrosen Wilhelm Detjen aus Bremen schloß ich bei der Anmusterung gleich gute Bekanntschaft, er lud mich ein zu sich nach Hause und abends ins Theater. Wir waren all die Tage nach der Anmusterung viel zusammen. Eine Eisenbahnverbindung zwischen Bremen und Hamburg gab es noch nicht, wir fuhren abends mit dem Omnibus von Bremen ab und kamen am anderen Morgen um sechs Uhr in Hamburg an. Verschiedene Male wurde bei den Gasthöfen angehalten, um die Pferde zu füttern, und wo die Leute zu Bett waren, klopften wir sie heraus. Allerlei Scherze wurden gemacht, wir amüsierten uns auf unsere Weise. Im Wagen erzählten oder sangen wir, jedenfalls hatten wir keine Langeweile.

Die CUPIDO gefiel mir gleich nicht, der Steuermann war ein abgestoßener Kapitän in den fünfziger Jahren, ein Nörgler und unsympathischer Mensch. Es wurde erzählt, daß er wegen starken Trinkens heruntergekommen sei. Die Ausreise mit der CUPIDO begann mit stürmischem Gegenwind. Bis wir aus dem Englischen Kanal herausliefen, brauchten wir nicht weniger als drei Wochen. In der kalten, stürmischen, finsteren Schneegestöber-Nacht vom 25. zum 26. Dezember wären wir beinahe auf der Insel Wight[83] gestrandet. Das Feuer von St. Catharines Point schien uns bereits aufs Deck, als es gesichtet wurde. Halbentkleidet kam die Freiwache eiligst in der kalten Nacht mit an Deck, um die CUPIDO möglichst schnell herumzubringen. Dies glückte, und als das Schiff gewendet war, sagte der Kapitän zu mir: „Das wäre ein kalter Tod gewesen!" Nun bekamen wir einen tüchtigen holländischen Genever, der uns wieder durchwärmen sollte.

Am 8. Januar 1868 lagen wir bei stürmischem Wetter und hohem Seegang vor den Untermarssegeln auf den Außengründen vor dem Englischen Kanal, beigedreht nach südwärts. Von acht bis zwölf Uhr nachts hatte ich mit dem Steuermann die Wache an Deck, und da nun mein Geburtstag mit dem 9. Januar begann, zu dessen Feier ich eine Flasche Doppelkümmel mitgenommen hatte, waren wir noch eine halbe Stunde in fröhlicher Stimmung aufgeblieben und hatten uns dann in die Koje gelegt. Aber kaum waren wir warm geworden, da traf eine schwere See das Schiff, und in meine Koje strömte das kalte Wasser. Mit einem Sprung standen wir alle auf unseren Kisten, um uns anzukleiden. Da wurde auch schon die Logistür geöffnet und wir an Deck befohlen. Die schwere Welle hatte an der Luvseite die Schanzungen[84] weggerissen und die Ringbolzen, an welche die Boote gelascht (befestigt) waren, gebrochen, so daß diese quer auf Deck lagen. Die Freiwache stellte zuerst die Pumpen an, aber das Schiff machte kein Wasser. Nun waren wir mit allen Männern dabei, die Schanzungen auszubessern. Es war eine harte Arbeit. Alle Augenblicke bekamen wir eine Welle über den Kopf, wobei wir uns nur mit Mühe halten konnten. Das war ein schöner Geburtstag für mich!

Weiter verlief die Reise ohne Unfall, aber wir hatten eine sehr lange Überfahrt von 86 Tagen, nicht allein wegen der Gegenwinde; die CUPIDO war auch ein schlechter Segler. Als wir glücklich auf der Außenreede von Buenos Aires angekommen waren, hatten wir die beschwerliche Reise auch bald wieder vergessen. Der Ankerplatz lag recht weit von der Stadt entfernt; deshalb wohnte Kapitän Dannemann auch an Land. Friedrich Pauls und ich waren Bootsgäste, wir hatten ein schönes Segelboot mit wasserdichten Tanks. In Ballast fuhren wir von hier nach einem kleinen Platz an der Westküste, Tanne, erhielten den dritten Teil der Ladung Mehl in Säcken, verbrachten hier 1868 die Pfingsttage, versegelten dann nach Valparaiso, um dort die Ladung Mehl zu ergänzen.

In Valparaiso gefiel es uns sehr gut. Die Stadt liegt hübsch am Meer. Des Sonntagsnachmittags ritten Friedrich, Wilhelm Detjen und ich oft spazieren, was uns sehr viel Vergnügen machte. Hier fand mein gelerntes Spanisch wieder Verwendung.

Wir fuhren nach Buenos Aires zurück und machten noch einmal die Reise nach Valparaiso. Diesmal war die Fahrt nicht so angenehm, es war inzwischen bei Kap Horn Winter geworden. Das Kap mieden wir und fuhren in einer Mondscheinnacht, begünstigt von gutem Wind, durch die Le Maire-Straße[85] und erreichten Valparaiso nach dreißig Tagen.

Vom Ankerplatz aus gesehen, macht sich Valparaiso vor allem des Abends mit den in Linie laufenden vielen Straßenlichtern sehr schön. Das Klima ist angenehm und gesund, daher die Vegetation vorzüglich. Der Weizen gedeiht hier viel besser als in Norddeutschland. An einem Sonntagnachmittag wurde Petri Fischzug gefeiert. Die Statue, welche Petrus vorstellen sollte, hatte man auf das Deck eines kleinen Dampfers gestellt. Dem Dampfer folgte eine große Anzahl Fahrzeuge, Segel- und Ruderboote, mit Festteilnehmern besetzt und bunt beflaggt, nach See zu. Durch eine später einsetzende starke Brise konnten viele von ihnen nur mit Mühe die Stadt wieder erreichen. „Nun wollen wir doch eben sehen, wo sie mit Petrus bleiben“, bemerkte der Kapitän. Schnell war unser Boot fertig, und wir ruderten an Land. Petrus hatte man in die Kirche gebracht, und hier wurde wohl eine Dankespredigt über den guten Erfolg und die glückliche Landung gehalten.

Mit voller Ladung Mehl in den Säcken fuhren wir nach Bahia Honda/Brasilien[86]. Auf dieser Reise hatte ich nochmals ernstlich Krach mit dem Steuermann, der nach meiner Ansicht ein Vergnügen daran fand, uns zu ärgern. Es war bei einem Segelmanöver in der Nacht, als er ohne Ursache auf meinen Freund Friedrich, der auf der Großrahe[87] war, schimpfte. Das empörte mich so sehr, daß ich den Steuermann beinahe an die Kehle gefaßt hätte. Da bekam er Angst, und seitdem war seine Haltung uns gegenüber erträglich. Der Kapitän war ein guter Mensch, auch die Verpflegung war tadellos, aber der Steuermann hatte mir das Leben als Matrose ganz verleidet, und ich dachte nun um so mehr an mein weiteres Fortkommen.

Ob ich nun wohl die Steuermannsschule besuchen konnte? Mein Geld von dieser Reise reichte dazu nicht aus, und bisher hatte ich alles an die arme Mutter gegeben. Wenn ich nun heimkehrte, würde ich sie doch auch wieder von neuem unterstützen müssen, zumal mein Bruder während des Steuermannskurses nicht allein nichts verdient, sondern sogar noch Schulden gemacht hatte. Hinrich hatte nie viel an Mutter abgeben können, er brauchte zuviel für sich. So waren es oft recht traurige Gedanken, die mich des Nachts auf der Wache beschäftigten.

Bahia, die Geschäftsstadt, liegt unten am Wasser und hat nur enge, unsaubere Straßen. Schlechte Luft staute sich in ihnen, daher herrschte hier wohl auch so oft das Gelbe Fieber. Die Privatwohnungen der besser situierten Familien lagen oben am Berge, wo die Luft rein und die Straßen breit angelegt waren. In einer Sänfte ließen sich Angehörige der besseren Klasse von kräftigen Negersklaven hinauftragen.

Beladen mit Tabak in Ballen, welcher von einem Head-Stevedore mit mehreren Sklaven verstaut worden war, fuhren wir von hier nach Hamburg. Im Winter 1868 kamen wir auf der Elbe, die noch voll Eis war, glücklich an. Wir fuhren dann wieder bei Nacht mit dem Omnibus nach Bremen, wo die Abmusterung stattfand.

Nun reiste ich nach Hause und stieg in Esens bei Gastwirt Rodenbäck aus, von dem ich sehr liebenswürdig empfangen und bewirtet wurde. Ich hatte ihm von Bahia einige Zigarren mitgebracht. Als ich meine Schiffskiste öffnete, wunderten sich alle über die große Ordnung und Reinlichkeit der Kleider; das waren sie von den hiesigen Seeleuten nicht gewohnt. Frau Rodenbäck mußte das auch sehen. Freiwillig bot Herr Rodenbäck mir an, daß, wenn ich nun die Steuermannsschule besuchen wollte, er mir das fehlende Geld vorstrecken wolle, und erzählte mir, daß er auch meinem Bruder Geld geliehen habe, gegen fünf Prozent pro anno. Wohlgemut wanderte ich nun nach Hause, wo es ein freudiges, glückliches Wiedersehen gab. Ich wollte nun Steuermann werden, und an genügender Fahrzeit und guten Zeugnissen fehlte es mir nicht für die Steuermannsschule.

4. Besuch der Navigationsschule in Bremen

Nach vier Wochen Aufenthalt zu Hause reiste ich, ohne eine Vorbereitungsschule besucht zu haben, nach Bremen ab. Bei der Vorprüfung unter Aufsicht des Lehrers Romberg hatte ich beim ersten Male eine Aufgabe falsch gerechnet, sie wurde mir dann zurückgegeben. Nun konnte ich noch einmal rechnen, und diesmal war die Lösung zu meinem Glück richtig. Im anderen Falle wäre ich nicht aufgenommen worden. Zu Anfang des Unterrichts hatte ich einen schweren Stand, weil ich als Knabe zuwenig gelernt, die Dorfschule schon mit dem eben vollendeten dreizehnten Lebensjahre verlassen hatte. Ein ernstlicher Wille vermag aber viel, wie ich denn auch gezeigt habe. Von 22 jungen Leuten waren in der Vorprüfung zwei durchgefallen. Wilhelm Detjen besuchte die Schule auch, und unter den zwanzig Schülern waren wir nur drei, die eine Dorfschule besucht hatten.

Anfangs kostete es mich Mühe, mit übers Feld zu kommen, weil ich keine Geometrie gehabt hatte, die ziemlich rasch abgehandelt wurde. Meine Mitschüler, die meistens die Bürgerschule oder das Gymnasium bis zur Sekunda besucht hatten, waren mir weit voraus. Es war übrigens eine gute Gewohnheit der Lehrer, die Schwächeren an die große schwarze Wandtafel zu stellen. Bei dieser Gelegenheit lachte einmal ein hochnäsiger Mitschüler über meine falsche Erklärung, worüber ich sehr ärgerlich wurde. Da sagte Dr. Bernpohl, der Klassenlehrer, zu mir: „Nur nicht verdrießlich werden, lieber Fokken, ich bin überzeugt, daß Sie sich später sehr gut machen werden", und er hatte sich nicht getäuscht. Nach der Schulzeit stellte ich aber den Oberländer zur Rede, gleich so, daß er sich später zusammennahm. Es währte auch nicht allzu lange, daß ich bei Beginn der Unterweisung in der Trigonometrie, die die anderen auch noch nicht erlernt hatten, nicht allein schon sehr gut mitkam, sondern, je schwieriger die Aufgaben wurden, desto größere Fortschritte machte gegenüber der Mehrzahl der Mitschüler. An unermüdlichem Fleiß ließ ich es auch nicht fehlen, wohl wissend, daß meine Zukunft davon abhing. Je weiter wir kamen, desto mehr Vergnügen fand ich an dem Unterricht, und am Ende des Kurses wurde ich zu den besseren Schülern gezählt.

Ich wohnte bei Frau Wwe. Kuhlmann, deren beide Brüder auch Steuerleute waren. Der eine hielt damals Hochzeit, sie wurde in einem großen Gesellschaftssaale gefeiert. Es waren etwa 120 Gäste anwesend, und die Feier war sehr vergnüglich. Unsere Wohnung lag an der Contrescarpe und war hübsch. Zwei nette Stuben hatte ich für mich und zahlte monatlich 25 Taler bei voller Verpflegung.

Hier erinnerte ich mich in einer Mußestunde an die mir früher befreundete Familie Finke in Brake, schrieb einen Brief, in dem ich mich nach aller Befinden erkundigte, und erhielt auch bald Antwort, u. a. die Mitteilung, daß Marie nun mit Kapitän Behrens verheiratet sei, daß der in den nächsten Tagen in Bremen wegen Befrachtung seines Schiffes zu tun habe und, da seine junge Frau und deren Schwester Catharine auch mitkämen, daß sie, wenn es mir angenehm sei, mich eben besuchen wollten. Ich möge nur die Zeit bestimmen. Das war mir sehr angenehm. Frau Kuhlmann, meine Wirtin, hatte ich über diesen Besuch in Kenntnis gesetzt, damit sie, wenn ich einmal nicht zu Hause wäre, Bescheid wußte.

Mit einer Kartenaufgabe war ich gerade fertig, als die Mitteilung kam, daß zwei junge Damen mich zu sprechen wünschten. Maries Mann ließ sich entschuldigen, weil er zu tun hatte, lud mich aber für den Abend zum Tee und Theater ein, was ich natürlich dankend annahm. Sie wohnten in „Stadt Hull" an der Langenstraße. Marie war red-

№ 20879

Seefahrtsbuch

für

Joh. Friedr. Fokken

ausgefertigt

Bremen, den 21 Juli 1868

Wasserschout
der freien Hansestadt Bremen.

Preis des Buches 6 Grote.

Titelseite des Bremer Seefahrtsbuches für Johann Fokken,
linke Seite: Portal des „Hauses Seefahrt" in Bremen mit der Inschrift „navigare necesse est, vivere non est necesse"

selig und vergnügt; alte Erlebnisse wurden in Erinnerung gebracht. Catharine, jetzt achtzehn Jahre alt, war schweigsam, aber wie hübsch war das Mädchen geworden! Die großen dunklen Augen, das starke dunkle Haar, die gesunde Gesichtsfarbe und die schöne Figur fielen mir nun noch mehr auf als früher. Sie war nicht allein sehr hübsch, sie hatte auch viel Anmut und zeigte sich ruhig und bescheiden. Kein Wunder, daß mir das Mädchen gefiel. Meine Wohnung und ihre schöne Lage sagten beiden sehr zu. In „Stadt Hull" ließ ich mich vom Kellner anmelden; zu meiner angenehmen Überraschung kam Catharine herunter, mich zu empfangen. Bei Tisch und auch im Theater saßen wir nebeneinander. Ich weiß nicht, wieso, aber wir sagten einander nur wenig. Vor dem Hotel verabschiedete ich mich.

5. Erste Reise als Steuermann

Später wechselte ich die Wohnung, zog mit zwei Kollegen zusammen zu Schlachter Seeger in der Sögestraße. Wir drei, Hermann Vogt aus Grohn bei Vegesack, Schulze, ein Süddeutscher, und ich arbeiteten nun zusammen. Das Examen bestand ich mit Gut, telegraphierte auch sofort an Rodenbäck.

Annonce der Seefahrtschule Bremen

Nun hörte ich, daß Kapitän Christian Haesloop in Vegesack einen Untersteuermann suchte, aber den Ruf hatte, sehr streng zu sein, so daß kein Untersteuermann gerne mit ihm reisen wollte. Das konnte mich nicht abhalten. Gleich am Sonntagnachmittag fuhr ich mit Zylinderhut, wie es damals in Bremen Mode war, nach Vegesack. Kapitän Haesloop blätterte mein Zeugnisbuch durch; an seinem Gesicht erkannte ich schon, daß er damit zufrieden war. Betragen und Fähigkeiten waren auf jedem Schiff als sehr gut bezeichnet worden. So wurde ich denn auch gleich angenommen gegen sechzig Mark Heuer monatlich.

LEOPOLDINE[88] hieß sein Schiff, eine Brigg. Sie lag in Bremerhaven, und mit einer Ladung Stückgüter sollten wir nach Lissabon segeln. Gleich reiste ich nach Hause, um meine Schiffskiste mit Seezeug zu holen. Daß ich meine Mutter nun nicht unterstützen konnte, bedauerte ich sehr. Um ihr zu helfen, hatte ich ja bis zu 450 Mark von Rodenbäck geliehen. Sonst hätte ich das nicht nötig gehabt. Denn über die Hälfte von dem, was ich von meiner letzten Reise als Matrose mitbrachte, hatte ich Mutter gegeben. Mehr konnte ich nicht für sie tun. Sparsamer, als ich in Bremen gelebt hatte, konnte ich wohl nicht leben. Ich rauchte nicht und trank wenig, höchstens ein Glas Bremer Braunbier beim Butterbrot während der Pause in der Schule, aber auch das nur selten. Viel weniger noch nahm ich an Vergnügungen teil. Wenn meine Wirtsleute bewunderten, daß ich so selten ausging, dann sagte ich: „Ich bin hier, um zu lernen, und nicht, um Vergnügungen mitzumachen." Geld von Rodenbäck zu leihen und damit leichtsinnig umzugehen, das brachte ich nicht fertig. Der gute Rodenbäck war sichtlich über mein Weiterkommen erfreut. Als ich fortging, drückte er mir noch ein halbes Dutzend Zigarren in die Hand.

Die Besatzung der LEOPOLDINE umfaßte zehn Mann. Der Obersteuermann war der Neffe des Kapitäns, er war schon in den dreißiger Jahren. Der Kapitän war wohl hoch in den Fünfzigern, aber leidend und somit früh gealtert, ein großer, hagerer, sehr unzufriedener Mann. Bald klagte er über den einen, bald über den anderen Matrosen, daß sie nicht genug arbeiteten. Der Kapitän war sehr für gutes Essen, und einen vorzüglichen Tisch hatten wir in der Kajüte. Auch die Mannschaft vorne brauchte nicht zu

Brigg DELPHIN

klagen. Als Untersteuermann hatte ich des Kapitäns Wache wahrzunehmen, er selber kam bei Nacht wenig an Deck, nur wenn es absolut notwendig war, wir uns dem Land näherten oder wenn es ein besonderes Segelmanöver gab. Die Reederei hieß Arends (Bremen) und stand in sehr gutem Ruf.

In Lissabon kaufte der Kapitän eine Ladung Salz; das Einschaufeln auf Deck mußte ich mit dem Matrosen Nicolaus vornehmen. Das Salz wurde nämlich gemessen, nicht gewogen. Wir sollten damit nach Rio de Janeiro segeln. An einem Sonntagnachmittag gingen der Obersteuermann Georg Haesloop und ich zusammen an Land, um uns Lissabon anzusehen. Auf unserem Spaziergang kamen wir in einen öffentlichen Garten, in dem bei schönem Wetter viele Gäste, Damen und Herren, an kleinen, runden Marmortischen bei Schokolade, Wein oder Bier saßen. Auch Unterhaltungsmusik gab es. „Da wollen wir hinein“, sagte ich zu Haesloop. Bei einer Flasche Wein haben wir uns dann amüsiert.

Steuermann Haesloop war wenig resolut, er verstand es nicht, die Matrosen richtig zu behandeln. Viel lieber wollten sie unter meinem Kommando arbeiten. Ich ging auch gern mit dem besten Beispiel voran, war immer der erste bei der Arbeit und wollte mir in keiner Weise etwas zuschulden kommen lassen, damit der Kapitän keinen Anlaß hatte, sich über mich zu beklagen. Aber auch nirgends habe ich vorher so hart gearbeitet wie auf diesem Schiff. Pünktlich gab ich den Leuten Feierabend, wogegen unter dem Obersteuermann die Leute gewöhnlich später die Arbeit beendeten. Ich war viel mit dem Segelausbessern beschäftigt.

Meine Stellung als Untersteuermann auf diesem Schiffe war nicht ganz rosig, vor allem auch deshalb nicht, weil der Obersteuermann der Neffe des Alten war. Mit dem Obersteuermann hatte ich in Rio de Janeiro einmal gehörig Krach. Da kam der Kapitän an

Deck und trat natürlich auf seines Neffen Seite. Ich stellte mich vor den Kapitän und sagte, wenn er irgend etwas an mir zu tadeln habe, möge er mich nur sofort freilassen. „Nein“, meinte er, er habe nichts zu tadeln. Nun ging er mit seinem Neffen in die Kajüte, wo beide eine lange Unterredung hatten.

Als man auf den anderen dort im Hafen liegenden deutschen Schiffen von dem Krach gehört hatte, kamen zwei Kapitäne, die mich gern als Obersteuermann engagieren wollten. Der eine, von der Brigg DELPHIN[89], ebenfalls von Arends Reederei, bat wiederholt darum, aber Haesloop wollte mich nicht freilassen.

Rio de Janeiro hat einen wunderschönen Naturhafen mit einer großen Bai. Jeden Morgen ging ich mit dem Koch um 5 1/2 Uhr nach dem Markt, um Einkäufe von Fleisch, Fisch, Gemüse und Früchten zu tätigen. Der Markt war reichhaltig und immer stark besucht, auch von Damen der besseren Stände. Mir fiel eine hübsche junge Dame, eine Kreolin, auf, die jeden Morgen mit ihrer Mutter kam, einen Diener in Begleitung.

Wir luden hier Kaffee für Galveston[90]. Da sich dadurch unsere Reise in die Länge zog, ließ ich auf dem deutschen Konsulat meinen Militär-Paß verlängern, um bei meiner Heimkehr keine Unannehmlichkeiten zu haben. — Obgleich tief mit Kaffee beladen, hatten wir den NO-Passat hinunter doch eine gute Reise. Obersteuermann Haesloop, dem es an Selbstvertrauen mangelte, vermehrte während der Reise geheimnisvoll im Raum die Anzahl der eingenommenen Säcke um zwei, da er für den Fall, daß er ein oder zwei Säcke beim Löschen in Galveston zuwenig hatte, diese nicht zu bezahlen brauchte. Nun stellte sich die Richtigkeit der Anzahl der eingenommenen Säcke doch heraus, und die zwei überzähligen Säcke mußten wegen der Zollvisite beiseite geschafft werden, was der Obersteuermann ganz heimlich besorgte, mir aber doch bekannt war. Glücklicherweise kam mir im Halbdeck, als er gerade die Säcke versteckt hatte, der Gedanke, daß er böse dabei hereinfallen könnte, wenn er keinen sichereren Platz für die beiden Säcke wählte, weil die Zollbeamten scharf revidierten. Mir mißfielen solche Handlungen, denn bei richtigem Empfang mußte auch die richtige Anzahl wieder herauskommen. Haesloop war mir sehr dankbar, daß ich ihm die beiden Säcke in ein durchaus sicheres Versteck brachte.

Die Stadt Galveston hat nichts Schönes, unansehnliche hölzerne Häuser stehen dort, und die Straßen sind uneben und nicht gepflastert. Viele Deutsche wohnen dort. Man sagt, daß die Deutschen in Texas mehr ihre heimatlichen Gewohnheiten beibehielten als anderwärts in Amerika. Wir luden auf der Reede Baumwolle für Bremen. Sie wurde uns mit großen Leichtern (Gaffelschonern)[91] in großen gepreßten Ballen herausgebracht. Beim Laden stimmte wieder die Notierung des Obersteuermanns nicht mit der des Schiffers vom Leichter überein, man blieb um einen Ballen im Disput. Dies fiel mir auf, als beide später wieder übereinstimmten, und ich dachte: „Das Ding hat einen Haken“, wartete, bis der Leichter entlöscht war und der Obersteuermann dem Leichterführer in unserer Kajüte einen Empfangsschein ausstellte. Um sicherzugehen, nahm ich vier Mann von unseren Leuten mit, die den Raum des Schoners revidieren sollten, und hier fand ich meine Vermutung, daß noch ein Ballen dort liege, bestätigt. Ganz hinten in der Dunkelheit an der Wand lag ein Ballen und davor ein Haufen loser Baumwolle. Nun teilte ich dem Obersteuermann das mit, und man mußte den Ballen herausrücken. Im anderen Falle hätte er ihn in Bremerhaven bezahlen müssen, womit sein auf der Reise verdientes Geld verlustig gegangen wäre. Daß er mir vieles zu danken hatte, wußte er sehr wohl. — Der Kapitän wohnte so lange an Land, bis das Schiff beladen war.

6. Zwischenspiel bei der Kaiserlichen Marine

In Bremerhaven mußte ich wegen Militärangelegenheiten die LEOPOLDINE verlassen. Das beste Zeugnis wurde mir ausgestellt. Wie ich später hörte, ist Kapitän Haesloop auf der folgenden Reise gestorben.

Nach der Abmusterung reiste ich nach Hause, kam aber zunächst nicht weiter als bis zu Rodenbäck in Esens, wo ich meine Schulden abzahlte und hörte, daß man mich öffentlich als Deserteur bezeichnet hatte, worüber Herr Rodenbäck sich Sorge machte. Er ließ deshalb den Gerichtssekretär Steffens in sein Haus kommen, der die Ursache meines längeren Fortbleibens zu Protokoll nahm, so daß ich mir in keiner Weise etwas zuschulden kommen lassen mußte. Mit dem Protokoll ging ich sofort nach Aurich, um mich hier bei der betreffenden Militärbehörde zu melden, bis Ogenbargen mit dem Omnibus, von dort zu Fuß. Abends kam ich in Aurich an, und am folgenden Vormittag erschien ich im Büro. Der Vorsteher, wahrscheinlich ein Unteroffizier, schnauzte mich gleich an, ob ich glaubte, daß Preußen ein Taubennest sei. Dann gab er mir eine Ordonnanz mit, die mich zum Obersten führte. Der empfing mich höflich, und als er das Protokoll und meine anderen Papiere durchgesehen, sich überzeugt hatte, daß alles in bester Ordnung war, bat er mich, Platz zu nehmen, erkundigte sich mit Interesse nach meinen Reisen, bewunderte, daß ich noch gar nicht zu Hause gewesen war, und verschrieb mir zehn Tage Urlaub. Die Ordonnanz, die im Korridor gewartet hatte, mußte mich nun zum Arzt führen. Hier war ich bald fertig. „Bei der Marine können sie froh sein, wenn sie alle solche Kerls bekommen“, meinte der Arzt.

Herr Rodenbäck war sehr erfreut, daß die Sache so günstig verlaufen war. Ich selber hatte mir keine Gedanken gemacht, weil ich keine Schuld an der verlängerten Reise trug und mein Paß ja auch vom Konsul in Rio verlängert worden war. Die wenigen Tage zu Hause waren bald vergangen. Dann meldete ich mich wieder in Aurich, ging von hier nach Vorschrift zu Fuß nach Leer und fuhr weiter mit der Bahn über Hannover und Hamburg nach Kiel.

Es war am 1. April 1869, als die Einjährigen bei der Marine eingestellt wurden. Ich kam mit verschiedenen anderen am 2. April dort an. „Unbedingt brauchbar“, sagte der Arzt gleich zu mir, dann wurde ich der II. Abteilung auf dem alten Kasernen-Schiff BARBAROSSA[92] zugeteilt. Sechzig Einjährige waren wir in dieser Abteilung. Die ersten Nächte konnte ich in den alten Hängematten und Decken nicht schlafen, aber bald gewöhnte ich mich daran. Unteroffizier Kaiser, ein Bootsmann I. Klasse, exerzierte uns ein. Was man ist, muß man ganz sein, und so war ich nun auch ganz Soldat. Auf dem Kasernen-Schiff übte ich mich mit noch einem Einjährigen namens Schmidt während der Freizeit in der Handhabung der Waffen. Es währte auch nicht lange, als Kaiser auf dem Exerzierplatz sagte: „Fokken und Schmidt können sich rühren.“ Die anderen mußten weiter exerzieren und sich gar ausschimpfen lassen.

Nach zwei Monaten wurden wir beide nach der Marineschule beordert, dort blieben wir zwei Monate. Da kam Befehl von Berlin, daß sämtliche Einjährigen an Bord von in Dienst gestellten Schiffen zu beordern seien. Ich kam auf die KÖNIG WILHELM[93], die neu von England herübergekommen war, bekam hier einen schönen Posten, wurde Großrahgast[94], und bei „Anker auf“ mußte ich in der Batterie bei den Ankerketten sein. Im Hafen war ich Bootssteurer. Admiral Jagdmann war Kommandant, der erste Offizier wurde Östreicher von uns genannt, Kupfer und Knorr waren die beiden Kapitänleutnants. Der erste war Batteriekommandeur.

Da die Marine noch jung war, ließ das Segelmanöver zu wünschen übrig. Aber in der Batterie und beim Übungsschießen war es ein Vergnügen, da klappte alles. Kapitänleutnant Knorr war ein wachsamer, tüchtiger und gestrenger Navigationsoffizier, scharf überwachte er auch die Kadetten. Unter anderem hörte ich ihn einmal von der Brücke herunter rufen: „Kadett Oelrich, Sie sollten sich lieber die Windsäcke[95] ansehen als die Decksplanken.“ Die Windsäcke hingen ein wenig schief. — Es hatte einmal jemand dem Stabswachtmeister, der streng, aber nicht ungerecht war, den Ärmel aus seinem Paraderock geschnitten. Da mußten wir an Deck antreten, und als keiner etwas sagte, erhielten wir alle eine Woche Bordarrest.

In Kiel besuchten der Kronprinz Friedrich mit Frau und Kindern und Prinz Friedrich Karl das Schiff. Alle Soldaten waren in Parade aufgestellt, wir Matrosen auf den Rahen. Prinz Friedrich Karl imponierte mir in der Husaren-Uniform am meisten.

Im Herbst wurde das Schiff abgetakelt und an der Werft in Winterlage gelegt. Ich war nur drei Monate auf der KÖNIG WILHELM, dann wurde ich abkommandiert, mußte Übungen mit Feldschützen machen, und danach tat ich nur Unteroffiziersdienste und wurde vom Feldwebel Brinkmann sowohl wie von dem Abteilungsführer, Kapitänleutnant v. Hallerstein, sehr liebenswürdig behandelt. Dieser hat mich wiederholt gebeten, ich möge bei der Marine bleiben, was ich auch vielleicht getan hätte. Aber mein Leben lang Deckoffizier bleiben zu müssen, das war mir nicht genug, und weiter hinaufkommen konnte ich wegen meiner geringen Schulkenntnisse nicht. Da war es also besser für mich, eine Schule des Lebens durchzumachen.

Um Weihnachten war ich auf Urlaub zu Hause. Von meinem Sold hatte ich mir das nötige Geld zusammengespart, und als ich einen Tag über meine Urlaubszeit fortblieb (ich gab als Entschuldigung an, den Zug verpaßt zu haben), sagte Brinkmann: „Nu, Fokken, Sie lassen sich ja sonst nichts zuschulden kommen und machen hier eine Ausnahme, deshalb wollen wir hiervon kein Aufhebens machen.“ Feldwebel Brinkmann war ein guter Mensch für die, die auf den Dienst paßten, er kannte aber auch seine Leute genau, und wer keinen Stein bei ihm im Brett hatte — und solche waren genug da —, den nahm er denn auch stets aufs Korn.

Im Frühjahr 1870 tat ich weiter nichts, als Rekruten zu exerzieren. Dabei stand ich wieder unter Aufsicht eines Deckoffiziers. Dieser verlangte einmal von mir, ich solle es den Leuten doch einmal vormachen, vielleicht könne ich es selber nicht besser. Mit dem Gewehr des Flügelmannes trat ich nun einige Schritte vor die Front, wobei ich das Gewehr so fest gegen die Schulter warf, daß ich nach einer Woche noch eine blaue Stelle dort hatte. Der Offizier drehte sich um und sagte kein Wort. Ein anderes Mal marschierten wir in Sektionen. Dabei mußte ich den Schritt angeben; da schrie derselbe Deckoffizier, ich solle abtreten, und befahl einen anderen an meine Stelle. Dieser aber hatte noch keine zehn Schritte getan, da schrie der kleine Kerl wieder: „Der kann's gar nicht.“ Ich mußte nun wieder eintreten. Er wollte mich also bloß schikanieren, waren doch alle meine Vorgesetzten bisher des Lobes voll über mich gewesen. Auch Kapitänleutnant v. Hallerstein war mir nach wie vor sehr wohlwollend gesonnen. Jeden Morgen mußte ich in seine Wohnung kommen, um die Dienste entgegenzunehmen. Aber den Deckoffizier hätte ich kaltblütig niederhauen können.

Auf Veranlassung von Kapitänleutnant v. Hallerstein hatte ich in der letzten Zeit sehr bequeme Dienste. Am 10. April 1870 wurde ich entlassen. Auf der Eisenbahnfahrt nach Hause bewunderten einige Mitreisende mein ruhiges Verhalten, da gewöhnlich entlassene Soldaten aufgeregt und ausgelassen sind.

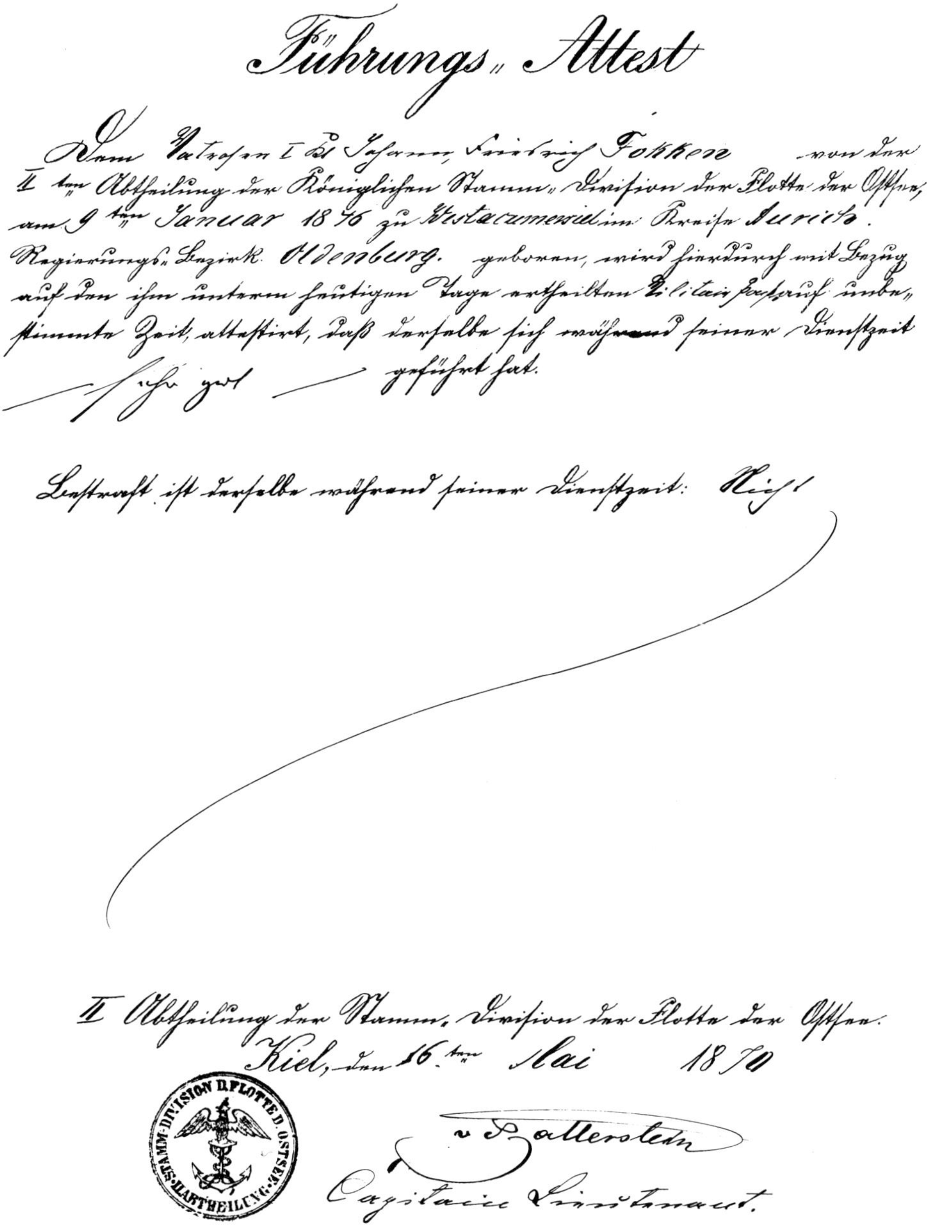

Führungs-Attest

Dem Matrosen I Kl. Johann Friedrich Fokken von der II ten Abtheilung der Königlichen Stamm-Division der Flotte der Ostsee, am 9 ten Januar 1846 zu Westaccumersiel im Kreise Aurich, Regierungs-Bezirk Oldenburg, geboren, wird hierdurch mit Bezug auf den ihm unterm heutigen Tage ertheilten Militair-Paß auf unbestimmte Zeit, attestirt, daß derselbe sich während seiner Dienstzeit

sehr gut geführt hat.

Bestraft ist derselbe während seiner Dienstzeit: Nicht

II Abtheilung der Stamm-Division der Flotte der Ostsee.
Kiel, den 16 ten Mai 1870

STAMM-DIVISION D. FLOTTE D. OSTSEE II. ABTHEILUNG

v. Ballerstein
Capitain Lieutenant.

Führungszeugnis des „Capitain Lieutenants“ von Ballerstein für Johann Fokken

7. Wieder als Steuermann auf Schiffen der Weser

Meine Gedanken beschäftigten sich mit ernsten Sachen, ich war nun wieder ganz ohne Mittel. Um mein Seezeug zu vervollständigen, mußte ich notwendig wieder etwas Geld von Rodenbäck leihen. Darüber und über eine baldige Anstellung dachte ich nach. Zu Hause war ich nur ein paar Tage, die arme Mutter bedauerte ich sehr, traurig war der Abschied.

Von Rodenbäck erhielt ich 150 Mark gegen fünf Prozent Zinsen. Er und seine Familie behandelten mich wie immer nett. Die Töchter waren herangewachsen. Daß die älteste später meine Frau würde, daran dachte ich damals nicht. Wie hätte ich das auch denken können! Da hätte ja der Vater sagen dürfen, einem Bettler gebe er seine Tochter nicht. So waren darüber meine Gedanken. Die älteste war früh groß und kräftig entwickelt, gefiel mir schon früher, aber weiter durfte ich nicht denken.

Ich reiste nun hoffnungsvoll nach Vegesack und nahm Wohnung bei dem früheren Kapitän Wessels. Dort wohnte noch Untersteuermann Scholze, der in Vegesack bekannt war und es nicht so eilig mit dem Verheuern hatte wie ich. Von ihm hörte ich, daß der Reeder D. Bischoff eine vakante Stelle auf dem in Liverpool liegenden Schoner META[96] unter Kapitän v. Seggern hatte. Es sei aber eine Obersteuermannsstelle. Als Bischoff meine Zeugnisse durchgesehen hatte, wurden wir sofort einig, und er versprach mir eine Monatsgage, so hoch, wie sie nur ein Steuermann von Bremen bekam. Ich mußte ihm sehr gefallen.

Das war Glück für mich, weil ich nun bald in Verdienst kam, und noch dazu als erster Steuermann. Dies freudige Ereignis teilte ich sofort Rodenbäck mit. Nun besorgte ich mir meine Seekleider für die lange Reise, die META sollte nämlich nach Guayaquil an der Westküste Südamerikas segeln.

Die META lag in Toyes Dock, wo die Ladung Mahagoni gelöscht worden war. Kapitän Arend v. Seggern, der Untersteuermann (ein Papenburger) und der Schiffskoch waren allein an Bord, die anderen entlassen. Der erste Steuermann war den Tag vor meiner Ankunft abgereist. Kapitän v. Seggern schien mit mir zufrieden zu sein; denn er war außerordentlich liebenswürdig gegen mich.

Nun sollte die META nach Queensdock geschleppt werden. In der Schleuse empfingen wir das Schlepptau des Dampfers, der Lotse war bei mir auf der Back und führte nach meinem Dünken ein allzu großes Wort. Und als das Schlepptau sich mangels Hülfe verwickelte, während der Dampfer schon anzog, schrie der Lotse aus voller Kehle: "Goddam, mate, can't you see?“ Das ließ ich mir nicht gefallen und hielt ihm die Handspeiche vor die Stirn, drohend, daß ich ihm den Kopf zerschlagen würde, wenn er sich nicht in acht nähme mit seinen Auslassungen. Ich könne wohl besser sehen als er. Da wurde er leichenblaß vor Angst und sagte nachher zum Kapitän: "You have a hellish mate there, a first-class-man.“

Wir hatten wohl den dritten Teil der Stückgüter für Guayaquil geladen. Der Kapitän war nach Hause gereist, und vom Untersteuermann hatte ich inzwischen erfahren, daß er schon sein Kapitäns-Examen gemacht hatte. Das war stark, er hatte die Reise schon mit der META gemacht, und nun war der Obersteuermann entlassen, er nicht befördert, und ich mit dem Steuermannsexamen wurde über ihn gestellt, wohl als Folge meiner vorzüglichen Zeugnisse.

Nun brach der Krieg mit Frankreich aus[97], und bald kam die Order vom deutschen Konsul, daß sämtliche Militärpflichtigen sich bei ihm zu melden hätten und nach

Deutschland gesandt werden sollten. Ich selber war natürlich auch militärpflichtig, konnte jedoch an Bord bleiben, weil der Kapitän nicht da war, und als dieser wieder herüberkam, um den Frachtkontrakt rückgängig zu machen, da hatten sie bereits mehr Leute bei der Marine, als sie verwenden konnten, und ich blieb an Bord.
Die bereits eingenommene Ladung wurde gelöscht, und die META wurde wie alle anwesenden deutschen Schiffe nach Birkenhead[98] hinübergebracht, um auf See nicht von französischen Kriegsschiffen abgefaßt zu werden. Hier blieben wir, bis der Krieg beendet war. Dann nahm Kapitän v. Seggern wieder Fracht nach Guayaquil an.
Beim Laden lag die META dicht neben dem Bremer Schoner SCHWAN[99] unter Kapitän P. Seetzen. Dieser schien mir sehr eifrig und vorwärtsstrebend zu sein, was ich jeden Tag beobachtete und mir sehr gefiel. Ich hörte auch, daß sie mit drei Brüdern zwei eigene Schiffe hatten. Der Steuermann auf der SCHWAN war ein Verwandter meines Kapitäns, paßte jedoch nach meiner Beobachtung durchaus nicht zu Seetzen. Nun wollte ich gerne tauschen, leider wollte das v. Seggern nicht. Auf der Reise merkte ich schon in den ersten Tagen, daß wir keine gute Mannschaft bekommen hatten, gemeine Kerle, zwei davon waren sechs Wochen in der Tretmühle gewesen, eine rohe Bande, und das auf dieser langen Reise! Wiederholt kamen Streitigkeiten vor.
Verschiedene Schiffe, von Süden kommend, also heimwärts bestimmt, fragten per Signal bei uns an, ob Krieg oder Frieden sei. Die konnten wir beruhigen und gaben ihnen das Signal: „Frieden".
Auf etwa 24° südlicher Breite warf ich einen schweren Springer (Schweinsfisch). Wir hatten ihn kaum aus dem Wasser gezogen, als die Harpune herausriß und der Fisch mausetot an der Schiffsseite längs nach achtern ins Kielwasser trieb. A. v. Seggern war sehr traurig darüber, weil wir noch lange Zeit an keinen frischen Braten denken durften. Da fragte er mich, ob wir den Fisch holen wollten. Rasch entschlossen wir uns. Die Segel wurden backgebraßt[100], und das Boot wurde ausgesetzt, wobei ich die Leute ermutigte zu zeigen, wie schnell wir das erledigen würden, sozusagen als Probe dafür, wenn es einmal hieße „Mann über Bord". Dabei erwähnte ich den Vorfall auf der OCEANUS unter Kapitän Springer. In einer kurzen Zeit von zwanzig Minuten lag der große Fisch an Deck, und auch das Boot war wieder auf seinem Platz. Da sagte ich zu den Matrosen: „So, Jungs, das soll uns mal einer nachmachen!" Es waren zwar einfache Leute, aber tüchtig waren sie, wenn sie nur wollten und richtig angeleitet wurden. Niemand freute sich mehr als A. v. Seggern. Wir haben auch eine schöne Anzahl von Beefsteaks durch den Fang bekommen.
Wir hatten eine lange und zeitweise stürmische Ausreise. Der Tisch war hier bei weitem nicht so gut wie auf der LEOPOLDINE, manches von dem Proviant wurde auch schlecht. Das Brot (Hartbrot) war voller Würmer. Ebenso schlecht war es um Graupen und Mehl bestellt, auch das Salzfleisch war von geringer Qualität, wovon einige Barrel[101] ungenießbar wurden. Ich litt aber nicht darunter, fühlte mich durchaus wohl und behielt trotz allem guten Appetit.
A. v. Seggern war ein guter Navigator. In der Segelführung waren wir oft uneinig, er war hierin zu unbeständig. Manchmal ließ er die Segel zu lange hängen, wenn es uns von geringem Nutzen war, und wenn gerade viel herauszuholen war, ließ er die Segel manchmal recht früh festmachen, und dann war er mit dem Wiederbeisetzen der Segel recht langsam. Wir hatten diesbezüglich oft Meinungsverschiedenheiten, ich ließ aber nie nach, weil ich meiner Sache gewiß war und ihn auch letztlich überzeugen konnte. Es führt zu weit, all diese einzelnen Vorfälle hier zu erzählen.

A. v. Seggern war ein guter, aber auch ein sehr eigener Mensch. Er war ein tüchtiger Rechner, aber ich war ihm doch manchmal überlegen, und das ärgerte ihn, z. B. bei der Außenmittagsbreite aus zwei Höhen und der Zwischenzeit, wobei ich die Länge und Breite mit einem Schlage fand, ihm stets zuvorkam. Er warf dann ärgerlich seine Bücher beiseite und ging an Deck. Ein anderes Mal sagte er: „Ich begreife nicht, wie meine früheren Steuerleute bei dieser Aufgabe so viele Bücher und so viel Zeit gebrauchten, und Sie sind so schnell damit fertig."

Es ist schön, mit vollen Segeln bei beständig schönem Wetter im Passat zu segeln, vor allem bei Nacht. Der Himmel ist dann wolkenleer, bedeckt mit unzähligen Sternen. Das ist gegenüber den vielen Stürmen, die man auf höheren Breitengraden im Norden und Süden durchzukämpfen hat, ein Genuß, bei dem mir oft der Gedanke kam, wie schön es doch ist, ein Seemann zu sein.

Wir brauchten 158 Tage bis Guayaquil[102], das war lange. Schnellsegler war die META nicht. Die Stadt liegt weit landeinwärts am Rio Guayas, hatte damals etwa 25 000 Einwohner wegen des auswärtigen Handels der Republik (Ecuador). Kakao, Gummi, Corozos-Nüsse[103], Chinarinde[104] und Kaffee sind die Hauptausfuhrartikel, auch edle Metalle und viele Panamahüte[105]. Das Klima war gesund. Wir luden Kakao, Gummi und Nüsse nach Falmouth für Order. Vom Ablader erhielt ich einen schönen Panamahut geschenkt.

Von unserer Mannschaft waren verschiedene desertiert, die durch andere, jedoch nicht vollständig, ersetzt wurden. Die Heimfahrt ging rascher vonstatten. Ich tat hierzu auch mein Bestes, z. B. wenn v. Seggern bei sehr günstigem, aber kräftigem Winde des Abends die Segel verkleinern oder sogar beidrehen wollte, weil die Wache zu schwach war. Dann erbot ich mich, mit an Deck zu bleiben, damit wir kräftig weitersegelten. So war er zufrieden.

Mein Bestreben war stets, vorwärtszukommen. Es lag mir viel daran, daß das Schiff, auf dem ich als Obersteuermann fuhr, möglichst rasche Reisen machte, erblickte darin auch mein weiteres Fortkommen. Auf der nördlichen Halbkugel im NO-Passat trafen wir einen amerikanischen Schoner an, die Flagge halbmast gehißt. Wir braßten back, um zu hören, was denn an Bord fehle. Bald legte sich dessen Boot bei uns längsseits. Der Amerikaner war schon 75 Tage von Arkona (Adriatischer Meerbusen) unterwegs, wollte nach New Orleans und hatte Mangel an Lebensmitteln. Allzuviel konnten wir auch nicht ablassen und gaben dem Steuermann den Rat, St. Thomas anzulaufen, wohin sie mit dem Passatwind in zehn Tagen segeln konnten.

Nach 101 Tagen waren wir in Falmouth und erhielten Order nach Hamburg. Wie schön, herrlich schmeckte uns nun das frische Fleisch, Gemüse und Brot, das wir hier erhielten nach so langer Zeit der Entbehrung. Aus dem alten Hartbrot hatten wir auf der Reise vor dem Einweichen erst die Würmer herausklopfen müssen.

Nach Abmusterung der Mannschaft in Hamburg sowie nach Erledigung der Einklarierung[106] reiste Kapitän v. Seggern nach Hause; er wohnte in Lemwerder bei Vegesack. Beim Verlassen des Schiffes bat ich ihn, ein gutes Wort bei Bischoff[107] für mich einzulegen. „Das versteht sich von selbst", war die Antwort. Ich war nun allein mit dem Koch an Bord und überwachte das Löschen. Als das Schiff entlöscht war, kam Bischoff selber mit v. Seggern nach Hamburg, um die META wieder zu verchartern. Bischoff sprach sich sehr zufrieden über mich aus. Kapitän v. Seggern hatte ihm gesagt, daß ich die Schifferschule besuchen wolle. Nun bat er mich, nach bestandenem Schifferexamen wieder zu ihm zu kommen.

Reeder
Johann Diedrich Bischoff
(1823–1893)
aus Vegesack

Auf einige Tage konnte ich nach Hause gehen. Mit Rodenbäck rechnete ich zuerst ab. Er wie seine Familie waren wie früher gleich liebenswürdig gegen mich. Da ich meine Mutter unterstützen mußte, würde ich mit meinem verdienten Gelde für die Dauer des Schifferkurses nicht auskommen. Deshalb versprach mir Rodenbäck von neuem, mir etwas zu leihen. Seine Kinder waren nun alle herangewachsen, der nun einzige Sohn war bei ihm in der Bäckerei beschäftigt, die beiden Töchter mit im Haushalt. Die dunkle Anna, jetzt sehr kräftig und gut aussehend, gefiel mir nun mehr als früher, aber an ein Liebesverhältnis wagte ich nicht im geringsten zu denken. Da hätte ich ja mit Recht einen derben Verweis vom Vater erwarten können; so dachte ich wenigstens, obgleich er mich wie einen Sohn behandelte. An Heirat durfte ich überhaupt noch nicht denken, ich war ja ohne Mittel und mußte mich erst emporarbeiten. Mein Verhältnis mit der so hübschen und angenehmen Catharine in Brake war gegen meinen Willen entstanden. Wie viele Vorwürfe hatte ich mir deswegen gemacht, da ich mich noch so lange nicht binden durfte! Und dennoch, teils veranlaßt durch meinen Freund Brauer, hatte ich mich ihr wieder, wenn auch vorsichtig, genähert. Da kam plötzlich eine glückliche Wendung, indem sie sich mit dem sehr gut situierten Schlachter und Viehhändler Fröhlich in Brake verlobte. Catharine wurde die Königin von Brake genannt.
Zu Hause blieb derselbe traurige Zustand, die gute Mutter hatte den Keim der Gemütskrankheit. Einmal wußte sie nicht, wo sie das Geld gelassen hatte, das ich ihr gegeben, ein anderes Mal hatte sie einen 50-Mk-Schein für einen 20-Mk-Schein ausgegeben; dann klagte sie, daß sie von den Nachbarn bestohlen worden sei, was mich sehr mißmutig stimmte. Wie sollte ich weiterkommen, wenn die Sache so fortging. Ich gab ab, was ich verdiente, und immer kamen mehr Schulden zustande. Von meinem Bruder Hinrich erhalte sie sehr wenig, klagte mir meine Mutter.

8. Das Kapitänsexamen

In Bremen fand ich Wohnung bei Kapitän Krüger am Neustadtsdeich zusammen mit Carl Weber, dem Sohn eines Arztes aus Nordheim, der wie ich die Schifferschule besuchen wollte. Bei Dr. Seelhoff hatten wir erst einige Tage Vorschule; er unterrichtete uns in Algebra, Flächen- und Körperberechnungen. Er war ein tüchtiger Rechner und stets gerne bereit, uns eine Sache, die nicht recht verstanden war, noch einmal zu erklären. Als er z. B. die räumliche Ecke in der sphärischen Trigonometrie erklärt hatte, sagte er: „Ist jemand unter Ihnen, meine Herren, der die Erklärung nicht recht verstanden hat, dann bin ich gerne bereit, die Sache noch einmal durchzunehmen." Da sagte Wilhelm Meyer (ein Bremer): „Herr Doktor, ich habe von der ganzen Sache nichts verstanden." Das war deutlich, und ich glaube, es war auch nicht einer unter uns, der es verstanden hatte.

Nun fing Seelhoff von neuem wieder an und zeichnete die räumliche Ecke diesmal etwas deutlicher an die große Tafel. Er fing damit an, es seien A, B, C, drei Punkte auf der Kugeloberfläche, gegeben, M sei der Kugelmittelpunkt. Verbindet man A mit M, B mit M und C mit M, so entsteht das sphärische Dreieck usw. Diesmal gewann ich klare Einsicht, begriff vollständig die ganze Ableitung der Formel und verfolgte mit großem Interesse die Erklärung. Zu Hause leitete ich mir die räumliche Ecke wiederholt in den ersten Tagen ab und prägte mir die Formel so fest ein, daß ich sie nicht wieder vergaß, weil sie zur Grundlage der sphärischen Astronomie diente.

Daran hatte ich gutgetan. Mein Stubenkollege Carl Weber hatte früher das Gymnasium bis zur Prima besucht und war mir infolgedessen in Sprachkenntnissen weit überlegen, aber trotz seiner guten Grundlage überflügelte ich ihn auf dieser Schule weit. Es fiel ihm schwer, sich in die Astronomie hineinzudenken, aber Mühe gab er sich zu Hause auch nicht. Er ging zu gerne aus. Wenn ich dagegen meine Schularbeiten fertig hatte, ging ich an die Tafel, um Formeln abzuleiten, wiederholte alles so lange, bis ich es gründlich konnte, und gelangte dadurch zu einer großen Fertigkeit im Ableiten.

Dr. Arthur Breusing[108] war der Schuldirektor. Auch er unterrichtete in der Schifferschule. Er war ein ganz vorzüglicher Lehrer, war aber parteiisch, zeigte mehr Sympathie für die Süddeutschen und für diejenigen, die eine höhere Schule besucht hatten. Mit dem Inspektor Oehme aus Berlin, der zu jedem Examen kam, lebte er auf Kriegsfuß. In dem letzten Examen waren von sechzehn Schülern sechs durchgefallen, hierunter auch mein Freund Justus Dahnert, der als Matrose mit mir auf der LOUIS HENRY war.

Wir waren wohl in der Mitte des Kurses, als Breusing die Aufgabe der vier Punkte erklärte, dann den Wunsch aussprach, daß hoffentlich einer unter uns sei, der ihm diese Aufgabe im Examen erklären könne, wie früher der jetzige Hafenmeister Misegars in Bremerhaven. Das wird mir nicht schwerfallen, dachte ich. Es war eine interessante Aufgabe, sie gehörte in die Ebene Trigonometrie und diente hauptsächlich dazu, die Lage der Meeresküsten, Türme, Tonnen, Baken etc. festzustellen. Wenn Breusing mir auch nie ein direktes Lob spendete, so wurde ihm doch nach und nach klar, daß ich einer seiner besten Schüler war. Mein durchaus tadelloses Betragen mußte ihm wohl auch immer mehr auffallen; denn mehr als einmal legte er, während er erzählte, seine Hand auf meine Schulter mit den Worten: „Nicht wahr, lieber Fokken, wenn doch alle so anständig wären wie wir." Ein anderes Mal sagte er zu mir: „Sie machen eine Ausnahme unter allen Ostfriesen, die ich hier kennengelernt habe."

Der Freihafen in Bremen, Postkarte von 1906

Mit Vorliebe studierte ich Astronomie und stieß dabei nie auf Schwierigkeiten. Zu meinen Kollegen sagte ich: „Wir sind ja nur Nachmacher, aber die, welche die Astronomie erst ausgedacht, die sphärischen Dreiecke zwischen den Gestirnen mit den Winkeln und Berechnungsmöglichkeiten erkannten, um hieraus Ortsbestimmungen zu machen, welche genau stimmten, die waren große Denker." Dr. Breusing konnte zuweilen auch wohl rasend werden, wenn er Fragen in der Astronomie stellte und er etwas lange auf eine Antwort warten mußte. Die vielleicht etwas schwierigeren Fragen stellte er gewöhnlich denjenigen Schülern, die höhere Schulen besucht hatten, und wenn die es nicht wußten, wurde er ärgerlich und sagte allgemein: „Weiß es denn keiner von Ihnen, meine Herren?" Nach einem Augenblick, als ich überzeugt war, daß es keiner wußte, rückte ich mit der Antwort heraus. „Warum haben Sie das nicht eher gesagt?" machte er mir dann den Vorwurf.

Einmal fragte er: „Wie findet man den Stundenwinkel zwischen den Gestirnen?", und als das keiner von den Gefragten wußte, war er ganz von Sinnen. Da rückte ich damit heraus: „Durch den Unterschied der geraden Aufsteigungen der Gestirne." „Auf der Erde ist dies?" — „Die Länge", sagte ich. „Jawohl, also doch einer, der es weiß", sagte er, aber ohne weiteres Lob. Nun fragte er mich weiter: „Und wodurch bestimmt man den Ort eines Gestirnes an der Himmelskugel?" — „Durch die Geradeaufsteigung und Abweichung." — „Richtig." Draußen sagten zwei meiner Freunde zu mir: „Du, Fokken, wenn die Antwort, die du gegeben hast, einer von den Süddeutschen gewußt hätte, dann wäre er des Lobes voll gewesen, und dir machte er noch Vorwürfe." Schadet nichts, dachte ich, jedenfalls habe ich ihm bewiesen, daß er mich mit seinen weiteren Fragen nicht festsetzen konnte.

Je näher wir dem Examen kamen, desto öfter besuchten mich einige Mitschüler, um mit mir an der Tafel die Formeln abzuleiten, wodurch ich noch mehr Übung im Ableiten bekam.

Während des Unterrichts bat mich Dr. Breusing wiederholt, ich möge mich nach beendetem Kursus beim Norddeutschen Lloyd[109] melden. „Gehen Sie zum Lloyd, lieber Fokken", sagte er dann mal wieder.

Einige Tage vor dem Examen hielt Breusing eine provisorische Prüfung mit uns ab, vor allem im Beweisen, im Ableiten einer Formel an der Tafel. Sie fiel sehr zu seiner Unzufriedenheit aus, er wurde am meisten von seinen angeblich besseren Schülern enttäuscht. Ich kam nicht an die Tafel, und während er sich so sehr beklagte, sagte Wilhelm Meyer: „Fokken kann den ganzen Breusing (Lehrbuch) auswendig." „Ja, lieber Fokken, ich verlasse mich auf Sie", sagte er, ohne mich zu prüfen. Da klagte ich ihm, daß ich früher kein Englisch gelernt hätte. Ich könne aber wohl eine Segelanweisung übersetzen usw. Er fiel mir gleich ins Wort: „Lieber Fokken, wenn Sie auch keine Silbe Englisch könnten, kämen Sie doch durch." Das war eine Beruhigung für mich. Um so viel sicherer ging ich zum mündlichen Examen.

Drei Tage währten die schriftlichen Arbeiten. Ich arbeitete nicht schnell, leitete bei jeder astronomischen Aufgabe, wie bei der zur Außenmittagsbreite, die Formel ab; ich tat das, um dem Inspektor zu beweisen, daß ich nicht allein das Rechnen, sondern auch die theoretische Lösung der Aufgaben gründlich verstand. Die Aufgabe über Meeresströmungen an der Westküste Südamerikas wurde bei mir mit „mangelhaft" bewertet, sonst würde ich mit Auszeichnung bestanden haben.

Zwischen dem schriftlichen und mündlichen Examen lag ein Tag Pause. An dem langen, grünen Tisch saß an einem Ende die Prüfungskommission, an dem anderen Ende saßen wir. Nach und nach wurden meine Kollegen an die große schwarze Tafel befohlen. Mit dem Ableiten ging es kümmerlich, durchaus nicht nach Breusings Wunsch; mehrere Male mußte ich aushelfen. Alle waren sie an der Tafel gewesen, und eine Pause war bereits verstrichen, da endlich sagte Dr. Breusing: „Lieber Fokken, Sie sind ja noch nicht an der Tafel gewesen, wollen Sie bitte mal hingehen. Was wollen Sie denn ableiten, lieber Fokken?" — „Das ist mir einerlei, Herr Doktor." — „Nun, wenn Sie so energisch auftreten, wollen wir mal sehen, was Sie leisten können. — Einer von meinen Dorfschülern", hörte ich Breusing sagen. Er bat den Inspektor, zu bestimmen; der lehnte aber ab. Dann bat er Dr. Beermann, den Schuldirektor aus Elsfleth. Auch dieser lehnte ab.

Nun wandte sich Breusing an mich. „Wollen Sie bitte die Aufgabe der vier Punkte nehmen", wogegen ich erwartete, die Monddistanz ableiten zu müssen. Da konnte ich also endlich loslegen: „Es sind bei dieser Aufgabe zwei Fälle zu unterscheiden, entweder ist die Lage zweier Punkte bekannt, und man soll von diesen aus die Lage zweier anderer Punkte durch Winkelmessung bestimmen, oder es ist die Lage dreier Punkte bekannt, und man soll die Lage eines vierten Punktes von diesen aus durch Winkelmessung bestimmen." „Richtig", sagte Breusing, „nehmen Sie den ersten Fall." Ich konstruierte die Figur, bezeichnete die Punkte mit großen lateinischen, die Winkel mit griechischen Buchstaben, stets dabei alles deutlich erklärend, wie es Breusing wünschte und so, wie er es selber machte. Als ich die Formel halb ausgearbeitet hatte, rief er: „Halt, löschen Sie die linke Seite aus und verwerten Sie die rechte Seite." Wenn ich die Formel nicht so gründlich verstanden hätte, würde er mich nun festgesetzt haben. Ich arbeitete aber unbehindert weiter, stets dabei erklärend. Dazwischen hörte ich wiederholt Breusing „sehr gut" sagen.

Norddeutscher Bund.

Zeugniss

über die Befähigung

zum

Schiffer auf grosser Fahrt.

Dem bisherigen Untersteuermann Johann Fokken,

~~geboren zu~~ Westeraccumersiel, den 9 ten Januar 1846,

wohnhaft in Westeraccumersiel,

welcher die vorschriftsmässige Steuermanns-Fahrzeit zur See zurückgelegt und die mit ihm angestellte Prüfung zum Schiffer auf grosser Fahrt bestanden hat,

wird hierdurch auf Grund der §§. 9 und 3 der Vorschriften über den Nachweis der Befähigung als Seeschiffer und Seesteuermann auf Deutschen Kauffahrteischiffen vom 25sten September 1869 (Bundes-Gesetzblatt Seite 660) die Befugniss beigelegt, Deutsche Kauffahrteischiffe jeder Grösse in allen Meeren zu führen.

Bremen, den 19 ten Februar 1873.

Die Senatscommission für Schiffahrtsangelegenheiten.

Formular E.

Kapitänspatent für Johann Fokken

Später ließ er mich in sein Privatzimmer zu sich kommen und reichte mir mit folgenden Worten die Hand: „Ich habe Sie zu mir kommen lassen, um Ihnen recht herzlich zu danken, Sie haben sich ganz vorzüglich gemacht, lieber Fokken. Nehmen Sie meine besten Wünsche mit auf Ihren Lebensweg."
Dem Inspektor war beim Durchlesen der Seefahrtzeugnisse wohl besonders aufgefallen, daß ich bereits 14 Monate als Obersteuermann gefahren, als solcher ein sehr gutes Zeugnis erhalten hatte und als ein in jeder Hinsicht tüchtiger Seemann von meinem Kapitän empfohlen worden war. Dies schien ihm ungewöhnlich, weshalb er sich in ein längeres Gespräch mit mir einließ, während dessen ich ihm erzählte, daß der zweite Steuermann schon sein Schifferexamen gehabt habe.
Der Leser wird an diesen Beispielen sehen, daß der ernstliche Wille viel vermag. Nun hatte ich die Berechtigung zum Schiffer auf großer Fahrt, d. h. die Berechtigung, Schiffe jeder Größe auf allen Meeren zu führen[110].

9. Mit der META nach Guayaquil

Am 19. Februar 1873 telegraphierte ich an Rodenbäck in Esens: „Bestanden." 200,– Mk hatte ich ja zu fünf Prozent von ihm geliehen.
Einige Tage vor dem Examen hatte ich an Bischoff in Vegesack geschrieben, daß ich mit meinem Geld zu kurz käme, weil ich meine Mutter unterstützte, und bat ihn, mir 200,– Mk vorzustrecken, worauf ich fünf Prozent Zinsen per Anno zahlen wollte. Gleich am anderen Tag besuchte er mich selber in meiner Wohnung. Er hatte in Bremen zu tun, gab mir den gewünschten Betrag und sprach seine Freude darüber aus, daß ich bald mit dem Studium zu Ende sein würde. Ich möge nur gleich nach dem Examen zu ihm kommen, er habe ein Schiff für mich.
In Vegesack angekommen, war ich aber sehr enttäuscht. Das Schiff, das Bischoff mir anvertrauen wollte, war ein von ihm angekaufter alter holländischer Dreimastschoner[111] und sollte in der Nord- und Ostsee mit Holz fahren. Nachdem ich mir das Schiff angesehen hatte, sagte ich zu Bischoff, er möge entschuldigen, aber ich hätte kein Vergnügen an der kleinen Fahrt und möchte auch nicht mein junges Leben auf dem alten Schiffe zubringen. Viel lieber wolle ich erst noch eine Reise als Obersteuermann machen, aber auf großer Fahrt. Das zu hören war für Bischoff nicht angenehm, aber als einsichtsvoller, praktischer Mann sah er doch ein, daß ich nicht anders konnte. Er besann sich einen Augenblick und sagte dann, daß in etwa vierzehn Tagen die META unter Kapitän v. Seggern in Liverpool erwartet werde und daß v. Seggern sich unzufrieden über seinen Obersteuermann geäußert habe, daß ich also wieder mit ihm fahren könne. Die META gehe von Liverpool wieder nach Guayaquil, und nach dieser Reise würde v. Seggern wahrscheinlich zu Hause bleiben, so daß ich dann die META übernehmen könne. Darauf ging ich sofort ein.
Jetzt hatte ich noch Zeit, meine Mutter auf einige Tage zu besuchen. Hier war alles beim alten, Freude konnte ich zu Hause nicht genießen. – Rodenbäck war sichtlich sehr erfreut über mein Fortkommen und empfing mich wie immer gleich liebenswürdig, so auch die ganze Familie.
Kapitän v. Seggern war sehr zufrieden, daß ich wieder bei ihm an Bord war. Während wir unsere Ladung für Guayaquil einnahmen, hörte ich, daß das Schiff, mit dem mein Stubenkollege in Bremen, Carl Weber, von Bremerhaven ausgegangen war, in der

Nordsee mit Mann und Maus untergegangen sei. Das war sehr traurig. Das Schifferexamen hatte er eben erst bestanden.
Mr. Williams lieferte die Ladung an der Kai, längsseits des Schiffes, an mich ab, derselbe Mann, der auch früher die Ladung für die META an mich übergeben hatte. Er war also ein alter Bekannter und guter Freund von mir. Diesmal hatten wir aber einen Disput wegen eines kleinen Fasses spanischen Weines. Dreihundert Weinfässer wurden von einem Dampfer gelöscht und wieder in die META verladen. Beim Zählen eines großen Teils auf dem Kai wurde von zwei Männern aus dem Kontor des Abladers der Fehler begangen, daß sie sich um ein Faß verzählten. Dies wußte ich bestimmt, schwieg aber darüber, weil ich dachte, es sei besser, ein Faß zuviel als zuwenig zu bekommen. Am anderen Tag kam man, um zu reklamieren; es müsse ein Faß mehr da sein als dreihundert. Darauf ließ ich mich nicht ein und bot an, sie könnten die Ladung löschen lassen, um sich zu überzeugen. Dazu kam es jedoch nicht, der Kapitän zeichnete auf dem Konnossement[112] ein Faß in Disput.
Durch viel Schwergut war die META ziemlich tief beladen. Die Reise ging trotzdem aber recht gut vonstatten. Fortuna war uns hold. Nun verwertete ich das auf der Schifferschule Gelernte in der Praxis. Wir nahmen oft Monddistanzen, um mit dem Ergebnis den Chronometer zu vergleichen. Jedesmal stimmte die Rechnung annähernd. Zur Übung und zum Vergleich rechnete ich auch häufig Nordsternbreiten sowie Breiten aus zwei Höhen und der Zwischenzeit, und es machte mir großes Vergnügen, daß die Ergebnisse so genau stimmten. — Sehr interessant sind die astronomischen Berechnungen zur Ortsbestimmung.
Wir trafen den Südost-Passatwind ebenso wie den Nordostpassat recht kräftig an. So das Meer mit einem schönen Segler zu durchschneiden ist ein wahres Vergnügen. Der Wind kam stets von einer Seite, und wenn alle Leinwand ausgespannt war, erreichten wir eine Fahrt von acht bis zehn Knoten, wobei kein Tropfen Wasser an Deck kam. Dabei genossen wir beständig schönes Wetter. Am angenehmsten waren die hellen Nächte. Als hoffnungsvoller Jüngling wanderte ich dann auf meiner Wache auf dem Achterdeck auf und ab. An meinem Weiterkommen zweifelte ich nicht.
Bei Kap Horn, wo es Winter war, hatten wir sehr schwere, anhaltende Stürme zu bestehen. Des Nachmittags um vier Uhr wurde es bei dem widerlichen Schneegestöber schon dunkel und vor neun Uhr morgens nicht hell. In finsterer Nacht watete man während der ganzen Wache vier Stunden lang in Schnee und Kälte umher und bekam dann und wann dazu noch einen Wellenschlag über den Kopf.
Eines Morgens gegen sechs Uhr schlug eine Welle den Stampfstock weg, der Bug setzte so viel unter, daß der ganze Bugspriet unter Wasser lag. Da war die Vormarsstenge[113] in Gefahr, herunterzubrechen, weil alle Stagen[114] lose lagen. Dem mußte abgeholfen werden. Keiner von den Matrosen wagte sich freiwillig unter den Bugspriet, um den Reservestampfstock, der vom Zimmermann bald hergestellt war, anzubringen. Da erbot ich mich ohne Besinnen, ließ mich auch von dem Kapitän, der mich zurückhalten wollte, nicht hindern. Ich band mir ein dünnes Tau unter den Armen um den Körper und kletterte hinaus, brachte auch die mit großer Gefahr verbundene Arbeit, ohne Schaden zu leiden, zu Ende. Nur einmal wurde ich bis an die Schultern in das kalte Wasser getaucht. Wir konnten die Stagen wieder festsetzen, und die Gefahr, die Vorstengen zu verlieren, war vorüber.
Nie habe ich so schöne Himmelserscheinungen, etwa Sternschnuppen in allen denkbaren Farben, gesehen wie in einer Nacht bei Kap Horn. Wiederholt kam ich während

der Wache des Kapitäns an Deck, um ihn beim Segelmanöver zu unterstützen. Ich scheute keine Arbeit, mein beständiger Gedanke war, vorwärtszustreben. Nach einem Sturm, während das Schiff rollte, kam ich zu einem bösen Fall, flog mit dem Rückgrat gegen die Regeling, wonach mir das Blut aus dem Halse floß. Ein Reffknüttel[115], an dem ich gezogen hatte, war abgerissen. In banger Sorge um meine Gesundheit lag ich zwei Tage zu Bett. Wider Erwarten wurde ich schnell wieder gesund.

Als wir endlich den SO-Passat im Stillen Ozean erreicht hatten, war das stürmische, kalte, grauenerregende Wetter bald vergessen. Es folgte ewiger Sonnenschein. Die Nächte waren bei Mondschein im Passat, der recht frisch wehte, so hell, daß man bequem auf Deck lesen konnte. Eines Nachts saß ich auf den Planken und las und wurde von einem nicht ganz kleinen Fliegenden Fisch erschreckt, der gegen meine linke Backe schlug und nach der Leeseite flatterte, wo ich ihn fassen konnte. In dieser Nacht bekamen wir fünf Fliegende Fische an Deck. In der Kajüte besorgte man uns dann ein genußreiches Frühstück. Wir waren eben nicht verwöhnt bei Tisch, das Essen auf dieser langen Reise war jämmerlich. Kein Gemüse gab es, überhaupt nichts Frisches. Erbsen, Bohnen, Graupen, Linsen und Mehl aßen wir abwechselnd mit Salzfleisch und Salzspeck. Im Hartbrot fanden sich auch wieder Würmer, und die Erbsen und Bohnen wurden beim Kochen kaum weich, sie klöterten[116] oft auf dem Teller. Der Koch verstand es auch nicht, einen ordentlichen Pudding zu machen; damit hätte man sich mitunter wohl die Augen verkleistern können. Die Hauptzutaten fehlen ja auch auf solchen Reisen. Mehl, mit Wasser und Sauerteig angerührt, kann nur ein tüchtiger Koch zu einem einigermaßen lockeren Pudding machen.

Als wir uns der Bucht von Guayaquil näherten, steuerten wir eines Nachmittags auf die Küste zu, um uns der Richtigkeit des Chronometers zu vergewissern; eine Monddistanz[117] hatten wir seit langer Zeit nicht nehmen können. Nach unserer Berechnung mußten wir bei Sonnenuntergang der Küste schon nahe sein, und doch konnten wir kein Land erblicken. Wir hatten um vier Uhr nachmittags noch verschiedene westliche Sonnenhöhen genommen, und die daraus berechnete Länge stimmte mit der morgens um acht Uhr beobachteten überein, wohlverstanden: die abgesegelte Distanz geographisch eingerechnet. Sonst hatten unsere Berechnungen auf dieser Reise sowohl wie auf der ersten, die ich mit der META gemacht hatte, fast immer genau gestimmt. Selbst wenn wir in mehreren Tagen keine astronomischen Beobachtungen machen konnten, fiel unsere geographische Rechnung auffallend korrekt aus.

Um so mehr bemerkten wir jetzt, daß wir bei Dunkelwerden noch immer das Land nicht sichteten. Wir behielten daher, als wir um 6 ½ Uhr zum Abendbrot hinuntergingen, den Kurs auf das Land zu bei. Um sieben Uhr waren wir alle an Deck, und kurze Zeit später hörten wir ein Geräusch wie das einer Brandung. Schnell wurde gehalst, im Nu hatten wir das Schiff herumgelegt und sahen nun in unserer Nähe zwei Inseln, nicht sehr groß. So sehr kann also die Luft in der Sichtweite trügen; denn seit dem Dunkelwerden hatten wir nur wenige Meilen zurückgelegt. Da wären wir also beinahe gestrandet, und das wäre unverzeihlich gewesen.

Nach 141 Tagen erreichten wir Guayaquil, und nach so langer Zeit auf dem Wasser erfreute man sich schon an dem Blöken des Viehs, dem Bellen der Hunde und an anderen Geräuschen an Land, als wir in der Dunkelheit den langen Fluß hinauffuhren. Zufällig segelten wir mit dem uns bekannten oldenburgischen Schoner FLORA[118] unter Kapitän Brinkmann auf die Stadt zu. Die FLORA lief jedoch schneller als die META. Angenehm waren für uns dann auch die von den Seeleuten sogenannten Bauernnächte,

№ 615.

Hansestadt Bremisches Amt Vegesack.

Heimathschein.

Von der unterzeichneten Behörde wird dem Schiffscapitain Johann Friedrich Fokken

geboren zu Westerackumersiel

und 28 Jahre alt, zum Zwecke des Aufenthalts in den Deutschen Staaten hiedurch bescheinigt, daß derselbe und zwar durch Aufnahme die Eigenschaft als Bremischer Staats-Angehöriger besitzt.

Vegesack, den 25. Septbr. 1874.

AMT VEGESACK.

Das Amt.

Gebühren 50 Pf.

Bestätigung der bremischen Staatsbürgerschaft für Johann Fokken von 1874

die wir ungestört durchschlafen konnten. Auf ruhigen Schlaf muß der Seemann auf See nämlich gänzlich verzichten. Manchmal ist er kaum in der Koje warm geworden, da muß er schon wieder in Sturm und Unwetter hinaus an Deck, in die Masten klettern und Segel reffen oder festmachen.

Während des Löschens stellte sich heraus, daß ich ein Faß Wein zuviel hatte. Nun wollte ich es auch behalten; denn hätte ich eins zuwenig gehabt, so hätte ich bezahlen müssen. Mit Hilfe eines zuverlässigen Matrosen vergrub ich das Faß vorn im Bug unter Steinkohlen, wo es auch die Zollvisite nach Entlöschen der Ladung nicht fand.

Nun kam v. Seggerns Geburtstag. Die META lag wieder auf dem Strom verankert. Ich deutete dem Kapitän an, daß wir seinen Geburtstag feiern wollten. Davon war er nicht erbaut; denn es lagen mehrere deutsche Schiffe da, er hätte dann die Kapitäne einladen müssen, und das ließ ihm keine Ruhe. Ich dachte aber anders, ich würde ihn schon in Stimmung bringen. Im geheimen bereitete ich alles vor. Vom Zimmermann hatte ich bereits aus Mahagoniholz einen hübschen Tabakskasten machen lassen, der inwendig verzinkt war. Dann wollte ich den Kapitän mit einem Demijohn[119] von dem Teneriffa-Wein überraschen; er hatte ja noch keine Ahnung, daß ich ein Faß Wein in Liverpool mehr bekommen hatte.

Illuminieren[120] wollte ich ebenfalls, das sollte aber auch vorher keiner von den anderen Kapitänen wissen; damit wollte ich sie alle überraschen. Die vielen Lampen wußte ich mir in allen Farben an Land zu verschaffen, die Mehrzahl erhielt ich vom Zollinspektor. Illuminiert wurde häufig in Guayaquil. Die Matrosen hatte ich gut instruiert und ihnen zugleich einige Flaschen Wein versprochen. Sie sollten am Geburtstage auch nicht arbeiten. Das genügte, um sie für meinen Zweck zu gewinnen. A. v. Seggern war ganz ahnungslos.

Um 6 ½ Uhr, als er noch nicht aufgestanden war, schmückte ich den Tisch in der Kajüte und stellte darauf den Demijohn Teneriffa-Wein und die gefüllte Tabaksdose, daran befestigt einen Zettel mit Glückwünschen zum Geburtstage. Dann hißte ich die Flaggen, dem folgten die anderen deutschen Schiffe, deren Kapitänen ich tags zuvor einen Wink gegeben hatte.

Kapitän v. Seggern war nun voller Freude; denn so etwas hatte vor mir noch kein Steuermann aufgestellt. Und als er nun an Deck kam und sah, daß die deutschen Schiffe alle die Flaggen im Winde wehen ließen, da mußte ich natürlich mit dem Boote hinüberfahren, Einladungen aussprechen und Einkäufe besorgen. Beim Festessen wurde ich sehr von v. Seggern gelobt. Der Tag verlief äußerst vergnügt, es wurde flott gezecht. Kapitän Brinkmann war zeitweise angeheitert, während Kapitän Sosaat, ebenfalls aus Elsfleth, etwas vorsichtiger war. Als abends die Dunkelheit hereinbrach, gab ich Veranlassung, daß die Kapitäne sich in der Kajüte aufhielten.

Alle Männer gingen nun rasch daran, die Lampen aufzubringen. Zuerst wurden die Flaggen eingeholt, dann die Lampen hübsch verteilt, an den Toppen der Masten, an den Enden und in der Mitte der Rahen, an den Nocken der Gaffel sowie am Ende des Klüverbaums[121] und am Stampfstock aufgehängt. Meine Leute, die gut instruiert waren, kletterten wie die Katzen auf und ab. Sehr bald war alles in zauberhaftes Licht getaucht. Nun war des Bewunderns kein Ende, der eine war noch mehr erstaunt als der andere. Am Hafen versammelte sich eine große Anzahl von Menschen. Nun mußte auch unser Boot fertiggemacht werden, man wollte den schönen Anblick auch vom Lande aus genießen. Zum Abendbrot fuhren wir wieder an Bord, und danach besuchten wir noch ein Café, wo wir eine köstlich schmeckende Tasse Schokolade erhielten.

10. Erste Reise als Kapitän

Beladen mit Kakao-Bohnen, Corozonüssen und Kautschuk fuhren wir nach Falmouth for Order. Die Überfahrt dauerte 118 Tage. Dort erhielten wir Order nach London. Als die META halb entlöscht war, fragte ich v. Seggern, ob er wieder mit dem Schiffe auslaufen wolle. Als er diese Frage bejahte, bat ich ihn, er möge an Bischoff schreiben, daß er einen Steuermann für meine Rechnung herüberschicke nach London. Ich müsse mich umsehen, um weiterzukommen.
Die Reisen nach der Westküste dauerten vierzehn Monate, und wenn inzwischen eine Kapitänsstelle vakant würde, wäre ich zu lange fort. Nach dem Gesetz konnte ich erst nach zwei Jahren freikommen, aber da ich die Unkosten für den neuen Steuermann bis London zahlte, konnte man nichts dagegen einwenden. In Vegesack sagte mir Bischoff: „Die erste Stelle, die auf unseren Schiffen frei wird, sollen Sie haben." Aber darauf wartete ich nicht. Ich wollte mich zuerst bei Arends in Bremen melden, kam aber nicht dahin. Kapitän Krüger am Neustadtsdeich, bei dem ich während des Schifferkurses gewohnt hatte, bot mir sofort bei meiner Ankunft sein früheres Schiff ETZHORN[122] von der Reederei Ramien in Elsfleth an. Krüger war wesentlich an dem Schiffe beteiligt, so daß er ein Wort mitzusprechen hatte.
Ein Schiff einer oldenburgischen Reederei zu fahren, dafür hatte ich wenig Sinn, dachte aber, als Kapitän bald bekanntzuwerden, nahm das Angebot an, und wir fuhren nach Elsfleth, wo Krüger mir den alten Ramien vorstellte. Ich übergab meine Papiere, und nach sorgfältiger Durchsicht sagte der Alte zu mir: „Von allen, die sich für die ETZHORN bei mir gemeldet haben, gefallen Sie mir am besten", und so wurden wir uns bald einig. Wir besuchten gemeinschaftlich zwei Schiffswerften; es wurde damals viel gebaut. Dann dampften wir wieder nach Bremen ab. Nun hatte ich etwa drei Monate zu warten, bis die ETZHORN in Brake ankam. Der gegenwärtige Kapitän tom Diek war nämlich nicht für das übermäßig schnelle Segeln, er trank gern einen und hatte fast auf jeder Reise Havarien.
Ich reiste zu meiner Schwester nach Oldenburg, wo meine Mutter im Krankenhaus lag, gemütskrank und auch sonst nicht gesund. Danach reiste ich nach Esens zu Rodenbäck, wo ich gegen ein monatliches Kostgeld die längste Zeit blieb. Während dieser Zeit begann mein Verhältnis mit der ältesten Tochter Anna, meiner jetzigen Frau. Zuerst hatte ich mich diesbezüglich an den Vater gewandt, der nichts dagegen hatte, seinen Kindern jedoch freien Willen ließ. Die Verbindung verzögerte sich dadurch, daß meine arme Mutter inzwischen verstarb, von ihrem Leiden erlöst wurde. Auch schien es mir, daß Frau Rodenbäck und Annas Geschwister gegenwirkten, hauptsächlich wohl, weil man die Gefahren, in der ein Seemann immer schwebte, fürchtete. Als ich auf meine briefliche Anfrage bei Anna keine Antwort erhielt, fragte ich mündlich bei ihr an, ob sie meinen Brief nicht erhalten habe, den ich an sie in Aurich geschrieben hatte. Ja, sie wolle aber noch etwas warten.
Nun war mein Entschluß bald gefaßt. Am anderen Tag packte ich meine Reisetasche unter dem Vorwand, meine Verwandten zu besuchen. Meine Absicht war aber, nicht wieder zurückzukommen. Während ich nun meine Sachen ordnete, hatte Anna in meiner Nähe zu tun und fragte mich wegen meiner Abreise, aber mit einer so weinerlichen, traurigen Stimme, daß ich ihr sofort den Verlobungskuß gab, den sie auch ohne Widerstreben annahm. Dann setzten wir uns im Saal auf eine Bank. Ich mußte mich erst mit Anna aussprechen, wollte wissen, ob sie Bedenken wegen einer Verbindung

mit mir gehabt habe. Ihre Antwort war: „Nein." Dann beteuerte ich ihr, daß nur ein Unglück mich von meinem weiteren Fortkommen abhalten könne. Unsere Verlobung sollte vorläufig geheim bleiben. Um keinen Verdacht zu erwecken, reiste ich am Nachmittag ab und kam nach zwei Tagen wieder.

Nach Ankunft der ETZHORN reiste ich nach Elsfleth und war nicht wenig erstaunt, daß der alte Ramien inzwischen unschlüssig geworden war. Er erzählte mir, man habe in Elsfleth soviel Redens davon gemacht, daß ein junger Mann von Bremen die ETZHORN führen solle, wo doch verschiedene Elsflether Kapitäne und noch dazu Familienväter zu Hause seien. Man habe ihm das Haus fast eingestürmt. Darauf führte ich Ramien gegenüber eine ernste Rede, daß es doch nicht in der Ordnung sei, nachdem er mir sein Wort, die Zusage gegeben, daß er jetzt wortbrüchig werde, nachdem ich fast drei Monate gewartet hätte, daß ich mich anderweitig hätte umsehen können. Und was die befahrenen anwesenden Kapitäne betreffe, so könnten die höchstens im Frachtgeschäft fähiger sein, aber das würde ich auch schon bald lernen. Im übrigen wolle ich bald Beweise liefern, daß mich keiner überflügele. „Sie sollen die ETZHORN haben und kein anderer, morgen wollen wir zusammen nach Brake fahren und bestimmen, welche Reparaturen ausgeführt werden müssen. Die ETZHORN muß auch neu verkupfert [123] werden." Damit war die Sache beschlossen. Von diesem Augenblick an waren Ramien und auch seine Frau sehr liebenswürdig gegen mich, er bediente mich mit Zigarren und seine Frau mit Kaffee; es waren einfache, aber brave Leute.

Als die ETZHORN in Ballast segelfertig lag, sagte Ramien: „So, Kapitän Fokken, nun fahren Sie nach St. Thomas und sehen, was Sie dort für eine lohnende Fracht erhalten können." Damit begann meine erste Reise als Schiffsführer.

Anfangs war mir der Wind nicht günstig, aber geschickt arbeitete ich mich schnell durch die Nordsee und den Kanal. Die ETZHORN erwies sich als ein guter Segler. Vom Kanal aus segelte ich mit günstigem Wind bis Madeira, dann traten veränderliche Winde bis zum NO-Passat ein, mit denen ich aber praktisch und gut segelte. Der NO-Passatwind war mittelmäßig stark; nach 33 Tagen erreichte ich St. Thomas.

Der Hafen war leer, nur eine Oldenburger Bark lief eine Stunde vor mir ein, welche nicht weniger als 56 Tage für die Überfahrt von der Weser gebraucht hatte. So war ich der zweite Frachtsuchende, lag also günstig. Die Schiffe, die an den folgenden Tagen, ebenfalls frachtsuchend, einliefen, meistens Elsflether und Braker, hatten alle lange Überfahrten. Meine erste Reise war, da ich sie alle übertroffen hatte, sehr gut.

Nach drei Wochen Aufenthalt erhielt ich eine Möglichkeit, in Laguna [124] Mahagoni zu laden, und zwar zu £ 3.2/6 ct per Ton. Kapitän Wenkes Schiff DETMAR [125] und Schuhmachers Brigg LIENEN [126] versegelten ebenfalls nach Laguna, um Blauholz zu laden. Sie segelten einen Tag später als ich ab. Im Golf von Mexico begann ab Progresso [127] ein heftiger Nordwind zu wehen, weshalb ich Laguna nicht anlaufen durfte. Ich drehte deshalb westlich von Sisal unter dem Winde. Hierdurch holten mich die oben erwähnten Schiffe ein, die waren weiter zurück und konnten somit durchsegeln. Dies war das erste, aber auch das letzte Mal, so lange ich als Kapitän gefahren bin, daß mich ein Schiff auf meinen Reisen einholte, wie wir später sehen werden. Daß Laguna einmal der Ort meiner späteren Tätigkeit werden sollte, davon hatte ich jetzt noch nicht die leiseste Ahnung.

Joaquin Quintana war der Agent des Abladers, der in Tabasco [128], in San Juan Bautista [129], wohnte. An Quintana war auch Kapitän P. U. Seetzen, den wir schon früher in Liverpool kennengelernt haben, adressiert. Seetzen war hier mit der Bark

Ex officio.

1874.

Freie Hansestadt Bremen.

Vegesack.

Band I

Seite 375.

№ 120.

Staatsbürger-Eid.

Ich will dem Bremischen Freistaate treu und hold und der Obrigkeit und den Gesetzen gehorsam sein.

Meine Pflichten als Staatsbürger will ich redlich erfüllen und alle Abgaben, welche auf Eid erhoben werden, insbesondere Schoß, Consumtionsabgabe und Umsatzsteuer, gewissenhaft entrichten.

Wenn ich in öffentlichen Angelegenheiten mitzuwirken habe, will ich keine andere Rücksicht walten lassen, als die auf das gemeine Beste.

So wahr helfe mir Gott!

Im Jahre Tausend Achthundert vier und siebenzig, am zweiundzwanzigsten September hat vorstehenden Eid feierlich vor ~~dem Senate abgestattet~~ einer Commission des Senats abgestattet:

Johann Friedrich Fokken aus Westeraccumersiel.

Bremen wie oben.

REGIERUNGS CANZLEI BREMEN

Ehmck

K.)
Staatsbürger-Eid des Kapitäns Johann Fokken

ALBATROS[130], die vorher sein jüngster Bruder Carl gefahren hatte. Er kaufte die Ladung für eigene Rechnung auf. Kapitän Wenke war ein intimer Freund von Seetzen, und da ich Wenkes Bekanntschaft schon in St. Thomas gemacht hatte, wurde ich durch ihn auch näher mit Seetzen bekannt, so daß dieser uns eines Sonntags zu Mittag einlud. Bei dieser Gelegenheit klagte ich über die schweren Mahagoniblöcke, die ich zu laden und zu verstauen hatte, ohne einen Stauer, lediglich Arbeitsleute zur Hilfe zu haben, wobei ich mich selber im Laderaum übermäßig anstrengen mußte. Da meinte Wenke, ich hätte immer zu klagen. Seetzen dagegen schien sich für mich zu interessieren. Ich hatte nämlich bei Tisch die Äußerung gemacht, daß ich die ETZHORN nur genommen hätte, um bekannt zu werden. Auf keinen Fall wollte ich darauf bleiben, hauptsächlich deshalb nicht, weil ich zuwenig verdiente. Schon am anderen Morgen früh um sechs Uhr besuchte mich Seetzen, um sich die großen Mahagoniblöcke anzusehen, die bis zu 14 000 Pfund wogen. Vor allem wollte er das Verstauen im Raum beobachten, und dies schien ihm ganz besonders zu gefallen. Er bestätigte mir, es selber trotz seiner langjährigen Praxis nicht besser machen zu können. Von nun an kam er jeden Morgen und sah sich meine Arbeit an. Wenke und auch Kapitän Schuhmacher hatten es bequem, sie luden Blauholz.

Von Laguna segelte ich nach Falmouth, das ich nach einer stürmischen Überfahrt von fünfzig Tagen erreichte, und erhielt hier Order, nach Liverpool zu segeln. Hier wurde wieder ein umfangreicher Briefwechsel mit meiner Braut möglich. Ramien schrieb mir, daß er es mir ganz überlasse, wie ich die ETZHORN fernerhin einsetzte. Er glaubte, daß wir gleicher Meinung seien. Das war nobel und sehr vertrauensvoll an mich jungen Kapitän geschrieben. Die Reederei teilte also ganz meine Ansicht, die ich in meinen Briefen zum Ausdruck gegeben hatte. Eine lohnende Ausfracht war von Liverpool nicht passend zu erhalten; nach Westindien wurde fast alles mit Dampfern verschifft. So segelte ich dann wieder in Ballast nach St. Thomas[131] und nahm Fracht an in Aux Cayes[132] (Haiti), und zwar Blauholz und Kaffee nach Falmouth für Order.

Oft war ich recht mißgestimmt, unzufrieden, wenn ich darüber nachdachte, daß ich den höchsten Punkt meines Berufes erreicht hatte und doch nur so wenig verdiente, im Monat 120,— Mk und zwei Prozent der Dividenden. Wo führte das hin? Jedenfalls mußte ich bald Wandel schaffen.

Aux Cayes ist ein kleiner Ort. Von dem Ablader und dessen Familie wurde ich recht nett behandelt und wiederholt zu Tisch geladen.

Die Überfahrt nach Falmouth war von mittelmäßiger Dauer, ich wurde aufgehalten durch Windstille. Auf 36° Breite hatten wir sehr hohe Dünungen, ein Zeichen dafür, daß in nicht allzu weiter Ferne ein Orkan gewütet hatte. Die Reederei war derzeit nicht ohne Sorge um die ETZHORN gewesen, wie ich später hörte. In Falmouth erhielt ich Order, nach Hamburg zu segeln. Das war nun eine allgemeine Freude für mich und meine Braut, eine doppelte Freude, uns nach so langer Trennung umarmen zu können. Es war im Oktober, die Reise nach Hamburg währte sehr lange, vierzehn Tage. Anhaltender schwerer Sturmwind aus dem Osten behinderte in der Nordsee mein Weiterkommen, ja, es fror sogar schon recht stark. Bei Texel sahen wir eine große Anzahl von Seglern, alle ostwärts bestimmt. Die ETZHORN war eines der ersten Schiffe, welche seit drei Wochen die Elbe einkamen.

Von Hamburg aus hielt ich brieflich bei den Eltern meiner mir bis jetzt heimlich verlobten Braut um deren Hand an. Als die ersehnte Antwort eintraf, reiste ich nach Esens, wo unsere Verlobung veröffentlicht wurde.

Schonerbrigg LIENEN

Inzwischen fuhr ich wegen Befrachtung der ETZHORN noch einmal nach Hamburg, und nachdem das Schiff an seinen Ladeplatz gebracht worden war, konnte ich wieder auf ein paar Tage nach Esens kommen. Viel Zeit hatte ich nicht; denn nur die eine Hälfte der Ladung sollte in Hamburg, die andere in Grimsby[133] eingenommen werden, bestimmt für Santa Catharina[134] an der brasilianischen Küste, wo die Kolonie vor einigen Jahren gegründet worden war. Auf dem Hamburger Bahnhof wurde ich von P. U. Seetzen angeredet. „Endlich finde ich Sie", begann er, „wie eine Stecknadel habe ich Sie gesucht." — „So, was haben Sie denn Neues für mich?" fragte ich. „Meine beiden Brüder und ich wollen uns als Kaufleute etablieren, haben in Vegesack bei Lange ein neues Schiff bestellt und wünschen, daß Sie sich mit daran beteiligen und die Führung übernehmen auf der beständigen Fahrt nach Laguna, wo Sie dann die Ladungen für uns einzukaufen haben." „Das ist ja sehr schön, das nähme ich gerne an, aber wie kann ich jetzt die ETZHORN verlassen, die in einer Woche segelfertig ist? So kann ich nicht davonlaufen, dafür haben Ramiens mich zu nobel behandelt." — „Machen Sie ruhig noch diese Reise mit der ETZHORN, und für den Fall, daß Sie nach der Fertigstellung unseres Schiffes noch nicht zurück sind, muß einer von meinen Brüdern eine Reise übernehmen." Darauf verabschiedeten wir uns, ich mußte einsteigen.
Zwei angenehme Tage verlebte ich bei Rodenbäcks. Dann stieg meine Braut mit mir in den Postwagen. Sie hatte Erlaubnis bekommen, mit mir nach Hamburg zu fahren, wo sie bei Schiffshändler Wriede wohnen sollte. In Sande konnten wir nun den Zug besteigen, das war angenehmer als früher. In Bremen wohnten wir im Hotel „Stadt Hull" an der Langenstraße, besuchten meines Bruders Frau und fuhren weiter nach Hamburg. Trotz der großen Kälte war es doch eine vergnügte Reise. Während ich in

Hamburg beschäftigt war, bemühte sich Frau Wriede, meiner Braut die Sehenswürdigkeiten dieser Stadt zu zeigen. Abends gingen wir zusammen ins Theater. Die angenehmen Tage waren bald vorüber, und ein wehmütiger Abschied folgte. Allein mußte meine Braut nach Esens zurück.
Bei starkem Frost und fast stürmischem Ostwind fuhren wir mit der ETZHORN um zwei Uhr früh von Hamburg ab. Nach 36 Stunden erreichten wir Hull[135]. Das Ansegeln der Küste bei dem starken Ostwind und bei der schneeigen Luft war eine recht bedenkliche Sache, nicht ohne Gefahr. Während der Überfahrt hatte ich aber fast beständig beim Mann am Ruder gestanden, damit genau auf den Kurs gesteuert wurde. So liefen wir denn auch schnurgerade auf die Humber-Mündung zu, wo wir den Lotsen erhielten. — Bade, Kirbach & Co. waren die Ablader in Hamburg, und so hieß auch die Firma in Santa Catharina, der ich von Hamburg aus sehr empfohlen war.
In Grimsby erlebte ich viele Widerwärtigkeiten, weil ich wegen Krankheit einen Teil der Mannschaft entlassen und andere wieder anmustern mußte. Da in Grimsby keine Leute zu bekommen waren, fuhr ich mit der Bahn nach Hull, wo ich einen Russen, Norweger und Schweden erhielt.
Mittelmäßig tief beladen, verließen wir den Humber am Nachmittag mit leichtem Südwind. Schon des Abends, als wir noch in der Nähe der Küste waren, lief der Wind östlich, dann ONO und nahm zu, war aber so günstig, daß wir auf Backbordhalsen mit gerefften Segeln, frei von den Bänken, unseren südlichen Kurs beibehalten konnten. Höllisch habe ich diese Nacht gesegelt, die Treppen des Halbdecks und die vorderen Kajütseingangstüren wurden von den Wellen zerschlagen. Die ganze Nacht blieb ich an Deck, es machte mir unendliche Freude, zu sehen, wie gut sich die ETZHORN bei solcher Witterung bewährte.
Der Ostwind hielt an, schon am dritten Tag segelten wir aus dem Englischen Kanal. Das war angenehm um diese Jahreszeit. Wir konnten nun bald einen südlichen Kurs einnehmen. Fortuna war uns hold, schon am achtzehnten Tag passierten wir den Äquator. Selbst im Stillegürtel behielten wir leichten, günstigen Wind, und nach einer außergewöhnlich schnellen Reise von 39 Tagen erreichten wir Santa Catharina. Bei Nacht segelte ich ein. Die ETZHORN war das erste Schiff, das die Reise von Grimsby in so kurzer Zeit zurückgelegt hatte. Bisher hatte die schnellste Fahrt 45 Tage gedauert.
Wie man mir schon in Hamburg gesagt hatte, waren die Herren Bade und Kirbach sehr nette, liebenswürdige Leute. In jeder Weise kamen sie mir entgegen. Des Sonntags und auch verschiedene Male in der Woche wurde ich von ihnen zu Tisch geladen. In jeder Weise wurde ich auch von den Familien zuvorkommend behandelt.
An zwei Sonntagen ritten Kirbach und sein Neffe, der Sozius Todeskiny, früher österreichischer Oberst, dann Gründer und Präsident der deutschen Kolonie in Santa Catharina — dort hatte er nur Undank geerntet, weshalb er seine Demission genommen —, und ich, also zu viert, um sechs Uhr früh aus. Uns begleitete ein Diener zu Pferde mit Tenatos (Strohkörbchen), die mit belegten Butterbroten und Eiern gefüllt waren. Oben am Berge, an einem schönen Aussichtspunkt, hielten wir um 10 1/2 Uhr Picknick, die Pferde wurden gefüttert und sollten auch einen Augenblick ruhen. Wir waren alle in bester Stimmung. Auf den Wegen nach dort hatten wir überall Kaffee-Plantagen gesehen. Dann und wann hatten wir auch bei einem Geschäftskunden angehalten und hier und dort ein Glas Bier getrunken. Wir ritten hinüber bis an die Südseite der Insel, wo wir in einer Bucht am Meeresstrand badeten. Erst um fünf Uhr abends kehrten wir heim. An den steilen Bergabhängen mußten wir mehrmals absteigen, daher wurde es spät.

Bei der Familie Todeskiny blieben wir abends zu Tisch. Es gefiel mir bei ihr sehr gut. Beim Kaffee klagte Frau Todeskiny, daß sie in der ganzen Stadt keinen festen Zucker erhalten könne. Das merkte ich mir und schickte ihr am folgenden Vormittag ein Brot Melis. Nach Tisch wurde im Salon musiziert, die Tochter spielte Piano, der Sohn auf der Geige, während wir anderen uns im Schaukelstuhl behaglich fühlten.
Die Insel liegt etwa zweihundert Meter vom Festlande entfernt. Hier befindet sich die deutsche Kolonie; eine große Zahl von Bewohnern kommt früh morgens in Booten mit Geflügel und Gemüse herüber, um es auf dem Markte in Desterro, der eigentlichen Stadt, zu verkaufen.
Bei meiner Abfahrt in Ballast nach Bahia[136] erhielt ich von den Herren eine Kiste schönen Doppelkümmel und von den Damen reizende Bouquets geschenkt. „Sie ziehen ab wie ein Bräutigam", sagte der junge Herr. — Von meiner Braut hatte ich hier zwei Briefe bekommen, das war jedesmal eine unbeschreibliche Freude gewesen.
In Bahia herrschte das Gelbe Fieber sehr stark. Drei Schiffe, darunter zwei Norweger, verloren vom Kapitän bis zum Schiffsjungen die gesamte Mannschaft. Es währte vierzehn Tage, bis ich eine Tabaksfracht nach der Weser erhielt; denn darauf allein hatte ich reflektiert, um möglichst rechtzeitig zur Fertigstellung des mir angebotenen neuen Schiffes der Gebrüder Seetzen auf der Weser zu sein. Gute Freundschaft mit den Maklern und Kaufleuten unterstützte mich hierbei, und ich war nicht wenig froh, als ich meiner Braut die angenehme Mitteilung machen konnte, daß ich mit einer Ladung Tabak nach der Weser käme. Die Ladung wurde von einem Head-Stevedore und einer Anzahl Sklaven übernommen und verstaut; denn meine Mannschaft lag krank am Gelben Fieber, vom Steuermann bis zum Jungen, im Hospital. Zwei von ihnen starben, und die übrigen kamen erst, nachdem mein Schiff schon längst beladen war, wieder an Bord, aber in einem traurigen Zustande.
Alle meine Bemühungen, einige Matrosen zu bekommen, blieben erfolglos. Ich bot sogar £ 6 pro Monat. Das war eine doppelt traurige Zeit für mich als jungen, eifrigen und vorwärtsstrebenden Schiffsführer, und mich machte das auch fast krank. Endlich entschloß ich mich, mit Hülfe von Arbeitsleuten die Anker zu lichten und unter Segel zu gehen; denn einige der Leute lagen noch krank in der Koje, und die Genesenen waren noch zu schwach, konnten nur die leichtesten Arbeiten verrichten. Als wir glücklich aus der Bai heraus auf See waren, fühlte ich mich, wahrscheinlich durch die große Anstrengung und Sorge bedingt, recht schlecht, aber zu meinem Glück besserte sich mein Zustand bald wieder. Segelsetzen und -einnehmen oder -bergen mußte ich anfangs allein besorgen. Die Krankgewesenen konnten nur das Steuer wahrnehmen, ein wenig kochen und leichte Arbeiten an Deck verrichten, das war alles. Wenn ich mit der Medizinflasche unterm Arm oder in der Hand die Kranken im Volkslogis besuchte, dann gab es traurige Szenen. Der Russe weinte in dem Glauben, daß er doch wohl sterben müsse, und die anderen schauten mir nicht weniger traurig und wehmutsvoll entgegen; es war eine schreckliche Zeit.
Die Reise nahm einen günstigen Verlauf, wenn wir auch schwach bemannt waren. Drei Wochen nach der Abfahrt waren alle wieder gesund, so daß wir mit meiner Mithülfe die ETZHORN während der Reise in einen sauberen Zustand bringen konnten. 52 Tage brauchten wir bis Bremerhaven. Hier erhielt ich Order, nach Brake zu versegeln.
Als die ETZHORN in den Braker Hafen geholt wurde, bewunderten die Zuschauer das schmucke Schiff. Man wußte hier auch schon, daß ich nicht wieder mit ihm auslaufen würde. Seetzen hatte sich mehrmals nach mir erkundigt, und das war aufgefallen.

11. Heirat und Kapitän der Bark SCHWAN

Nun reiste ich zu meiner Braut; von Jever holte sie mich zusammen mit Sjut Hedlefs ab. Wir fuhren über Carolinensiel nach Esens, weil dies im Sommer (August) eine schöne Strecke für eine Wagenfahrt war. Sjut, meiner Braut Vetter, kutschierte. Jetzt erhielt ich meine Belohnung nach all den traurigen Erlebnissen und Anstrengungen. Nach einigen Tagen fuhren wir zusammen nach Brake; meine Braut fand angenehme Aufnahme bei Frau Wwe. Steenken, bei der ihre Schwester Hilka in Pension gewesen war. Ich reiste nach Bremen, um mich mit Seetzens zu verständigen. Der älteste, P. U. Seetzen, den allein ich bis jetzt von den drei Brüdern kannte, empfing mich am Neustadtbahnhof. Er war sichtlich sehr erfreut, daß ich wieder da war, und lud mich ein, am Nachmittag in sein Haus zu kommen. Dort lernte ich auch seinen jüngsten Bruder Carl kennen.

Nach längerer Unterhaltung kamen wir überein, daß ich von dem neuen Schiff SCHWAN[137], welches in drei bis vier Wochen fertig werden sollte, 1/8 Anteil gleich 12 000 Mk übernehmen und fünf Prozent von den Dividenden nebst 100 Mk monatlich als Kapitän haben sollte. Hierüber hatten wir lange disputiert. Ich wollte fünf Prozent des Bruttogewinns haben, wobei ich bemerkte, mich nicht bloß verändern, sondern auch verbessern zu wollen. Da meinte Seetzen, daß ich mich ja auch wesentlich verbesserte; denn wenn ich keine 6000 Mk im Jahre verdiente, könnten sie das Geschäft niederlegen. So nahm ich denn an.

Peter U. Seetzen streckte mir 6000,— Mk gegen fünf Prozent Zinsen pro Anno vor, und 6000,— Mk erhielt ich ebenfalls zu fünf Prozent von Rodenbäck geliehen. An dieser Stelle erwähne ich zugleich, daß ich nach eineinhalb Jahren die geliehenen Beträge bereits zurückzahlen konnte.

Ramien bedauerte, daß ich von ihm fortging, ich hätte von seiner Reederei auch bald ein größeres Schiff bekommen. Es sei jedenfalls besser, wenn man gesucht, als wenn man entlassen werde. Er könne es mir nicht verdenken, daß ich mein Fortkommen im Auge hätte. Gerne hätte er mich allerdings behalten.

Dann reiste ich, freudig gestimmt, mit meiner Braut nach Hause, wo bereits Vorbereitungen für unsere Hochzeit getroffen wurden. Der Polterabend fand in Rodenbäcks Saal statt und war recht lustig. Zur Trauung in der Superintendentenwohnung und zur Hochzeitsfeier waren nur einige der allernächsten Verwandten geladen. Ich muß gestehen, daß ich nicht ohne große Sorge in den Ehestand ging, weil ich ohne Mittel war und weil mich dabei der Gedanke quälte, daß mir auf den ersten Reisen ja auch ein Unglück widerfahren könnte, was ja etwa in dichtem Nebel auf See auch dem tüchtigsten Seemann sehr leicht passieren kann. Solche Gedanken kamen mir oft und verstimmten mich, so daß ich mir im stillen manchmal Vorwürfe machte, nicht noch ein paar Jahre mit der Heirat gewartet zu haben. Im übrigen ging ich sehr zuversichtlich der Zukunft entgegen. Die Flitterwochen währten nicht lange. Die SCHWAN ging ihrer Vollendung entgegen, sie sollte am 2. September 1876 vom Stapel laufen.

Zuerst reiste ich allein nach Vegesack, dann ließ ich meine junge Frau nachkommen. Wir wohnten bei dem früheren Kapitän Wessels. In Vegesack wohnte auch der zweite Bruder Peter U. Seetzens, Eduard S., mit seiner Familie. Er hatte die Aufsicht beim Bau der SCHWAN geführt. Wir verlebten hier noch einige angenehme Tage. Am 2. September — wir hatten Sedanfeier und auch gerade Vegesacker Markt — lief die SCHWAN glücklich vom Stapel und wurde dem nassen Element übergeben. Am folgenden Tag

wurde das Inventar an Bord gebracht. Mein Schwiegervater kam auch, um sich das neue Schiff anzusehen, und nahm danach meine Frau mit nach Esens.
Da ich aber wider Erwarten noch einige Tage länger, als vermutet, mit dem Schiffe bei Brake auf dem Strom vor Anker blieb, um auf einen Teil der Ladung zu warten, welche mit nach Laguna sollte, ließ ich meine Frau noch wieder herkommen, und sie blieb so lange auf dem Schiff, bis ich absegelte. — Ein Passagier, Louis Böse aus Bremen, hatte ich an Bord, der für Rechnung der Firma Alexander Oetling & Co. nach Laguna gesandt wurde, wo sie ein Geschäftshaus hatte, welches von Konsul Wilhelm Wilms geleitet wurde.
Der Abschied von meiner jungen Frau war recht schwer, sie mußte nun allein zu Hause sein und mich den Meereswogen anvertrauen. Für mich war insofern der Abschiedsschmerz schneller zu überwinden, als ich meine Aufmerksamkeit voll und ganz meinem Berufe widmen mußte.
Es war bereits Ende Oktober, wo gewöhnlich die westlichen Stürme beginnen. Zehn Tage waren wir bis Dover unterwegs, dann folgte ich dem Beispiel anderer und ankerte bei stürmischem Westwind unter Deal[138] in den Downs. Vier Tage lagen wir hier, dann benutzte ich die erste Gelegenheit weiterzusegeln und kam mit veränderlichen Winden in vier Tagen durch den Kanal.
Aber auch im Atlantischen Ozean hatten wir oft stürmisches Wetter und kamen nur durch übermäßig starkes Segeln auf südlichem Kurs langsam weiter. Auch im Nordostpassat hatten wir wenig Erfolg, er war unbeständig und sehr flau. Bei leichten Winden segelte die SCHWAN mit den verhältnismäßig großen Segeln (und im Passat kamen noch die großen Leesegel zu Hilfe) recht gut, so daß kein Schiff schneller lief, aber bei starken Winden konnte ich mit aller Kraft nicht mehr als höchstens 9 1/2 bis 10 Meilen herausholen. Die Überfahrt mit dem neuen Schiff auf der ersten Reise dauerte recht lange. Doch war ich mir bewußt, daß während dieser Zeit kein Schiff es schneller gemacht hätte. Wir brauchten bis Laguna 64 Tage; hier hörte ich, daß andere Schiffe 75 Tage und in Vera Cruz[139] einige 96 Tage benötigt hatten. Die SCHWAN war also das beste Schiff. Nie aber habe ich wieder eine so lange Reise gehabt.
An Joaquin Quintana war ich wie früher konsigniert[140], und mit dessen Hilfe kaufte ich gegen Zahlung in Kommission[141] die Ladung, bestehend aus Mahagoni, Zeder, Blauholz, Kakao und Häuten, je nachdem, wofür der Markt am günstigsten war. Gleich am Anfang gab ich mir die größte Mühe, Warenkenntnis zu bekommen. Die Einkäufe waren bald kontraktmäßig getätigt, aber mit der Lieferung haperte es. Die derzeitige große Revolution in Mexiko[142] behinderte auch den Lieferanten, die verkauften Produkte aus den Wäldern und den Flüssen rechtzeitig herunter nach Laguna zu schaffen. Es fehlte an Transportmitteln, Fahrzeugen und Mannschaften.
Laguna, die Hafenstadt auf der Insel Carmen, welche einen großen Binnensee einschließt, ist hauptsächlich Exportplatz von Blauholz, Mahagoni und Zeder. Die ersten Geschäftsfirmen sind Niévez (Mexikaner), Benito Anizan & Co. (Franzosen), beide Millionäre, dann Wilhelm oder Guillermo Willms, Joaquin Quintana und Peter Requena, bei dem das Geschäft allerdings schon sehr im Abnehmen begriffen war. Victoriano Niévez und B. Anizan & Co. waren die reichsten und hatten viele große eigene Besitzungen, Holzschlag und Viehzucht.
Außerdem hatten viele Rancho-Besitzer ihren Familiensitz in Laguna, die ihre Produkte größtenteils an die oben erwähnten Firmen verkaufen mußten, weil sie von diesen Vorschüsse auf Lieferungsverkäufe erhielten und nehmen mußten, da es ihnen an

barem Geld fehlte. Der niedrigste Zinsfuß auf Hypothekenschulden war neun Prozent pro Anno und sonst zwölf bis achtzehn Prozent, je nachdem, wie der Geldnehmer situiert war. Und dann erhielten die Rancheros auch nicht die höchsten Preise, so daß sie in jeder Weise ausgenutzt wurden. Und die natürliche Folge davon war, daß sie alle ohne Ausnahme finanziell zurückgingen, wozu sie teils selber durch ihr leichtes Leben, Spielen und durch Mangel an Lust zur Arbeit beitrugen, so daß ihnen nach und nach ihre schönen Besitzungen wegen Überschuldung von den Geldgebern, den Großkaufleuten, namentlich von Niévez und Anizan, genommen wurden, wenngleich sie zu der Zeit meines ersten Besuches in Laguna noch sehr gut situiert waren.
Diese ersten Rancheros waren: Galeras, Gongora, Raura, Cladera, Teran und Lanura, deren Untergang ich in den späteren Jahren miterlebte.
Die Arbeiter in den Ranchos (Wäldern) sind Indianer, durchweg mittelgroß und kleiner, aber von kräftigem, zähem Körperbau, von dunkelgelber Farbe, mit schlichten, schwarzen Haaren. Fast ohne Ausnahme schulden sie ihrem Arbeitgeber von mex. $ 50,— bis mex. $ 1000,—. Für das Beschlagen der Mahagoniblöcke bekommen sie nach Maß mex. $ 2 1/2 pro Ton und für das Quintal (46 Kilo) Blauholz 3 Real bezahlt. Hiervon werden ihre Lebensbedürfnisse in Abzug gebracht, so daß sie wohl tiefer in Schulden hineinkommen, aber sich selten herausarbeiten können, also gewissermaßen Sklaven sind. Wenn die Arbeiter wechseln, zu einem anderen Arbeitgeber übergehen wollen, müssen sie erst ihre Schulden bezahlen.
Die Bewohner Lagunas waren im Januar und Februar 1877 wegen der Revolution in nicht geringer ängstlicher Aufregung, vor allem auch die ersten Handelshäuser. Jeden Augenblick vermutete man die Ankunft von Rebellen-Dampfern, von deren Besatzungen die Chefs dieser Häuser befürchteten, daß man ihnen viel Geld abverlangen würde. An eine Verteidigung der Stadt war wegen Mangel an ausreichendem Militär nicht zu denken. So vergingen einige Wochen in banger Sorge der Bewohner, als eines Abends vom Lotsenturm das Signal gegeben wurde, daß drei Rebellen-Dampfer auf die Barre zusteuerten. Gleich wurden die Läden, Fenster und Türen der Häuser geschlossen und verriegelt. Die wenigen Militärs und sämtliche Beamte der Stadt flüchteten teils in die Wälder, teils schifften sie sich in Kanus ein und segelten über die Lagune verschiedenen Flüssen zu. Nachts um zwölf Uhr wurde die Stadt von Rebellen genommen, fast ohne daß ein Schuß fiel. Die Großkaufleute wie Niévez und Anizan hatten gleich abends Zuflucht auf den an sie konsignierten neutralen Schiffen gefunden. Das hatte aber nichts genützt, sie mußten doch zahlen, Don Victoriano Niévez mex. $ 10 000,—, B. Anizan & Co. mex. $ 6000,—, Joaquin Quintana mex. $ 5000,— usw. Das deutsche Haus blieb frei.
Die Revolution ging nun bald ihrem Ende entgegen, und Porfirio Diaz wurde zum Präsidenten von Mexiko bestimmt; er regiert noch heute nach 29 Jahren. Er hat es verstanden, Ruhe und Ordnung im Lande einzuführen und zu erhalten.
Nachdem die Rebellen-Dampfer Laguna verlassen hatten, traten nach und nach wieder geordnete Verhältnisse ein. Produkte wurden angeliefert, und die Beladung der vielen anwesenden Schiffe nahm ihren gewöhnlichen Fortgang. Bei den Kaufleuten wurde ich sehr bevorzugt; ich war öfter bei ihnen zu Tisch geladen, namentlich bei Quintana und bei Willms, dem deutschen Konsul. Die Postverbindung war zu dieser Zeit sehr mangelhaft, ich erhielt während meiner langen Anwesenheit nur ein paar Briefe von zu Hause und von Seetzens. Daß noch keine regelmäßige Dampferverbindung und kein Telegraph hier existierten, war allerdings günstig für unsere Einkäufe.

Die SCHWAN war gut beladen, ich segelte direkt nach Geestemünde. Die erste Heimreise mit dem neuen Schiffe ging nur langsam vonstatten, ich brauchte allein bis zum Ende der Florida-Straße[143] 21 Tage, und im Ozean wurde ich auch durch Gegenwinde aufgehalten, so daß ich erst nach 58 Tagen die Weser erreichte.
Nach Abmusterung der Mannschaft reiste ich auf einige Tage zu meiner jungen Frau, die mich mit ihrem Vater in eigenem Gefährt von Ogenbargen abholte. Groß war die Freude des Wiedersehens. Die glücklichen Tage des Zusammenseins gingen aber bald vorüber; denn am zwölften Tag nach meiner Ankunft auf der Weser segelte ich schon wieder in Ballast direkt nach Laguna ab.
Da Eduard Seetzen nun in Geestemünde wohnte, hatte der das Löschen der Ladung überwacht. Der älteste, P. U. Seetzen, hatte sich diesmal mit dem Verkauf der Ladung übereilt, sie ermöglichte daher nur einen Reingewinn von 6750,— Mk. Es waren allerdings sehr hohe Abschreibungen gemacht, auf den Wert des Schiffes nicht weniger als fünfzehn Prozent. Er hätte, wie seine Brüder mir bestätigten, beim Verkauf der Ladung etwas mehr herausholen können.
Die Ausreise im April/Mai 1877 ging schneller vonstatten, der NO-Passat-Wind war diesmal auch kräftiger. Vierzehn Tage konnten wir die Leesegel an beiden Seiten führen. Auf der Ausreise wurde das Schiff jedesmal von oben bis unten gereinigt, geölt und gestrichen, was bei dem schönen, sonnigen Wetter und in Ballast mehr Nutzen brachte und besser möglich war als auf der Retour-Reise im Norden, während das Schiff tief beladen war.
Auf der Ausreise übte ich mich in der spanischen Sprache. Dies war, da ich mich weiter in Geschäften umsehen wollte, durchaus notwendig. Meine Reiseroute nahm ich gewöhnlich zwischen den Kleinen Antillen, Martinique und Antigua hindurch[144] und setzte im Karibischen Meere meinen Kurs bald südlich, bald nördlich von Jamaika, je nach der Jahreszeit, ebenso bei den Cayman-Inseln vorbei, und von hier führte der Kurs auf Cap Catoche an Yucatans Nordostspitze zu. Nach 45 Tagen erreichte ich diesmal Laguna.
Abends nach Sonnenuntergang kamen wir an der Stadt auf dem Strom vor Anker. Obgleich nach Sonnenuntergang das Sanitätsboot und somit auch das Zollboot keine Visite mehr machten, hatte die Liebenswürdigkeit Quintanas doch bewirkt, daß ich an Land gehen durfte, um mit ihm und seiner Familie zur Tortulia[145] in der Lonja (Kaufmannsklub) zu gehen. Quintana war ein schlauer Spanier und der richtige Hidalgo[146], ein tüchtiger Geschäftsmann. In diesem Klub spielte der Franzose Don Franzisco Anizan eine große Rolle, er hatte viel Sinn für Musik und beschämte im Singen manchen Konzertsänger. Er war ein feiner Weltmann.
Don Guillermo Willms, der deutsche Konsul, war ein fein gebildeter, angenehmer Mann, auch allgemein beliebt, aber als Geschäftsmann zu gutmütig, so daß dies von anderen zu seinem Schaden zu stark genutzt wurde. Der Vorstand des Klubs bestand damals aus diesen fein gebildeten, angenehmen Männern, und die Veranstaltungen wurden vor allem abends recht gern besucht. Im Salon wurde musiziert, im Saale oft Billard gespielt, und in anderen Zimmern spielte man bei hohen Einsätzen das vielbeliebte Pokern. Hier gab es leidenschaftliche Spieler.
Im Monat August, während das Nationalfest stattfand, spielten alle, auch die Damen, mit Vorliebe Roulett. Auf der Straße waren neben einigen Buden Spieltische aufgestellt. Dort saß man bis drei Uhr morgens unter freiem, wolkenleerem Himmel mit seinen Sternen, und wenn der Mond schien, war die Nacht besonders schön.

Mit dem Einkauf und dem Empfang der Ladung erging es mir diesmal schon besser. Das erlernte Spanisch und mein Bemühen um Warenkenntnis, in der ich gute Fortschritte machte, nützten mir sehr. Ich bemühte mich, Land und Leute kennenzulernen, und verkehrte fast nur mit den Kaufleuten. Es war mir ein Greuel, wenn ich nicht umhin konnte, ein Viertelstündchen mit anderen Kapitänen in einem Schanklokal zu sitzen. Deshalb waren mir die meisten Kapitäne, wie ich später erfuhr, nicht sehr freundlich gesinnt. — Bis jetzt hatten die Gebrüder Seetzen nur drei Schiffe, von denen außer der SCHWAN die ALBATROS unter Kapitän Wedel in beständiger Fahrt nach Laguna fuhr. Kapitän Wedel wurde von Seetzen als sehr tüchtig bezeichnet. Er hatte vorher als Steuermann eine Reise mit Seetzen auf der ALBATROS gemacht, dann hatte man ihm die Führung übergeben. Er war ein Jahr vor mir zu Seetzens gekommen. Ich hatte bis jetzt jedoch nicht das Vergnügen, ihn persönlich zu kennen.
Von Zuhause bekam ich die frohe Nachricht, daß meine liebe Frau glücklich von einem gesunden Knaben entbunden war. Darüber hatte ich mir schon viele Sorgen gemacht, doch nun war alles glücklich verlaufen. Nach sechswöchigem Aufenthalt hatte ich die SCHWAN mit Mahagoni, Blauholz und Kakao beladen, womit ich direkt nach Hamburg segelte. Nach 48 Tagen kam ich dort an und reiste auf einige Tage nach Hause. Meine Frau, der kleine Junge Georg und das Dienstmädchen fuhren mit nach Hamburg und blieben bis zu meiner Abfahrt bei mir auf dem Schiffe.
Leider war die angenehme Zeit nur von kurzer Dauer, am zehnten Tag nach Ankunft auf der Elbe fuhr ich schon wieder in Ballast ab. Diese schnelle Abfertigung in Hamburg, welche der älteste Seetzen betrieb, verdroß mich oft, weil ich mir gern ein paar Tage mehr Ruhe gegönnt hätte. — Die Ladung warf diesmal schon ein besseres Resultat ab, nämlich 14 000 Mk Reingewinn.
Nun war ich auf Nebenverdienste bedacht, hatte laut Bestellung der Ladenbesitzer in Laguna diesmal verschiedene Waren zum Verkauf mitgenommen, Manufaktur- und Kolonialwaren, Parfüm usw. Die Waren mußten in Laguna geschmuggelt werden, ergaben dadurch einen guten Verdienst, aber der Transport war mit Gefahr und Sorgen verbunden. Auf der Ausreise mußten die Sachen gut versteckt werden. Dann war man bei Ankunft in Laguna außerdem nicht sicher, dieselben Zollbeamten von der vorhergehenden Reise wieder vorzufinden; sie wurden von der Regierung häufig gewechselt. Nachdem man mit ihnen bekanntgeworden war, ließen sie mit sich reden. Die armen Leute verdienten damals $ 50 pro Monat, was fast zu wenig war, um eine Familie damit zu erhalten. Und dann waren sie sich auch ihrer Stellung nie sicher, ob Zollinspektor oder gewöhnlicher Beamter. Sie konnten jeden Augenblick ihre Demission erwarten, damit wieder andere in ihre Stellungen treten konnten. Später hat aber Porfirio Diaz auch hierin Wandel schaffen, die Gehälter aufbessern lassen usw. Aber es dauerte lange, bis es dazu kam.
Auf der dritten Ausreise mit der SCHWAN im Dezember 1877 war der Wind etwas günstiger, wir erreichten nach 43 Tagen Laguna, das war sehr schnell. Nachdem mir der Hafenkapitän mit dem Arzt seinen Besuch gemacht hatte, kam das Zollboot, und zu meiner Freude sah ich den Kommandaten (Oberkontrolleur) von früher, weshalb meine Sorge sich schon etwas verringerte. Ich empfing die Gesellschaft so liebenswürdig wie möglich, und nachdem ich das Zoll-Manifest etc. abgeliefert hatte, ließ ich Bier einschenken und den Bootsruderern einen tüchtigen holländischen Genever geben; denn diese Leute wurden zum Revidieren benutzt, und zwar am folgenden Tag. Nachdem wir in der Kajüte noch eine kurze Unterhaltung gepflogen hatten, fuhr die Gesell-

schaft vergnügt wieder an Land. Es war das erste Mal, daß ich etwas mehr Schmuggelware mitgenommen hatte. Deshalb konnte ich auch in der Nacht vor Angst nicht schlafen.
Als aber am anderen Tag das Zollboot zum Revidieren kam, da hatte ich zum Glück meine Angst überwunden. Während mein Obersteuermann mit den Unterbeamten das Halbdeck und den Schiffsraum durchsah, saß ich mit dem Kommandanten bei einem Glas Bier und beim Lunch. Es dauerte auch nicht lange, bis sie zurückkamen und alles in Ordnung fanden. Nun konnte ich sorglos meinen Hauptgeschäften nachgehen, die Ladung einzukaufen; denn das An-Land-Schaffen der Waren war Sache und Risiko meiner Kunden.
Die Hälfte der Schmuggelwaren lief für Rechnung der Firma Gebrüder Seetzen. Man hatte mir für dieses Geschäft eine Extra-Kommission von fünf Prozent auf die Faktura[147] zugesagt.
Das Beladen der SCHWAN ging wie gewöhnlich nur langsam vonstatten, weil wir nur ausgesuchtes Blauholz prima und secunda kauften. Diese ersten Qualitäten waren für den Hamburger Markt am geeignetsten, aber auch am schwierigsten erhältlich, weil die Wälder hiervon schon wesentlich gelichtet waren. Man hatte der höheren Preise wegen das beste Holz seit jeher zuerst gefällt. Von Hamburg aus verschifften wir das schwerste Blauholz nach Rußland, wir hatten bei Knoop in Moskau ein Verkaufslager. Um möglichst viel Holz im Schiff verstauen zu können, nahmen wir meistens eine gemischte Ladung von Mahagoni, Blauholz und Zeder, je nach Vorrat in Laguna und Nachfrage in Hamburg.
Mit solchen Teilladungen konnten dann der ganze Schiffsraum und das Halbdeck im Hafen aufgefüllt werden. Sogar eine Deckladung Mahagoni oder Zeder war noch möglich, wogegen mit Blauholz allein nicht einmal der Raum im Hafen gefüllt werden durfte, weil das Schiff dann zu tief ging und nur mit einem Tiefgang von höchstens 12 1/2 Fuß die Barre passieren konnte. Die Restladung mußte dann aus Kanus (Leichtern) außerhalb der Barre aufgenommen werden, und das war mit Zeitverlust und Unkosten verbunden. Während der Wintermonate war das Ankern außerhalb der Barre dazu noch gefährlich wegen der heftigen Nordwinde, die in der Regel alle zehn bis vierzehn Tage einsetzten, wodurch nicht selten Schiffe strandeten und total verlorengingen. Die kleinen Löcher im Raum und Halbdeck, in denen kein Blauholz liegen konnte, füllten wir mit Kokosnüssen aus. Unser Abnehmer dafür war der bekannte Südfruchthändler Jauch in Hamburg.
Um diese Zeit hatten wir drei Konkurrenten, ältere Linien: die Hamburger Linie Crasemann, die französische Oriot in Havre und eine spanische in Barcelona. Die letzte kam für uns weniger in Betracht.
Die günstigen Resultate unserer letzten Reisen gaben Veranlassung, unsere kleine Schiffsflotte zu vergrößern. Zunächst wurde eine von dem Baumeister Ide Oltmanns in Brake a. d. Weser für seine Rechnung gebaute Brigg gekauft, welche den Namen SEÑORA QUINTANA[148] erhielt. Die Führung bekam Peter Fr. Seetzen, ein Neffe der Gebrüder Seetzen. Dieses Schiff war ein Musterbau und erwies sich als ein vorzüglicher Segler. Don Joaquin fühlte sich durch die Aufmerksamkeit bei der Namensgebung sehr geehrt und schenkte dem Schiff die spanische Flagge für den Vortopp. Quintanas Frau war eine Mexikanerin. Da ich oft zu Tisch geladen wurde, hatte ich Gelegenheit, sie als eine gutherzige Frau kennenzulernen. Sie lebte ganz für ihre Kinder, sechs an der Zahl, drei Söhne und drei Töchter.

Der älteste Sohn hieß Joaquin und die älteste Tochter Dolores (Lola), wie die Mutter genannt. Die beiden anderen Söhne hießen Andrées und Emile, die Töchter Anita und Luisa. Der Bruder Quintanas, Don Pepe, war Teilhaber am Geschäft und wohnte auch bei ihm, er war Junggeselle. Dann waren in der Regel zwei bis drei Nichten da, Töchter des dritten Bruders (Don Felipe) aus Palizada, einem Dorf am Fluß Usumacinta, woselbst er eine Zuckerplantage und Fabrik, einen Blauholzrancho und im Orte ein Ladengeschäft hielt. Felipes Frau war auch eine Spanierin, die später durch Herunterfallen einer brennenden Petroleumlampe in den Flammen einen schrecklichen Tod fand. Diese jungen Damen waren sehr elegante, stattliche Erscheinungen; ohne Schleppenkleider sah man sie nie. Kaum unter zwölf bis vierzehn Personen waren wir am Tisch; die Unterhaltung, welche manchmal ins Scherzhafte überging, stockte nie. Don Joaquin saß am Kopfende des Tisches, rechts neben ihm war mein Platz, und neben mir saß seine Frau, mir gegenüber seine Tochter Lola oder eine von den Palizada-Damen. Gewöhnlich spendierte Don Joaquin gute Weine, wenn ich mit zu Tisch war, und als er merkte, daß ich mein Glas Steinberger (Kabinett) so gründlich leerte, scherzte er: „Seht euch den Kapitän an, von diesem Wein läßt er auch nicht einen Tropfen im Glase. Es ist ein Vergnügen, das anzusehen. Wie oft habe ich Gäste, die die Güte dieses edlen Weines nicht kennen, ihn trinken wie einen gewöhnlichen Wein, worüber ich mich dann jedesmal ärgere." — „Da sehen Sie also, Don Joaquin, daß ich das Gute zu würdigen verstehe", über diesen Wink mußte die ganze Gesellschaft lachen.
Don Joaquin war ein sehr angenehmer Gastgeber, sehr gerne weilte ich in seinem Hause. Ich muß aber gestehen, daß ich mich beim ersten Besuch an dem langen, mir fremdartigen Familientisch sehr beklommen fühlte, wohl deshalb, weil ich in der spanischen Sprache nicht genügend Kenntnis hatte, um mich mit Damen unterhalten zu können, was sehr peinlich für mich war. Meine Kenntnisse in der spanischen Sprache beschränkten sich mehr auf geschäftliche Sachen, da haperte es nicht. So mußte denn Don Joaquin, der Englisch konnte, oft dolmetschen. Er achtete bei Tisch sehr scharf auf die kleinen Kinder und rügte jede Kleinigkeit. Er meinte, während des Essens müßten die Kinder sich gewöhnen, ruhig zu sitzen.
Vor unserer Abfahrt nach Hamburg kaufte ich noch eine Ladung Mahagoni von Quintana, die Tonne = 40 Cubikfuß engl. zu $ 19.50, für meine nächste Reise, mit der Bedingung, daß bei meiner Rückkehr auch etwa 1500 Quintal prima und secunda Blauholz für mich als Beiladung fertig liegen mußten. Das Mahagoni wurde an der Küste bei dem Dorfe Trinidad, 30 km westlich, aus Gongoras Rancho geliefert. Mit diesem Besitzer hatte Quintana einen Lieferungskontrakt gegen Vorschüsse.
Die Heimreise war von mittelmäßiger Dauer: 48 Tage. Sie verlief bei teils stürmischen, teils umlaufenden Winden ohne besondere Vorfälle. Meine Ladung erbrachte einen recht günstigen Reingewinn von 14 600,— Mk.
Zu Hause konnte ich nur einige Tage sein, erhielt deshalb Erlaubnis, meine Frau mit auf die Reise zu nehmen. Am 10. April 1878 fuhren wir in Ballast wieder direkt nach Laguna ab, unseren Sohn Georg ließen wir bei den Großeltern. Das Wetter war auf dieser Ausreise im allgemeinen recht schön, so daß meine Frau von der Seekrankheit fast ganz verschont blieb. Unweit Madeira[149] hatten wir eines Abends wunderbar schönes Meeresleuchten; herrlich funkelte es im Kielwasser. Die SCHWAN machte 6 1/2 Knoten Fahrt bei ganz ruhiger See. Am folgenden Morgen bei Tagesanbruch sichteten wir die Insel in südöstlicher Richtung, es war ein großartig schöner Anblick. Ich konnte nicht widerstehen, meine Frau an Deck zu holen, damit sie sich Madeira

in der Morgendämmerung mit ansah, wobei auch ihre Bewunderung zum Ausdruck kam.
Das Wetter blieb fortwährend schön und der Wind günstig. Leesegel wurden beigesetzt, und das Sonnensegel wurde überm Halbdeck ausgespannt. Darunter saßen wir gemütlich auf der Bank. Den Nordostpassatwind erreichte unser Schiff auf 23 ° Breite. Ununterbrochen führte es drei Wochen lang die Leesegel. Regelmäßig tranken wir um sechs Uhr abends unterm Sonnensegel ein Glas Bier, ebenso um neun Uhr. Wie gut uns das schmeckte! Es war ein angenehmes Beisammensein. Auch im Passat waren die Abende herrlich an Deck bei dem beständig schönen Wetter. Ab und zu verirrten sich nachts einige Fliegende Fische an Deck, die meine Frau dann gebraten zum Frühstück erhielt.
Wie sonst fuhren wir auch diesmal zwischen Guadeloupe (franz. Insel), Antigua und Montserrat (engl.), nördlich von uns liegend, in das Karibische Meer. Nördlich von Jamaika hatten wir ein sehr schweres Gewitter, und in der Nähe der Cayman-Inseln sahen wir nicht weit von uns eine sehr gefährliche Windhose auf uns zukommen. Als ich die Gefahr erkannte, ließ ich mit der größten Geschwindigkeit die Segel einziehen. Glücklicherweise bog die Windhose etwa 5 sm vor uns nördlich nach rechts ab, im anderen Fall wären unsere Segel wohl alle in Fetzen zerrissen, oder das Schiff wäre gekentert. Die Segel so schnell aufzugeien[150] und festzumachen war unmöglich. Meine Frau sagte nachher, ich hätte leichenblaß ausgesehen. Ich hatte natürlich die große Gefahr, in der wir uns befanden, klar erkannt.
Nach einer Überfahrtdauer von 45 Tagen erreichten wir Laguna, löschten Ballast und nahmen die bereits erwähnten 1500 Quintal Blauholz über, die für mich laut Vertrag in Quintanas Niederlage fertig zum Verschiffen lagen, füllten die Wasserfässer und Tanks und engagierten den Stauer Bachy, der mit seiner Mannschaft an der Küste das Mahagoni längsseits des Schiffes liefern und im Raum verstauen mußte, wofür er 2 1/2 mex. Dollar pro engl. Tonne = 40 Cubikfuß engl. erhielt.
In Laguna fand es meine Frau doch sehr heiß und die Moskito-Plage natürlich unausstehlich. Den einen Sonntag, den wir dort weilten, verbrachten wir bei dem deutschen Konsul Guillermo Willms recht angenehm. Seine Haushälterin, Fräulein Vagt, eine Deutsche, kochte ganz vorzüglich. Auch des Konsuls Weine und Sekt waren von erster Güte. Von Don Pepe Quintana wurden meine Frau und ich einige Male zur Spazierfahrt eingeladen. Louis Böse, mein früherer Passagier, besuchte uns eines Nachmittags mit seiner Freundin Tulita Pallas auf der SCHWAN. Die junge Dame umarmte und küßte meine Frau nach mexikanischer Art, worüber meine Frau nicht wenig staunte.
Um 10 1/2 Uhr abends ankerten wir an der Küste unweit des Dorfes Trinidad, dreißig Seemeilen westlich von Laguna. Am Strande hatte man ein großes Holzfeuer als Richtpunkt angezündet, damit wir am richtigen Platz ankerten, nämlich in der Nähe des Mahagoni-Holzlagers. Gleich am anderen Morgen fuhr ich mit dem Stauer Bachy und seinen Walzeros (Floßleuten), deren Arbeit es war, die Mahagoniblöcke in Flöße zu legen und längsseits des Schiffes zu bringen, an Land. Auch Don Manuel Sannés, der Holzmesser Quintanas, war mit im Boote, als nahe am Strande ein großes Krokodil mit dem Kopf aus dem Wasser hervorkam. Man erzählte mir, daß diese gefährlichen Tiere schon wiederholt einen Arbeiter in die Tiefe gezogen und gefressen hätten.
Am Strande wurde ich dem Sohn des Besitzers der Hacienda[151], Jaquinto Gongora, vorgestellt. Dieser hatte das Mahagoni an uns abzuliefern. Meine ganze Ladung lag fer-

tig am Strande. Zum Schutz gegen die Sonne waren die Blöcke mit Palmblättern und Sand bedeckt, um nicht rissig zu werden. Nun begann das Holzmessen durch Sannés, wobei Gongora und ich auf unsere Interessen achteten und notierten. Acht Arbeiter standen zur Verfügung, um die Blöcke umzuwälzen. Manchmal hatten wir kleine Dispute, verständigten uns aber bald wieder, da Don Jaquinto Gongora als erster nachgiebig war.

Wegen der zu starken Sonnenhitze auf dem weißen Sandstrande mußten wir drei Stunden von 11 ½ bis 2 ½ Uhr Mittagspause halten. Dann wurde bis fünf Uhr gemessen, und nachdem die Blöcke von starken Ochsen und Stieren ins Wasser geschleppt worden waren, machten die Walzeros die Flöße und legten sie dann vor Anker, um sie am nächsten Morgen in aller Frühe (von zwei bis drei Uhr) zu holen, damit sie vor sechs Uhr längsseits des Schiffes lagen. Mit dem Glockenschlag sechs Uhr wurde mit dem Aufwinden begonnen. Das war eine harte Arbeit, zumal die Blöcke bis zu 12 000 Pfund wogen. Vor diese schweren Blöcke wurden deshalb am Strande zwei Tiros[152] à 18, also 36 Stiere gespannt, da das Ziehen durch den Sand ziemlich schwer war.

Kleine Differenzen beim Messen gab es vor allem bei solchen Blöcken, die etwas krumm oder sonst von mangelhafter Beschaffenheit waren, weil die in dem Verkaufskontrakt nicht vorgesehen waren. Alle diese Arbeiten erschienen mir anfangs sehr interessant. Ich gab mir auch jede erdenkliche Mühe, die Qualität, die Beschaffenheit und die Mängel des Holzes kennenzulernen. Einzelne Blöcke wurden inzwischen noch aus dem Walde geschleppt, das eine Ende unter einen zweirädrigen Carro (großer Umfang der Räder) gebunden und von Ochsen und Stieren gezogen.

Die Hacienda, genannt Pom, war 21 400 Hektar groß und hatte drei Dörfer. Dieses Trinidad liegt unmittelbar am Meeresstrande. San Miguel, ungefähr in der Mitte der Besitzung, liegt sehr schön idyllisch. Das Dorf ist umgeben von gutem Weideland (Wiesen) und herrlichen Palmen sowie von Kokosbäumen. Pom, das Hauptdorf, in dem sich auch das Herrenhaus und die Zuckerfabrik befinden, liegt an einer Arroyo, welche an der Lagune nach Laguna ins Meer mündet. Auf diesem Gewässer gibt es einen beständigen Verkehr mit Kanus und Cayucos[153]. Das Dorf ist sehr schön und ist auch der Hauptsammelplatz des Rindviehs, von dem sich etwa 1600 auf der Besitzung befinden. In der Nähe von Pom liegen außer Rohrzucker- und Reisfeldern kleine Tabakplantagen.

Der Alte, Victorio Gongora, wohnte beständig in Laguna, während Don Jaquinto, der älteste Sohn, von jung auf die Besitzung verwaltete. Santiago, der jüngste Sohn, mulattenfarbig, hatte in Belgien ein Ingenieurfach studiert und hier die Bekanntschaft einer schönen Blondine, Eugenie Renos, gemacht und sie geheiratet. Sie war jedenfalls im Glauben gewesen, daß er ein reicher Plantagenbesitzer sei. Sonst könnte man die Verbindung nicht verstehen, da er grundhäßlich war. Dieser Santiago beschäftigte sich jetzt mehr mit der Zuckerfabrik und der Rumproduktion sowie mit den neuen Tabak- und Reisanpflanzungen, weshalb er in Pom, dagegen sein Bruder Jaquinto mit seiner Familie in San Miguel wohnte. Sie hatten sich die Arbeiten geteilt. Es herrschte aber eine Uneinigkeit unter diesen Familien, hauptsächlich dadurch entstanden, daß die Familie Santiago zu verschwenderisch lebte. Der große Unterschied an Bildung und Anspruch an das Leben führte später wohl zum gänzlichen Bruch dieser beiden Brüder, worauf ich später noch zurückkomme.

Während des Ladens machte ich nähere Bekanntschaft mit Don Jaquinto und lud ihn einige Male zum Frühstück ein. Dabei wurde er vertraulich und erzählte mir, daß sie mit ihren geschäftlichen Verbindlichkeiten zu Joaquin Quintana nicht ganz zufrieden seien, weil sie nach ihrer Meinung finanziell zu sehr von Quintana ausgenutzt würden, da die von Quintana gezahlten Preise zu niedrig und der Zinsfuß von neun Prozent auf Vorschüsse, auf die sie angewiesen waren, zu hoch sei, wodurch sie von Jahr zu Jahr tiefer in Schulden kämen. Diese Mitteilungen merkte ich mir, um eventuell demnächst direkt mit seinem Vater Don Victorio ein Geschäft abzuwickeln.

Wenn das Meer ruhig war, fuhr meine Frau ab und zu einmal mit ans Land. Als Seltenheit fanden wir eines Nachmittags dicht vor dem Walde eine eigentümliche Pflanze weit ausgebreitet, „eine Dormirdores", bemerkte Sannés, der uns begleitete. Er machte uns darauf aufmerksam, daß beim Berühren eines einzelnen Blattes sämtliche Blätter der sehr weit ausgedehnten Pflanze sich langsam zusammenzogen.

Jede Woche wurde ein etwa dreijähriger Stier im Dorfe geschlachtet. Solche, die als Arbeitsochsen nicht kräftig genug zu werden versprachen, wurden dazu ausgesucht. So bekamen wir recht gutes Fleisch, und es war nicht teuer. Obgleich man auf den meisten Haciendas viel Geflügel vorfindet, konnte ich hier mit dem besten Willen nur ein paar Hühner bekommen, was mir meiner Frau wegen leid tat.

Nach drei Wochen war die SCHWAN beladen; eine lange Zeit lagen wir also an der Küste. Ungünstiges Wetter und zuviel Seegang waren die Ursache dafür, daß wir mehrere Tage lang liegen mußten. Im ganzen war ich mit der Qualität und Beschaffenheit des Mahagonis sehr zufrieden, hatte auch noch durch Vermittlung Sannés 24 Blöcke Zedern zu einem sehr niedrigen Preis direkt von Gongora gekauft und diese Blöcke als Deckladung verstaut. An dem Abend, an dem das Zedernholz-Floß am Strande gemacht und zu Anker gelegt wurde, kam durch bewegte See eine gefährliche, anstrengende Arbeit auf uns zu. Kaum waren wir damit fertig, als uns ein schweres Gewitter überraschte, so daß wir unter großer Anstrengung und in Lebensgefahr völlig durchnäßt spät in der Dunkelheit die SCHWAN erreichten. „Da wären wir beinahe ertrunken", bemerkte Bachy. Meine Frau war voller Angt um uns gewesen.

Nun segelten wir nach der Außenreede von Laguna, woselbst wir den Stauer Bachy mit seiner Mannschaft absetzten, und ich fuhr mit unserem Boot nach Laguna, um die Ladung zu bezahlen und die erforderlichen Zoll- und Sanitätspapiere für die Reise in Empfang zu nehmen. Darauf segelten wir direkt nach Hamburg. An der Yucatan-Küste hatten wir recht oft Windstille und somit sehr heiße Tage. Meine liebe Frau klagte jeden Tag darüber, daß wir nach der Karte fast nicht von der Stelle kamen. In der Nähe der Bermudas wurde sie plötzlich sterbenskrank, so daß ich in sehr großer Besorgnis war. Sie selbst bat mich, daß ich sie, wenn sie stürbe, nicht dem Wasser übergäbe.

Gott sei Dank konnte sie nach zehn Tagen, gestützt auf meinen Arm, wieder an Deck gehen. Ich war glücklich, daß die traurigen Tage vorüber waren.

An einem Sonntagmorgen segelten wir im Englischen Kanal unweit der Insel Wight, während wir Leesegel an beiden Seiten führten, u. a. an einem großen Vollschiff vorbei, welches einen sehr schönen Anblick bot. Mein Steuermann äußerte immer wieder seine Bewunderung. Das schöne Schiff zeigte, als es bereits hinter uns war, die Flagge. Daß es mein Bruder Hinrich mit der BALTIMORE[154] war, wußten wir natürlich nicht, erfuhren dies erst, als meine Frau und ich von Hamburg mit der Bahn in Bremen ankamen und von Carl Seetzen hörten, daß die BALTIMORE in Bremerhaven angekommen sei. Es stellte sich heraus, daß wir der BALTIMORE von der Insel Wight an um einen Tag davongelaufen waren. Unsere Reise hatte 46 Tage gedauert, und das war sehr günstig.

Vollschiff BALTIMORE

Da die Eisenbahn nur bis Jever fuhr, holte Vater uns von dort mit seinem Wagen ab. Das war ein freudiges Wiedersehen! Unser kleiner Georg war ganz munter und sah prächtig aus. Vater wunderte sich, daß wir die BALTIMORE so geschlagen hatten, und mußte herzlich lachen, als ich erzählte, daß wir am folgenden Tag in den Hoofden[155] einer großen eisernen Bark in nächster Nähe so schnell vorbeisegelten (auf demselben Kurs), daß der breitschultrige, nicht mehr ganz junge Kapitän, der unser Schiff lange mit seinem Fernrohr betrachtet hatte, sich plötzlich, als wir dwars ab von seinem Schiff waren, uns seinen breiten Rücken zukehrend, auf die Bank niedersetzte. Darüber mußte auch meine Frau herzlich lachen. „Er konnte es wohl nicht mit ansehen, daß wir an seinem Schiff so schnell vorbeifuhren", bemerkte sie.
Nach einer Woche Aufenthalt zu Hause fuhren meine Frau und der kleine Georg mit mir nach Hamburg zurück. Die SCHWAN war entlöscht und sollte auf der Wichhorst-Werft neu verkupfert werden. An einem Sonntagvormittag besuchten uns dort Kapitän Ahlborn, der in Bremen die Schifferschule mit mir besucht hatte, und Louis Richers, der Sohn unseres Schiffshändlers Wilh. Richers. Während wir uns in der Kajüte unterhielten, hatte sich der kleine Georg in der Vorderkajüte mit dem Farbtopf und Pinsel seinen Spaß gemacht und sich dermaßen eingeschmiert, daß meine Freunde vor Lachen beinahe umfielen. Da hatte meine Frau eine schöne Sonntagsbeschäftigung, ihn und seine Kleider wieder zu reinigen.
Meine Ladung war inzwischen bei Müller & Söhne in Rotenburgsort in Auktion sehr gut verkauft worden. Qualität und Beschaffenheit des Mahagonis hatten allgemeinen Beifall gefunden, und das Maßresultat war auch sehr günstig, so daß bei hoher Abschreibung des Schiffswertes, Abzügen wie für Neuverkupferung usw., noch ein Nettogewinn von 14 000,— Mk nachblieb.

Am Duc d'Alben[156] beim Vorsetzen wurde die SCHWAN zu drei Vierteln mit Stückgütern für Las Palmas (Gran Canaria) beladen, zu einer Frachtrate, mit der ich nicht zufrieden war, weil ich keinen Gewinn herausrechnen konnte. Aber Peter Seetzen, der Älteste und Chef der Firma Gebrüder Seetzen, meinte, ich würde etwas zurückgehalten, damit ich nicht fortwährend der ALBATROS unter Kapitän Wedel auf den Fersen segelte, damit wir uns also gegenseitig in Laguna keine Konkurrenz machten. Daß mir diese Zurücksetzung unangenehm war, verschwieg ich nicht, und das führte, wie es in einem solchen Falle nicht gut anders sein kann, zu ernsthaften Auseinandersetzungen, während derer ich erwähnte, daß es dann auch richtiger sei, die SCHWAN etwa vier Wochen müßig in Hamburg zu lassen, als fremde Waren ohne Gewinn für uns zu befördern, nur um die Zeit totzuschlagen, wie er es nannte. So würden während dieser Zeit in Hamburg doch Schiff und Segel geschont.
Innerhalb von drei Wochen war die Ladung eingenommen. Meine Frau und unser kleiner Sohn reisten nach Hause. Lotse Wilhelm Meyer, den ich schon öfter gehabt hatte, brachte uns die Elbe hinunter bis zum zweiten Feuerschiff. Die Reise ging mittelmäßig schnell vonstatten. Den Pico[157] der Insel Teneriffa, 12 173 Fuß hoch, sahen wir hoch in den Wolken schon einen Tag, bevor wir Las Palmas erreichten. Hier wurden wir zu meinem größten Erstaunen drei Tage lang in Quarantäne gelegt, weil noch keine vier Monate seit meiner Abfahrt von Mexiko verflossen waren. Daß ich von Laguna einen Gesundheitspaß erhalten, in Hamburg die Mannschaft gewechselt, sechs Wochen dort gelegen und wieder einen Gesundheitspaß bekommen hatte, nützte allen nichts; es wurde zu meinem Ärger nach dem Buchstaben des veralteten Gesetzes gehandelt und deshalb auch das ganze Schiff ausgeräuchert. Am Sonntagvormittag konnte ich zum ersten Male das Land betreten und fand durch den so sehr liebenswürdigen Empfang im Kontor meines Ladungsempfängers Ersatz für die drei Tage Gefängnis.
Zuerst las ich den Brief von meiner Frau sowie den von der Firma Gebrüder Seetzen und kam dann in eine angeregte Unterhaltung mit dem Prokuristen. Der Chef, F. Rodriguez, war den Sonntag über bei seiner Familie auf dem Landgut. Ich wurde zu Tisch eingeladen, und um zwei Uhr nachmittags fuhren wir mit einer Equipage[158], gezogen von vier stattlichen Mauleseln, nach Rodriguez' Landgut ab. Der Prokurist mit seiner Frau, noch eine junge Dame und Pedro Diego, ebenfalls aus dem Hause, sowie ich waren die Insassen. Während wir uns fröhlich unterhielten, ich die schöne Insel und das angenehme Klima lobte, daß man wie im Paradiese auf der Insel lebe, die Damen sich dagegen beklagten, daß sie keine Ferrocarel (Eisenbahn) hätten, rundumher von Wasser umgeben seien, und als man nicht versäumte, meine spanische Sprache zu loben, da wurden wir plötzlich in einen großen Schrecken versetzt, als nur wenig daran fehlte, daß unsere Equipage umgeschlagen und mit den Insassen und den vier Mauleseln einen Felsen hinuntergestürzt wäre. Bei einer starken Biegung des Fahrweges war der Kutscher nämlich zu dicht an den Felsenabhang gekommen, zwei der Maulesel waren gefallen, blieben aber glücklicherweise unverletzt. Den größten Schrecken bekamen natürlich die Damen. Beim ersten Ruck hatte ich gleich die Tür aufgerissen und war hinausgesprungen, um den anderen sogleich beim Aussteigen behilflich zu sein.
Versöhnt wurden wir durch den wunderschönen Blick von hier auf das Meer. Nach fünfzehn Minuten unfreiwilligen Aufenthaltes konnten wir weiterfahren. Die Maulesel hatten sich offensichtlich wieder erholt. Nach einer Stunde erreichten wir Rodriguez' Landgut. Es war reizend gelegen. Viel Besuch war da. Wir wurden sehr liebenswürdig empfangen und bewirtet, es waren allerliebste Menschen. Mit zwei Kutschen fuhren

Las Palmas. Postkarte um 1900

wir gegen fünf Uhr wieder ab, um vor der Dunkelheit in Las Palmas zu sein. Rodriguez, der in unseren Wagen gestiegen war, lud mich unterwegs ein, abends das Theater zu besuchen. Don Pedro würde mich begleiten, er selber ließ sich entschuldigen.
Wenn aber jemals Frauenschönheiten mein Auge gefesselt haben, so war es hier der Fall. Links von uns in einem Palco (einer Seitenloge) hatten zwei Damen auf den Vordersitzen Platz genommen. Zwei kleine Mädchen im Alter von etwa vier Jahren spielten während der Pause in der Loge. Die Schönheit der Frauen war bewunderungswürdig. Der größte Künstler, so dachte ich bei mir, kann nichts Schöneres malen. Hier fand ich bestätigt, daß die Kanarischen Inseln schöne Frauen aufzuweisen haben, wie mir schon oft erzählt worden ist. Nach der Vorstellung begleitete Don Pedro mich nach dem Hotel, wo ich die Nacht über blieb. Jedesmal, wenn ich an Land kam, war Rodriguez' erste Frage, was er für mich tun könne. Don Pedro wurde mir stets zur Verfügung gestellt, damit er mir die Sehenswürdigkeiten der Stadt zeige.
Die Stadt Las Palmas liegt am Meeresufer, die Umgebung hat schöne Villen und Landgüter aufzuweisen. Die Hauptprodukte der Insel sind Kuzenelle[159], Wein und Früchte. Zwiebeln werden auch sehr viel exportiert. Mit Don Pedro machte ich noch zwei Ausflüge in einer Kutsche, vor die wieder vier Maulesel gespannt waren, einmal sogar bis zum Zentrum der Insel, wohin wir eine starke Steigung überwinden mußten. Das war sehr anstrengend für die Tiere, und deshalb mußten wir oft anhalten. Dann strich der Kutscher mit der Rückseite seiner Macheta[160] den Tieren den Schweißschaum vom Rücken. Bis oben zum Dorf, welches in Wolken gehüllt war, boten sich viele schöne Aussichtspunkte. Herrlich war der Blick in die Täler dieses schönen Landes. In einem verhältnismäßig guten Wirtshause nahmen wir Almuerzo (Frühstück) ein, sehr reichhaltig und gut spanisch zubereitet. Am meisten bewunderte ich die vielen schönen Früchte zum Nachtisch. Don Pedro war ein vorzüglicher Gesellschafter und angenehm im Umgang. Mit dem Wirt war er auch bald in ein freundliches Gespräch verwickelt. Die Aussicht von hier oben war großartig schön, die Wolken zogen unter und über uns an den Bergen entlang. Erst gegen Abend kamen wir nach Las Palmas zurück.

Zu meiner Freude war an diesem Tage Kapitän Wenke mit seiner DETMAR von Teneriffa angekommen, um hier die Hälfte seiner Ladung von Hamburg zu löschen. Wenke wunderte sich nicht wenig, daß ich schon eine Woche hier war, und nannte mich einen Schnellsegler. Als Altbekannte besuchten wir die wenigen Tage meines Hierseins einander oft, zumal die Gebrüder Seetzen die DETMAR angekauft hatten und er nun auch zu unserer Gesellschaft gehörte. Auf der zweiten Spazierfahrt nach verschiedenen schön gelegenen Landgütern mit Don Pedro hatten wir auch Wenke eingeladen. Wir genossen einen sehr angenehmen Nachmittag auf dieser Fahrt; nirgends hatte ich vorher auf allen meinen Reisen das Klima so wohltuend gefunden wie auf dieser Insel. Mein Freund Wenke konnte leider nicht an unserer Unterhaltung so teilnehmen, wie er es wünschte; er konnte zuwenig Spanisch.
Ich kaufte mir in Las Palmas vier kleine Fässer Teneriffa-Wein, eines für meine Frau, eines für meinen Konsum und zwei für Seetzens. Der Wein war nicht teuer und fand später allgemeinen Beifall. — Von Las Palmas segelte ich direkt nach Laguna. Der Passatwind war flau wie meistens um diese Jahreszeit, es war November 1878. Zwischen Jamaika und den Cayman-Inseln hatten wir das Vergnügen, einen großen Haifisch zu angeln. Mit einer Talje wurde er mittschiffs über die Reling gehievt. Gewaltig schlug das Tier mit dem Schwanz aus. Erst nach wiederholten Versuchen gelang es, die eichene Handspeiche, etwa fünf Fuß lang, in den Rachen hineinzuschieben. Und dann konnten wir mit dem Schlachten beginnen. Das war ein Gaudium für Janmaat (die Matrosen), die dabei allerlei Witze rissen.
In Laguna angekommen, wurde ich von meinen Freunden gewarnt, daß die Zollbehörde es auf mich abgesehen habe. Sie wolle mich wegen der Schmuggelware abfassen. Es schien mir Verrat im Zuge, und es war das erste Mal, daß ich einen großen Posten an Bord besaß, den ich aber vorsichtigerweise so gut wie nur möglich versteckt hatte. Unter die schweren Ankerketten hatte ich 600 Yellow-Metall-Platten[161] und 50 Dutzend baumwollene Hemden gepreßt, diese in Ballen, mit eisernen Bändern umfaßt, ferner 25 Kisten à 50 Pfund Tabaco-breva, platten Tabak, die die Mozos[162] auf den Haciendas mit Vorliebe bei der Arbeit kauen. Dann hatte ich in zwei großen Brotfässern Manufakturwaren, darunter Creas, sehr feines Leinen für Damenhemden, versteckt. An den Enden der Fässer waren natürlich einige Schichten Cakes fest eingepackt, damit ich, wenn die Beamten mal ein Faß geöffnet sehen wollten, was ich freiwillig anbot und dabei auf meinen Zimmermann zeigte, der mit den erforderlichen Gerätschaften fertig dastand, ihrer Forderung sofort entsprechen würde. Die Beamten machten aber von meinem Anerbieten keinen Gebrauch. Es war derselbe Kommandant (Kontrolleur), mit dem ich von früher her befreundet war. Der Zollinspektor hatte aber zur Sicherheit noch den Vista[163] und Contador[164] mit an Bord gesandt, die von diesem Ansinnen, zumal es nicht zu ihren Aufgaben gehörte, wenig erbaut waren und sich mir gegenüber sehr höflich benahmen.
Die Steueraufseher und die Ruderer mußten das ganze Schiff durchsuchen. Mit langen, dünnen, am Ende gespitzten Stangen stachen sie in den Schmiedekohlen herum, die ich von Hamburg aus zum Verkauf mit nach Laguna genommen hatte, die unter den Stückgütern nach Las Palmas als Garnier-Unterlage[165] vorgesehen waren und von dort aus als Ballast dienten. Man glaubte, daß ich Kisten darunter versteckt hatte, was nicht der Fall war. Man fand also auch da nichts. Nach beendeter Arbeit lud ich die Männer zum Lunch ein, was sie gern annahmen; denn Mettwurst und Schinken usw. mit einem schönen Glas Bier waren hier in dem heißen Klima immer etwas Delikates.

Die Steueraufseher erhielten an Deck ein paar Glas Bier und die Bootsruderer einen doppelten holländischen Genever. So waren sie mir infolge der liebenswürdigen Behandlung sehr dankbar, und wie ich später an Land hörte, hätten die Beamten sich alle gleich lobend über mich geäußert. Und der Kommandant erzählte mir im Vertrauen, daß die ganze Sache von Enrique Coursen, der Prokurist in dem deutsche Hause bei Konsul Willms war und später auch dessen Nachfolger wurde, ausgegangen sei. Auch ohne die Warnung meiner Freunde hätte ich bei der ersten Visite gleich gemerkt, daß die Beamten ernst und reserviert gegen mich waren.
Ich blieb aber gleich den ersten Abend bei Quintana, Anizan und Konsul Willms in der Lonja[166], woselbst wir uns bei einem Glas Bier bis zehn Uhr unterhielten. Don Franzisco Anizan erkundigte sich nach den Verhältnissen auf den Kanarischen Inseln. Er hatte gehört, daß es dort in langer Zeit zuwenig geregnet habe, und fragte, ob ich das schöne Geschlecht dort auch so hübsch gefunden hätte, wie es allgemein heiße. Das konnte ich nur bestätigen.
Es war 10 ½ Uhr, als ich die Jakobsleiter[167] an der Seite der SCHWAN hinaufkletterte und Steuermann Seetzen mich bei dem Fallreep[168] mit der Bemerkung empfing: „Wir haben auch einen Zolloffizier an Bord." Das war natürlich außergewöhnlich. Gleich darauf kam der Mann zum Vorschein; das Poltern der Ruderer im Boote längsseits hatte ihn aufmerksam gemacht. Ich ließ mich nicht beängstigen, dachte aber: „Die Sache wird heiter"; denn bisher hatte man mir noch keinen Zolloffizier an Bord gesandt. Das war gegen die gewöhnliche Ordnung. Freundlich begrüßte ich den Mann mit „Buenos noches, Senor" und lud ihn zu einem Glas Bier ein, obgleich es dazu schon etwas spät war. Steuermann Seetzen stellte Bierflaschen und Gläser auf den Tisch, und ich setzte mich dem Beamten vis-à-vis. Nun fing er an zu erzählen, daß er vor ungefähr vier Wochen die ALBATROS unter Kapitän Wedel abgefaßt habe, weil Wedel so miserabel sei und den Beamten nichts gönne, alles für sich behalte. Mit eisernen Stangen habe er seinen Sandballast durchstochen und so die Bierkisten und Fässer mit Waren darunter gefunden und hervorgeholt. Bei dieser Gelegenheit habe Wedel in seiner Aufregung die Äußerung gemacht, daß Kapitän Fokken auch Waren schmuggele, aber nie gefaßt werde.
Da fiel ich ihm mit dem Bemerken in die Rede, das sei natürlich; ich hätte keine Schmuggelwaren, und deshalb könne man mich auch nicht fassen. Während der Unterhaltung kam mir der Mann so bekannt vor, daß ich die Frage stellte, ob er während der Revolutionszeit in Laguna zweiter Kommandant (Cabo)[169] gewesen sei. „Si, Capitan." — „Dann sind wir ja gute Bekannte, Sie heißen Juan Colorado, und ich hoffe, daß wir jetzt ebenso gute Freunde sind wie damals. Wissen Sie es noch, daß ich Ihnen einen Schinken und einige Dutzend Flaschen Bier gegeben habe?" „Si, Capitan." Nun stand er auf, reichte mir die Hand und sagte, daß er auch jetzt als guter Freund gekommen sei. Wenn ich Pacotilla[170] hätte, dann möge ich mich ihm ganz anvertrauen, er wolle dann alles ohne Gefahr an Land schaffen, bevor die Zollbehörde das Schiff revidiere.
Da irrte er sich sehr. In eine solche Falle ging ich nicht und behauptete hartnäckig, daß ich kein Pacotilla hätte, daß sämtliche an Bord befindliche Waren in der Proviantliste (Nota de rancho) angegeben seien. Daß er meinen Worten nicht traute, merkte ich wohl. Nun hatte ich in der Vorderkajüte eine Garnitur Jakaranda[171]-Möbel für Don Victorio Gongora mitgebracht und diese Kajüte, damit es nicht auffiel, auch mit einer eisernen Bettstelle, mit Waschtisch, Spiegel usw. so eingerichtet, daß ich sie als mein

Schlafzimmer bezeichnen konnte. Hier führte ich diesen Juan Colorado hinein mit dem Bemerken, daß er als guter Freund mein Schlafzimmer benutzen möge. Das gefiel ihm.

Mit Ehre ist diesen Leuten sehr gedient, das wußte ich. Am Morgen erkundigte ich mich, ob er gut geschlafen habe. „Si, Capitan, magnifico" (ausgezeichnet). Um 8 1/2 Uhr fuhr Juan Colorado mit mir an Land, er wanderte dem Zollhause zu, ohne etwas bei mir erreicht zu haben, und ich ging nach Quintanas Office. Später habe ich Colorado $ 25,— und einen Schinken geschenkt, dafür, daß er beim Revidieren nichts gefunden hatte. Die Waren für Anizan, als Metallplatten, Tauwerk, Chester-Käse und feine Butter, wurden eines Abends mit dem Cayuko vom Patron des Kanus Carmen, Juan Alverado, laut Instruktion des Chefs Don Franzisco Anizan abgeholt. Das Kanu segelte nach Übernahme sämtlicher Waren sofort in der Dunkelheit ab über die Laguna und den Fluß Usumacinto hinauf nach Palizada, in deren Nähe Anizan eine große Hacienda, genannt San Geronimito, besaß. Hier wurden die Schmuggelwaren gelandet, und dann fuhr das Kanu nach Palizada, wohin es von Laguna aus expediert war. Die anderen Sachen wurden nach und nach von den Käufern in Laguna von Bord geholt, ohne daß diese auf weitere Hindernisse stießen.

Die großen Collis[172], wie Tauwerk, Möbel, auch das Metall, hatte ich für Rechnung der Firma Gebrüder Seetzen mitgenommen, worauf Seetzen mir fünf Prozent Kommission versprochen hatte. Dagegen waren die Manufakturwaren, Tabak usw. für mein Privatkonto. An dieser Stelle bemerke ich zugleich, daß Gebrüder Seetzen mir die versprochenen fünf Prozent Verkaufskommission in meiner Generalabrechnung nicht gutgeschrieben haben, daß ich aus diesem Grunde das Schmuggeln für die Firma aufgab und dieses gefährliche Geschäft für mich allein machte, weil ich persönlich dabei großes Risiko einging und ich mir sorgenvolle, schlaflose Nächte einhandelte. Ich hatte gute Abnehmer für die Waren, zahlungsfähige, so daß ich wegen der Zahlung kein Risiko scheuen mußte. Victorio Gongora fehlte es diesmal zwar an barem Geld, ich ließ ihm daher meine Forderung von $ 5000,— als Vorschuß gegen eine Ladung Mahagoni, die ich diesmal direkt von ihm kaufte, zu liefern an der Küste bei meiner Rückkehr von Hamburg. Darüber war Quintana aufgebracht gegen Gongora, während er sich mir gegenüber nicht darüber äußerte.

Meine Ladung bestand diesmal aus Mahagoni und Blauholz, preiswürdig und von guter Qualität. Ich fuhr damit direkt nach Hamburg.

Während dieser Überfahrt hatten wir von den Neufundland-Bänken bis zum Englischen Kanal steife nördliche Winde, so daß wir mit gerefften Segeln fuhren. Ich verfolgte aber beim Segeln stets mein bisheriges Prinzip: lieber ein bis zwei Kompaßstriche vom richtigen Kurs abweichen und tüchtig Fahrt im Schiff halten, als die Rahen anzubrassen, um möglichst, wenn auch durch verminderte Fahrt, das Schiff auf dem Kurs zu halten. Konnte ich auf meine Weise mit diesem steifen Nordwind keine Nord-Breite holen, so holte ich um so viel mehr Ost-Länge und sagte mir dabei, daß der Wind auch einmal wieder westlich oder sogar südlich laufen würde, bevor wir nach dem Kanal kämen. Und so kam es auch, nun konnten wir dicht vor den Gründen[173] Nordbreite genug holen. Auf diese Weise machte ich auch wohl meistens schnellere Reisen als andere Schiffe, die fast gleichzeitig mit mir absegelten und später ankamen. Darüber waren, wie meine Steuerleute mir erzählten, meine Kollegen neidisch. Nach 48 Tagen erreichten wir wohlbehalten Hamburg. Mein Blauholz wurde in Auktion, das Mahagoni unter der Hand verkauft. Die Ladung ergab 16 500,— Mk Reingewinn.

Die Gebrüder Seetzen hatten inzwischen ein neues Schiff fertig auf dem Stapel von dem Baumeister Ide Oltmanns gekauft (Brigg). Es war ein sehr schön gebautes Schiff und erhielt den Namen SEÑORA QUINTANA, bewährte sich auch als ein ganz vorzüglicher Segler. Mein Steuermann, der Neffe Seetzens, erhielt die Führung und sollte die zweite Ladung, die ich von Gongora gekauft hatte, von der Küste (Trinidad) holen. Inzwischen war das Mahagoni in Europa wesentlich im Preise gestiegen, und da meine erste Ladung von Gongora wegen der Qualität und Beschaffenheit sehr gefallen hatte, so kaufte C. H. Lüßmann diese beiden Ladungen „schwimmend“ zu dem hohen Preise von 275 Mk pro Kubikmeter. — Zu Hause war es ein Kommen und Gehen, da ich am elften Tag nach meiner Ankunft die Elbe schon wieder verließ. In Hamburg war es jedesmal eine Hetzjagd, was mich oft verdroß, weil ich auf See und auch in Laguna alles Mögliche tat, um rasch vorwärtszukommen. Immer vorwärtskommen, verdienen war die Losung.

Diesmal nahm ich auch wieder auf Bestellung (für meine Privatrechnung) ein großes Quantum Schmuggelwaren mit, die auf der Ausreise sorgfältig versteckt wurden. Arbeit scheute ich dabei ebensowenig wie Gratifikationen an die mir vertrauten Leute. Wenn ich $ 1000,— verdiente, konnte ich $ 100,— abgeben, um sicher zu gehen, und gönnte denen gern etwas, die mir behilflich waren.

Nach 45 Tagen erreichte ich die Außenreede von Laguna, woselbst wir ankerten. Mit dem Boote fuhr ich nach der Stadt, um ein- und auch zugleich auszuklarieren, weil ich an der Küste laden wollte. Stauer Bachy engagierte ich wieder mit seinen Leuten. Inzwischen ließ Francisco Pallas des Nachts seine Waren durch den Lotsen Prajiéres Prieto und den Lotsen Pablo, auch Pablo Diablo genannt, weil er eine dunkle Farbe hatte, mit dem Lotsenboot, das nicht klein war, abholen. Mein Steuermann war darüber instruiert.

Mit diesen Lotsen, die auch gut dafür bezahlt wurden, ließ sich die Sache am sichersten machen, weil es nicht auffiel, wenn sie in der Maldrugada (früh morgens) hinausfuhren. Die kannten den Rummel auch ganz vorzüglich. Erblickten sie bei ihrer Arbeit ein Zollboot, dann fuhren sie weiter nach See zu und taten, als wären sie beim Fischen, und auf der Insel Carmen kannten sie jeden Schlupfwinkel. Leider hatte der Lotse Pablo stets Pech, er lieferte die Colli nie vollzählig ab und behauptete, nicht mehr empfangen zu haben. Der Zollbeamte Pedro Heredio wurde mir nach der Küste mitgegeben. Morgens um sieben Uhr fuhr er mit mir im Boote von Laguna ab. Die SCHWAN ankerte ziemlich weit von der Küste entfernt. Als wir der Barre näher kamen, bemerkte Pedro ein Boot unweit der SCHWAN. Darüber regte er sich in seinem Mißtrauen riesig auf, stellte sich auf die Bank und hatte unwillkürlich die Hand am Revolvergriff. Die Lotsen hatten uns aber auch schon längst kommen sehen und waren, als wir die SCHWAN erreichten, bereits weit nach See zu gesegelt, und Pedro konnte sich beruhigen. Er glaubte schließlich, daß es ein Fischerboot sei.

Nun kam auch mein Stauer Bachy herausgesegelt. Als er mit seinen Leuten an Bord war, wurde der Anker aufgehievt, und wir segelten nach der Küste und ankerten daselbst dicht am Strande in der Nähe des Mahagoni-Holzes. Am folgenden Tag wurden gleich alle Vorbereitungen zum Laden getroffen, man begann mit dem Messen des Holzes, und gegen Abend war bereits ein Floß fertig. Ich hatte nun, da ich das Holz direkt von Gongora gekauft hatte, allein mit ihm zu tun, hatte beim Messen auch gar keine Differenzen. Mit Don Jaquinto Gongora konnte ich allein besser fertig werden als früher, als Quintanas Holzmesser noch dabei war. Die glühende Sommerhitze auf

dem weißen Sandstrande war unerträglich. Zum Laden war das Wetter aber sehr günstig. Wir hatten Windstille alle Tage, dabei war das Meer spiegelglatt.
Nach drei Tagen kam der alte Don Victorio auf seinem Schimmel von Pom und lud den Zollbeamten Pedro ein, mit ihm nach San Miguel und Pom zu reiten, um sich alles anzusehen, und Pedro nahm das dankend an. Der Zweck war, Pedro einen Tag aus dem Wege zu kriegen, damit wir die Schmuggelwaren landen konnten. Arglos verließ er uns. Kaum waren sie eine Stunde fortgeritten, da begannen wir, die Boote zu beladen, und Jaquinto hatte inzwischen sechs Carretas[174] am Strande aufgestellt, um die Waren sofort waldeinwärts zu befördern. Nach vollendeter Arbeit, die mit so starker Mannschaft schnell getan war, gab ich eine Kiste mit sechs Dutzend Flaschen Bier aus und ließ am folgenden Tag auch einen jungen Stier schlachten. Ich war nicht wenig froh, als alles so glücklich von Bord war, und gelegentlich gab ich der Mannschaft noch einen freien Tag, auch deshalb, weil wir an der Küste keinen Sonntag feierten, um das gute Wetter zum Laden auszunutzen. Im allgemeinen wurden die Leute auch sehr gut von mir behandelt, und das wurde anerkannt.
Am folgenden Tag kam Pedro vergnügt mit dem zweiten Mayordomo (Verwalter) zurückgeritten. Don Victorio hätte ihn sehr liebenswürdig behandelt, bewirtet. Er selber hatte keine Ahnung davon, daß wir ihn getäuscht hatten.
Nach 10 ½ Tagen war die SCHWAN beladen, wir hatten tüchtig gearbeitet, ich hatte auch den ganzen Rest Mahagoni, für die Brigg SEÑORA QUINTANA bestimmt, gemessen und somit von Gongora empfangen, so daß ich in Laguna voll mit ihm abrechnen konnte. Befriedigt über die Abwicklung meiner Geschäfte und sehr zufrieden mit der ganzen Lieferung Mahagoni, segelte ich nach der Außenreede von Laguna und fuhr mit dem Boot nach der Stadt, um hier die Zahlung der Lieferung zu besorgen und auszuklarieren. Ich ließ für Kapitän Seetzen, der jeden Tag ankommen mußte, die notwendigen Instruktionen zurück. Bei der Verrechnung wurde auch mein Privatgeld, die vorher erwähnten $ 5000,—, in Anrechnung gebracht.
Ich logierte wie immer, wenn mein Schiff außerhalb der Barre lag, bei Quintana und war auch ein gern gesehener Gast bei seiner Familie, das merkte ich wohl. Da die Faktura der Ladung und sämtliche Schiffspapiere wie immer in Quintanas Kontor fertiggestellt wurden und ich auf gutem Fuß mit Quintana bleiben wollte, zahlte ich ihm volle Kommission von drei Prozent auf die Faktura wie früher, obgleich er mit der Besorgung der Ladung nichts zu tun gehabt und nur $ 25,— für Ein- und Ausklarieren verlangen konnte. Er war dafür sehr dankbar.
Um diese Zeit feierte man das Fest der Unabhängigkeit Mexikos, wo während dieser Tage sehr viel gespielt wurde. Im Freien waren bei sternklarem Himmel und Mondschein mehrere Spieltische aufgestellt und auch sonst allerlei Klimbim. Vandango-Buden fehlten auch nicht. Quintana machte abends um 9 ½ Uhr die Runde mit mir. Er setzte auch auf dem Roulett ein und verlor $ 25,—. Frauen, alt und jung, spielten hier mit Vorliebe. Einige Männer spielten sehr hoch Poker, wobei, wie ich hörte, Verluste bis zu $ 10 000,— damals nicht selten waren.
Mit dem Lotsenboot ließ ich mich für $ 4,— an Bord bringen. Am selben Abend, als die Landbrise einsetzte, gingen wir unter Segel. Ende August erreichten wir nach einer schönen Reise von 48 Tagen die Elbe. Das Resultat meiner Reise waren 18 000,— Mk Reingewinn. So schnell wie möglich fuhr ich nach Hause, woselbst ich zehn Tage bleiben konnte.
Nun wurde die SCHWAN mit Stückgütern für Laguayra und Puerto Cabello[175] (Vene-

zuela) beladen. Die Gebrüder Seetzen waren damit einverstanden, daß meine Frau diese Reise wieder mitmachte. Während des Ladens konnte ich noch wieder eine Woche zu Hause sein. Dann reisten meine Frau und ich nach Hamburg. Ich machte wieder meine Privateinkäufe; denn an Aufträgen von Laguna fehlte es mir nicht. Ich nahm diesmal aber weniger mit, weil ich andere Häfen anlaufen mußte. Gegen hohe Belohnung und unter den günstigsten Bedingungen wurde ich in Hamburg gebeten, einige Kisten Revolver und Munition als Schmuggelware mit nach Venezuela zu nehmen. Ich lehnte dies ab, weil ich mit den Verhältnissen dieser Plätze zu unbekannt war, und betrachtete die Sache als zu gefährlich, zumal meine Frau die Reise mitmachte und ich mir nicht allzuviel Sorge auf den Hals holen wollte. Unseren Georg hatten wir bei Rodenbäcks gelassen.

Am Sonnabendnachmittag ankerten wir auf der Reede von Laguayra, die damals sehr ungeschützt lag. Es war kein schöner Ankerplatz, das Meer war dort bewegt. Am Sonntag früh um neun Uhr fuhr meine Frau mit mir an Land. Die Landungsbrücke war von hohen Militärs und Beamten besetzt, und an den Straßen entlang stand das Militär in Reih und Glied und bildete Spalier. Ein französischer Dampfer hatte eben vorher geankert. An Bord befand sich der Präsident Gusmann Blanco, der eine Reise nach Frankreich unternommen hatte. So wurden denn auch wir mit militärischen Ehren empfangen.

Die Landung war wegen des Seegangs nicht so einfach, da das Boot bald oben und bald unten an der Treppe lag, durch welche die Wellen schlugen. Aber meine Frau ließ sich keine Schwachheit anmerken und sprang, die erste günstige Gelegenheit wahrnehmend, ohne daß ihr jemand die Hand reichte, auf die Treppe. Das brachte ihr von den Leuten auf der Brücke allgemeine Bewunderung ein, ich selbst wunderte mich auch; denn der Sprung war nicht ganz ungefährlich.

Die Männer auf der Brücke zogen ihren Hut. Das empfanden wir als sehr höflich, und als wir die Hälfte der Brücke gegangen waren, empfing uns auf die freundlichste Weise, mit dem Hut in der Hand sich vorstellend, unser Ladungsempfänger, der uns nach seinem Kontor begleitete. Obgleich es zu einem der ersten und reichsten Handelshäuser Venezuelas gehörte, sah das Kontor doch wie eine Räuberhöhle aus. Die Wände und Decken hingen voller Spinnengewebe. Später sagte man uns, das dürfe nicht beseitigt werden; denn dann würde das Glück vom Hause verschwinden.

Wir empfingen unsere Briefe, auch einen vom Opa, und nach etwa eineinhalb Stunden Aufenthalt am Lande fuhren wir wieder an Bord, wo es weniger heiß war und wo man unterm Sonnensegel an Deck viel angenehmer sitzen konnte. Wir machten es uns nun gemütlich. Jeden Morgen erhielten wir frische Fische, die meine Frau so gerne aß. Von Land wurden uns Apfelsinen und Bananen gebracht.

Am Tage wehte frische Seebrise, der Passatwind, der gegen neun Uhr abends und oft auch früher abnahm, und des Nachts ein kühler Wind vom Lande. Die Nächte neben den hohen Bergen waren angenehm kühl. Puerto Cabello ist ein schöner Naturhafen. Dort lagen wir an der Kaje, so daß meine Frau bequem mit an Land kommen konnte. Wir gingen dann gewöhnlich in dem schönen Stadtgarten spazieren, der am Wasser lag, dort, wo die großen Oleander in voller Blüte standen und sonstige schöne tropische Pflanzen und große Palmen wuchsen, die meine Frau alle so sehr bewunderte.

Frey war mein Ladungsempfänger. Auf seine Veranlassung machten wir eine Wagenfahrt in ein schönes Tal, etwa eine Stunde von der Stadt entfernt, und besahen uns die Kakao- und Kaffeepflanzen. Hier wohnten auch die Familien verschiedener deutscher

Kaufleute. Die Herren ritten des Morgens zur Stadt nach dem Geschäft und abends zeitig wieder nach Hause. Die Stadt gehört nicht zu den gesunden. Obgleich sie am Wasser liegt, ist die Luft schlecht. Die Umgebung ist sumpfig. Frey war als Hausknecht von Hamburg ausgewandert und gehörte nun zu den reichsten Männern der Stadt. Sein geräumiges steinernes Wohnhaus lag am Stadtgarten. Zur Freude meiner Frau gab es hier eine noch größere Auswahl an Fischen als in Laguayra, auch viele Früchte.
Unsere Ladung war bald gelöscht, zwei Tage vor Weihnachten legten wir ab. Am folgenden Tag segelten wir mit frischem Passatwinde an der holländischen Insel und Stadt Curaçao[176], die an der Südseite liegt, vorüber. Zu Weihnachten schenkte ich meiner Frau einen Sommerumhang, den ich in Hamburg gekauft hatte. Das war für sie eine freudige Überraschung. Ich erhielt ein hübsches Zigarrenetui.
Wir steuerten südlich von Jamaika entlang und erreichten nach elf Tagen Laguna, welches schon zu meiner zweiten Heimat geworden war. Von Quintana und Konsul Willms wurden wir wieder sehr liebenswürdig empfangen. Am Vormittag nach unserer Ankunft ging ich gegen elf Uhr mit den beiden Männern zur Lonja, um dort einen Cocktail zu nehmen. Gleich darauf kam Don Franzisco Anizan, hieß mich willkommen, wunderte sich aber, daß ich in der Lonja war, während das Zollboot zur Revision nach der SCHWAN gefahren sei. Nun ging und fuhr ich so schnell wie möglich an Bord, traf meine Frau in großer Angst an, entschuldigte mich bei den Herren höflichst, und dann ging es an die Arbeit. Mir erging es dabei ähnlich wie dem Soldaten im Krieg. Vorher hatte ich Angst, aber als die Schlacht begann, ging ich mutig drauflos. Ich ließ mir nun keine Schwachheit merken, obgleich ich vorher sorgenvolle, schlaflose Nächte verbracht hatte.
Nach der Revision, die günstig verlaufen war, lud ich die Herren wieder zum Bier und Lunch ein, den sie voll genossen, ohne zu ahnen, daß unter diesem gedeckten Tisch Seide und Creas versteckt waren. Die Kappe der Halbdeckluke, die rundherum dicht ist, diente uns nämlich bei dem heißen Wetter auf Deck unter dem Sonnensegel als Tisch, und sie hatte ich des Morgens zeitig mit diesen wertvollen Sachen gefüllt. Einen Zolloffizier hatten wir diesmal zur Wache nicht an Bord. Befriedigt fuhren die Männer an Land, und noch zufriedener waren wir, weil wir die größte Gefahr überstanden hatten. Ich hatte diesmal auch wieder mehrere große Wandspiegel mit vergoldeten Rahmen an Bord, die in Laguna so sehr beliebt waren. „So viele Spiegel", sagte der Kommandant, „und hier hängen sogar zwei einander gegenüber." „Ja", bemerkte ich, „wenn meine Frau Toilette macht, will sie auch ihre Haarfrisur am Hinterkopf sehen können." Er schaute mich verdutzt an und schwieg. Nach drei Wochen kam er doch noch einmal wieder, um sich nach den Spiegeln umzusehen, und kaufte mir einen ab. Das Geld dafür habe ich aber nie eingefordert. Erst einige Tage vor unserer Abfahrt wurden die anderen Spiegel, die alle auf Bestellung mitgebracht worden waren, gelandet.
Wir waren diesmal recht lange, nämlich acht Wochen, in Laguna. Die Zufuhr von Holz aus den Wäldern in guter Qualität war gering. Konsul Willms lud uns einige Male zu Tisch. Einmal waren wir bei Quintana in großer Gesellschaft, aber hier gefiel es meiner Frau schon deshalb nicht, weil sie die spanische Sprache nicht verstand, weil ihr alles fremd war und sie sich von den Gästen nur mit Willms unterhalten konnte. Trotzdem blieben wir von elf Uhr vormittags bis elf Uhr abends. Das Essen und die verschiedenen Weine waren tadellos. Als Schnecken im Gehäuse mit feiner Soße serviert wurden, bediente meine Frau sich nicht, weil es ihr unmöglich war, die zu essen. Dagegen

aß sie arglos von den sehr schmackhaft zubereiteten Froschschenkeln. „Hat's geschmeckt?" fragte Willms. — „Ja, vorzüglich." — „Wissen Sie auch, was Sie gegessen haben?" — „Nein." — „Es waren Froschschenkel." — Hätte meine Frau das vorher gewußt, dann hätte sie sicher verzichtet. Am spanischen Tisch muß man auch spanisch essen, mir schmeckte alles gut. Die Unterhaltung war im allgemeinen angeregt. Nach dem Kaffee zogen sich die Damen eine Weile zurück. Dann wurde musiziert, gesungen und Bier getrunken bis zum Dinner um 6 1/2 Uhr abends. Joaquin Quintana zeigte sich als ein aufmerksamer und liebenswürdiger Gastgeber.
Inzwischen war ein Hamburger Schoner gestrandet. Den Steuermann namens Schulte aus Schulau bei Blankenese nahmen wir als Passagier mit zurück. Er beschäftigte sich damit, Fußmatten für meine Frau anzufertigen. Wir hatten wieder eine schnelle Heimreise, bis Portland[177] brauchten wir 33 Tage, dann wegen eintretenden Ostwindes noch neun, also insgesamt 42 Tage bis Hamburg. Wie fast auf jeder Heimreise schlachteten wir auch diesmal zwei junge Schweine; außerdem hatte ich zwei Dutzend Hühner mitgenommen.
In Hamburg empfingen wir die briefliche Nachricht, daß der Vater meiner Frau schwer krank sei und wir möglichst schnell nach Hause kommen möchten. Bei unserer Abfahrt hatten wir verabredet, daß die Eltern uns abholten. Der Mensch denkt, Gott lenkt. Zwei Tage nach unserer Rückkehr starb der Vater im eben vollendeten 58. Lebensjahre am 28. April, am Geburtstag meiner Frau. Ich war des Morgens um neun Uhr via Ogenbargen per Post abgefahren, weil meine Anwesenheit in Hamburg notwendig und erwünscht war. Bereits in Wittmund an der Post erhielt ich eine Depesche mit der Nachricht: „Komme sofort zurück!" Ich war darüber in doppelter Angst, weil ich auch mit der Möglichkeit rechnete, daß meiner Frau in ihrem Zustande etwas zugestoßen sei. Schnell mietete ich ein Gespann bei Ommen und fuhr, so eilig die Pferde laufen konnten, über Burhafe nach Esens zurück. Dem Kutscher versprach ich gleich in Wittmund 3,— Mk für schnelle Beförderung.
Am Tag vorher waren Schwager Reiners und Hilka, die Schwester meiner Frau, wieder nach Brake, nach Hause, gereist, weil der Arzt Marpmann die Krankheit nicht als so gefährlich angesehen hatte. Am 26. April hatten Reiners, Schwager Johann und ich zusammen im öffentlichen Verkauf das Grundstück, auf dem unser Haus steht, gemeinschaftlich für 800,— Mk und Gebührenkosten in dem Glauben erworben, daß dort der Bahnhof entstehen würde. Der Bau der Küstenbahn war kurz vorher bewilligt worden. Den Kauf des Grundstücks hat Vater noch von Reiners erfahren, was den Kranken sehr aufregte und zu der Bemerkung veranlaßte, daß es das schlechteste Grundstück in der Stadt sei und er noch nie einen so schlechten Kauf erlebt habe. Vier Jahre später habe ich das Grundstück allein zu 1200,— Mk übernommen, so daß der Einstand mit Zinsverlust und Unkosten 1550,— Mk betrug.
Das waren nun traurige Tage für uns, zumal wir so sehr viel von Vater hielten und er von uns. Ich reiste nach Hamburg und kam zum Begräbnis auf einen Tag zurück. Vater war in unserem Haus gestorben.
Da ich nun wieder in Ballast direkt nach Laguna segeln wollte, um rechtzeitig das Mahagoni an der Küste von Gongora zu empfangen, das ich von ihm gekauft hatte, war die Zeit knapp, und alle beeilten sich, um die SCHWAN möglichst sehr schnell zu expedieren. Schmuggelwaren nahm ich diesmal weniger mit als sonst, eine Kleinigkeit. Ich wollte einmal etwas weniger Sorgen auf der Reise haben, versprach mir auch ein sehr gutes Geschäft mit dem gekauften Mahagoni. Das Glück war mit mir. Ich hatte

eine schöne und schnelle Ausreise von 44 Tagen und blieb 18 Tage in Laguna, um gutes Blauholz als Beiladung zu bekommen, was sehr rar und in Hamburg gefragt war.
An Quintana war um diese Zeit ein Quebecer großer Dreimastschoner adressiert, kam von Frankreich, und der Kapitän hatte recht viele Schmuggelwaren an Bord. Unbekannt in Laguna, vertraute er die Sache Quintana an, und dieser wies den Kapitän an mich, ich wisse sehr gut in dieser Sache Bescheid. So kam der Kapitän zu mir auf die SCHWAN und bat mich, ihn zu unterstützen; er werde sich mir dankbar zeigen. Ich tat das gerne, und da ich Zeit hatte, stand ich ihm mit Rat und Tat zur Seite.
Das Mahagoni war von tadelloser Beschaffenheit, alle Tage hatten wir Windstille, das Meer war spiegelglatt, und in zehn Tagen war die SCHWAN beladen. Am letzten Tag, als noch zwölf Mahagoni-Blöcke im Floß längsseits lagen, trat zum ersten Male eine leichte Landbrise ein, und da das Meer glatt wie in einem Hafen war, hievte Bachy mit seinen fünfzehn Leuten die beiden Anker zugleich auf, während die Schiffsmannschaft die Segel losmachte und beisetzte. Ohne Nörgelei verlief es natürlich nicht, es ging meinen Leuten zu schnell. Selbst der Steuermann knurrte und meinte, daß er so etwas in seinem Leben noch nicht gesehen habe. „Dann sehen Sie es hier zum ersten Male“, gab ich ihm zur Antwort. Bald waren wir mit dieser Arbeit fertig, und nun wurden die zwölf Mahagoni-Blöcke möglichst schnell übergehievt, wobei der gute Stauer Bachy mich sehr unterstützte, während die SCHWAN ganz langsam durchs Wasser lief. Dieser leichte Landwind wurde also sofort genutzt, er frischte gegen Abend noch ein wenig auf, so daß wir nachts um ein Uhr außerhalb der Barre von Laguna ankerten.
Um sechs Uhr früh fuhr ich mit Bachy und seinen Leuten an Land. Die Mannschaft hatte nun Zeit, die SCHWAN in jeder Hinsicht seeklar und für die Reise segelfertig zu machen. Meine Papiere wurden bald bei Quintana fertiggemacht. Zur Zahlung der Ladung usw. stellte ich jetzt einen Wechsel auf das Bankhaus Esteban Benecke Successores aus. Früher bedienten wir uns der Firma Watermeyer, Wichers & Co., Vera Cruz. Diese Gesellschaft hatte sich hier inzwischen aufgelöst. Auf Bitten Quintanas und namentlich der Familie Anizan nahm ich eine Passagierin, Fräulein Marie Caselitz aus Kassel, mit. Sie war bei ihrer Tante in Campeche gewesen, wo es ihr nicht gefallen hatte, und wollte zu ihrer Mutter zurück. Sie hatte zuletzt bei Anizan im Hause gewohnt.
Wir hatten eine sehr schnelle Heimfahrt von 42 Tagen; die ganze Rundreise hatte nur 118 Tage gedauert. Der ältere P. U. Seetzen, der bei meiner Ankunft in Hamburg auch diesmal dort war, hatte bei meinem Einsegeln in den Hamburger Hafen mit Richers auf der Dampferbrücke gestanden und gesagt: „Ich weiß nicht, wie Fokken es anstellt, solch schnelle Reisen zu machen.“ Seetzen sei ganz aufgeregt gewesen und habe von neuem geäußert: „Ich kann es nicht begreifen, keiner von uns Brüdern hat das je fertiggebracht.“ Die Elbe waren wir bis Hamburg ganz mit starkem Westwind hinaufgesegelt.
Während unserer Reise hatte sich unsere Familie um eine Tochter vermehrt: Schon sechs Wochen nach meiner Abfahrt und Vater Rodenbäcks Ableben war Evi geboren. Zur Sedan-Feier[178] war ich wieder zu Hause. Da die SCHWAN neu verkupfert werden mußte und dann mit Stückgütern für Sabanilla[179] und Cartagena[180] (Kolumbien) beladen werden sollte, konnte ich allerdings mit Unterbrechungen doch etwas länger zu Hause sein.
Meine Ladung hatte ein sehr gutes Resultat ergeben: 21 000,— Mk Reingewinn. Von dem Käufer C. H. Lüßmann erhielt ich als kleines Andenken ein Bierseidel, auf dessen

Deckel die Inschrift mit goldenen Buchstaben stand: „Capt. Fokken deutsche Bark SCHWAN für seine schöne Ladung Mahagoniholz Sept. 1880." Lüßmann reichte mir das Seidel in seinem Kontor mit den Worten: „Herr Kapitän Fokken, nehmen Sie dieses kleine Andenken von mir an. Sie haben eine so schöne Ladung Mahagoni mitgebracht, wie wir sie vorher in Hamburg nicht gesehen haben. Mein Gewinn aus dieser Ladung ist allerdings infolge des hohen Preises, den ich zahlen mußte, sehr klein."

Ende Oktober verließen wir Hamburg. Die Ausfracht nach Kolumbien war lohnend. Diesmal hatte ich wieder einen großen Posten Waren auf Bestellung mitgenommen. Sabanilla fand ich sehr verändert seit damals, als ich als Leichtmatrose zweimal dort gewesen war. Die Schiffe, meist Dampfer, ankerten jetzt auf der Außenreede, und die Einfuhrartikel sowie die Landprodukte für die Ausfuhr, Baumwolle und Tabak, wurden mit der Eisenbahn nach und von Baranquilla befördert, wohingegen früher alles per Cayucos den Fluß hinauf- und heruntergebracht wurde.

Cartagena, eine ganz nette Tropenstadt, liegt dicht am Meeresstrande und hat einen sicheren, d. h. geschützten Naturhafen mit Tiefwasser. Die Einfahrt am Strande ist sehr eng, aber tief. Die Stadt war von Festungsruinen aus der Zeit der Spanier umgeben. Alle Welt klagte hier um diese Zeit über die Zerstörung aller Anpflanzungen durch die unzähligen Langostos (Heuschrecken), die alles ruinierten, abfraßen. Wie große dunkle Wolken sah man sie in Schwärmen durch die Luft ziehen. Unser Schiff wurde auch einmal von einem Schwarm befallen. Die Rahen, das Tauwerk und das Deck waren bedeckt und sahen ganz schwarz aus. Da es hier aber nichts zu fressen gab, entfernten sich die Insekten nach kurzem Ausruhen wieder. Die Vegetation litt jedoch sehr unter ihnen.

Mein Ladungsempfänger war ein sehr netter Mann, 36 Jahre alt, aber schon mit schneeweißen Haaren. Mit Sandballast versegelte ich nach Laguna, woselbst ich im Januar 1881 ankam.

Der Lotse Prajiéres Prieto landete meine Schmuggelwaren ohne Hindernisse, jedoch mit dem Einverständnis des einäugigen Zolloffiziers Colorado, der wegen seiner Wachsamkeit sehr gefürchtet war. Er hatte auch schon mehrere hereinfallen lassen. Allgemein wurde er nicht anders als Tuerto, d. h. Einäugiger, genannt. Von mir bekam er eine Taschenuhr, eine Pfeife (Cachimba) und fünf Pfund Tabak, worüber er hocherfreut war. Er rauchte nämlich liebend gern. Wir wurden somit die besten Freunde. Kein Mensch dachte daran, daß ich mit diesem Beamten im Schmuggeln einig sei.

Das Beladen meines Schiffes ging wieder langsam vonstatten. Die Hölzer wurden infolge der ungünstigen Witterungsverhältnisse nur langsam aus den Wäldern zugeführt. Dazu gab es viel Konkurrenz. Der Hafen lag voller Schiffe, darunter waren zwei von der Crasemann-Linie aus Hamburg, die dieselben Qualitäten Blauholz wie wir einnahmen. Nur mit Mahagoni und Zedern befaßten sie sich nicht. Unter anderen lagen dort der neue norwegische Dreimastschoner FRI[181], an Niévez konsigniert, um Blauholz zu laden, die Hamburger Brigg THEMIS[182] unter Kapitän Gade und einige französische Barkschiffe, um ebenfalls Blauholz zu laden. Diese genannten Schiffe wurden mit der SCHWAN segelfertig.

Zwei Tage vor unserer Abfahrt sprach ich den Kapitän der FRI in der Lonja. Er fragte, ob mein Schiff gut segele. Ich sagte, ein Schnellsegler sei die SCHWAN durchaus nicht, aber es ließen sich gute Reisen mit ihr machen. Und nach meiner Erkundigung, wie sein Schiff segele, erhielt ich die nicht anders erwartete Antwort: "She is a splendid sailing vessel" (sie ist ein vorzüglicher Segler). Deutsch konnte er nicht. Der FRI sah

man es an, daß sie ein schnelles Schiff war. Sie war neu, für die erste Reise leicht beladen mit Blauholz geringerer Qualität, womit die Frachtschiffe gewöhnlich befrachtet wurden. Die besseren Qualitäten nahmen wir, die Kapitäne der Schiffe der Gebrüder Seetzen und der Crasemann-Linie, vom Markt, was den Produzenten auch bessere Rechnung beließ, als wenn sie sie selbst verschifften.
Des Morgens um vier Uhr fuhr ich mit meinem Boot an Land, um den Lotsen zu holen. Jedenfalls wollten wir den anderen voran über die Barre. Außerhalb der Barre ankerten wir, um noch eine Kanu-Ladung (gleich 750 Quintal) Blauholz zu laden. Dieses Kanu segelte uns gleich nach, und als es sich längsseits der SCHWAN gelegt hatte, kam die FRI herangesegelt und fuhr dicht vor uns vorüber. Da sagte mein Steuermann zu mir: „Mit de FRI, dor komt wi nich mit." — „Sie segelt jedenfalls viel schneller als unsere SCHWAN, aber ob wir nicht mitkommen, das wollen wir auf der Reise erst sehen." — Der Steuermann machte eine ironische Miene. Die FRI unter Segeln sah aus wie ein schön gemaltes Bild, und herrlich machte sich das Schiff im Vorbeisegeln.
Bald darauf kamen die eiserne Brigg THEMIS und nach ihr die erwähnten beiden französischen Barkschiffe, mit denen wir eine Wette leicht eingehen durften. — Das Blauholz wurde am Tage übergeladen und verstaut. Gegen Abend wurden die Luken geschalkt und alles an Deck seefest und seeklar gemacht. Der Wind war ungünstig geworden, wir konnten des Abends nicht unter Segel kommen und blieben bis zum anderen Nachmittag vor Anker liegen.
Als wir dann zwei Tage unter Segeln waren, aber gegen den ungünstigen Wind gekreuzt hatten, wobei ich meine bewährte Berechnung mit dem sich gegen Abend etwas verändernden Wind gemacht, ihn weislich durch rechtzeitiges Wenden des Schiffes ausgenutzt hatte, schickte ich am zweiten Tag einen Matrosen auf die Marsrahe [183], um nach Schiffen zu sehen.
Nach meinem Dünken mußten wir einige der vorhin genannten Segler eingeholt haben, und so war es auch. Der Matrose erblickte zwei Barken weit in Lee von uns, die hatten wir also schon hinter uns, nämlich die beiden Franzosen.
Am folgenden Tag vormittags, während der Wind noch immer ungünstig war, sich aber etwas nach Osten gedreht hatte, sahen wir die Brigg THEMIS von Deck aus dwars von uns. Wir segelten ihr vorbei. Die FRI werden wir so leicht nicht in Sicht bekommen, dachte ich mir, sie muß besser kreuzen als die SCHWAN und voraus sein. Als wir in die Nähe von Sisal kamen, lief der Wind OzS, also wieder recht ungünstig, weil von hier ab unser Kurs OzN war. Wenn wir die Yucatan-Küste halten wollten, was allgemein üblich war, um nicht weiter von der Küste ab in die starke westliche Strömung hineinzukommen, so war der Wind dazu sehr ungünstig.
Ich überlegte und sagte dann zum Steuermann: „Wenden will ich jetzt nicht, wir segeln von der Küste ab, in den Golf hinein. Dort gibt es auch einen möglichen Weg für uns. Das dürfen wir um diese Jahreszeit wagen, in welcher die Norder wehen (das sind die starken Nordwinde, die während der Wintermonate durchschnittlich alle zehn bis vierzehn Tage plötzlich wie eine Bö von Texas in den Golf von Mexiko herüberkommen und sich dann in zwei bis drei Tagen müdewehen), und wir haben in langer Zeit keinen Norder gehabt. Deshalb kann es sehr gut möglich sein, daß bald einer kommt." Und richtig: Als wir uns fast mitten im Golf befanden, wurde es windstill, und nach einigen Stunden bildeten sich dunkle Wolken im Nordwesten am Horizont. Das Barometer fiel; es war Sonntagmorgen. „Sehen Sie," sagte ich zum Steuermann, „das sind die Vorboten des Norders, nun heißt es auf die Segel achten."

Um neun Uhr ließ ich die leichten Segel festmachen und die Bramsegel dichtgeien, aber nicht festmachen. Dann stellte ich bei den Marsfallen[184] je einen Matrosen als Posten auf zum Herunterfieren der Obermarssegel[185] für den Fall, daß der Wind zu stark wehen sollte. Also, alle Mann fertig zum Segelmanöver! Der Himmel hatte sich inzwischen im Nordwesten stärker bewölkt, und um zehn Uhr kam der Wind, begleitet von feinem Regen, zu uns heran, nahm noch etwas mehr zu, aber nur so viel, daß die Obermarssegel stehen bleiben konnten; und nach einer halben Stunde ließ ich auch schon die beiden Bramsegel wieder beisetzen. Das war reichlich viel, aber die Takelung der SCHWAN war stark und das Meer noch ruhig, so daß es gerade noch vertretbar war. Die Mannschaft bekam für diese Arbeit am Sonntagvormittag einen kräftigen Rum, und nun ließ ich die eine Wache zu Koje gehen. Ich blieb natürlich beständig bei dem Mann am Ruder stehen. Es hing nämlich alles „drauf", was das Zeug eben halten konnte. Der Leekranbalken[186] setzte ab und zu ins Wasser; so schob die SCHWAN durch die See. Das war ein Sonntagsvergnügen für mich. Denn hier, ungefähr mitten im Golf, konnten wir diesen Wind am besten gebrauchen. Unseren Kurs hatte ich direkt auf die Florida-Straße gesetzt, hatte also raumen Wind[187], während die Schiffe an der Yucatan-Küste den Wind nicht so raum hatten, also auch nicht so viele Segel fuhren und soviel Fahrt machen konnten wir wir.

Daß ich nun dem Norweger FRI vorbeisegeln würde, damit rechnete ich ganz bestimmt nicht, weil dieser sich sicher nicht wie wir in den Golf hineingewagt hatte. Obgleich wir bis Sisal drei Tage gekreuzt hatten, waren wir dennoch nach zehn Tagen auf der Länge von Cap Hatteras (Amerika-Küste), noch immer vom starken Westwind begünstigt. Als ich hier mit Tagesanbruch an Deck zu dem Mann am Ruder kam, sagte dieser: „Da ist ein Mitsegler an Steuerbord hinter uns." Sobald es heller wurde, erkannte ich mit dem Fernrohr, daß es die FRI war, die uns natürlich schlank einholte, was ihr um so viel leichter fiel, als die SCHWAN sehr tief beladen, die FRI dagegen leicht beladen war. Sofort ließ ich die große deutsche Flagge vom Gaffel wehen und sie darauf ihre norwegische.

Die FRI lief wenigstens zwei Knoten schneller als die SCHWAN und war uns somit des Nachmittags um vier Uhr schon aus der Sicht gesegelt. Der günstige Wind hielt auch ferner an, nahm zeitweise so zu, daß wir mit gerefften Segeln fahren mußten. Dabei hatten wir hohen Seegang; ich ließ aber, wo es eben ging, so viele Segel drauf hängen wie möglich, keinen Wind uns unnütz zwischen den Masten hindurchwehen.

Eines Vormittags brach beim Herunterfieren[188] der Obermarssegel[189] die Großuntermarsrahe, aber so, daß wir sie laschen (schienen) konnten. Wir mußten während der Ausführung dieser Arbeit mit dem Vortopp allein segeln. Die Rahe hatte eine schlechte Stelle, war eingewässert, und das Holz war auch nicht vom besten. Des Abends konnten wir sogar wieder alle Segel führen, das Wetter wurde schön. Erst im Englischen Kanal erhielten wir einige Tage Gegenwind, das war schade. Bis Lizard hatten wir 33 Tage gebraucht, hier signalisierten wir. Dies war meine bisher schnellste Heimreise von Laguna.

In der Nordsee hatten wir wieder einige Tage Ostwind, so daß wir doch noch 45 Tage bis zur Elbe brauchten. Als der Lotse dicht bei Helgoland an Bord kam, war meine erste Frage, ob er etwas von einem weißen Dreimastschoner FRI wisse, gehört oder gesehen habe. „Ja", sagte er, „der ist vor vier Stunden hier passiert." Wir waren der FRI also doch auf den Fersen geblieben, entweder dadurch, daß sie früher als wir den Ostwind bekommen hatte, da sie uns voraus war, oder daß ich mehr Segel geführt hatte.

In Hamburg am Vorsetzen traf ich den Kapitän. Er sagte weiter nichts, als daß sie eine schöne Reise gehabt hätten. Ich dachte aber bei mir: Mit einem Schnellsegler wie der FRI ist es keine Kunst, eine schnelle Reise zu machen. Die Brigg THEMIS kam 14 Tage nach uns in Hamburg an. Meine Ladung ergab wieder ein gutes Resultat, und an meinen Schmuggelwaren hatte ich einen Reingewinn von 4000,– Mk nebenbei.
Zu Hause verlebten wir angenehme Tage, wenn auch nur wenige; denn nach zwölf Tagen war ich schon wieder bei Cuxhaven auf der Reise mit Ballast nach Laguna. Schmuggelwaren hatte ich diesmal keine mit, wollte einmal frei sein von diesem gefährlichen und ängstlichen Geschäft. Nach 48 Tagen kamen wir in Laguna an. Don Joaquin Quintana hatte viele Schiffe zu beladen. Ich kaufte deshalb meine ganze Ladung, bestehend aus ausgesuchtem feinen prima und secunda Blauholz, von B. Anizan & Co. und wurde von dieser Firma durchaus fair, ja, nobel behandelt, worüber Don Joaquin wiederholt die Äußerung zu mir machte: „Ich verstehe nicht, was Anizan damit bezwecken will, daß er Ihnen eine so ausgesucht schöne Ladung gibt."
Von Quintana wurde ich oft zu Tisch geladen. Seine beiden ältesten Söhne sollten in Belgien die Schule besuchen, und wir wurden einig darüber, daß ich die beiden jungen Passagiere mit nach Hamburg nehmen sollte, wo Don Pepe, Quintanas Bruder, der jetzt in Spanien wohnte, sie abholen sollte. Der älteste, Joaquin, war dreizehn, der zweite, Andrées, elf Jahre alt. Für die Reise schickte Don Joaquin einen dreijährigen Stier, zwei Schweine und drei Dutzend Hühner an Bord.
Einige Tage vor unserer Abreise hörte ich von meinen Stauerleuten, daß die anwesenden Kapitäne über das Segeln ihrer Schiffe räsoniert hätten und natürlich die SCHWAN dabei nicht in Betracht gezogen worden sei. Das merkte ich mir, ohne weiter darauf einzugehen. Unter den Wortführern im Wirtshaus seien unter anderen auch der Kapitän von der JALAPA[190] – sie gehörte der Crasemann-Linie, unserem Konkurrenten – und der Kapitän Hannsen von dem dänischen Schoner CLEMENS[191] gewesen. Dieser rothaarige Däne machte den Eindruck eines tüchtigen Seemannes, wie es die Dänen im allgemeinen auch sind. Der Schoner CLEMENS war früher ein Südfruchtfahrer zwischen dem Mittelmeer und Kopenhagen gewesen, wozu die besten Segler verwendet wurden. Vier Tage vor der SCHWAN segelte die CLEMENS nach Falmouth für Order ab.
Die Familie Quintana war in den letzten Tagen wehmütig gestimmt, aber am schwersten war der Augenblick der Trennung von den beiden Söhnen für die Mutter. Quintana und Konsul Willms fuhren mit uns bis über die Barre und dann mit dem Lotsenboot nach Laguna zurück. Ab und zu senkten wir die deutsche Flagge zum Gruß, bis das Boot aus der Sicht war. Die beiden Jungs fühlten sich bald heimisch an Bord. Joaquin, der ältere, war übermäßig, ja kolossal stark, während Andreas recht zart war.
Wir hatten wie oft im Juli leichte, veränderliche Winde und Windstille, kamen somit erst nach zwei Tagen bis in die Nähe von Sisal, woselbst wir bei fast Windstille am Nachmittag gegen drei Uhr einen Segler voraus sichteten und mit dem langen Fernrohr erkannten, daß er Schonertakelage hatte. Der Rumpf war der weiten Entfernung wegen nicht zu erkennen. Die SCHWAN machte nur 1 1/2 Knoten Fahrt. Gegen Dunkelwerden war die Entfernung zu dem Schoner wohl noch dieselbe, er war also ein Mitsegler. Gleich kam mir der Gedanke, daß es die CLEMENS sein könne, aufgehalten durch Windstille.
Von abends acht Uhr bis Mitternacht hatte ich die Wache zu Koje. Bevor ich mich hin-

legte, instruierte ich den Steuermann, ja gut auf die Segel zu achten, damit auch nicht das Geringste versäumt werde. Der leise Luftzug kam zur Zeit aus westlicher Richtung. Wir hatten noch 18 Seemeilen Nord zu segeln, um von den Untiefen bei Sisal freizukommen. Dann war unser Kurs Ost zu Nord längs der Yucatan-Küste. Des Nachts von elf Uhr ab machte die SCHWAN drei Knoten Fahrt. Am anderen Morgen lief der Wind nordwestlich und nahm zu. Am Vormittag segelten wir 4 ½ Knoten. Der Schoner war ungefähr in derselben Distanz wie am Abend vorher, recht voraus geblieben, und als wir nachmittags mit 6 ½ Knoten Fahrt dem Schoner nur unwesentlich, kaum merkbar näherkamen, da sagte ich mit aller Bestimmtheit: „Das ist der Däne. Das Schiff segelt gut; denn unter solchen Bedingungen, wie wir sie gegenwärtig haben, segelt die SCHWAN sogar sehr gut." Gegen Abend holte der Wind mehr nördlich und nahm zu. Um acht Uhr machte die SCHWAN 8 ½ Knoten Fahrt. Da wir weit genug von der Küste entfernt waren, setzte ich meinen Kurs genau längs der Yucatan-Küste, so daß wir mit vollen Segeln, die Rahen eben von den Pardunen[192] freigebraßt, bei steifem Nord- und Nord-zu-Ostwind 9 ½ Knoten durchs Wasser machten. Bei hellem, sternklarem Himmel hatten wir alle Segel drauf hängen. „So", sagte ich zu dem Steuermann und den beiden Quintanas, die bis ein Uhr nachts bei mir an Deck geblieben waren, weil ihnen das starke Segeln Vergnügen machte, „in dieser Nacht segeln wir dem kleinen Dänen vorbei. Morgen früh ist er in nordwestlicher Richtung hinter uns. Der Däne hat gestern abend, als der Wind hoch Nord und NzO lief und an Stärke zunahm, seine leichten Segel festmachen lassen und seinen Kurs etwas mehr von der Küste abgehalten, also dichter am Winde gesteuert, wodurch die Fahrt vermindert wird, und zwar wohl in der Besorgnis, daß der Wind noch mehr östlich laufen werde, er somit weit genug von der Küste sei, um in diesem Fall mit Backbordhalsen frei von Cap Catouche zu laufen. So rechnen wohl die meisten Schiffsführer, wenn sie das Land an der Leeseite haben."

Um ein Uhr legte ich mich schlafen, ebenso die beiden Quintanas. Mit Tagesanbruch ging ich wieder an Deck, und meine erste Frage war, ob man den Schoner gesehen habe. „Ja", sagte der Steuermann, „de is ganz to luward[193] achterut." Damit hatte ich die Bestätigung meiner Ansicht. Den günstigen Wind schlecht auszunutzen war nicht meine Gewohnheit, den nutzte ich, wo es eben möglich war, stets voll und ganz aus. Im Laufe des Vormittags lief der Wind wieder westlich und flaute ab, und um zwölf Uhr mittags setzten wir Leesegel an beiden Seiten, um möglichst schnell durch den starken Strom zu kommen, der bei Cap Catouche in den Golf von Mexiko hineinfließt. Der Schoner war bereits aus der Sicht, und ich dachte mir: Der wird die SCHWAN nicht wieder einholen. — Als wir bereits 14 Tage in Hamburg waren, kam die CLEMENS in Falmouth an und erhielt Order, nach Hamburg zu versegeln. Sie kam also drei Wochen nach uns in Hamburg an. Bis Dover (Kanal) hatten wir 36 Tage gebraucht, und von hier hatte ich telegraphieren lassen. In der Nordsee hatten wir Ostwind erhalten, so daß wir bis Hamburg insgesamt 42 Tage benötigt hatten.

Don Pepe Quintana, der Onkel meiner Passagiere, war noch nicht in Hamburg; er hatte nicht erwartet, daß wir so schnelle Reisen haben würden. Die beiden Jungs fuhren deshalb mit mir nach Bremen und blieben dort bei Carl Seetzen bis zur Ankunft des Onkels einige Tage wohnen.

Ich reiste natürlich mit dem nächsten Zug nach Hause. Bei meiner Abfahrt vom Bahnhof konnte der Jüngste, Andrées, das Weinen nicht unterdrücken.

Als ich nach einer Woche nach Hamburg zurückkam, besuchte ich sofort Don Pepe in einem Hotel an der Alster, wo er mit seinen Neffen wohnte. Glückstrahlend vor Wiedersehensfreude umarmte er mich nach spanischer Art bei der Begrüßung: „Que alegro estoy para ver Vd., Capitan (Wie freut es mich, Sie wiederzusehen)." Er wußte seiner Freude nicht genug Ausdruck zu geben, bewunderte meine so außerordentlich schnelle Reise und erkundigte sich nach den Verhältnissen in Laguna, wo wir uns bereits kennengelernt hatten.

Nach einigen Tagen fuhren wir zusammen nach Bremen, wo er im Hotel d'Europe abstieg und mich ebenfalls bat, einen Tag dort bei ihnen zu bleiben. Dann verabschiedeten wir uns, wohl auf Nimmerwiedersehen. Lebhaft erinnerte er sich auch meiner Frau und hatte zuerst die Absicht, mit seinen Neffen auf ein paar Tage nach Esens zu reisen. Seine Neffen brachte er in ein College in Belgien, wo sie fünf Jahre blieben und danach ein Jahr in der Nähe von New York die Schule besuchten.

Da die SCHWAN mit Stückgütern für Laguayra und Puerto Cabello beladen wurde, konnte ich diesmal wieder etwas länger bei der Familie zu Hause sein. Gegen Ende Oktober fuhren wir von Hamburg ab. Ein junger Chemiker namens Rickert aus Hamburg, der etwas brustleidend war, fuhr als Passagier mit nach Laguayra. Die Familie glaubte, daß er in dem warmen Gebirgsklima gesunden werde. Nach zwei Jahren war er dort jedoch seinem Leiden erlegen.

Wegen ungünstigen Windes lagen wir zwei Tage bei Cuxhaven vor Anker. Dann kamen mehrere Schiffe von Hamburg heruntergesegelt, unter anderen auch die JALAPA von der Crasemann-Linie, nach Vera Cruz bestimmt. Diese und noch ein Schoner segelten mit dem inzwischen hoch südlich gelaufenen Wind nach See zu. Das Wetter war eigentlich nicht dafür geeignet, nach See zu segeln, dazu gefiel mir der Barometerstand auch nicht, aber dennoch ließ ich mich von meinem Lotsen Schulze bewegen, ebenfalls hinauszusegeln. Der Anker war schnell aufgehievt, und die Segel wurden gesetzt. Wir signalisierten mit der Cuxhavener Signalstation, unsere Abfahrt damit ankündend.

Ich ging nun in die Kajüte und schrieb Abfahrtsbriefe nach Hause und an die Gebrüder Seetzen. Danach kam ich an Deck. Das Wetter sah mir durchaus nicht rosig aus. Je weiter wir hinunterkamen, desto mehr schralte[194] der Wind und nahm an Stärke zu. Wir konnten schon nicht mehr das Lotsenfeuerschiff erreichen, ohne zu wenden. Ich sah mir das Barometer noch einmal an, dann den Kompaß, beobachtete das Wetter, entschloß mich, ohne mich lange zu besinnen, wieder umzukehren und sagte: „Schulze, wir wollen zurück." Das gefiel ihm nicht. Er brachte als Gegenrede, daß die beiden anderen auch hinausgesegelt seien, und erlaubte sich, mir zu sagen, daß wir uns dadurch lächerlich machten. Das hieß, Pech ins Feuer zu werfen. Rasend wurde ich, bemerkte, mich noch nie als Seemann lächerlich gemacht zu haben. „Sie sehen doch, daß der Wind schralt und zunimmt, wie die Luft da aussieht und daß der Flutstrom eintritt. Aber das kümmert Sie nicht, denken nur daran, daß Sie von Bord kommen; dann haben Sie Ihr Geld verdient. Wo wir aber die Nacht bleiben, ist Ihnen gleichgültig."

Und nun gab ich meine bestimmte Order, das Schiff herumzuhalsen. Wir fuhren zurück, und ich war beruhigt, als wir eben außerhalb von Cuxhaven ankerten. Das war gegen Abend. Das Wetter war stürmisch geworden, Regen war aufgekommen, und der Wind war westlich gelaufen. Am folgenden Vormittag drehte der Wind nach NW und NNW und war sehr stark. Der Lotse machte nun eine ironische Miene, worauf ich bemerkte, daß sein Lächeln wohl Schadenfreude bedeuten solle. „Sie glauben, nun der Wind nördlich gelaufen ist, könnten die JALAPA und der Schoner längs der Küste und bald in den Kanal segeln, während wir hier noch bei Cuxhaven vor Anker liegen müßten. Ist es nicht so, Lotse?“ Und nun erzählte er mir, wie er solche Fälle schon verschiedene Male miterlebt habe. Ich belehrte ihn aber damit, die Nacht hier jedenfalls ruhig geschlafen und keine Schäden an Schiff und Segeln genommen zu haben. Wie es aber mit der JALAPA und dem Schoner sei, davon wüßten wir natürlich nichts, und wie der Wind jetzt laufen und sich halten werde, davon wüßten wir ebenfalls nichts, das müsse abgewartet werden. „Ich kann Ihnen auch die Versicherung geben, Lotse, daß, solange ich Führer eines Schiffes bin, mir noch nie ein Schiff vorbeigesegelt ist. Auch auf dieser Reise will ich Ihnen beweisen, daß ich meine Reise schneller als die JALAPA mache, achten Sie nur auf die Seeberichte.“

Ungefähr eine Stunde nach dieser Unterhaltung kam mit dem Flutstrom der Schoner von gestern wieder hereingesegelt, erkenntlich an seinen Doppelbramsegeln. „Na, Lotse, was sagen Sie nun? Eine schöne Nacht hat der draußen vor der Elbe jedenfalls nicht gehabt und sich dazu noch in Unkosten gesetzt. Und die JALAPA ist nach meinem Ermessen auch nicht sehr weit gekommen.“

Am folgenden Tag konnten wir in See gehen. Der erwähnte Schoner blieb noch liegen, um einige Schäden ausbessern zu lassen. Der Wind war SSO, gegen Abend SSW, so daß wir mit ihm ziemlich gut längs der Küste segeln konnten. Dann hatten wir recht viel Gegenwind, brauchten bis zum Ausgang des Kanals nicht weniger als sechzehn Tage. Auch die nächsten siebzehn Tage kam der Wind beständig von Süd bis SW, aus der Richtung, in die wir gewöhnlich nach dem Passat segelten. Ein paarmal hatte ich südöstlich gewendet, aber der Kurs gefiel mir nicht. Nach ein paar Stunden legte ich das Schiff wieder auf westlichen Kurs. Viel Fahrt konnten wir wegen der beständigen westlichen Dünung, die also von vorne kam, nicht machen, hatten auch meistens die Bramsegel fest und sogar die Marssegel gerefft. Aber wir holten doch West-Länge ohne Süd.

Ich sagte mir: Immer kann doch der Wind nicht SW und SSW bleiben. Hier ist auch ein Weg möglich, und wenn wir nördlich von Corvo[195] passieren müßten. Wenden werde ich also nicht wieder. Läuft der Wind mal westlich oder nordwestlich, dann können wir Süd genug holen. Dicht vor den Azoren drehte der Wind nach SO; dabei war es regnerisch. Wir passierten sie südlich von Corvo. Zwei Tage hielt der Wind an, dann folgte Windstille, und darauf kam der Wind aus NW. Nun segelten wir, was das Zeug halten konnte, direkt den Kurs auf Martinique[196] gesetzt. Von nun an behielten wir günstigen Wind. Hinter den Azoren begegneten wir zwei großen spanischen Schiffen, Gegenseglern also, ostwärts bestimmt. Sie signalisierten: „Was ist Ihre Länge nach Chronometer?“ Ich antwortete: „In vier Tagen keine Beobachtung gemacht.“ Dann hißte der eine nochmals ein Signal: „Werde Ihnen sehr dankbar sein.“ Darauf signalisierten wir unsere Länge.

Es gab ein starkes Gewitter und dichten Regen, als wir zwischen Martinique und Guadeloupe hindurchsegelten, ohne das Land zu sehen. Erst am Nachmittag, als wir die Inseln hinter uns hatten, klarte das Wetter auf. Von hier segelten wir direkt auf Laguayra zu, woselbst wir nach einigen Tagen nachmittags um vier Uhr ankerten. Nachdem der Hafenkapitän mit dem Arzt und Vertreter der Zollbehörde ihren Besuch bei mir gemacht hatten, fuhr ich an Land, um meine Schiffs- und Ladungspapiere abzuliefern und die Post zu holen. Wie groß war die Freude, gleich bei der Ankunft Briefe von Zuhause zu empfangen! Nicht weniger als 52 Tage hatte unsere Überfahrt gedauert. Das war sehr lange, aber im Verhältnis zu den vielen ungünstigen Winden am Anfang der Reise war es noch günstig zu nennen.

Als ich abends an Bord kam, fand ich den jungen Chemiker schweigsam auf Deck auf der Bank sitzen. Scherzend machte ich die Bemerkung: „Na, Herr Rickert, warum so schweigsam, es gereut Sie doch nicht, daß Sie hier sind? Oder ist es Abschiedswehmut, daß Sie uns morgen verlassen müssen?“ „Nein, Herr Kapitän, beides nicht. Ich denke gerade darüber nach, daß die Wissenschaft so weit fortgeschritten ist. Wir haben zuletzt die englische Küste gesehen, sind bei Nacht zwischen den Azoren-Inseln gefahren, und des Morgens früh bei starkem Gewitter und bei Regen, in dicker, unsichtiger Luft segelten wir zwischen den Antillen-Inseln, ohne sie zu sehen. Und heute nachmittag sind wir doch schnurgerade auf die Stadt losgesteuert, ohne unseren Kurs zu ändern. Als wir die Stadt zuerst erblickten, war sie in unserer Kiellinie. Wie auf Eisenbahnschienen, so korrekt segelten wir auf sie zu. Wie großartig ist das doch!“ „Ja, Herr Rickert, das ist weiß Gott großartig. Es berührt mich angenehm, daß Sie darüber nachdenken, was wohl die wenigsten Passagiere tun. Ich glaube, viele kommen gar nicht auf diese Gedanken und betrachten das als selbstverständlich. Ich habe wenigstens nie eine solche Äußerung wie die Ihrige von einem Passagier gehört.“

Ich setzte mich neben ihn auf die Bank und ließ uns vom Koch eine Flasche Bier vorsetzen. Wir unterhielten uns dann noch lange über die Astronomie und geographische Steuermannskunst. Ich erzählte ihm, wie interessant dieses Studium sei und noch interessanter, wenn man später auf See als junger Steuermann die Beobachtungen und Berechnungen mitgemacht und dann beim Eintragen des Resultats auf der Karte gesehen habe, daß alles genau stimme, daß man wisse, wo man sich befinde, und daß man von hier aus wieder den neuen Kurs angeben könne. „Sie haben aber auf dieser Reise gesehen, daß zuweilen mehr als eine Woche verging, ohne daß wir eine astronomische Beobachtung machen konnten, weil Sonne und Sterne verdeckt blieben. Da ist man dann allein auf die geographische Beobachtung angewiesen. Und dabei genügt es nicht, daß man gut auf den Kurs achtet, ich meine, daß der Mann am Ruder genau steuert und man mit Hilfe der Logge[197] genau auf die Fahrt des Schiffes achtet. Man muß auch ein Auge für die Abdrift des Schiffes haben und annähernd abzuschätzen verstehen, um wieviel das Schiff durch den mehr oder weniger hohen Seegang und die Strömung, die durch starke Winde verursacht werden, versetzt wird, d. h. von dem gesteuerten Kurs abweicht. Und wir weichen immer ab.“

Da wir das Sonnensegel auch bei Nacht ausgespannt hatten, ließ ich den Tee beim Licht einer Kugellaterne an Deck servieren, Schinken, Mettwurst usw. auftragen, damit Rickert die SCHWAN in gutem Andenken behielt. In den Tropen hat man diese Möglichkeit nämlich nicht immer. Herrlich war der Abend und doppelt genußreich für uns nach einer so langen, stürmischen Reise. Am anderen Tag, früh um neun Uhr fuhr Rickert mit seinen Sachen an Land und sofort mit einem Omnibus nach Caracas — die Eisenbahn von La Guayra nach Caracas war damals noch nicht fertig —. Wir haben uns nicht wiedergesehen. Zwei Jahre danach hörte ich von seinem Vater in Hamburg an der Börse, daß sein Sohn in Venezuela gestorben sei.

In Puerto Cabello, woselbst wir nach zwanzig Stunden Überfahrt ankamen, war die bessere Gesellschaft in Aufregung. Man erwartete in den nächsten Tagen ein deutsches Kriegsschiff; es wurden Vorbereitungen zu einem Ball und Festessen getroffen. Als das Kriegsschiff einige Tage später dem Feuerturm nahekam, ließ ich das Signal hissen: „Sie werden sehr willkommen sein“ und die große deutsche Flagge an der Gaffel[198] wehen. Mein Signal wurde sofort erkannt, und ich erhielt als Antwort: „Danke Ihnen.“ Der Kommandant habe, wie mir später die Offiziere erzählten, gesagt: „Das ist ein netter

Kapitän, dem werde ich meinen Besuch machen." Statt dessen erhielt ich aber eine Einladung, ihn zu besuchen. Wir unterhielten uns über die Strömungen an der Küste und über die Nautik.

Der Ball war hochelegant. Die Deutschen von Puerto Cabello hatten es an nichts fehlen lassen. Der Lunch, die Getränke, der Kuchen für die Damen, alles war fein und geschmackvoll zubereitet.

In dieser Nacht desertierten zwei Männer meiner Schiffsbesatzung, der Segelmacher und ein Leichtmatrose. Einen Schinken und einige Mettwürste hatten die beiden mir noch aus der zweiten Kajüte gestohlen. Der Segelmacher, der sich nach unserer Abfahrt auf einem dänischen Schiff verheuert hatte, fiel auf der Heimreise von der Obermarsrahe auf Deck und erlag diesem Unfall. Von dem Leichtmatrosen habe ich nichts wieder gehört.

In Laguna erhielt ich einen Matrosen als Ersatz für die beiden. — Bei Don Joaquin Quintana wurde ich diesmal ganz besonders geehrt, wohl deshalb, weil ich seine beiden Söhne so schnell und glücklich hinübergeführt hatte. Ich mußte seiner Familie natürlich alle Einzelheiten unserer Reise erzählen, auch über der Söhne Aufenthalt in Hamburg und Bremen mit ihrem Onkel José (Pepe). So war ich denn oft zu Tisch geladen und nicht selten ins Theater, wo ich mit Joaquin und seiner Familie in der Loge saß. Um diese Zeit war das Theatergebäude noch neu und die Gesellschaft mittelmäßig. Alle Plätze waren stets besetzt.

Die drei Karneval-Bälle wurden im Theatergebäude gegeben. Ich hatte dann wieder meinen Platz bei Quintana in der Loge. Mit einem Walzer wurde der Ball eröffnet. Man war unmaskiert, aber sonst sah man unter hocheleganten Toiletten viele bunte Karnevals-Kostüme. Alles war gepflegt und fein. Mit der größten Anmut wurden die Tänze Française[199], Quadrille[200], Danza[201] und Polka[202] ausgeführt. Ich habe jedesmal den feinen Anstand und die Manieren der Tänzer bewundert, mir oft gesagt, daß es den Südländern wohl angeboren sein müsse, sich fast ohne Ausnahme so anmutig auf dem Tanzsaal bewegen zu können.

Während eine Française getanzt wurde, machte Quintana mich auf eine junge Dame aufmerksam, die hochelegant gekleidet war, Brillanten in den Haaren und ein Brillant-Armband zu einem weit ausgeschnittenen Spitzenkleid trug. Es war Margarita Paoli. Sie tanzte mit ihrem Verehrer, wie Quintana mir sagte, mit Antonio Saldivar. Der Vater dieser jungen Dame, Pablo Paoli, war ein Franzose von Korsika. Mit seinem jüngeren Bruder Casimiro war er als junger Mann ohne Mittel nach Laguna gekommen und hatte hier die älteste Tochter des Millionärs Don Victoriano Niévez geheiratet, von dem ich schon früher erzählt habe. Dieser Ehe entsprossen zwei Töchter, Margarita, jetzt sechzehn Jahre alt, und Maria, jetzt zwölf Jahre alt; diese war eine kleine Mulattin. Die Mutter war bereits im Jahre zuvor gestorben. Die arme Frau hatte viel Kummer um ihren Mann erlebt, weil er abwechselnd dem Spiel und Trunk ergeben war und den alten Niévez schon viel Geld gekostet hatte. Daß demzufolge das Familienleben für die beiden Töchter nicht angenehm war, läßt sich daraus folgern, zumal die gute Mutter fehlte, ungeachtet der Tatsache, daß Don Pablo mit großer väterlicher Liebe an seinen beiden Töchtern hing.

Von dem Verehrer Antonio Saldivar, der ohne Vermögen und leichtsinnig spielte, wollte Don Pablo nichts wissen. Er hatte wohl auch höhere Ziele mit seiner hübschen und später reichen Tochter im Sinn. Saldivar hatte damals ein Manufakturwarengeschäft in Laguna und durch Lieferungen von Artikeln an den alten Niévez für dessen

viele Arbeiter in den Ranchos die beste Gelegenheit, sich mit Niévez und dessen Frau wegen seines Verhältnisses mit deren Enkelin zu verständigen, während sie mit ihrem Schwiegersohn, Don Pablo, vollständig entzweit waren.
Eines Abends reiste Saldivar heimlich mit seiner Geliebten nach Tabasco ab, woselbst sie sich ohne Wissen des Vaters trauen ließen. Hierüber war der Vater so empört, daß er drei Tage herumtobte und sich dann durch Erhängen das Leben nahm.
Das junge Ehepaar kam bald darauf wieder nach Laguna zurück. Saldivar gab sein Manufakturgeschäft auf und etablierte sich in Merida (der Hauptstadt von Yucatan), woselbst er, unterstützt mit Geldmitteln des Großvaters Niévez, eine Henequen (Hanf, ähnlich Manila)-Plantage[203] kaufte. Ein Jahr darauf starben die Großeltern im Alter von 75 und 78 Jahren, wodurch Paolis Kinder jedes 500 000,— Dollar erbten. Maria, kaum vierzehn Jahre alt, wurde von dem Dr. med. Quintero geheiratet, der nun seine geringe Praxis aufgab und sich, so gut es ging, dem Rancho-Geschäft widmete.
In Laguna ließ er mehrere Häuser bauen, andere umbauen, wodurch er das Geld sehr schlecht anlegte. Später wurde mir erzählt, daß Saldivar das Vermögen seiner Frau bis auf etwa mex. $ 50 000,— verarbeitet und verspielt habe. Dann aber kam er durch den Krieg Amerikas mit Spanien von 1898[204], durch den die Ausfuhr von Manila-Hanf von den Philippinen-Inseln aufhörte, wieder zu seinem früheren Vermögen, oder besser: zu dem seiner Frau, weil der Yucatan-Hanf riesig im Preis gestiegen war.
In Merida wuchs nach 1897 die Zahl der Millionäre. Überhaupt gab es in Yucatan viel Reichtum durch den Aufschwung des Henequen-Handels, wogegen dort früher viel Armut herrschte.
Das Land sieht aus wie die ägyptische Sandwüste, und doch gedeiht die Henequen-Pflanze hier ganz vorzüglich. An der Küste in der Nähe von Cap Catouche stehen Blauholz-Wälder. Sonst ist das Land arm an Produkten. Vieh und Gemüse, Bananen usw. werden von Tabasco eingeführt. — Frau Quintero (Maria Paoli) starb nach etwa zwölfjähriger Ehe in Campeche.
Während der Beladung meines Schiffes benutzte ich die Zeit, um ein größeres Geschäft mit Don Victorio Gongora abzuschließen. Ich streckte ihm mex. $ 20 000,— gegen eine Hypothek vor, die bisher in Händen von Niévez war, und zwar gegen fünf Prozent pro Anno, wogegen Niévez den dort üblichen Zinsfuß von neun Prozent bekommen hatte. Gongora verpflichtete sich mir gegenüber kontraktlich, alles Mahagoni- und Zedernholz, das er in Pom fällte, zum Marktpreis in Laguna an mich abzuliefern und das Holz, das an der Küste von Trinidad geliefert wurde, um mex. $ 2,— billiger, weil ich dort höhere Unkosten durch das Schiff hatte.
Dieser Vertrag war für beide Kontrahenten günstig, für uns sogar ein sehr einträgliches Geschäft, weil Mahagoni sehr gefragt blieb, vor allem die besseren Qualitäten und größeren Dimensionen. Anfang März segelte ich befriedigt direkt nach Hamburg ab. Mit Rücksicht auf meine angegriffene Gesundheit entschloß ich mich, mich nach glücklicher Ankunft in Hamburg für eine Reise vertreten zu lassen, wogegen Seetzens auch keine Einwendungen machen konnten. Steuermann Brauer, der bereits einige Reisen unter Kapitän Wedel mit der Bark ALBATROS nach Laguna gemacht hatte, erhielt die Führung der SCHWAN. Meine Ladung erbrachte einen sehr befriedigenden Reingewinn.
Meine Absicht war, Karlsbad zu besuchen, ich kam aber nicht dazu. Während dieses Sommers besuchte uns Peter Seetzen, der Hauptchef unserer Firma, auf einige Tage und Esens. Besonders erholt habe ich mich nicht zu Hause, und später bedauerte ich, nicht nach Karlsbad gekommen zu sein.

Kapitän Brauer hatte auf seiner ersten Reise als Schiffsführer gleich Pech in Laguna, wohl deshalb, weil er meine Instruktionen nicht befolgt und die SCHWAN in Laguna tiefer beladen hatte, als ich ihm vorgeschrieben. Die SCHWAN wurde infolgedessen auf der Barre fest auf Grund gesegelt, und das Unglück wollte, daß ein hoher Seegang eintrat, das Schiff schwere Stöße erhielt und man Mühe hatte, durch Leichtern eines Teils der Ladung (Löschen) die SCHWAN wieder flottzumachen. Bei diesem Vorfall bewies Kapitän Brauer wenig Intelligenz. Es wurde daher gleich von der Firma beschlossen, Brauer nach seiner Heimkehr zu entlassen. Er hatte uns nämlich ganz unnötigerweise große Unkosten verursacht.
Ebenso sollte der sich auf der Rückreise befindende Kapitän Seetzen von der früher erwähnten schönen Brigg SEÑORA QUINTANA entlassen werden, weil er nicht zur Befriedigung seines Onkels gewirtschaftet, der Florida-Küste zu nahe gekommen war und den Boden gestreift hatte. Durch solche Vorkommnisse litt unser Renommee bei der Versicherungsgesellschaft, bei der wir bisher sehr günstig akkreditiert[205] waren und nur niedrige Prämien zu bezahlen hatten.

12. Kapitän der SEÑORA QUINTANA

Die Umstände hatten zur Folge, daß ich einen neuen Kontrakt mit den Gebrüdern Seetzen einging, des Inhalts, daß ich 1/8 Anteil an der SEÑORA QUINTANA erhielt und bei deren Ankunft in Hamburg die Führung dieses Schiffes übernehmen sollte. Darüber konnten wir uns leicht verständigen. Aber nun wollte P. U. Seetzen, der älteste, meinen 1/8 Anteil an der SCHWAN kündigen, wobei er natürlich sein Interesse im Auge hatte und mir gewissermaßen ein nicht unwesentlicher Schaden entstehen würde, weil der Buchwert der SCHWAN durch die hohen Abschreibungen stark gefallen war, viel zu stark, und ich dadurch mehr als der Hälfte meines eingelegten Kapitals verlustig gehen würde. Bei der Übernahme der SEÑORA QUINTANA, welche erst ein Jahr alt war, könnte ich durch die enorm hohen Abschreibungen wieder dasselbe erleben. Deshalb bemerkte ich, daß die sehr hohen Abschreibungen bis zu fünfzehn Prozent in den ersten Jahren wohl zur guten Basis des Geschäfts geführt hätten, aber nur den Inhabern des Geschäfts zum Vorteil gewesen seien; denn für die Gebrüder Seetzen bleibe der wirkliche Wert des Schiffes bestehen, auch wenn sie in den ersten Jahren zu 25 Prozent abschrieben. Ganz anders stehe es bei uns Kapitänen.
Mein 1/8 Anteil habe mich 12 000,— Mk gekostet, und nach dem heutigen Buchwert hätten sie mir nur 5000,— Mk auszuzahlen. Dabei sei die SCHWAN mit ihren fünfeinhalb Jahren wie neu instand gehalten worden und könne auf den folgenden Reisen dasselbe und mehr als bisher einbringen. Weiter bemerkte ich, daß wenn ich auf der SCHWAN bliebe, ich keine hohen Abschreibungen mehr zu tragen hätte. Endlich verständigten wir uns, daß ich 1/16 Anteil der SCHWAN behielt. Jedoch hat mir dieser kleine Anteil sehr wenig Nutzen gebracht.
Ich hatte übrigens schon längst bemerkt, daß die Seetzens sehr auf ihren eigenen Vorteil bedacht waren und ungern anderen einen Verdienst gönnten. Selbst ihrem tatkräftigsten Mitarbeiter, der ich doch war, kürzte man gerne seinen Verdienst. Diesbezüglich hatte ich auch schon wiederholt Meinungsverschiedenheiten ausgetragen und sehr scharfe Zusammenstöße mit P. U. Seetzen gehabt.

Kapitän H. Warneke erhielt die Führung der SCHWAN, und Kapitän Martini wurde an Stelle Warnekes auf dem Schoner MÖWE[206] eingesetzt, den die Gebrüder Seetzen angekauft hatten. Um diese Zeit ließ die Firma in Geestemünde die Bark DOÑA DOLORES[207] bauen, welche Kapitän Wenke, den wir bereits früher kennengelernt haben, führen sollte.
Die SEÑORA QUINTANA wurde bei Schiffsbaumeister Dreier neu verkupfert. Dann nahmen wir Sandballast, um direkt nach Laguna zu segeln. Bruhn, ein großer starker Altpreuße, war mein Steuermann. Wir verließen die Elbe mit SSW-Wind, kamen damit aber kaum aus dem Leuchtkreis des Helgoland-Feuers. Dort trieben wir einige Wachen mit gerefften Segeln bei veränderlichem Wind von Südwest bis West. Nachts hatten wir schweres Gewitter. Am folgenden Vormittag gegen zehn Uhr kam der Wind aus Nord und nahm bald an Stärke zu. Nachdem der Seegang von vorne sich ein wenig gelegt hatte, ließ ich nach und nach so viele Segel beisetzen, wie das Zeug eben halten konnte.
Es war ein Sonntag und somit für die Mannschaft ein unangenehmer Tag. Es gab viel Arbeit, und dabei spritzte das Wasser fortwährend herüber, verursacht durch die erhöhte Fahrt des Schiffes. Diesen Nordwind mußte ich ausnutzen, der wurde einem nicht alle Tage geboten. Steuermann Bruhn erwies sich bei dem Segelmanöver als ein tüchtiger Seemann, aber an so starkes Segeln war er nicht gewöhnt. Die SEÑORA QUINTANA war nicht allein ein schön getakeltes, schlank gebautes Schiff, sondern auch ein ganz vorzüglicher Segler, so recht nach meinem Geschmack. Die Mitsegler mußten alle zurückbleiben; viele davon führten auch nur wenige Segel. „Das sind Schiffe, die Zeit genug haben“, sagte ich nachmittags zu Steuermann Bruhn, „wir wollen uns lieber beeilen, um möglichst schnell aus der Nordsee und durch den Englischen Kanal zu kommen. Im Atlantischen Ozean haben wir mehr Platz, dort können wir verschiedene Winde auf unserem Fahrtweg nutzen, wogegen wir hier des Landes und der Untiefen wegen an bestimmten Kursen festhalten müssen.“
Wir kamen auch nach einigen Tagen aus dem Kanal, hatten ein paar Tage Westwind, dann auch steifen Nordwest, und dabei ließ ich die Segel wieder voll „draufhängen“. Da meinte der Steuermann, ein solches Segeln habe er noch nicht gesehen, worauf ich ihm erwiderte, daß er, wenn mir erst die Gelegenheit geboten würde, noch ganz anderes bei mir erleben werde. Leider hatten wir aber diesmal keine Gelegenheit, eine schnelle Reise zu machen. Der NO-Passatwind war sehr flau, wir hatten auch häufig Windstille. Vor den Kleinen Antillen bekamen wir sogar einige Tage Westwind, was sehr selten vorkommt. Bis Laguna brauchten wir 52 Tage, das war in Ballast für die SEÑORA eine lange Überfahrt.
Ich hatte diesmal auch wieder allerlei Schmuggelwaren an Bord, aber gut versteckt, so daß ich mir bei der Ankunft nicht allzuviel Angst machte. Die SEÑORA lag an Quintanas Brücke, vor Gongoras Haus. Von meinen Freunden erfuhr ich, daß mein Schiff außer von zwei Zollbeamten, die beständig in der Nähe des Schiffes waren, auch noch von zwei Geheimpolizisten bewacht wurde. Als wir den Sandballast an der Brücke gelöscht hatten, kam die Zollvisite und machte die übliche Revision; sie fand natürlich nichts. In den nächsten Tagen ließ ich das Schiff reinigen und von außen streichen. Inzwischen erkrankte einer der Zollbeamten durch das beständige Stehen in der brennenden Sonne am Hafenstrande. Zu dem anderen Beamten sagte ich dann, er solle sich nur auf dem Schiff unters Sonnensegel setzen, wo er ja alles überwachen könne. Er kam auch einen Augenblick, trank ein Glas Bier, durfte aber nicht länger bleiben.

Während man mein Schiff so scharf an der Brücke bewachte, hatte Kapitän Grote von der DURANGO[208] (Crasemann-Linie), die auf dem Strom vor Anker lag, die Gelegenheit benutzt und eines Nachts einen großen Posten Schmuggelwaren von seinem Schiffe abgesetzt. Der Käufer war Francisco Raura. In dichtem Gebüsch hatte man die Waren zuerst versteckt und dann vier Carretas damit beladen. Diese waren auf der Fahrt nach der Stadt von Zollbeamten abgefaßt und nach dem Zollhaus geführt worden. Die Nachricht breitete sich wie ein Lauffeuer aus. Anfangs hatte man geglaubt, daß die Sachen von der SEÑORA QUINTANA gekommen seien, aber bald wurde man eines besseren belehrt. Glücklicherweise war Francisco Raura ein Verwandter des Zollinspektors, und so wurde mir die Sache möglichst verschwiegen. Als ich von dem Vorfall hörte, sagte ich zu dem Zollbeamten: „Sehen Sie wohl, das ist die Musik hier. Bei meinem Schiffe, wo nichts passiert, läßt man scharf Wache halten, um anderen Gelegenheit zu geben, ihre Schmuggelwaren unbehindert zu landen."
Weihnachten war vor der Tür, da sann ich über einen Gewaltstreich nach. Es liegt ja in der Natur der Menschen: Je mehr sie in ihren Unternehmungen beobachtet und durch Intrigen der Neider in ihren Bewegungen gehindert werden, desto mehr sinnen sie nach, um das zu erreichen, was sie wollen. Und so ging es auch mir. — Es war am 24. Dezember vormittags, als wir die SEÑORA recht schön herausgeputzt hatten und ich zu Steuermann Bruhn sagte: „Wissen Sie was, wenn Sie außer den noch zu verrichtenden notwendigen Arbeiten im Laufe des Nachmittags noch die Ober-Bramrahen[209] (Royals) aufbringen können, dann wollen wir heute abend illuminieren. Und sagen Sie dann der Mannschaft, daß sie, wenn sie sich dabei recht fix zeige, eine Kiste Bier und einen Schinken von mir nach getaner Arbeit haben solle." Das half, und sichtlich machte die Sache auch dem Steuermann Bruhn, der so etwas noch nicht mitgemacht hatte, Spaß; denn sehr bald waren die Rahen oben, und dann setzten wir das Boot aus, um von den anwesenden Schiffen Laternen zu leihen.
An Land bemühte ich mich, weitere Laternen zu bekommen. Dabei war mein erster Gang nach dem Zollhause, und hier lud ich den Zollinspektor und seine Gemahlin ein, mich um acht Uhr abends zu besuchen, um sich bei einem Glas Bier die Illumination anzusehen. Konsul Willms und Quintana mit seiner Familie würden auch kommen. „Meine Frau wird wohl nicht auf das Schiff hinaufklettern dürfen", sagte er freundlich, „aber auf jeden Fall werden wir zum Hafen kommen und uns die Illumination ansehen." Dann beorderte er einen Diener, die vorhandenen Lampen nach der SEÑORA zu bringen. Gegen Dunkelwerden stand mittschiffs das Deck voll von Laternen, fertig zum Anzünden. Die Rahen waren genau vierkant gebraßt[210], und auf Deck sowie in der Kajüte war alles sauber und geordnet. Um sieben Uhr waren alle Lampen angezündet, und nun wurde der Befehl gegeben, mit den Laternen aufzuentern[211], was tadellos ausgeführt wurde. — Für was ist was. Im Nu war alles ohne Geräusch fertiggestellt. An den Toppen der Stangen, an den Nocken der Rahen und in deren Mitte hing je eine Laterne, ebenso am Gaffel- und am Klüverbaum[212].
Nun ging ich an Land, um mir die Sache aus der Ferne anzusehen, und fand, daß es sich sehr schön machte. Bald nahmen wir unseren Tee ein. Gegen acht Uhr kamen Don Joaquin Quintana mit Frau und ältester Tochter, hochelegant gekleidet, und Konsul Willms an Bord. Sie waren ganz entzückt ob der Überraschung. An dem ganzen Hafenstrande entlang sammelte sich eine große Menschenmasse; denn so etwas hatte man in Laguna bisher auf einem Schiffe nicht gesehen. Der Familie Quintana machte es auch viel Spaß, zumal mein Schiff nach der Frau benannt war.

Gegen neun Uhr begannen die Zuschauer nach und nach vom Strande zu verschwinden und begaben sich nach den verschiedenen Privatbällen und Vandangos (Indianertänzen in Zelten), derer es am Heiligen Abend wie in jedem Jahr viele gab. Um zehn Uhr war keine Menschenseele mehr am Hafenstrand zu erblicken. Die Laternen waren eben heruntergeholt worden, als mein Freund Don Victorio Gongora mit Eduardo Aubry und einigen Arbeitern an Bord kam und mir sagte, daß es nun die beste Zeit sei, um die Sachen zu landen, weil die Beamten und alle anderen den Vergnügungen nachgegangen seien. Da gab es kein langes Besinnen. Steuermann Bruhn und die Mannschaft waren in der besten Laune, der Zollbehörde einen Streich zu spielen. Schnell wurden Gongoras Sachen an Deck geholt, für die richtige Ablieferung sorgte der Steuermann. Ich war inzwischen nach den Vandangos gegangen, um keinen Verdacht zu erwecken. Man kam durch meine Anwesenheit dort weniger auf den Gedanken, daß auf der SEÑORA geschmuggelt werde. Eine Stunde lang arbeiteten alle, dann hatte Gongora seine Sachen zu Hause, unter anderem 300 Kisten Tabaco Breva (Platten-Tabak), auf denen ein hoher Zoll lag.
Die Weihnachtsfeier besteht in Laguna aus einem ausgesuchten Abendessen und aus Tanzvergnügungen. Geschenke zu machen ist nicht Sitte. Während ich also von meinen Freunden und Bekannten auf das liebenswürdigste behandelt wurde, besorgte Bruhn das Schmuggeln. Einen großen Posten hatte ich noch für Francisco Pallas an Bord, aber da keine Aussicht vorhanden war, diese Sachen zu landen, weil nach dem Vorfall mit den Waren von der DURANGO scharf Wache gehalten wurde, so verständigte ich mich mit Pallas, daß ich die Waren anderweitig verkaufen dürfe.
Während die SEÑORA bereits halb beladen auf dem Strom vor Anker lag, ließ mir der Prokurist Quintanas, Carlos Perez, durch einen Boten sagen, ich möge eben aufs Kontor kommen. Dort wurde mir ein älterer Küstenschiffer aus Tabasco vorgestellt und für den Fall empfohlen, daß ich noch Pacutillo (d. h. Schmuggelwaren) zu verkaufen hätte. Ich dürfe mich diesem Mann durchaus anvertrauen. Der Mann betrieb einen Küstenhandel, hatte dazu seinen eigenen kleinen Schoner und lag jetzt dicht bei der SEÑORA verankert. Der kam mir gerade gelegen; wir wurden auch gleich einig, daß er mich am Abend in der Dunkelheit gegen 7 ½ Uhr an Bord besuchen solle, um das Geschäft abzuschließen. Abends wurden wir in allen Teilen handelseinig und wegen der Zahlung in der Weise, daß der Alte mir bei Empfang der Waren einen Valeur der Firma des Millionärs Don Victoriano Niévez zur Zahlung aushändigen müsse.
In der folgenden Nacht gegen zwölf Uhr kam der Alte mit seinem Sohn und holte mit seinem Boot die Waren im Wert von mex. $ 1165,— ab. Einen Spiegel mit Goldrahmen gab ich ihm gratis. Das Wetter war sehr günstig für diese Arbeit. Es war dunkel, und es fiel Staubregen, so daß man vom Lande aus nichts von dem Boote sehen konnte. Meinen Vale (Scheck), mit der Unterschrift des alten Niévez versehen, schloß ich des Nachts befriedigt in meinem Sekretär ein. Mein Geschäft war gemacht. Der Küstenschiffer hatte wenig Glück. Er segelte am folgenden Morgen ab und strandete am Tage durch einen Norder auf der Barre von Frontera (Tabasco). Sein Schiff wurde wrack, und die Sachen hat er nur teilweise, und zwar beschädigt, retten können.
Quintana konnte wegen Holzmangels mein Schiff diesmal nicht beladen, ich kaufte daher die Ladung Blauholz von Niévez. Wider Erwarten wurde ich sehr gut mit dem Alten fertig. Wir verließen Laguna drei Tage nach der norwegischen Bark ARCONA[213], welche von Anizan mit Blauholz und Zeder, also leicht, beladen worden war. Sie war eine große Bark, neu und machte die erste Reise.

In der Florida-Straße holten wir die ARCONA ein. Wir machten zu der Zeit mit einem für uns günstigen NW-Wind genau dieselbe Fahrt, obwohl die SEÑORA allein mit Blauholz tief beladen war, sahen uns drei bis vier Tage lang, dann einige Tage nicht. Danach kam der Norweger wieder in Sicht. Wir sahen uns erneut drei bis vier Tage lang, und so wechselte das während der ganzen Reise, bis wir uns auf dem Längengrad von Queenstown (Irland), 8 °16' West, befanden. Hier sahen wir uns zum letzten Male. Das war sehr interessant und kommt selten vor. Das eine Mal war die Bark eben vor uns, das andere Mal hinter uns in Sicht gekommen. Ich hatte mich jedoch gewundert, daß die ARCONA bei starkem Südwind und Südwest, als die Bramsegel eben stehen konnten, nicht gelaufen war. Die ARCONA war nördlich von uns gewesen, aber so weit weg, daß wir den Rumpf nicht sehen konnten, war aber immer in derselben Peilung geblieben. Und als der Wind gegen Abend westlich gelaufen und in der Nacht zum Sturm geworden war, hatte ich bei mir gedacht: „Nun wird die ARCONA uns wohl wegsegeln", was mit dem größeren, neuen und leicht beladenen Schiff nicht anders zu erwarten war. Dies bestätigte sich jedoch nicht. Nach zwei Tagen, als das Wetter sich gebessert hatte, war der Norweger hinter uns in Sicht gekommen, ein Beweis dafür, daß er doch nicht so viele Segel wie wir geführt hatte. — Bis Hamburg brauchten wir 50 Tage, die Ladung erbrachte wieder ein sehr gutes Resultat.

Da ich wieder in Ballast nach Laguna segeln wollte, um an der Küste von Trinidad Mahagoni von Gongora zu laden, konnte ich leider nur eine Woche zu Hause bei der lieben Familie sein. In Hamburg verlief alles in Eile, um die SEÑORA möglichst schnell zu expedieren. Kaum hatte ich Zeit, meine Einkäufe auf Bestellung für meinen Privathandel zu besorgen.

Um diese Zeit war Kapitän Friedrich Wedel mit der ALBATROS in Havre und segelte von dort zwei Tage früher ab als ich von Hamburg. Da nun Kapitän Wedel, wie mir gesagt wurde, neidisch war, wohl wegen meiner schnellen Reisen und guten Geschäfte, die ich fortwährend machte, war ich schon in Hamburg mit dem Gedanken umgegangen, Wedel auf dieser Reise die Hölle heißzumachen.

In der Nordsee und in den Hoofden hatte ich leider anhaltenden Südwest- und Westwind für mehrere Tage, während Wedel mit dem SSW- und S-Wind von Havre aus so günstig lag, daß er damit aus dem Kanal laufen konnte, wodurch er also einen noch größeren Vorsprung bekam. Er war also zwei Tage früher als ich abgesegelt, hatte dazu die Distanz von Hamburg nach Havre im voraus, und überdies war noch der Wind so ungünstig für mich. Aber die Hoffnung, ihm doch noch auf die Fersen zu kommen, gab ich nicht auf.

Elf Tage brauchten wir bis zum Ausgang aus dem Kanal, und im Ozean wurde mir auch keine besondere Gelegenheit geboten, kräftig zu segeln. Daß die ALBATROS einen großen Vorsprung hatte, nahm ich bestimmt an; und so war es auch, wie sich später herausstellte. Der Passatwind zeigte sich nur mäßig. Da es aber Sommer war, in dem der NO-Passat etwas nördlicher steht, nahm ich gegen meine sonstige Gewohnheit früher einen westlichen Kurs, um diesmal nördlich von den Antillen zu bleiben und zwischen Haiti und Kuba hindurch in das Karibische Meer hineinzusegeln.

Die SEÑORA wurde auf der Reise sehr fein herausgeputzt, alles wurde gereinigt, gestrichen und geölt. Das Wetter war dazu während der ganzen Reise geeignet. Als wir den Antillen nahekamen, war alles in feinster Ordnung. Die Mannschaft wurde nun mit Segelmachen beschäftigt und half beim Segelmanöver. Wir hatten flaue Winde und zeitweise Windstille. Bei der Insel Domingo frischte der Wind wieder etwas auf. In der

Nähe von Haiti erblickten wir einige Schiffe voraus, die wir einholten, aber die ALBATROS wollte nicht zum Vorschein kommen.
Am folgenden Tag, als wir zwischen Haiti und Kuba hindurchfuhren, sahen wir wieder einige Schiffe voraus, denen wir ebenfalls näherkamen. Und siehe da, an Backbord voraus erblickte ich eine Bark, die Sonnensegel auf dem Hinterdeck ausgespannt hatte. Wir bekamen den Wind genau von achtern, so daß unsere Segel vom Großtopp[214] allein zogen und die des Vortopps blindschlugen[215]. Die Bark nahm den Wind von Steuerbord ein, so daß sie schräg vor uns vorübersegelte. Da wir ihr trotzdem näherkamen, sah ich mit dem Fernrohr, daß es wohl die ALBATROS sein könnte, und ließ unsere große deutsche Flagge aufhissen. Gleich darauf wehte auch die deutsche Flagge auf der Bark an der Gaffel. „Sehen Sie wohl, Steuermann, da haben wir endlich die ALBATROS. Die soll, wie Seetzens mir immer sagten, in Ballast sehr gut segeln. Aber jetzt wollen wir doch mal sehen, ob Wedel sich mit seiner ALBATROS mit uns messen kann." Auf jeden Fall hatte Wedel uns schon erkannt und steuerte deshalb an den Wind, um vor uns überzuscheren, oder er wollte dichter unter Kuba längssegeln, was mir um diese Jahreszeit nicht ratsam erschien. Wir behielten unseren Kurs bei, wollten zwischen den Cayman-Inseln hindurchsegeln und Kuba so fern wie möglich bleiben, in dessen Nähe man um diese Jahreszeit mehr Windstille als weiter ab erwarten kann. Wedel wollte wohl nicht, daß wir uns nahekamen, wie es schien, und da es bald Mittag war, bemerkte Bruhn, daß Wedel die Grünerbsen-Suppe heute mittag wohl nicht schmecken werde. Es war nämlich Montag, Erbsentag.
Um 4 1/2 Uhr nachmittags waren wir uns durch die verschiedenen Kurse, die wir steuerten, schon aus der Sicht gesegelt, obwohl der Wind leicht war. Auch an den folgenden Tagen hatten wir leichten Wind und passierten die Cayman-Inseln ziemlich nahe bei Tage.
Von der Marsrah aus ließ ich nach der ALBATROS ausgucken, sie war aber nicht zu erblicken. Bei Cap Catouche an der Yucatan-Nordost-Spitze erhielten wir eine etwas stärkere Brise aus Südost und des Nachts unter der Küste von Yucatan eine steife Landbrise, so daß die Bramsegel eben geführt werden konnten. Überall machte ich die genaueste Berechnung, um möglichst den kürzesten Weg zu halten. Wir sichteten das Progresso-Leuchtfeuer in kurzem Abstand, ebenso das Signal-Feuer, während die SEÑORA elf Knoten durchs Wasser lief.
Ich war die ganze Nacht an Deck; es galt, die ALBATROS zu schlagen, deren Kapitän mir nicht gut gesonnen war. Der alte Seetzen hielt namentlich auf Wedel große Stücke, weil er so sehr geizig war. Dabei war Wedel ein tüchtiger und aufpassender Schiffsführer und ließ sich in Laguna bei den Einkäufen und beim Empfang der Produkte nicht übers Ohr hauen. Die Weitsicht und die kaufmännische Schlankheit fehlten ihm aber gänzlich. — Auch von Sisal ab hielt der Wind an, so daß wir nachmittags um vier Uhr außerhalb der Barre von Laguna ankerten. Sofort wurde das Boot ausgesetzt, und ich fuhr, mit den notwendigen Schiffspapieren versehen, nach Laguna, um ein- und auszuklarieren, weil ich an der Küste von Trinidad laden wollte.
Ein ziemliches Quantum Schmuggelwaren hatte ich gut versteckt. Es sollte in Trinidad gelöscht, abgeliefert werden. Meinen Steuermann hatte ich gut instruiert. Für den Fall, daß das Zollboot nach der SEÑORA herauskäme, sollte er die Beamten gut behandeln und ihnen aufwarten, nicht knickerig sein, sie mit Schinken, Mettwurst, Bier usw. bedienen lassen. Am folgenden Tag hatte der Zollinspektor, wie ich vorher vermutet, das Zollboot hinausgeschickt, und da es am selben Tag nicht nach Laguna zurückkam,

war ich in großer Angst, daß man vielleicht etwas gefunden hatte. Die ganze Nacht hindurch konnte ich vor Besorgnis nicht einschlafen, das waren bange Stunden für mich.
Erst am nächsten Tag gegen Mittag kam das Zollboot nach Laguna zurück. Ich war an der Zollbrücke, als das Boot anlegte, aber als die Beamten vergnügt auf mich zukamen und ihrer Zufriedenheit über die noble Behandlung auf meinem Schiffe nicht genügend Ausdruck geben konnten, da wußte ich schon, daß alles in Ordnung war. Bei Konsul Willms war ich zu Mittag eingeladen. Nach Tisch beim Kaffee im Salon, wo wir uns in den Schaukelstühlen niedergelassen hatten, machte ich die Bemerkung: „Heute wiegt mein Herz ein Pfund leichter als gestern." „Wieso, Herr Kapitän?" — „Ja, ich habe so das Gefühl." Er hatte keine Ahnung, was mich gestern so mißgestimmt hatte, und sagen durfte ich es nicht.
Der Cojo[216] (Stauer) Bachy ging wieder mit nach der Küste, um das Mahagoni zu verstauen. An Bord erzählte mir Bruhn seine Erlebnisse mit den Beamten. Erst des Abends gegen 7 $1/2$ Uhr seien sie während des starken Gewitters längsseits der SEÑORA gekommen, seien beinahe vorbeigetrieben, und nur mit großer Mühe und unter Hilfe der Mannschaft durch Zuwerfen von Tauen hätten sie das Schiff erreicht, alle ganz durchnäßt. Dann habe der Steuermann ihnen trockene Kleider und gehörig etwas zu essen gegeben. Während der Nacht habe es stark geweht, und er, der Steuermann, sei wiederholt an Deck gegangen, um nachzusehen, ob auch wohl der zweite Anker fallengelassen werden müsse. Jedesmal habe sich dann auch der Bootsteuerer des Zollbootes sehen lassen, um sich zu überzeugen, ob eventuell etwas los sei. Am anderen Morgen hätten sie dann revidiert, und auf die gestellten Fragen habe der Steuermann ein dummes Gesicht gemacht und unwissend geantwortet. So war denn wieder alles glücklich verlaufen.
Das Schmuggeln war ein sorgenvolles Geschäft, unter dem meine Gesundheit wesentlich litt. Die angstvollen, schlaflosen Nächte vorher waren schrecklich, aber die anderen Kapitäne schmuggelten auch und verdienten so nebenbei schönes Geld damit. Warum sollte ich es denn nicht auch wagen und können, sagte ich mir. Was andere Kapitäne fertigbrächten, wollte ich doch auch können. Wir hatten bereits vier Kinder, und ich wollte, wenn irgend möglich, mir doch wenigstens so viel verdienen, daß ich auf meine alten Tage sorgenfrei leben könnte. Das war stets mein Gedanke. Daß dies aber mit meinem Schiffsanteil und dem Kapitänsgehalt nicht zu erreichen war, sah ich wohl ein. Also auch anderweitig sich umzusehen und anzustrengen war notwendig, um zum Ziele zu gelangen.
Gongora hatte meine Ladung in Trinidad fertig zum Abliefern am Strande liegen; die Blöcke waren zum Schutz gegen den warmen, trockenen Wind und gegen die Sonne wie immer gut mit Palmschwingen und Sand bedeckt. Gleich begannen wir mit dem Messen des Holzes. Den Dimensionen sowohl als auch der Qualität nach hatte es meine völlige Zufriedenheit und noch mehr. Die Gongoras waren ehrliche, brave Leute, denen ich volles Vertrauen schenken durfte. Nie vorher hatte ich so schönes und preiswürdiges Mahagoni bekommen. Don Jaquinto Gongora lieferte das Holz ab, und mit ihm konnte ich mich stets gut bei dem Messen verständigen. Ich bekam gutes Maß, und dafür gab ich ihm einige Kisten Bier, Schinken usw., worauf er mir dann noch einen mittelgroßen Block Mahagoni schenkte.
Don Jaquinto frühstückte einige Male bei mir an Bord und sah mit Vorliebe und Interesse dem Aufwinden der schweren Blöcke sowie deren Verstauen im Schiffe zu.

Laguna de Terminos – Insel Carmen

Dafür ritt ich einige Male mit ihm zu seiner Familie in St. Miguel, wo ich dann übernachtete. Hier erfuhr ich, daß die ALBATROS zwei Tage nach uns in Laguna angekommen war.
Seine Frau, eine Indianerin, war gutherzig und bewies mir größte Aufmerksamkeit. Sie ließ z. B. sorgfältig das Moskito-Netz über meine Hängematte spannen, damit sich auch nicht ein einziger Moskito darunterschleichen konnte. Mittags nach Tisch ruhte ich ein Stündchen in der Hängematte aus, und da es um diese Zeit sehr heiß war, ließ ich mich durch einen Jungen schaukeln. Hier labte ich mich dann auch an der guten Milch und den frischen Eiern.
Jaquintos kleine Söhne übten sich fleißig im Lassowerfen. Sie hatten einen Stock in den Boden geschlagen, und darüber wurde aus ziemlicher Entfernung die Schlinge geworfen. — Als wir nach der Küste zurückritten, sahen wir einen Jaguar im Gebüsch davonlaufen und später eine mächtige Schlange vor uns unseren Weg kreuzen. Don Jaquinto, der etwa hundert Meter vor mir ritt, hielt plötzlich sein Pferd an und zeigte nach der Schlange. Zufall war's, daß er diesmal keine Waffe bei sich führte; sonst hatte er fast immer den Revolver umgeschnallt.
Nach achtzehn Tagen war die SEÑORA beladen; auf dem Hauptdeck hatten wir zwei Lagen Mahagoniblöcke verstaut. Die SEÑORA hatte eine große Ladung eingenommen, es blieb kein Block am Strande liegen. Laut Kontrakt war ich auch verpflichtet, das ganze Holz, das fertig lag, zu empfangen, selbst dann, wenn einige Blöcke hätten zurückbleiben müssen. An einem Nachmittag löschten wir die Schmuggelwaren, Tabaco Breva, Metallplatten, Manufakturwaren und einige Medizin-Kisten. Die ganze Besatzung, auch Stauer Bachy mit seinen Leuten, war damit beschäftigt, die Boote zu beladen, und am Strande standen die Carretas bereit, um die Waren sofort waldeinwärts zu transportieren. Für diese Arbeit wurde die Mannschaft mit einer Kiste Bier belohnt.
Eine nördliche Dünung machte uns Mühe, bei dem leichten Winde von der Küste abzukommen, was um so schwerer fiel, als der Kiel der SEÑORA durch den Schlamm mußte. Um die Flöße möglichst schnell längsseits des Schiffes zu bekommen, ankerten wir jedesmal nahe am Strande, was auf dem schlammigen Boden in den Sommermonaten keine Gefahr mit sich brachte. Es war eine Ausnahme, daß diese nördliche Dünung mir etwas Sorge und der Mannschaft viel Arbeit machte. Dreimal waren wir genötigt, den Anker fallenzulassen, weil die Dünung das Schiff rückwärts dem Strande zutrieb. Der Wind war zu leicht, um Fahrt in das Schiff zu kriegen. Innerhalb von zwei Tagen hatte ich in Laguna alles in Ordnung bekommen, meine Tratten[217] auf das Bankhaus Esteban Benecke Successores in Mexico zur Deckung der Faktura meiner Ladung und sonstigen Unkosten abgegeben und meine Schiffspapiere erhalten. Sehr befriedigt trat ich meine Reise nach Hamburg an. Das Mahagoni war inzwischen in Europa im Preise gestiegen, so daß ich mir von dieser Reise das beste Resultat versprechen durfte.
Bis in die Nähe der Azoren ging die Reise entsprechend der Jahreszeit günstig vonstatten. Ab Neufundland ließ ich die Deckladung noch einmal durch den Zimmermann und einige Matrosen gehörig nachbefestigen. Die darübergespannten Ketten von den Schanzungen nach mittschiffs und umgekehrt waren so fest, steif gezogen, daß sie bei einem leichten Schlag wie eine Saite klangen. „So habe ich noch keine Deckladung gelascht (befestigt) gesehen", bemerkte Bruhn. „Dann sehen Sie es hier zum ersten Male, und es wird Ihnen jedenfalls zum Vorteil gereichen, wenn Sie sich diese meine Gewohnheiten in Zukunft zum Vorbild nehmen. Wie die Ostseefahrer es machen, ist

mir gleichgültig, jedenfalls habe ich schon oft gehört und gelesen, daß Deckladungen losgespült, über Bord geschlagen, Schiffe dadurch beschädigt wurden usw. Bevor dergleichen bei mir vorkommt, muß entweder alles kaputtgeschlagen werden oder das Schiff kopfübergehen. Seefest soll alles sein."

Wie oft lief ich während der Reise mit der größten Befriedigung über diese Deckladung, diese von Beschaffenheit und Qualität so schönen Mahagoniblöcke, und sagte mir im stillen: Das ist dein Werk, das hast du gut gemacht. Und dann rechnete ich mal wieder den hohen Gewinn aus.

Die Seetzens hatten sich immer sehr besorgt über die Hypothek auf dem Rancho Pom geäußert, wohl angeregt von deren Frauen, wie mir schien, vor allem wohl auch, weil sie ganz in meinem Namen abgefaßt war, als wäre ich der Geldvorstrecker. Nach dem mexikanischen Gesetz konnte die Hypothek nicht anders abgefaßt werden, weil ich damals noch keine Prokura besaß. Ich hatte darüber einen ernsten Auftritt mit Seetzens gehabt und dann vorgeschlagen, daß ich es ja nur vor einem Notar bestätigen zu lassen brauchte, daß die Hypothek den Gebrüdern Seetzen gehöre, was dann auch geschah. Vorher hatte ich jedoch nicht unterlassen zu bemerken, daß, wenn ihnen das Geschäft nicht sicher genug zu sein schien, ich es gerne für mich allein übernehmen wolle. Aber darauf gingen sie nicht ein.

So hatte ich nach der Abwicklung eines so glänzenden Geschäftes Unzufriedenheit gestiftet, was mich sehr ärgerte. Ja, sehr oft ging ich mit dem Gedanken um, mich von der Firma, bei der ich doch keinen Dank erntete, die stets zu tadeln hatte, zu trennen, aber dabei blieb es immer. Einen zuverlässigen Sozius zu finden war nicht so leicht, und allein konnte ich mich nicht etablieren, nicht allein, weil mir dazu das Kapital fehlte, sondern einer müßte die Geschäfte in Laguna, der andere in Hamburg besorgen. Auf See beschäftigten mich diese Gedanken nicht selten.

Auf halbem Wege zwischen der Neufundland-Länge und Coro, als ich eines Morgens um sechs Uhr an Deck kam — es war am 30. August —, war der Wind leicht, kam genau von achtern, und der Himmel war bewölkt. Sofort ließ ich zwei Strich aus dem Kurs steuern, damit auch die Segel im Vortopp Wind faßten. Dann notierte ich den Barometerstand und war bis 7.15 Uhr an Deck. Danach wurde gefrühstückt, und alsbald sah ich, daß das Barometer in der kurzen Zeit von eineinhalb Stunden sehr stark gefallen war. Als ich mit dem Steuermann an Deck kam, sah ich, daß der Wind südlicher gelaufen war und zugenommen hatte. Wir konnten schon wieder unseren richtigen Kurs steuern, wobei alle Segel zogen. In die Wolken kam eine stärkere Bewegung, und die leichten Segel wurden eingezogen, ja, um neun Uhr mußten schon die Bramsegel festgemacht werden.

Ich sah nach dem Barometer und bemerkte ein Fallen, wie ich es nie vorher beobachtet hatte. Dadurch aufmerksam gemacht, ließ ich alle losen Gegenstände von Deck entfernen oder befestigen und das Vorderluk[218] und Kabelgatsluk[219] verschalken[220]. Bei dieser Arbeit wurde die Mannschaft jedoch wiederholt gestört, weil inzwischen Segel eingezogen oder gerefft werden mußten. Die ganze Besatzung war fortwährend in Tätigkeit. Das Barometer fiel immer noch und schnell. Zum Mittagessen ging ich nicht hinunter und ließ mir einen Teller Suppe an Deck bringen. Ich stand bei dem Mann am Ruder und achtete auf das Wetter. Der Wind war SW, unbeständig, kam stoßweise, bald stärker, bald schwächer. Der Himmel war dicht bewölkt, Staubregen fiel. Das Barometer war noch weiter gefallen, stand sehr niedrig. Um ein Uhr hatte es seinen niedrigsten Stand erreicht, von da ab fiel es nicht mehr. Bis auf die Untermarssegel befahl ich, nun alles festzumachen. Um drei Uhr ließ ich den Steuermann mit seiner Wache zu Koje gehen. Wir segelten nur mit den Untermarssegeln. Der Wind wurde stürmisch, die See war im Verhältnis dazu nicht übermäßig bewegt. Ich blieb beständig bei dem Mann am Ruder. Um sechs Uhr hieß ich die Backbordwache wieder an Deck kommen, damit sie das Vormarssegel festmachen und ich die SEÑORA unterwinds legen, das heißt beidrehen konnte. Das Sturmbriggsegel[221], ein spitzes Segel von schwerem Segeltuch, hatte ich im Laufe des Nachmittags schon unterbinden lassen, alles war kampfbereit. Nachdem das Voruntermarssegel festgemacht war, ließ ich die Vorrahen an Backbord eben frei von den Pardunen brassen und vorne alles in Ordnung bringen, dann das Großuntermarssegel an der Luvseite, also an der Steuerbordseite, festmachen und danach auch die Großrahen an Backbord anbrassen.

Ich wollte das Schiff südwärts an den Wind legen, rechnete damit, daß der Wind durch West nach Nordwest herumgehen würde, und dann hätten wir den hohen Seegang aus der Südwest- und WSW-Richtung, woher jetzt der Wind wehte, von vorne. Das war weniger gefährlich, als wenn ich das Schiff auf die andere Seite legte, weil wir dann nach dem Drehen des Windes wohl unserem Kurs näherkämen, aber den hohen Seegang von achtern hätten, der uns das Ruder leicht kaputtschlagen könnte. Der Kopf des Schiffes, der Bug, ist bedeutend höher als das Heck, wird also besser mit der hohen See fertig. Nun ließ ich die SEÑORA langsam an den Wind kommen und das Sturmsegel hissen, dann Sicherheitstaljen an der Ruderpinne anbringen und das Steuerrad festbinden. Als alles an Deck in Ordnung war, befahl ich die Mannschaft zum Abendessen, es war um acht Uhr. Jetzt fühlten wir, daß der Wind stark war, aber das Barometer stand fest. „Der harte Wind wird noch kommen", sagte ich zu Bruhn. Nach dem Abendessen befahl ich, das Volkslogis und die Kombüse (Küche) gut zu schließen. Die Mannschaft sollte während dieser Nacht in der zweiten Kajüte, aber angekleidet bleiben. Die Freiwache konnte unterdecks gehen. Ich legte mich todmüde mit Ölkleidern und Stiefeln auf den Fußboden in meiner Kammer und sann darüber nach, was ich jetzt noch zur Sicherheit des Schiffes tun könnte.

Um 9.30 Uhr ging ich nach der hinteren Kajütstür und befahl dem Steuermann, das neue dicke Manila-Schlepptau hinten aus dem Halbdeck herauszuholen und davon einen Wellenbrecher in der Weise herzustellen, daß das Tauende von den hinteren Bollern aus draußen um die Pardunen und Wanten herumgeleitet, nach vorne gebracht und am Beting[222] vor der Back festgemacht, daß das Tau dann von achtern so viel über Bord zu Wasser gefiert[223] werden müsse, bis es in einer großen Ausbuchtung weit vom Schiffe abtreibe. Darauf würden sich die Wellen, die hohen, die dem Schiffe gefährlich werden könnten, zerschlagen. Bruhn wollte zuerst nicht ans Werk, er meinte, es werde wohl nicht so gefährlich werden, oben kämen schon einige Sterne durch. Es mußte aber geschehen, und als die Männer die Arbeit fertig hatten, kam Bruhn zu mir und teilte mir mit, daß das Manila-Tau längsseits treibe. „Es muß erst Wasser aufsaugen, dann wird es schon so treiben, wie ich es Ihnen gesagt habe." Steuermann Bruhn war bei solchen Arbeiten und bei dem Segelsetzen und -bergen sehr tüchtig, sonst aber oft nachlässig.

Ich hatte nun tun lassen, was mir sehr gut zu sein schien. So legte ich mich, etwas mehr beruhigt, halb entkleidet in meine Koje. Gegen 11 ½ Uhr schlief ich wohl erst fest, so daß ich um zwölf Uhr, als der Steuermann mich geweckt hatte, wie er behauptete, weiterschlief. Ohne sich wieder nach mir umzusehen, hatte Bruhn dem zweiten Steuermann die Wache übergeben und war mit seiner Wache in die zweite Kajüte gegangen.

Dies erfuhr ich, als gegen ein Uhr der zweite Steuermann in die Kajütskappe hereinschrie, daß das Großuntermarssegel, das wir an der Leeseite hatten beistehen lassen, zerreiße. Im Nu sprang ich aus der Koje, und im nächsten Augenblick stand ich mit Stiefeln und Ölzeug bekleidet an Deck. In dem Geheul des Windes war es nicht möglich, den Untersteuermann zu verstehen. Die Augen konnte man vor Salzwasserdampf nicht offenhalten. Durch die gewaltige Kraft des Windes sah das Meer aus, als wenn es kochte; es war ganz weiß von Schaum, der die Dunkelheit erhellte.

Der Briggsbaum, durch das kleine, spitze Sturmsegel zu einem Bogen gespannt, schwippte auf und nieder. Von dem Untermarssegel flatterten nur noch kleine Fetzen an der Rah. Dies alles in einem Moment übersehend, schrie ich in die Kappe hinein, daß Bruhn mit seiner Wache an Deck kommen müsse. Kaum hatte ich diesen Befehl gegeben, da platzte das schwere Sturmsegel wie ein Kanonenschuß aus den Lieken[224], und die SEÑORA legte sich fast zum Kentern auf die Seite. Der harte Wind war losgebrochen und drohte Tod und Verderben zu bringen. Er kam jetzt aus Nordwesten. Die hohe See hatten wir nun aus Lee von vorne. Eine hohe Welle kam vom Backbordskranbalken bis in die Nockwant herübergeschlagen, wodurch zwei Wasserfässer losgespült, über die Deckladung weg bis zum Halbdeck trieben und dann über die Reling weg über Bord gespült wurden.

In diesem Augenblick kam Bruhn an Deck, dem ich zuerst den Vorwurf machte, wie er bei solchem Wetter unterdecks gehen könne, ohne daß ich ihn ablöste. Was jetzt tun? Nun war guter Rat teuer. Jeden Augenblick konnten wir erwarten, daß die SEÑORA kenterte. Das wäre auch geschehen, wenn ich nicht den Wellenbrecher hätte ausbringen lassen, und ohne Zweifel wäre unsere Decklast, die großen Mahagoni-Blöcke, losgespült, wenn ich sie nicht so außerordentlich hätte befestigen lassen, ja, so fest, wie es kaum jemand vor mir getan hatte.

Die ganze Leeseite lag bis an die Spreelatten[225] in den Wanten im Wasser. Bruhn sagte: „Lassen Sie uns das Schiff vor den Wind bringen, sonst geht es über Kopf." — „Vor den Wind? Gar nichts können Sie jetzt mit dem Schiff anfangen, unmöglich." Er gab nicht nach, und ich ließ ihn den Versuch machen, damit er durch die Tat zu der Überzeugung gelangte, daß es eben nicht möglich war. Das Vorstengestagsegel[226] war kaum halb aufgehißt, da zerriß es schon, vom Winde gepeitscht, in Fetzen, und Bruhns weitere Anstrengungen mißlangen ebenfalls. So klagte er mir, daß er nichts mit dem Schiffe anfangen könne. Was nun? „Versuchen wir, die Rahen vorne und hinten beinahe vierkant zu brassen, wenn an die Leebrassen heranzukommen ist. Jedenfalls hilft das etwas, und dann wollen wir versuchen, etwas herauszukappen, wenn es auch nur die Bramstengen[227] sind." Nachdem die Rahen aufgebraßt waren, hatte sich das Schiff ein wenig gehoben. Nun wurden die Pardunen mit dem Beile abgehauen. Nach oben konnte aber keiner kommen; ein tapferer Däne, ein Matrose, der schon die dritte Reise mit mir machte, hatte sich vergeblich bemüht. Die Bramstengen wehten krumm, aber brechen wollte nichts. Sie wurden ja kaum noch etwas von den Wanten gehalten.

Mehr konnte ich also nicht tun, um das Schiff und uns zu erhalten. Ich ließ daher die Freiwache unter Deck gehen, und die Wache an Deck hieß ich, sich an der Luvseite festzubinden, damit keiner fortgespült würde. Von der Luvseite kam kein Wellenschlag an das Schiff heran, das verhinderte der Wellenbrecher. Nur die Leeseite lag fortwährend unter Wasser, und schräg von vorne schlugen die Wellen herüber. Unsere Deckladung war unbeweglich, das war ein Glück. Sonst hätten die schweren Blöcke viel Unheil anrichten können.

Vier lange bange Stunden lag mein schönes Schiff in dieser gefährlichen Lage, und mehr als einmal dachte ich, daß nun meine schönste Ladung mit uns verlorengehe. Soweit kam es Gott sei Dank nicht. Gegen vier Uhr morgens begann der Wind müde zu werden und ließ etwas nach, die Gefahr war vorüber.
Um sieben Uhr sahen wir eine große Bark, welche die Vormaststenge verloren hatte, und um neun Uhr ein gekentertes Schiff nicht sehr weit von uns treiben. Als die Mannschaft um zehn Uhr vormittags das Manila-Tau einholte, meinte der Steuermann Bruhn doch, daß, wenn wir es nicht ausgelegt hätten, wir wohl nicht mehr am Leben wären. Das war also doch ein gutes Werk gewesen, und wie hatte er sich zuerst dagegen gesträubt und die Arbeit gescheut! Als das Tau eingezogen war, konnte jeder sehen, wie die Wellen an das Schiff herangestürmt kamen, was nun jedoch keine Gefahr mehr brachte. Als aber das Schiff so stark auf der Seite lag, hätten die Wellen an den Boden des Schiffes geschlagen und es ohne Zweifel zum Kentern gebracht.
Viel Arbeit gab es nun, um zuerst die Brassen und das andere laufende Tauwerk, das auf Deck durcheinandergespült war und teilweise auch zwischen den Mahagoni-Blöcken festsaß, wieder klarzumachen. Nachmittags um vier Uhr war auch bereits das zerrissene Großuntermarssegel durch ein anderes ersetzt, und wir steuerten nun unseren östlichen Kurs weiter. Der Wind war nach Westnordwest zurückgegangen, uns also sehr günstig geblieben. Im ganzen hatten wir wohl 1500,— Mk Schaden erlitten, das war alles.
Gegen Abend begegneten wir einem großen Vollschiff, das Schaden an der Takelage hatte. Es führte nur wenige Segel. Wir hatten bald schon wieder alles draufhängen. Alle Schiffe, denen wir in den nächsten zehn Tagen begegneten oder vorbeisegelten, hatten mehr oder weniger Schaden erlitten. Der Steuermann erzählte mir, daß unsere Matrosen des Nachts geweint hätten, während sie sich festgebunden hatten.
Als wir die Elbe einsegelten, stand der Lotse auf dem oberen Kajütdeck und schaute sich die SEÑORA von vorne bis hinten unten und oben verwundert an. „Meine Zeit, wie schön haben Sie Ihr Schiff instand, Kapitän! Man sieht nicht, daß Sie aus See kommen, während alle in der letzten Woche, ja, seit zehn Tagen hier eingelaufenen großen Dampfer und Segelschiffe glattes Deck hatten, ihnen also alles von Deck gespült und entzweigeschlagen war in dem fürchterlichen Wetter auf dem Atlantischen Ozean und im Englischen Kanal. Haben Sie denn nichts von dem bösen Wetter abbekommen?"
„Und ob, Lotse, es fehlte sehr wenig daran, und wir hätten Hamburg nicht wiedergesehen." Ich erzählte ihm dann alles, und er wunderte sich über meine getroffenen Vorsichtsmaßregeln.
Von Cuxhaven telegraphierte ich durch ein Signal, daß meine Frau nach Hamburg kommen solle. Dicht vor Hamburg ließ ich sämtliche Flaggen aufhissen zur Feier unserer glücklichen Heimkehr. Die Freude des Wiedersehens war groß. Meine Frau und ich wohnten diesmal im Englischen Hotel, hatten hier einen Salon mit Schlafzimmer daneben. Mein Bruder war auch mit seiner BALTIMORE in Hamburg. Von dem Schiffshändler Wilhelm Richers wurden wir zwei Tage nach meiner Ankunft zum Dinér auf seinem Landgut eingeladen. Eine Anzahl von Kapitänen mit ihren Frauen und einige Hamburger Familien waren die Gäste, eine ziemlich große Gesellschaft also. Unser P. U. Seetzen war auch mit darunter. Wir verbrachten den Tag recht angenehm und vergnügt. Abends um zehn Uhr kamen wir nach Hamburg zurück.
In Bremen schloß ich mit Carl Seetzen eine Wette ab. Er stritt sich mit mir über die Ladung der SEÑORA, wollte mir nicht glauben, daß die Ladung so viel Kubikmeter

ausliefern würde, wie ich behauptete. Ich schlug vor, daß der Verlierer ein feines Dinér im Ratskeller mit Steinberger Kabinett-Wein geben sollte. Darauf ging er ein mit den Worten: „Das kann drauf stehen, wenn ich verliere."

Er verlor; die Ladung hatte ein noch besseres Resultat geliefert, als ich ausgerechnet hatte. Sie erbrachte einen Reingewinn von 35 000,— Mk. Carl Seetzen, Vetter Theodor Hedlefs und ich erlebten nun einen vergnügten Abend im Bremer Ratskeller. Das Essen sowohl als auch der Wein waren ausgezeichnet. Bis ein Uhr blieben wir im Keller, von dort gingen wir noch ins Theatercafé; wir waren in der besten Verfassung. Carl Seetzen zahlte die Zeche mit Vergnügen. Wir waren auch sonst die besten Freunde.

Die SEÑORA wurde zu zwei Dritteln mit Stückgütern für Laguayra beladen, unten im Schiff mit Steinkohlen für Laguna. Obgleich ich deshalb einige Tage länger zu Hause sein konnte, vergingen sie mir doch viel zu schnell. Jedenfalls verliefen sie sehr angenehm, und in der Hoffnung auf eine glückliche Zukunft ging ich zwar sehr traurig, aber doch mutig wieder fort. Es gab keine andere Möglichkeit, es mußte sein.

Einige Tage vor mir war die MÖWE unter Kapitän J. H. Martini von Hamburg direkt nach Laguna abgesegelt. Unweit Start-Point[228] holte ich die MÖWE ein. Kapitän Martini hatte seine Frau an Bord. Der Wind war nachmittags SW z S. Wir segelten beide mit Steuerbord-Halsen bei der ruhigen See und dem leichten Wind. Die MÖWE fuhr in Ballast, machte bei dem Winde etwas mehr Fahrt als die SEÑORA, und da der Wind noch etwas südlicher lief, wendete sie um zwei Uhr nachmittags, wir dagegen erst um vier Uhr auf Backbordshalsen.

Ich ließ in der Annahme, daß der Wind sich etwas südlich halten und zunehmen würde, weil das Barometer fiel, nicht eher wenden, obgleich der Kurs SO und SO z O recht schlecht war. Insofern wendete Kapitän Martini ganz richtig um zwei Uhr. Um vier Uhr konnten wir West und später eine Zeitlang West zu Süd vorliegen. Der Wind nahm gegen Abend zu, und ich ließ nun die Segel draufhängen, was das Zeug halten konnte, um West-Länge zu holen. Eine kurze See von vorne, die sich bald einstellte, hemmte die Fahrt des Schiffes und zwang mich durch das heftige Stampfen, die Segel nach und nach früher zu bergen, als es bei solcher Gelegenheit meine Gewohnheit war.

Dazu kam noch, daß ich mir die MÖWE in Lee voraus dachte, weil sie mehr West geholt hatte durch ihr zeitiges Wenden. Um zehn Uhr abends mußten wir bis auf die Untermarssegel[229] alles festmachen; der Wind war bereits wieder westlich gelaufen. Nachts um ein Uhr, während wir Nord und Nord zu Ost vorlagen, begegnete uns eine große Bark auf südwestlichem Kurs, die mehr Segel führte als wir. Schnell rechnete ich unseren Schiffsort aus und fand, daß, wenn der Wind noch ein wenig nördlicher bis NW lief, wir frei von Ushand (Frankreich) segeln könnten. Ich halste die SEÑORA herum, ließ die Fock, den Klüver und das Briggsegel[230] gerefft beisetzen und mit Tagesanbruch, als der Wind NW kam und die See von vorne sich noch mehr gelegt hatte, die gerefften Obermarssegel[231] aufhissen.

Der Wind war stark, und die SEÑORA lief allen vorbei, die mit uns segelten. Ein Schoner wie die MÖWE war in Sicht, sie war es aber nicht, wie sich herausstellte, als wir ihr näherkamen. Um Mittag ließ ich das volle Großsegel draufhängen, das war reichlich viel, brachte aber Fahrt ins Schiff. „Nu hett he ober genog", sagte Bruhn. „Ja, so geiht't", sagte ich. Der Wind hielt sich im NW, und so wie die SEÑORA durchs Wasser schob — alle Schiffe, groß und klein, führten weniger Segel als wir —, verschwanden bald alle hinter uns aus der Sicht.

Kurz darauf hatten wir das Ende der Bai von Biscaya erreicht und befanden uns auf der Breite von Cap Finisterre, 30 sm von der Küste entfernt, als uns ein englischer Dampfer begegnete, mit dem wir signalisierten. Ich bat, uns zu melden, er tat es aber nicht. Seetzens hatten es nicht gelesen, wie sie mir später erzählten. An der portugiesischen Küste lief der Wind westlich und flaute ab. Wir passierten Madeira im Osten, hatten dann mehrere Tage leichte Winde, durch die wir aufgehalten wurden. Das war schade, weil wir bis hier eine schnelle Reise gehabt hatten.

Kapitän Martini war einen Tag später, nachdem wir uns im Kanal gesehen, wegen des harten westlichen Windes in Falmouth eingelaufen und lag noch dort, als wir bereits Madeira passierten. Dann aber trat im Kanal ein starker NO-Wind ein, mit dem er Falmouth verließ und der ihn bis in den NO-Passat brachte. Damit war er uns wieder nahegekommen. Dies erfuhr ich, als wir später unsere Tagebücher in Laguna verglichen. So haben einige Leute bei ihrer Bequemlichkeit Glück und kommen dadurch zuweilen ebenso schnell vorwärts. Bedenken wir, daß Martini drei Tage vor mir von Hamburg abgesegelt war, er sich in Falmouth befand, während ich bereits bei Madeira war! Wenn es nun umgekehrt gekommen wäre und ich den günstigen Wind erhalten hätte, was sehr leicht hätte der Fall sein können, dann hätte ich ihn um das Doppelte geschlagen.

Von Laguayra bis Caracas war nun die Eisenbahn fertiggestellt. In einem Coupé I. Klasse fuhr ich mit einem Engländer zusammen. Die Bewunderung dieser schönen Fahrt, der schönen Berge mit den tiefen Tälern und Schluchten und der Gedanke, welche Riesenarbeit zur Herstellung dieser Bahn geleistet worden sei, wie viele Männer bei dieser Arbeit wohl zu Krüppeln geworden oder sogar das Leben für die Nachwelt eingebüßt hätten, bewog mich, den Engländer anzureden. Der war aber sehr wortkarg. "O yes, it's very nice“, war das einzige, was der Mann mir zur Antwort gab. Danach versank er anscheinend wieder in tiefes Nachsinnen. Wahrscheinlich hatte er darüber nachzudenken, wie er die Gelder von der venezolanischen Regierung eintreiben konnte. Ich hatte nämlich gehört, daß einige Teilhaber der Eisenbahngesellschaft hier waren, um der Regierung ihre Rechnung zu präsentieren. — Großartig schön war diese Fahrt; in den Tunneln war es aber sehr heiß, und ich war jedesmal froh, wieder frische Luft atmen zu können. Schaurig schön war der Blick in die tiefen Täler, vor allem da, wo wir hoch oben am steilen Berg entlangfuhren.

Caracas, auf 10° nördlicher Breite und 67° westlicher Länge von Greenwich, liegt etwa 900 Meter über dem Meeresspiegel in einem schönen Tal am Fluß Guaira und am Fuß des Berges Avila, 2600 Meter hoch, nur fünfzehn Kilometer in gerader Linie vom Meeresstrand entfernt, und ist eine der schönsten Tropenstädte. Die öffentlichen Plätze sind teilweise recht hübsch bepflanzt. Eine Wasserleitung, 45 Kilometer lang, versorgt die Stadt mit Trinkwasser. Die Straßen haben Gasbeleuchtung; Pferdebahnwagen für weite Strecken erleichtern den Verkehr.

Das Klima ist sehr gesund, die Nächte sind kühl, und die Hitze am Tage bleibt erträglich. Drei Tage war ich hier.

Eines Abends kam ich mit einigen Deutschen von einer kleinen Eisenbahnfahrt nach einem großen Dorfe zurück. Wir setzten uns in den Anlagen der Eisenbahn-Station abends um 10 1/2 Uhr an einen Tisch, umgeben von den schönsten Tropenpflanzen, von Apfelsinenbäumen, die voller Früchte hingen. Der Mond schien, und der Himmel war schön, blau, von unzähligen funkelnden Sternen übersät, deren Pracht ich bewunderte. „Wie schön es hier ist“, sagte ich zu meinen Landsleuten, „und wie angenehm empfindet man um diese Jahreszeit das Tropenklima! Da sitzen wir hier im Januar abends um elf Uhr in Gottes freier Natur, umgeben von fruchttragenden Apfelsinenbäumen, bei einem Glas Bier, während bei uns in Deutschland vielleicht eisige Kälte herrscht, während es dort vielleicht stürmt mit Hagel und Schneegestöber und während jeder, der es haben kann, in der geheizten Stube sitzt, um sich an der Ofenwärme zu erfreuen." „Hat auch sein Angenehmes", bemerkte einer der Männer. „Ich ziehe aber die schöne, freie Gottesnatur hier vor", erwiderte ein anderer, dem wir zustimmten.

Auf meiner Rückfahrt war der Zug voll besetzt, was mich jedoch nicht hinderte, die schöne Gebirgskette nochmals zu bewundern.

In Laguna belud ich die SEÑORA mit hundert Tons Mahagoni von Gongora und für den Rest mit Blauholz, teils von Quintana und teils von Niévez. Um diese Zeit verhandelte ich mit Quintana und Casimiro Paoli, die gemeinschaftlich eine große Besitzung namens Chibojar von Teran, dem Eigentümer, gekauft hatten. Dieser hatte verkaufen müssen, weil die Arbeiter ihn wegen schlechter Behandlung zu ermorden gedroht hatten. Versuche dazu waren schon gemacht worden.

Chibojar hatte einen großen Holzschlag, Mahagoni und Zedern. Quintana und der Korse Paoli hatten beschlossen, in der Besitzung eine Feldbahn anzulegen und sich die noch fehlenden Arbeiter und Maulesel in genügender Anzahl zu beschaffen. Hierzu brauchten sie aber bares Geld. Quintana war zwar gut situiert, es fehlte ihm jedoch um diese Zeit an flüssigem Geld.

Mich zum Abschluß des Geschäftes mit Quintana und Paoli zu entschließen wurde mir schwer. Daß die Qualität des Mahagonis von Chibojar nicht gut war, wußten die Gebrüder Seetzen besser als ich, weil Kapitän Wedel vor zwei Jahren eine Ladung von Teran angebracht hatte. Jetzt wollten Seetzens hauptsächlich Zedern haben, weil die Qualität sehr gut war und Zedern noch besser als Mahagoni in Hamburg bezahlt wurden. So rechnete ich immer wieder von neuem aus, daß wir zu einer Ladung Zedern den Schiffen ein großes Quantum Blauholz als Beiladung geben könnten, keine Unkosten auf der Barre hätten, die Schiffe sie mit voller Ladung passieren könnten, eine rasche Expedition bekommen würden usw. Bei etwas ungünstiger Konjunktur müsse jede Reise 9000,— Mk Reingewinn liefern.

Im Vertrauen zu Quintana schloß ich endlich das Geschäft ab und bewilligte mex. $ 30 000,— Vorschuß. Quintana hatte uns bisher immer fair behandelt, weshalb ich auch diesmal nicht allzu scharfe Bedingungen im Kontrakt stipulieren[232] ließ, zumal es übrigens in dem Hafen Usance war, daß die Ware fair merchantable, also frei von Wurm und Unholz sein mußte.

Inzwischen verabredete ich mit Victorio Gongora, daß er die nächste Ladung Mahagoni vom Pom im Juni/Juli zu Trinidad nicht eher ablieferte, also an kein anderes Schiff von Seetzens, bis die SEÑORA QUINTANA zurückkommen werde, weil ich nur an diesem Schiff mit 1/8 beteiligt war. Wollte ich doch von diesem guten Geschäft auch einen Gewinnanteil haben, während ich, wenn Gongoras Mahagoni in ein anderes Schiff verladen würde, das Nachsehen hätte und nichts daran verdiente. Wußte ich doch gut, daß der alte Peter Seetzen gerne Kapitän Hinrich Wenke, der jetzt das neue Schiff DOÑA DOLORES führte, welches bei Tecklenborg[233] in Bremerhaven gebaut worden war, die Ladung von Gongora holen lassen möchte, um diesem Freund den Gewinn zukommen zu lassen.

Dergleichen durchschaute ich rechtzeitig. Wenke hatte 1/8 Anteil an der DOÑA DOLO-

RES bekommen, und nach meiner Berechnung konnte er im Mai in Laguna sein, rechtzeitig, um das von mir so günstig gekaufte schöne Mahagoni zu empfangen. Da setzte ich ein P vor. Denn die Gebrüder Seetzen vergüteten mir nie einen Pfennig für die Geschäfte, die ich für sie abgeschlossen hatte, wenn sie auch noch so gewinnbringend für sie waren. Ich hatte nur mein 1/8 Anteil an dem Gewinn von der Ladung der SEÑORA und fünf Prozent Kaplaken[234] vom Reingewinn der ganzen Ladung sowie 100,— Mk pro Monat. Dasselbe hatten die anderen Kapitäne auch. Wenn der alte Seetzen mich drücken oder mir nur etwas abknappen konnte, tat er das liebend gern, damit ich nicht hochkam; denn die Sorge hatte er wohl. Fokken durchschaute ihn aber völlig.

Nun trat ich, alles gut vorbereitet, meine Heimreise an. Bei meiner Ankunft in Hamburg war die Konjunktur bereits zu unseren Ungunsten umgeschlagen. Vor allem war das Zedernholz, wobei Seetzens besonders darauf bestanden, ein großes Quantum zu bedingen, wesentlich im Preis gefallen, so daß Seetzens besorgt und unzufrieden waren. Die Vorwürfe, die der Alte mir machen wollte, wies ich entschieden und wohl etwas schroff zurück. Unter seine Füße sollte er mich nicht kriegen. Es wurde nun unter uns vereinbart, daß ich das ganze Holz, die 2000 Tons, in Laguna empfangen sollte. Aber auf Peters Äußerung, es sei sein und seines Bruders Wunsch, daß ich mich mit an diesem Geschäft beteiligte, ging ich natürlich nicht ein. Als Grund gab ich an, daß ich mir selber ein schlechtes Zeugnis ausstellen würde, wenn ich darauf einginge, ganz abgesehen davon, daß die Konjunktur ungünstig sei. Angenommen, ich verlöre dabei, dann hätte ich keine Gelegenheit, bei einem anderen Geschäft wieder zu verdienen, wie die Gebrüder Seetzen es könnten. Ich hätte nur 1/8 in der SEÑORA, während Seetzens mit dem ganzen Geschäft wieder verdienen könnten. Empört war ich nachher, daß der Alte mir zumutete, eine solche Dummheit zu begehen. Wir gerieten hart aneinander, aber schließlich mußte er doch gute Miene zum bösen Spiel machen, wohl wissend, daß sich keiner der anderen Kapitäne geschäftlich beim Kauf des Holzes mit mir messen konnte.

Zu Hause war ich nur einige Tage. Ausgerüstet mit dem Notwendigen, segelte ich wieder direkt nach Laguna ab und belud die SEÑORA zuerst an der Küste mit dem schönen Mahagoni. Den Rest empfing ich laut Kontrakt ebenfalls. Damit sollte die MÖWE, die in Laguna lag, beladen werden. Kapitän Martini von der MÖWE wurde nun die Führung der SEÑORA nach Hamburg anvertraut. Steuermann Bruhn hatte noch kein Kapitäns-Examen, sonst würde er die Führung der MÖWE übertragen bekommen haben. Zum Auffüllen mußte die MÖWE noch wieder nach Laguna zurücksegeln. Das verursachte höhere Unkosten, worüber Seetzens sich später bei mir beklagten, ja, mir Vorwürfe machten.

Da ich mir bewußt war, daß die MÖWE ganz vorzüglich von mir beladen worden war, ich mir alle denkbare Mühe gegeben hatte, das kleine Schiff gehörig vollzustopfen, gab ich Seetzens eine scharfe Antwort. So hatte ich zu meiner schweren Arbeit in der brennenden Sonne noch viel Verdruß.

Nachdem die Ladung der MÖWE in Hamburg gelöscht und verkauft worden war, schrieb man mir, daß die Ladung doch noch ein gutes Resultat ergeben habe. Die SEÑORA-Ladung von Gongora erbrachte 33 600 Mk Reingewinn. Das dritte von mir beladene Schiff war die DETMAR unter Kapitän Hinrich Haverkamp. Dann befrachtete ich eine spanische Brigg unter Kapitän Matemala aus Barcelona und verkaufte die Ladung an den Kapitän, als die Brigg beladen war.

Die Bark ALBATROS hatte ich gleichzeitig dort in Ladung liegen. Von morgens sechs Uhr bis abends sechs Uhr war ich beständig bei diesen Schiffen tätig. In Laguna glaubte man allgemein, daß ich diese Arbeit während des ganzen Tages in der Sonne nicht aushalten würde. Abends nach dem Essen machte ich die schriftlichen Arbeiten und Berechnungen des Kubikinhalts der empfangenen Mahagonihölzer. Jeder Tag brachte mir unendlich viel Verdruß. Das Mahagoni und die Zedern waren von schlechter Beschaffenheit, das Mahagoni oft wurmig. Kaum die Hälfte der Blöcke nahm ich an und sehr viele mit großem Maßabschlag, wobei es viel Krach gab. Betrügen lassen wollte ich mich nicht. In Laguna ging das Gerücht um, daß Quintana in großer Geldverlegenheit sei, was mir der Konsul Enrique Corrßen, Nachfolger von Konsul Willms, der unheilbar erkrankt war, wiederholt bestätigte. Corrßen hatte auch darüber an Seetzen geschrieben. Das war mit ein Grund, weshalb ich viele Blöcke mit großem Maßabschlag empfing, die ich nicht anzunehmen verpflichtet war.
Der ganze Strand lag voll Rechazada-Holz[235]. Mir wurde gesagt, in Laguna hätten einige Schadenfrohe, die es aber nicht besser wußten, unter denen auch mein Freund Corrßen war, die Äußerung gemacht, daß ich endlich mal übers Ohr gehauen worden sei. Das war ein großer Irrtum: Man hatte eben keine Ahnung, wie ich den Paoli mit dem Maßstab behandelte.
Ich wohnte in einem Hause Gongoras und aß bei dem Franzosen Bouchy für mex. $ 45 monatlich; hier wurde am besten gekocht.
Das letzte Schiff, welches ich mit Holz belud, war die DOÑA DOLORES unter Kapitän Wenke. Hier gab es oft Beanstandungen. Wenke hatte zwar manchmal recht, daß solche Blöcke wegen der mangelhaften Beschaffenheit nicht angenommen werden sollten, aber er hatte auch wieder keine Ahnung, wie vorteilhaft ich das Maß empfing. Als Beispiel ließ ich Wenke mal einen Block messen, und als er damit fertig war, sagte ich: „So, Wenke, nun will ich den Block messen, damit du endlich zur Einsicht kommst, welchen Vorteil du durch meine Art zu messen hast. Viel zu hoch hast du den Block veranschlagt. In Zukunft bleib du also davon, du verstehst den Maßstab nicht zu führen und bist mir hinderlich."
Als die DOÑA DOLORES beladen war, hatte ich im ganzen 1100 Tons Mahagoni und Zedern von Quintana und Paoli empfangen, und damit war der Vorschuß gedeckt. Sie hatten auch kein Holz mehr; denn die Hälfte hatte ich ausgestoßen, der ganze Hafenstrand lag voll von dem Rechazada-Holz.
So kamen wir noch mit heiler Haut davon. Wäre das ganze Holz fair merchantable gewesen, so hätte ich die 2000 Tons empfangen müssen, und Seetzens hätten große Verluste gehabt, weil die Zeder fünfzig Prozent im Preise gefallen war. Wenkes Ladung erbrachte trotz alledem 12 600,— Mk Reingewinn. Die DOÑA DOLORES hatte in Hamburg fünfzig Kubikmeter Übermaß ausgeliefert, ein Beweis dafür, daß ich mich nicht von Paoli hatte übers Ohr hauen lassen.
Nach Abfahrt der DOÑA DOLORES hatte ich sechs Wochen Ruhe, um mich für die Zukunft geschäftlich umzusehen. Denn mit Quintana weiterzuarbeiten hielt ich für ausgeschlossen, weil das Vertrauen fehlte. Ich traf im stillen eine Übereinkunft mit der Firma B. Anizan & Co., mußte aber noch Rücksprache mit den Gebrüder Seetzen nehmen. Die Schiffe sollten in Zukunft alle an Anizan konsigniert sein. Die Gebrüder Seetzen hatten nun sieben Schiffe; bei Oltmanns in Brake waren die Bark EDUARD[236] und später die neue Bark ALBATROS gebaut worden, während die alte ALBATROS[237] verkauft wurde.

Endlich kam die SEÑORA QUINTANA unter Führung von Kapitän Warneke an und sollte wieder mit dem Holz von Gongora, aber in Laguna, beladen werden. Bruhn war noch der Steuermann.

Das Mahagoni von Gongora fiel brillant aus: große Dimensionen und feine Qualität. Ein wahres Vergnügen, solche Ware zu empfangen! Diese Ladung mußte wieder ein sehr günstiges Resultat liefern, was mir, da ich an diesem Schiffe beteiligt war, mit zugute kam. Mit der Firma B. Anizan & Co. war ich einig, man wollte gerne die Konsignation unserer Schiffe haben.

Zehn Monate war ich in Laguna gewesen und nun heilfroh, wieder absegeln zu können, der Heimat zu. Gleich zu Beginn der Reise wurden wir von gutem Winde begünstigt. Am siebten Tag verließen wir schon die Florida-Straße bei einem schweren WNW-Sturm. Die Wellen brachen über das Heck hinweg. Ich wurde von einer See getroffen, aufs Deck niedergeschlagen, hielt mich aber am Geländer fest. Drei Tage lang konnte ich vor Schmerzen nicht gehen. Fenster und Türen der Kajütskappen wurden kaputtgeschlagen. Bruhn, der mit den Leuten oben war, um die Fock festzumachen, kam schnell herunter zu mir und meinte, daß wir noch nicht nördlich genug seien, da das ganze Meer nach Brandungen aussehe. „Wir müssen so weit sein, daß wir Ost steuern dürfen“, bemerkte ich, „das machen der starke Strom und der harte Wind zusammen, daß das Meer so gefährlich aussieht.“

Ich hatte Bruhn ans Ruder beordert, damit er alle Mann zur Verfügung hatte; denn der Sturm war ziemlich plötzlich gekommen. Von der Florida-Straße ab hatten wir beständig starke westliche Winde, bald weniger und bald sehr stürmisch, so daß wir zuweilen allein mit der gerefften Fock segelten, wobei die Wellen so enorm hoch und lang ausgedehnt liefen, wie ich sie vorher nicht höher gesehen hatte.

Vier bis fünf Nächte lang konnte ich mich nicht ruhig hinlegen. Wenn ich mich einmal für einen Augenblick zum Ausruhen auf das Sofa legte, natürlich mit Stiefeln und voll angekleidet, dann rief der Steuermann Bruhn schon wieder durch die Kajütskappe herein: „Koptain, dat geit woll so nich mehr.“ Dann stieg ich wieder in der rabenschwarzen Nacht an Deck, wo ich gleich von einer Welle empfangen wurde. Naß war ich überall. Der Himmel sah aus, als wenn die Welt vergehen sollte. Am Ruder standen zwei Mann, aber festgebunden. „Lat hüm man lopen“, sagte ich dann zum Steuermann. Während meiner Wache stand ich bei dem schweren Wetter selbst vier Stunden mit am Ruder. Bei dem Lenzen in solchem Sturmwetter hat das korrekte Steuern sehr großen Wert, und die SEÑORA ließ sich leicht steuern, wenn man es nur verstand. Ängstlich darf der Mann am Ruder nicht sein. Gerade bei solchem Wetter muß der Seemann mutig sein. Auf den genauen Kurs kommt es dann weniger an als vielmehr darauf, daß das Schiff genau vor dem Winde gehalten wird.

In dieser Nacht, in der Bruhn meinte, es gehe so nicht mehr, führten wir die Untermarssegel und die gereffte Fock. Die Untermarssegel ließ ich wieder festmachen. Während die Mannschaft zum Festmachen oben war, kam zu dem Sturm noch eine heftige Bö mit Regen; es war ein scheußliches Wetter. Die Leute waren aber bei solcher Gegebenheit stets mutig, fünf von ihnen waren schon auf der dritten Reise bei mir an Bord.

Aus Dänen, Norwegern und Deutschen bestand die Mannschaft. Sie wußten, daß ich ihnen nach solchen Strapazen etwas zugute kommen ließ, einen freien Tag und einen Extra-Pudding, den sie lieber aßen als Erbsen- und Bohnensuppe. So griffen sie alle fest zu, und als sie herunterkamen, ließ ich noch eben die Pumpen anstellen, wobei sie bis zum Leibe im Wasser standen und dabei wohlgemut in die finstere, stürmische Nacht hinaussangen. Danach gab es einen tüchtigen Rum, und die Freiwache konnte sich wieder hinlegen.

Am folgenden Morgen gegen neun Uhr liefen die Köpfe einer gewaltigen Welle von beiden Seiten mittschiffs über die Schanzungen hinweg. Man fühlte den schweren Druck, den das Schiff erhielt. Die Schanzungen standen voll Wasser. „Nu kummt he gor nich weer hoch", sagte Bruhn. „Datt sall der woll weer oflopen, an't Deck is't all seefast, un de SEÑORA noch ne bidreien is noch geforlker; man immer vörut", sagte ich.

An diesem Tage sah das Meer schaurig schön aus, und ich konnte mich an einer solchen Fahrt noch ebenso sehr erfreuen wie früher, als ich als Steuermann bei A. v. Seggern fuhr. Bald war die SEÑORA oben auf einer hohen Welle, die sehr lang war, und dann wieder tief unten im Wellental. Bald sahen wir den großen Mitsegler vor uns, und dann war wieder vom Schiff und den hohen Masten nichts zu sehen. Dabei lief die SEÑORA acht bis neun Knoten mit den wenigen Segeln durchs Wasser. Es war eine interessante Fahrt.

Im Laufe des Nachmittags konnten wir mehr Segel beisetzen, der Wind ließ nach. Oft hatte ich mich oben auf dem Kajütsdeck festgebunden. Es war auch für mich eine schwere Reise, da ich mich fast ein Jahr lang in dem heißen Klima abgesetzt hatte und nun wieder in all der Kälte und Nässe Tag und Nacht an Deck aushalten mußte. Schmerzen hatte ich auch oft in allen Gliedern, aber vom Rheumatismus blieb ich doch verschont.

Später konnten wir meistens die Bramsegel führen, der Wind schiftete[238] von Südwest nach Nordwest und umgekehrt. Ich ließ die Segel draufhängen, was es nur halten konnte. Die Mannschaft tat weiter nichts, als auf die Segel zu achten. Nach 25 ½ Tagen waren wir vor dem Kanal, und hier erhielten wir Ostwind. Nach 28 Tagen waren wir bei Start-Point, und da der Ostwind zunahm, entschloß ich mich, Plymouth anzulaufen, um dem Schiff und uns Ruhe zu gönnen.

Hier lagen etwa 60 Schiffe aus demselben Grunde. Einige darunter waren von New Orleans und Galveston[239] gekommen, die viel längere Reisen von 45 bis 48 Tagen hatten. Die Kapitäne erzählten mir, daß sie verschiedene Male beigedreht hätten. Als wir eine Woche danach mit nördlichem Winde den Anker lichten wollten, sagte ich zum Lotsen: „Warten wir ab, bis die meisten um uns herum fort sind, um keine Kollision zu bekommen. Wir werden sie nachher auf See schon wieder einholen." Bald darauf konnten wir mit ansehen, wie einige Schiffe einander vor den Bug kamen und nun zur Ausbesserung der Schäden liegenbleiben mußten.

Endlich kamen wir an die Reihe, unsere Anker zu lichten und die Segel zu spannen, und als bald alles draufhing, fing die SEÑORA an zu schieben, das Meer zu pflügen. Der Lotse lief auf dem Kajütsdeck auf und ab, er schaute sich anscheinend mit Kennerblick das Bild an, zuerst die Takelung, die Segel, wie schön die draufstanden, dann den Rumpf von vorne bis hinten und sagte danach zu mir: "Captain, I would be very proud, if I was a commander of such a vessel." Der Lotse ging bald von Bord, und wir segelten längs der Küste, freudig der Heimat zu. Im Laufe des Tages waren wir den Schiffen, die vor uns abgefahren waren, vorbeigesegelt. Nach 41 Tagen, die Zeit in Plymouth eingerechnet, kamen wir in Hamburg an.

Der alte Seetzen war gleich am Platz, mich zu begrüßen und willkommen zu heißen. Er stellte mir schon gleich am ersten Tag anheim, als Teilhaber in ihr Geschäft einzu-

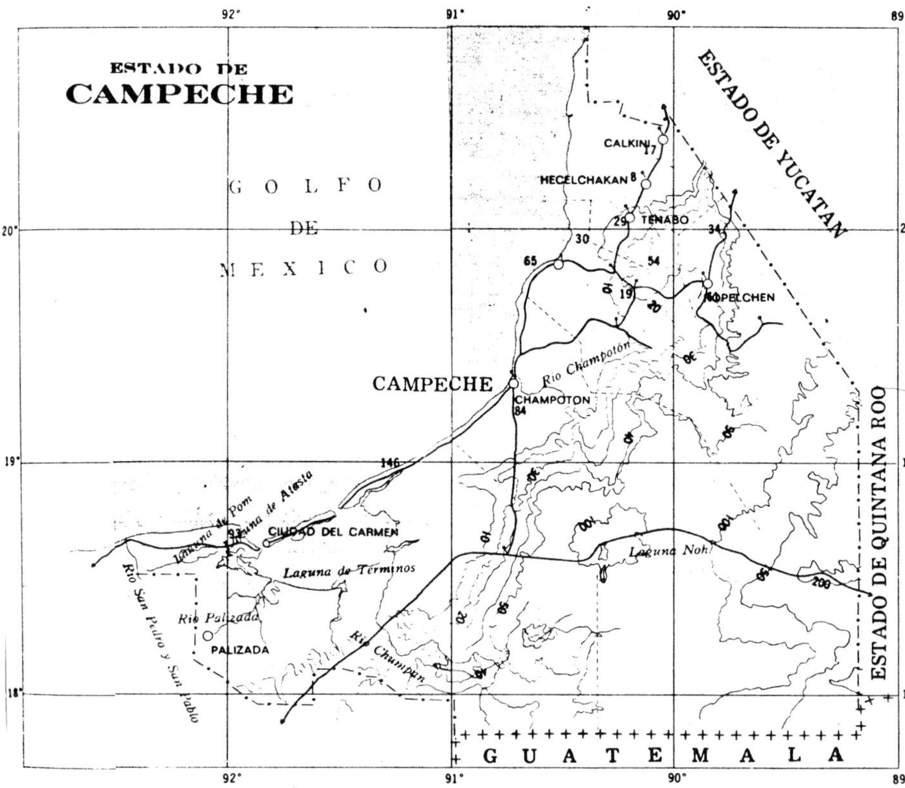

Karte des Gebietes von Campeche in Mexiko. Von Laguna de Terminos aus wurden große Mengen von Edelhölzern nach Europa exportiert.

steigen. Das geschah wohl deshalb, weil sie befürchteten, daß ich mich von ihnen, der Firma Gebrüder Seetzen, trennen würde, weil ich in einem Briefe von Laguna aus darauf hingedeutet hatte. Bei der ersten Begrüßung sagte ich gleich: „So, Herr Seetzen, hier bringe ich eine Ladung, die ihresgleichen sucht, nun können Sie sich überzeugen, ob ein solches Geschäft verlustbringend ist, wie Sie mir geschrieben haben."
Der alte Wilhelm Richers sagte mir bei erster Gelegenheit ganz vertraulich, daß man viel von mir gesprochen habe, ich sei gesucht. Ich hatte zwar viel Bitteres bei Seetzens erlebt, dachte aber, wenn ich Teilhaber würde, könnte sich vieles ändern, und hielt das Zusammenhalten und -wirken mit dieser Firma für das Richtige. Das Geschäft ruhte auf einer sehr gesunden Basis, hohe Abschreibungen waren gemacht worden. Peter und Carl Seetzen waren bedeutend älter als ich, und so glaubte ich, daß meine Ernte später schon kommen werde. Leider hatte ich, wie wir später sehen werden, nicht damit gerechnet, daß Peters Sohn heranwuchs, ebenso der Sohn seines verstorbenen Bruders Eduard. Daß ich dadurch so viel Bitteres erleben würde, konnte ich nicht voraussehen. Außerdem wurden mir von Peter Seetzen große Versprechungen gemacht, und auch von dritten Personen hörte ich mit Bestimmtheit, daß Peter Seetzen ein Testament gemacht habe und darin verzeichnet stehe, daß, wenn er stürbe, ich die Leitung des Ge-

schäftes übernehmen sollte. Aber das war zu einer Zeit, als die Jünglinge kaum siebzehn Jahre hinter sich hatten.
Die Ladung der SEÑORA erbrachte ein sehr schönes Resultat, aber P. Seetzen hatte von diesem hohen Gewinn ungerechterweise wieder sehr viel abgeschrieben, wodurch natürlich mir allein Schaden entstand. Als ich mich darüber beklagte, redete er sich durch nicht stichhaltige Angaben heraus. Die Führung der SEÑORA bekam Giese aus Elsfleth. Steuermann Bruhn blieb auch während dieser Reise noch an Bord, zum letzten Male. Es stellte sich später heraus, daß er sich mit Kapitän Giese gar nicht hatte vertragen können.

13. Als Holzkaufmann in Hamburg

Ich blieb zu meiner Erholung zu Hause. Im Laufe des Sommers wurde ich als Kommanditist mit einem Anteil von anfangs 52 000,— Mk aufgenommen und erhielt Prokura. Ich war dann öfter in Hamburg tätig, wenn wir Schiffe dort liegen hatten, um die Ladungen zu verkaufen. Von den Hamburger Holzkaufleuten wurde meine Anwesenheit gewünscht, dazu war es auch Seetzens und mein eigener Wunsch. In Hamburg wußte man, daß ich in Geschäften gewissenhaft war, daß man sich auf mich verlassen konnte.
Nichts war mir auch mehr zuwider, als wenn P. Seetzen eine Ladung nach Faktura und zu einem höheren Preis schwimmend verkaufte, als wir bekommen hätten, wenn der Käufer die Ware zuerst gesehen hätte. Das war auch einmal der Fall mit einer Ladung der SCHWAN unter Kapitän Warneke, die schwimmend an die Firma Ebert & Claaßen verkauft wurde. Über die mangelhafte Beschaffenheit dieser Ladung waren wir brieflich von Laguna unterrichtet. Ich machte Seetzen daher zum Vorwurf, daß wir bei solchen Verkäufen unser Renommee verlieren würden.
Wir hatten um diese Zeit auch noch einen großen Posten Zedern in Rotenburgsort auf dem Lager, und als die große allgemeine Auktion bei Müller & Sohn daselbst abgehalten werden sollte, reisten P. U. Seetzen und ich des Morgens mit dem Sechs-Uhr-Zuge (Schnellzug) von Bremen nach Hamburg ab. Wir wollten uns die einzelnen Kavelingen[240] auf dem Lagerplatz vor Beginn der Auktion noch einmal gründlich ansehen und die verschiedenen Werte annähernd notieren. Dabei trafen wir mit dem Makler Müller, dem der Platz gehörte, zusammen, der ebenfalls seine Notierungen machte, weil seine Firma selbst auch oft verschiedene große Käufe tätigte, um die Ware an den Konsumenten wieder zu verkaufen.
Müller machte uns hier auf dem Platze nach meinem Ermessen ein für uns annehmbares Gebot, zu dem ich verkaufen wollte, wobei ich gegenüber Seetzen bemerkte, daß es für uns Importeure doch richtiger sei, vor der Auktion zu verkaufen, wenn wir uns, wie in diesem Fall, bei dem Gebot gut berechnen konnten. Peter Seetzen aber meinte, wir könnten ebensogut damit in Auktion gehen wie Müller & Sohn, was ich entschieden bestritt.
Müller & Sohn gehörte der Lagerplatz, sie hatten also zunächst die hohe Lagermiete nicht zu berechnen, weil sie Platz genug hatten. Dann kamen zu Müller & Sohn die kleinen Konsumenten sowohl als auch die großen, so daß sie, falls ihnen in der Auktion nicht genug geboten würde, das Holz entweder nach und nach bei einzelnen Kavelin-

gen oder im Detail verkaufen könnten. Müller war hier immer am Platz. Wir aber müßten das Holz in der Regel bis zur nächsten Auktion monatelang liegen lassen, hätten hohe Lagermiete zu zahlen und müßten Zinsverluste hinnehmen, wüßten dann nicht, was für einen Preis wir bekommen würden, und das Holz würde hier in Sonne und Wind noch mehr aufgerissen. Wir Importeure tun besser, an die sogenannte zweite Hand zu verkaufen.
Vor der Tür des Auktionssaales fragte Seetzen, indem er nachrechnete: „Ich habe mich doch nicht versehen?" — „Ja", sagte ich, „das kommt drauf an, was man uns im Saale bietet." Und richtig, 10 000,— Mk bekamen wir für die beiden Ladungen Zedern weniger, als Müller uns vorher geboten hatte. Nun sagte Peter natürlich nichts; ohne ein Wort zu äußern, fuhren wir mit der Pferdebahn nach dem Commercial-Hotel am Vorsetzen.
Hier ließ ich mir ein Beefsteak und eine halbe Flasche Rotwein vorsetzen, während Peter Seetzen im Speisesaal vor Ärger mit blasser Gesichtsfarbe auf- und abging und dabei nach mir schielte. „Ja", bemerkte ich, „Sie sollten auch etwas essen, mit Hungern können wir nichts verdienen. In Zukunft", so fügte ich weiter hinzu, „wird es doch wohl richtiger sein, daß wir mehr auf die großen Summen achten, darauf, daß die uns nicht verlustig gehen, anstatt daß wir oft stundenlang, ja, bis zum halben Tag umherlaufen, um die Butter oder einige Tonnen Dielen für die Ausrüstung der Schiffe ein paar Pfennige billiger zu bekommen."
Seine Antwort war ein ironischer Blick. Erst eine halbe Stunde nach unserer Abfahrt nach Bremen im Coupé sagte Seetzen zu mir: „Ja, Fokken, Sie haben recht, wir müssen auf die großen Summen achten." — „Man kann nicht immer das meiste für sich herausholen", bemerkte ich weiter, „es ist daher oft richtiger, auch andere verdienen zu lassen, ihnen etwas zu gönnen." Seetzen war mal wieder bange gewesen, daß Müller in der Auktion mehr daran verdienen würde. Deshalb konnte er sich nicht zum Verkauf unter der Hand entschließen.
Im Laufe dieses Sommers wurde bei Ide Oltmanns in Brake die Bark EDUARD fertiggebaut. Kapitän Wedel, der das Schiff führen sollte, hatte die Aufsicht beim Bau. Dem Stapellauf wohnten auch meine Frau, Georg und Evi bei. Fräulein Seetzen aus Geestemünde, nach deren verstorbenem Vater das Schiff den Namen bekam, hielt eine kurze Ansprache auf der Tribüne, während ich die Champagnerflasche kräftig am Bug des schönen Schiffes zerschellte. Als das Schiff im Hafen lag, gingen wir alle an Bord, wo beim Zechen des Weines einige Toasts[241] gehalten wurden. Dabei sprach Peter Seetzen vor allem Kapitän Wedel ein großes Lob aus.
Inzwischen war Wenke mit seiner DOÑA DOLORES in Laguna angelangt; er sollte an der Küste von Trinidad eine Ladung Mahagoni von Gongora laut Hypotheken-Kontrakt in Empfang nehmen und war an B. Anizan & Co. konsigniert.

14. Kapitän der ALBATROS

Als nun Wenkes Briefe mit Klageliedern kamen, da bekamen Seetzens natürlich noch mehr Sorge über die mangelhafte Sicherheit unserer Hypothek; und um diesen Klagen ein Ende zu machen, fuhr ich mit der alten ALBATROS im November von Hamburg in Ballast nach Laguna, um die Hypothek zu verkaufen und zugleich einige Ladungen

Holz zu erwerben. Wenke war vor meiner Abfahrt mit dem Mahagoni von Gongora in Hamburg angelangt. Diese Ladung erbrachte wieder 28 000,— Mk Reingewinn. Sie war die letzte Ladung nach dem Hypotheken-Kontrakt.

Mit der alten ALBATROS gelang mir eine verhältnismäßig gute Ausreise. Ich hatte natürlich die Führung übernommen. Nach 48 Tagen waren wir in Laguna. Hier wurde ich nun sehr liebenswürdig von Don Moisés empfangen.

Wir gingen bald zu Geschäften über. Ich bewilligte dem Hause einen Vorschuß in Höhe bis zu mex. $ 50 000,—, wofür Anizan mir die nächsten vier Ladungen ½ Real pro Quintal unterm Marktpreis verkaufte. Die Geschäfte wickelte ich ganz zu meiner Zufriedenheit ab. Nach der ALBATROS belud ich die SCHWAN, jetzt unter Kapitän Warneke, die DOÑA DOLORES und die DETMAR. Danach fuhr ich mit dem englischen Dampfer TORNHILL[242] von Laguna via Progresso nach New York. Seetzens boten mir brieflich 1000,— Mk, wenn ich die Ladung der SCHWAN von Anizan an der Küste zu Chenkan[243] selbst empfinge, was ich aus guten Gründen ablehnte.

In Progresso mußte die TORNHILL Hennequen laden, einen Teil an der Brücke und den Rest auf der Reede. Der Kapitän fuhr gleich mit seiner Frau nach Merida; er hatte uns auch eingeladen, dorthin zu fahren. Die Beladung seines Schiffes werde drei bis vier Tage in Anspruch nehmen. Wir konnten uns nicht gleich entschließen, fuhren aber zu dritt am folgenden Tag mit der Bahn hin, wohnten dann alle im selben Hotel, in dem es mir aber gar nicht gefiel. Die Hotels waren dort damals sehr schlecht. Ich besuchte gleich die Familie Saldivar, die wir bereits kennengelernt haben. Er war nicht zu Hause, wohl aber seine Frau, die geborene Margarita Paoli, die mich sehr liebenswürdig empfing. Sie freute sich anscheinend sehr, mich wiederzusehen, und hatte auch nicht vergessen, daß sie früher als Kind so schöne Cakes bei mir auf der SCHWAN bekommen hatte. Nach einer halbstündigen Unterhaltung empfahl ich mich wieder. Sie trug mir Grüße an meine Frau auf, derer sie sich sehr gut erinnerte.

Mit den beiden Chiapanern machte ich nun eine Rundfahrt in einer Kutsche durch die Stadt, die gut angelegt war, breite Straßen und freie Plätze hatte, aber damals sonst nicht schön war. Heiß und sehr staubig war es in Merida, das Laub an den Bäumen und anderen Pflanzen war mit dickem Staub bedeckt, wodurch die grüne Farbe gänzlich verlorenging.

Am folgenden Mittag war ich bei Saldivar zu Tisch eingeladen, wir unterhielten uns angeregt und angenehm. Don Antonio Saldivar ist ein sympathischer Mann und angenehmer Gastgeber. Am Nachmittag fuhren wir spazieren. Am Abend reiste ich nach Progresso zurück, weil ich billiger und besser auf der TORNHILL wohnte. In New York war ich mit den Chiapanern im selben spanischen Hotel an der Vierzehnten Straße untergebracht. Hier trennten wir uns, sie fuhren mit einem französischen Dampfer nach Cherbourg und ich mit dem Schnelldampfer EMS[244] unter Kapitän Willigerood nach Bremerhaven. Zweite Kajüte hatte ich genommen, die schwach besetzt war, wie gewöhnlich um diese Jahreszeit. Hier lernte ich den Weinhändler Wilhelm Balz aus Flonheim bei Bingen kennen, und wir beide schlossen Reisekameradschaft.

Als ich in Bremen ins Kontor kam, war P. U. Seetzen in Hamburg; seine Frau empfing mich deshalb. Nach kurzer Unterhaltung händigte ich Frau Seetzen den Scheck über mex. $ 20 000,— von Anizan mit den Worten aus: „Dies ist der Wert der Hypothek auf Gongoras Besitzung Pom, über die sie alle so besorgt waren. Nun können Sie den Scheck gut aufbewahrt in den Geldschrank einschließen. Das Haus Anizan ist jedenfalls sicher genug, ihn bezahlen zu können, und hat mit Vorliebe die Hypothek von mir übernommen. Der Betrag von mex. $ 20 000,— wird in Kontokorrent[245] gegen die nächsten zu liefernden Ladungen an uns verrechnet. Aber die großen Gewinne, die wir durch den Hypotheken-Kontrakt an den Ladungen Mahagoni von Gongora erzielten, haben hiermit aufgehört." Nach einer kurzen nebensächlichen Unterhaltung empfahl ich mich, um meine Schwägerin in Bremen eben zu besuchen. Dann reiste ich nach Hause, wo mir ein angenehmer Empfang bereitet wurde.

15. Kapitän der EDUARD

Nach einer Woche fuhr ich wieder nach Bremen, um Seetzen meinen geschäftlichen Vortrag über alles zu halten, und erst danach konnte ich wieder in Ruhe das angenehme Familienleben genießen. Im Mai bezogen wir das Rohlfssche Haus an der Bahnhofstraße. Mit unseren vier Kindern war es uns zu eng in dem alten Hause bei Rodenbäcks geworden, wollten auch unserer alten Mutter Platz machen. Im Laufe des Sommers war ich ab und zu in Hamburg tätig.

Im Herbst fuhr ich auf der Bark EDUARD mit Stückgütern nach Laguayra und Puerto Cabello. Die EDUARD war ein vorzüglicher Segler, schön gebaut, am besten von all unseren Schiffen. Nach 37 Tagen erreichten wir Laguayra. In Puerto Cabello, wo wir an der Kaje lagen, wurden mir eines Nachts meine silberne Uhr mit goldener Kette und mex. $ 28,— in kleinen Goldstücken, welche ich des Abends für verkaufte Schinken und Mettwurst einkassiert hatte, aus der Weste gestohlen. Ich hatte den Zollbeamten, der bei uns an Bord war, stark im Verdacht.

Nachmittags um 4.30 Uhr verließen wir den Hafen. Um diese Zeit lag der englische Dampfer CARIBBEAN[246] ebenfalls fertig, um nach Curaçao zu dampfen; er fuhr etwas später ab. Abends um acht Uhr erblickten wir des Dampfers Topplicht. Er fuhr gerade hinter uns in unserem Kielwasser, steuerte genau denselben Kurs wie wir. Der Steuermann hatte von acht bis zwölf Uhr die Wache, ich blieb aber bis nach zehn Uhr an Deck, rechnete aus, wie viele Meilen wir noch auf diesem Kurs zu segeln hatten, zeigte dies dem Steuermann auf der Karte und gab ihm die gewöhnliche Instruktion, nämlich gut auf den Ausguck zu achten und nach den Seitenlaternen zu sehen, ob diese gut brannten, und für den Fall, daß die CARIBBEAN uns nahekommen sollte, das weiße Hecklicht zu zeigen, und schließlich, wenn der Wind sich ändere, schrale, mir Bescheid zu sagen, da das Land unter Lee war. Dann legte ich mich zu Bett und schlief wohl gegen 10.40 Uhr ein.

Gegen zwölf Uhr wurde ich im tiefsten Schlaf von einer Erschütterung im Schiff und von Geschrei auf Deck aufgeweckt, sprang aus der Koje, rannte durch die Kajüte nach der vorderen Treppe an Deck und sah die CARIBBEAN längsseits von uns. Dem Mann am Ruder rief ich zu: „Steuerbord!" Im selben Augenblick schlug der eiserne Mast des Dampfers gegen unsere Vorobermarsrahe, die abbrach, ebenso die Untermarsrahe. Das Boot des Dampfers krachte in den Davids zusammen, und während ich zum Mann am Ruder lief, flog mir das Glas unserer zertrümmerten Seitenlaternen um die Ohren. „Was, Bootsmann, Ihr seid am Ruder?" Er war, da er seine Kammer vorne bei der Kajütskappe hatte, eher erwacht, vor mir an Deck gekommen und nach dem Ruder gerannt, wo er niemanden gesehen hatte, auch den Steuermann nicht. „Zum Donnerwetter", sagte ich, „wo ist denn der Steuermann? Werden wohl alle vorne sein."

Durch unser Steuerbord-Ruder scherten die Schiffe auseinander, so daß an unserem Großtopp alles heil blieb. Nun lief ich nach vorne, um mir den Schaden anzusehen und zu schauen, wo der Steuermann mit seiner Wache stecke. Da hörte ich dann zu meinem Erstaunen, daß die Backbord-Wache auf den Dampfer hinübergeklettert sei, ebenso der Passagier Böhme aus Hamburg. „Na", sagte ich, „das ist ja schön, springen über aus Angst, daß die EDUARD untergehen würde. Das sind mir aber Seeleute!"
Im Vortopp baumelten die gebrochenen Rahen mit zerrissenen Segeln, und der Klüverbaum lag schräg vor dem Bug, weil der Kranbalken gebrochen war und somit die Geien an Steuerbord losgekommen waren. Die Fockrüstbolzen[247] waren teils etwas herausgezogen und teils verbogen. Dann waren durch die Bewegung und Reibung der Schiffe aneinander noch einige Schäden an der Außenwand entstanden. Nun ließ ich gleich die Pumpen anstellen, ob das Schiff auch Wasser machte. Es war jedoch nicht der Fall. Der Dampfer war in unserem Kielwasser zurückgeblieben.
Der Wind hatte zugenommen, so daß die EDUARD trotz der verminderten Segel so viel Fahrt machte, daß der Dampfer uns nicht einholte. Nun ließ er seine Dampfpfeife tönen, und darauf ließ ich das Großsegel aufgeien und backbrassen, stoppen. Als der Dampfer uns darauf nahe genug gekommen war, fragte der Kapitän, was für Schaden mein Schiff bekommen habe, worauf ich ihm antwortete, daß es kein Wasser mache, ich würde meinen Kurs auf Curaçao setzen und mit Tagesanbruch sehen, ob mein Einsegeln dort notwendig sei. Darauf schrie er durch das Sprachrohr in die Nacht hinein: „Warten Sie einen Augenblick, damit ich Ihre Leute zurücksende." Der erste Offizier und vier Mann des Dampfers brachten meine Leute zurück. Dem Offizier nannte ich nochmals unsere Beschädigungen und bat ihn, daß er seinem Kapitän sagen möge, ich würde, falls ich weitersegelte, den Schadensersatz von Mexiko aus verlangen. Davon wollte der Offizier nichts wissen. „Nun, das wird sich finden", damit ging er wieder ab.
Jetzt mußte mein Steuermann vors Brett: „Sie wollen ein Seemann sein? Wie ein Waschlappen haben Sie sich benommen, ja, bei schönem Wetter haben Sie ein großes Wort, aber wenn es einen Mann fordert, dann sind Sie kopflos, das haben Sie zur Genüge bewiesen." Nun erzählte er mir, daß der Dampfer etwa zwanzig Meter quer luvwärts von uns abgewesen sei, und als er dann etwas vorgelaufen sei, habe er plötzlich vor uns rübergesteuert, und dadurch sei der Zusammenstoß erfolgt. „Dann haben Sie ja den Dampfer angesegelt, warum legten Sie denn nicht auch unser Ruder nach Steuerbord? Wir mußten doch denselben Kurs wie er verfolgen, die Distanz, die ich Ihnen gezeigt, hatten wir abgesegelt. Nach dem Straßenrecht auf See kann man Ihnen zwar nichts anhaben, danach hat der Dampfer das Segelschiff zu meiden und ihm auszuweichen, aber als Seemann haben Sie durchaus nicht gehandelt. Sie müssen ganz kopflos gewesen sein, sonst hätten Sie doch Steuerbord-Ruder geben müssen, wodurch die Kollision vermieden worden wäre."
Der Mexikaner Felipe Ferrér, der zweite Passagier, sagte zu mir: „Yo me quedo con el Capitan (ich bleibe beim Kapitän)." Das war brav, nicht aber, daß der Hamburger Böhme mit der Wache des Steuermanns auf den Dampfer geklettert war. Böhme habe dort den Kapitän sagen hören: "That is a hell of a sailing vessel", als er uns nicht einholen konnte.
Meine Mannschaft hatte nun einige Stunden Arbeit, um die gebrochenen Rahen herunterzuholen. Mit Tagesanbruch stellte ich fest, daß wir nach Laguna weitersegeln konnten. Zum Ersatz für die Rahen hatten wir Reservespieren an Bord. Alle Mann mußten nun an die Arbeit, die neuen Rahen fertigzumachen. Nach zwei Tagen war der

Vortopp wieder unter vollen Segeln, ebenso der Klüverbaum wieder in seinem Geleise. Das andere mußte in Laguna gemacht werden. Wäre die EDUARD beladen gewesen, dann wäre der Zusammenstoß gefährlich geworden, weil das beladene Schiff nicht so leicht abgeprallt, zuviel des Rumpfes unter Wasser gewesen wäre.
Von Laguna aus stellte ich den Gebrüdern Seetzen einen ausführlichen Bericht über den Vorfall zu, ebenso dem Seemannsamt in Hamburg, das gleich darauf bei der Reederei der CARIBBEAN in Liverpool reklamierte. Nach Rückkehr der EDUARD sandte die Reederei den Kapitän der CARIBBEAN, der zufällig in Liverpool war, nach Hamburg, um den Schaden zu taxieren, welcher, auf 1200,— Mk geschätzt, gleich an uns bezahlt wurde. Der zweite Offizier, der die Wache auf dem Dampfer gehabt und den Fehler begangen hatte, den Bug der EDUARD zu kreuzen, wodurch die Kollision entstand, sei in Curaçao sofort von seinem Kapitän entlassen worden.
In Laguna machte ich diesmal wieder große Einkäufe, im ganzen drei Schiffsladungen. Die EDUARD erhielt eine schöne preiswürdige Ladung, bestehend aus Mahagoni und Blauholz. Das Schiff wurde tief beladen, gehörig vollgestopft. Ich machte verschiedene Reisen nach den Ranchos Morentes, San Geronimito und Palizada, um dort die geschlagenen Hölzer zu besichtigen. Die Fahrten dorthin mit den Kanus, Tag und Nacht unterwegs bei einer unausstehlichen Moskito-Plage, waren sehr anstrengend. Vor allem wegen meines mangelhaften Gesundheitszustandes litt ich sehr. Und dann diese weiten anstrengenden Touren zu Pferde die schlechten Waldwege entlang in der brennenden Sonne, die griffen mich gewaltig an und waren meinem Zustand erst recht schädlich. Bis an die Knie mußten die Pferde oft durch den Schlamm gehen, und ich war jedesmal froh, wenn ich eine solche Reise hinter mir hatte.
Seetzens schrieben mir, ich möge in Laguna bleiben und die EDUARD von einem anderen Kapitän herüberbringen lassen. Ich konnte aber keinen passenden Mann finden, deshalb fuhr ich wieder mit ihr zurück. Wir hatten mit dem tiefbeladenen Schiffe eine sehr stürmische Heimreise.
Unweit Neufundland, während wir in einem schweren Sturm aus NNW beigedreht lagen, wurde dem Leichtmatrosen Eilts Caspers die Hand dadurch ausgekugelt, daß eine schwere See das Schiff stark auf die Seite warf und ein Stück Mahagoniholz ihn traf, das der Zimmermann in Arbeit hatte und abends auf seiner Hobelbank im Volkslogis hatte liegen lassen, ohne es zu befestigen. Der Unfall passierte gegen Mitternacht. All unser Bemühen, die Hand wieder ins Gelenk zu bekommen, war vergebens. Unendliche Schmerzen hat der arme Junge aushalten müssen.
Im März lagen wir drei Tage vor der Elbe und konnten wegen starken Eisgangs nicht hinein. Zehn Tage waren wir bei kaltem Oststurm mit oft dichtem Schneegestöber in der Nordsee gewesen. Eine böse Reise, und dabei war auch ich so sehr krank. Endlich kamen wir bis Cuxhaven, wo wir im Hafen liegen mußten, weil die Elbe weiter hinauf voll mit Eis besetzt war. Ich litt an Darmkatarrh und konsultierte sofort einen Arzt. Den Leichtmatrosen Caspers ließ ich durch den Bootsmann nach Hamburg ins Krankenhaus bringen, wo er drei bis vier Monate lag. Seine Hand ist jedoch unbrauchbar geblieben, er hat den Seemannsberuf aufgeben müssen und bekommt nun Rente aus der Unfallkasse.
Nach vierwöchigem Aufenthalt zu Hause reiste ich nach Karlsbad zur Kur, wo sich mein Zustand bedeutend besserte. Auf der Rückreise kam meine Frau mir bis Hannover entgegen. Wir blieben dort zwei Tage, wohnten im Victoria-Hotel.
Die Ladung der EDUARD hatte 18 675,— Mk Reingewinn erbracht. Das war sehr gut.

16. Kapitän der DOÑA DOLORES

Den Sommer über war ich zur Erholung oft zu Hause. Ich machte Zeichnungen für den Neubau. R. Hinnrichs sollte den Bau erstellen.

Im Herbst fuhr ich mit der DOÑA DOLORES nach Laguna. Kapitän Wenke war darüber aufgebracht, daß Seetzens ihn ohne Grund von seinem Schiffe herunterholten, wie er sich ausdrückte. Daß er aber dadurch nur Vorteile hatte, begriff er im ersten Augenblick nicht. Erst später kam er zu dieser Einsicht, als die Ladung der DOÑA einen hohen Reingewinn in Hamburg erbrachte. Wegen dieser Ladung hatte ich viel Unannehmlichkeiten mit Anizan gehabt. Er hatte das Mahagoni in Bausch und Bogen gekauft, und meine Kaufbedingungen waren scharf; ich zahlte ja auch einen höheren Preis.

Mit einem Fluß-Hinterraddampfer waren wir nach Palizada gefahren, mußten aber aus Mangel an besserer Gelegenheit mit einem Cajuco den Fluß bis Boca Chica zurückkommen. Um sieben Uhr abends fuhren wir ab. Um Mitternacht überraschte uns sehr unangenehm ein schweres Gewitter mit starkem Wind und Regen, so daß wir in völliger Dunkelheit ankerten. Gegen sechs Uhr morgens langten wir nach einer recht häßlichen Nacht in Boca Chica an, wo wir zur Überfahrt über die Lagune ein größeres Segelboot erhielten.

Bei meiner Rückkehr war meine Frau bereits in unser neues Haus eingezogen und auch der Garten durch den Gärtner des Grafen zu Inn- und Knyphausen[248], Seligmann, angelegt worden, an dem wir von Anfang an unsere Freude hatten. Unseren fünf Kindern stand hier viel Platz beim Hause zur Verfügung, so daß sie sich tummeln konnten. In diesem Sommer mußte ich leider wieder nach Karlsbad, von wo ich jedoch wesentlich gebessert zurückkam.

Im Winter 1890 wollte ich zum ersten Male Weihnachten zu Hause feiern, wozu meine Frau sich besonders freute. Aber am 18. Dezember mußte ich nach Liverpool abreisen, wohin die neue ALBATROS von Falmouth aus ihre Order bekommen hatte, um die Ladung dort zu verkaufen. Diese Nachricht stimmte uns sehr traurig, aber es mußte sein. Von Bremerhaven reiste ich mit einem Lloyddampfer nach London. Abends fuhr ich mit dem Zuge von London ab und war am anderen Morgen um 3 ½ Uhr in Liverpool. Das war eine schrecklich kalte Fahrt.

Im Comton-Hotel nahm ich Wohnung, einem sehr großen und schönen Hotel, wo es mir recht wohl gefiel. Der große, schöne Cafésaal war angenehm geheizt, als ich um 8 ½ Uhr hineinkam. An verschiedenen Tischen wurde bereits gefrühstückt, eine distinguierte Gesellschaft saß dort, was mir angenehm war. International ging es zu. Hier hatte ich so recht Gelegenheit, die verschiedenen Manieren und Gewohnheiten der Anwesenden zu beobachten, was sehr interessant war.

Nachdem ich mir den Kaffee mit Ham and Eggs hatte gut schmecken lassen, machte ich den Schiffsmaklern Bahr, Behrens & Co. meinen Besuch. Diese Firma sollte die Schiffsgeschäfte, das Ein- und Ausklarieren besorgen. Von der ALBATROS hatte man seit deren Abfahrt von Falmouth noch nichts wieder gehört, sie mußte also ungünstige Winde angetroffen haben. Erst am 2. Januar kam sie in Liverpool an. Ich hätte also sehr gut Weihnachten zu Hause feiern können, anstatt mich hier zu langweilen. Dazu empfing ich auch noch recht traurige Briefe von Zuhause, daß unsere kleine Tochter Anny von Tag zu Tag zunehmende Schmerzen am linken Fußgelenk habe.

Es war ein kalter Winter. Während meines Aufenthalts in Liverpool fror es auch dort sehr stark, und als ich Anfang Februar auf der Weser anlangte, konnte der Dampfer nur mit Mühe durchs Eis kommen. Da es Abend war, als wir in Bremerhaven landeten, blieb ich die Nacht über bei Seetzens in Geestemünde.

Am folgenden Tag abends kam ich zu Hause an und fand das arme Kind stark fiebernd, unter unsagbaren Schmerzen jeden Augenblick aufschreiend, weshalb meine liebe Frau bereits mehrere Nächte wie auch diese Nacht schlaflos verbrachte. „Das geht so nicht weiter", sagte ich und ließ am Morgen sofort den Arzt holen. Dr. Grahlmann mußte sofort kommen, weil ich um neun Uhr schon wieder nach Hamburg zu reisen hatte. Unsere Firma war nämlich dorthin verlegt worden, und deshalb mußte ich auf der Handelskammer erscheinen.

Früh um 8 1/2 Uhr kam Dr. Grahlmann, und ich erklärte ihm u. a., daß es mit dem Kinde so nicht weitergehen könne, daß vielleicht eine Operation vorzunehmen sei. „Ja, Herr Kapitän, das habe ich auch vor, ich erwarte in den nächsten Tagen einen Assistenzarzt aus Hamburg, mit dem ich die Operation vornehmen will. Ich will nämlich nach Berlin, um die Kochsche Einspritzung zu erlernen." „Und deshalb soll unser Kind so lange warten? Nein, Herr Doktor, das geht nicht. Wir haben hier noch einen Arzt am Platze, und wenn Sie mit ihm nicht gerne zusammenarbeiten wollen, dann lassen wir einen Arzt von Wittmund kommen."

Da schlug meine Frau Dr. Harms aus Hage vor. Um neun Uhr vormittags reiste ich nach Hamburg, und um elf Uhr untersuchte Dr. Grahlmann mit Dr. Hauschildt aus Esens die schmerzhafte Stelle des Kindes am Fußgelenk, konstatierte, daß die Sache ungefährlich sei, daß meine Frau sich unnötige Sorgen gemacht habe. Nach drei Tagen kam ich wieder nach Hause. Die Schmerzen des Kindes hatten sich nicht vermindert. Nun telegraphierten wir sofort an Dr. Harms: „Sofort kommen." Dieser untersuchte die kranke Stelle gründlicher, unternahm die Operation mit Dr. Hauschildt und stellte fest, daß der Knochen am Fußgelenk bereits angegangen war. Nun begann erst recht unsere Sorge um das kleine Kind. Wohl hatten die Schmerzen nach der Öffnung der Wunde etwas nachgelassen, aber bald stellte sich hohes Fieber ein, so daß Dr. Hauschildt bei Rodenbäcks erzählt hatte, es gehe zu Ende mit dem Kinde.

Bald bildete sich eine große Eiterbeule am oberen Schenkel, welche durch eine Operation beseitigt wurde. Danach verminderte sich das Fieber, und langsam stellten sich Schlaf und Appetit wieder ein. Dr. Grahlmann ließ sich nicht wieder bei uns sehen, wohl deshalb nicht, weil wir seinen Assistenzarzt nicht mit hinzugezogen hatten.

Meine Frau litt sehr unter der Sorge um das kleine Kind und wollte nichts davon wissen, daß die Kranke doch eine viel bessere Pflege im Krankenhause, wohin ich das Kind haben wollte, genießen könne als zu Hause. Ich bemerkte, daß die Tränen meiner Frau vor dem Krankenbette dem Kinde nur schadeten. Im Krankenhause stünden dem Kranken alle notwendigen Mittel zur Verfügung. Ja, ich mußte sogar hören, ich sei ein Rabenvater, weil ich das Kind aus dem Hause geben wolle. So wenig wurde ich verstanden. Schließlich setzte ich aber doch meinen Willen durch, um das Kind zu retten, wobei ich erwähnte, daß man um der Kranken willen auch die Gesunden nicht ganz vergessen dürfe, damit sie nicht auch krank würden.

Anny wurde also im Sommer 1890 bei Dr. Harms im Helenenstift untergebracht. Jeden Sonntag reisten die Schwestern Evi und Elly hin, um sie zu besuchen, und im Laufe der Woche meine Frau und ich, so lange ich noch zu Hause war.

Im Laufe des Sommers war ich mit meiner Frau in Bremen, um mir mit ihr eine Aus-

Das Haus des Kapitäns Fokken in Esens an der Bahnhofstraße

Kapitän Fokken mit Frau und Tochter im Esenser Garten, den er nach mexikanischem Vorbild anlegte

stellung anzusehen. Als ich zu Seetzen ins Kontor kam, händigte er mir einen Kontrakt-Entwurf zum Durchlesen aus, um meine Meinung darüber zu hören. Der Kontrakt war für Friedrich Seetzen, seines verstorbenen Bruders Sohn aus Geestemünde, bestimmt, für den Peter Seetzen auch Vormund war. Laut Kontrakt sollte dieser Jüngling, 21 Jahre alt, der zwei Jahre bei Esteban Benecke Successores (dem Bankhaus) in Mexiko-Stadt gelernt und nun seinen einjährigen Militärdienst gerade beendet hatte, für die Firma Gebrüder Seetzen die Geschäfte in Laguna gegen eine Kommission besorgen, außerdem 45 000,— Dollar auf sechs Jahre zinslos von der Firma erhalten, mit denen er privatim arbeiten könne, neben anderen günstigen Bedingungen.
Außerdem sollte der Sohn Peter Seetzens als öffentlicher Teilhaber mit einem Anteil von 200 000,— Mk in die Firma aufgenommen werden. Dieser war 23 Jahre alt und hatte noch nichts von unserem Geschäft gelernt, hatte bei der Artillerie sein Leutnantspatent erhalten. Als ich den Entwurf ruhig durchgelesen hatte, sagte ich zu Seetzen, daß ich es als sehr gewagt fände, einen unerfahrenen Jüngling, der noch gar kein Geschäft gelernt habe, nur zwei Jahre in einem Bankhaus tätig gewesen, als Vertreter für die Firma nach Laguna zu senden, noch dazu unter so sehr günstigen Bedingungen. Das sei zu viel Vertrauen. „Er ist zwar Ihr Neffe und Mündel; das kann mich aber nicht abhalten, Ihnen offen meine Meinung zu sagen. Ich bitte, mir das nicht übelzunehmen. Ich bin mit Ihrem Neffen zusammen in Laguna gewesen, habe die Reise via New York nach Bremerhaven mit ihm gemacht und ihn als einen leichtlebigen jungen Mann kennengelernt, der nicht mit dem Gelde umzugehen versteht und nicht genügend Festigkeit hat, uns in Laguna schon jetzt vertreten zu können. Dort wollen sie Männer haben, und noch diesen haut man übers Ohr. Bringen Sie den jungen Mann erst in einem anderen Geschäft unter, damit er lernt und fester wird. Sie werden es sonst sehr zu bereuen haben.“
Peter meinte aber, er habe die Sache mit seinem Bruder Carl überlegt, auch mit dem Bankier Plump darüber gesprochen usw. Was Peter wollte, das mußte geschehen, und ich konnte mein Votum dabei nicht zur Geltung bringen. So kam denn Friedrich nach Laguna.
Im November kam der junge Mann mit seinem Vetter Gustav nach Esens, um sich von mir zu verabschieden. Im ersten Jahr, in dem Friedrich in Laguna und Gustav hier im Geschäft mit tätig waren, machten wir nur sechs Prozent und gleich im zweiten Jahr null Prozent. Das waren die Folgen der unsinnigen Geschäftsunternehmungen der jungen Leute. Dagegen hatten wir vorher nicht unter zwanzig Prozent Reingewinn.
Auf Langes Werft bei Vegesack hatten wir zwei Stahlschiffe im Bau. Die BREMEN[249] wurde zuerst fertiggestellt und die Führung dem Neffen Peter Seetzens übergeben. Bei dem zweiten Schiff, welches den Namen HAMBURG[250] haben sollte, führte ich die Aufsicht während des Baus. Nawatzky war der Baumeister.
Ich wohnte bei der Familie Rissen, meine Frau war auch drei Wochen bei mir in Vegesack, woselbst wir angenehme Tage verlebten. Rissens waren sehr nette Leute. Vegesack ist im Sommer ein angenehmer Aufenthaltsort.
Während dieser Zeit machte Kapitän Wenke seine erste Reise mit der Bark EDUARD nach Laguna und kam Ende August nach Hamburg zurück. Zwei Tage nach seiner Ankunft besuchte er mich ganz unerwartet in Vegesack auf der Werft. Nach der Begrüßung klagte er mir, daß Friedrich sehr schlecht in Laguna wirtschafte, daß ich möglichst gleich per Dampfer dorthin fahren müsse. Friedrich lebe leichtsinnig und befasse sich mit Sachen, die uns nur Verluste brächten. Er habe u. a. auch eine Ruine, eine

Dampfsägemühle, zu mex. $ 6500,— gekauft und sie neu aufbauen lassen. Einen jungen Amerikaner habe er als Ingenieur engagiert: Mister Bell. „Gut“, sagte ich zu Wenke, „morgen, Sonntag nachmittag, fahre ich nach Bremen, um die nicht ganz rosige Sache mit Peter zu besprechen.“

Es war drei Uhr nachmittags, als ich das Kontor betrat; ich traf Besuch an, zwei Männer, Verwandte von Seetzens aus dem Jeverland, und wie ich später hörte, wollten den Peter anpumpen, entfernten sich aber wegen meiner Anwesenheit bald unverrichteter Dinge. „Das ist gut, Fokken, daß Sie gekommen sind. Erstens habe ich die beiden vom Halse, und zweitens habe ich mit Ihnen über die Laguna-Verhältnisse zu sprechen.“ — „Deshalb bin ich auch gekommen. Wenke war gestern bei mir, um mir über die mißlichen Verhältnisse in Laguna Mitteilung zu machen.“

Ohne Rücksicht, schonungslos erzählte ich Peter nun alles, was ich von Wenke gehört hatte, auch, daß es notwendig sei, mich bei erster Gelegenheit per Dampfer nach Laguna fahren zu lassen, um die Sache in die Hand zu nehmen, um Wandel zu schaffen. Der Alte war, während ich erzählte, abwechselnd rot und weiß im Gesicht geworden. Es dauerte auch einige Minuten, bis ich Antwort erhielt, und welche Antwort! Der ehrgeizige Mensch sagte: „Nein, Fokken, das geht nicht. Wenn Sie da so wie aus den Wolken gefallen in Laguna ankämen, dann würde das ein schlechtes Licht auf Friedrich werfen. Bringen Sie mir bitte Ihre Meinung zu Papier, morgen will ich nach Hamburg, um mit Bruder Carl zu überlegen, was in der Sache zu tun ist.“ Ich bedauerte im stillen, als Kommanditist mein Votum nicht zur Geltung bringen zu können. Ich mußte damit zufrieden sein, was die öffentlichen Teilhaber beschlossen.

17. Kapitän der HAMBURG

In Hamburg war man zu dem Ergebnis gekommen, daß ich mit dem neuen Schiff HAMBURG, welches in sechs Wochen fertiggestellt sei, via Maracaibo nach Laguna fahren und bis dahin auch die Führung übernehmen könne. Der Neffe, Kapitän Carl Seetzen, der die HAMBURG fahren sollte, mußte sich das so lange gefallen lassen und bis dahin Steuermannsdienste tun. Daß bis zu meiner verspäteten Ankunft manches geschehen könnte, was nicht wieder gutzumachen wäre, wurde nicht genügend in Betracht gezogen.

Anfang Oktober war die HAMBURG fertiggestellt. Mit dem Schleppdampfer fuhren wir nach Geestemünde hinunter, woselbst wir gegen Abend auf dem Strom bis ein Uhr nachts vor Anker blieben. Meine Frau war mit an Bord, auch Kapitän Wedel aus Delmenhorst, der die HAMBURG mit nach der Elbe steuern wollte. Schiffsmannschaft hatten wir noch nicht, nur ein paar Leute von der Werft an Bord. Um Mitternacht kam Frau Wwe. Seetzen, Friedrichs Mutter, mit Tochter und Fräulein Gademann an Bord, um die Fahrt nach Hamburg mitzumachen. Seit ihres Mannes Ableben hatte diese Frau 90 000,— Mk als Kommandit-Anteil im Geschäft behalten. Daran hatte sie gutgetan, denn bis dahin hatte sie hohe Dividende erhalten. — Um ein Uhr nachts nahm uns der Dampfer wieder ins Schlepptau. Das Wetter war und blieb während der Fahrt ruhig, aber dennoch war sie recht ungemütlich, so daß meine Frau und ich nicht wenig froh waren, als die Gesellschaft in Hamburg das Schiff verließ und die Familie Carl Seetzen in der Ritterstraße besuchen wollte.

Nach einigen Tagen reiste ich mit meiner Frau nach Hause, woselbst ich noch eine Woche sein konnte. Die HAMBURG wurde nun mit Stückgütern für Maracaibo (Venezuela) beladen. Unsere ALBATROS lag dort auch in Ladung, sollte nach Pará[251]. Auch Kapitän Bohne lag mit seiner Brigg nahe bei der HAMBURG und lud ebenfalls Stückgüter für Pará. Dieser Kapitän Bohne und Carl Seetzen waren der Meinung, daß unsere HAMBURG nicht besonders gut segeln werde. Ich behauptete das Gegenteil und bemerkte, daß ich nichts mehr wünschte, als mit Bohne abzusegeln, um ihm zu beweisen, daß ich recht hatte. Bohne und auch Giese mit der ALBATROS, beide mußten von Pará nach Laguna, woselbst wir uns also wiedersehen würden.

Nach 21 Tagen war die HAMBURG beladen und segelfertig. Zehn Tage vor mir waren Bohne und Giese mit einem kräftigen, anhaltenden Ostwind abgesegelt, hatten also einen großen Vorsprung bekommen. Mit einem leichten Südwind verließen wir die Elbe und kamen damit bis eben aus dem Helgoländer Feuerkreis. Dann lief der Wind westlich, des Nachts hatten wir Gewitter. Am anderen Morgen um vier Uhr, als der Steuermann mich weckte, kam der Wind bereits frisch aus NW. Schnell rechnete ich den Koppelkurs aus und bestimmte den Schiffsort auf der Karte, um zu sehen, ob wir mit diesem Winde bei gut vollen Segeln frei von Texel laufen könnten. Ja, das ging. Nun lief ich schnell an Deck, sah mir den Kompaß und die Segel an und ließ, während noch alle Mann an Deck waren, die Rahen ganz wenig aufbrassen.

Das Schiff hatte Dreimastschoner-Takelage, und so konnte ich es mit diesem Winde einmal recht ausprobieren. Nur die leichten Segel waren festgemacht. Die Freiwache ließ ich zu Koje gehen. Nun hieß es segeln, was das Zeug halten konnte. Die HAMBURG erwies sich als ein vorzüglicher Segler, durchschnitt mit gut vollen Segeln das Meer mit 10 und 10 ¹/₂ Knoten Fahrt. Das war mir ein Vergnügen! Hoffnungsvoll, mit diesem Winde bald den Kanal zu erreichen, wanderte ich auf dem Hinterdeck auf und ab.

Vormittags um zehn Uhr brach ein Rüsteisen vom Großwant[252], welches durch eine Kette ersetzt wurde. Bald war Texel passiert; von hier steuerten wir auf das Hinder-Feuerschiff zu. Ich wollte unter der französischen Küste entlangsegeln. Wir signalisierten bei Calais, unser Passieren dort telegraphisch zu melden. Am vierten Tag, außerhalb des Englischen Kanals, erhielten wir SW- und Westwind, welcher vor der Bai von Biscaya zum Sturm ausartete. Hier verlebten wir eine entsetzliche Nacht.

Um das Schiff möglichst auf Backbordshalsen scharf am Winde zu halten, stand ich selber während meiner ganzen Wache am Ruder, also von acht bis zwölf Uhr. Um vier Uhr früh weckte mich der Steuermann und sagte, daß der Wind nach NW herumgelaufen sei und stark wehe. „Dann wollen wir halsen", sagte ich. Der Steuermann meinte aber, daß wir damit wohl bis Tagesanbruch warten müßten. Nun ging ich schnell in Stiefeln und bis über die Ohren im Ölzeug an Deck, sah mir die Sache an und befahl: „Fertig zum Halsen." Das heißt, das Schiff vor dem Winde herum- und auf den südwestlichen Kurs zu legen. Die Brassen und anderes laufendes Tauwerk waren durch die Wellen vom Koffeinagel[253] heruntergespült und hatten sich zwischen den Reservespieren, die an Ringelbolzen[254] unter der Riegelung befestigt waren, so verwickelt, daß diese Spieren erst losgemacht werden mußten.

Das war eine höllische Arbeit bei dem vielen Wasser an Deck, wobei ich natürlich allen voran, mitunter bis an den Leib im Wasser, diese Arbeit verrichtete, die durch Unachtsamkeit der Backbordswache entstanden war. Damit fertig, wurde das Schiff herumgehalst. Nach dieser Arbeit ließ ich die Backbordswache zu Koje gehen. Um sechs Uhr

ließ ich schon etwas mehr Segel beisetzen und später, nachdem sich der Seegang aus südwestlicher Richtung gelegt hatte, draufhängen, was es nur halten konnte.
In acht Tagen waren wir nicht auf unserem Weg weitergekommen, in dem stürmischen Wetter umhergetrieben, wobei auch noch zwei Rüsteisen[255] gebrochen waren. Wir befanden uns nun unweit Cap Finisterre[256] und steuerten von hier direkt auf die Antillen zu, wobei ich den kürzesten Weg nahm, wogegen gewöhnlich von hier ab ein mehr südlicher Kurs verfolgt wird. Ich wollte auf diese Weise eher den NO-Passatwind erreichen. In der Nähe der Azoren hatten wir noch einmal wieder südlichen Wind für zwei Tage, dann durch West nach Nord laufend, bei starken Brisen zunehmend, so daß die vollen Segel eben stehen konnten, auch das Bramsegel.
Elf und einen halben Knoten fuhren wir durchs Wasser, über dem Grund machten wir in diesem ersten Etmal[257] stündlich zwölfeinhalb Knoten. Steuermann Seetzen war der Meinung, daß ein hölzernes Schiff so starkes Segeln nicht vertragen könne. Vier Rüsteisen waren uns bis jetzt gebrochen. Meine gegenüber dem Schiffsbaumeister Nawatzky wiederholt geäußerte Warnung, daß die Rüsteisen zu schwach seien, bestätigte sich, und die Firma Lange hatte nun die Kosten der Reparatur zu ersetzen.
Von jetzt an konnten wir unseren direkten Kurs verfolgen, weil uns der Wind günstig blieb. Wir erreichten Maracaibo nach 33 Tagen Fahrt, das war sehr schnell. Dort wurde ich vom deutschen Konsul von Yes und den deutschen Kaufleuten sehr liebenswürdig empfangen und behandelt. Der Konsul lud mich verschiedene Male zu Tisch auf seiner reizenden Besitzung, weit außerhalb der Stadt gelegen. Sie lag dicht am Wasser. Mit seinem Motorboot brachte er uns um Mitternacht nach der Stadt zurück; längsseits der HAMBURG legten wir an, und hier tranken wir noch ein Glas Bier auf Deck.
Nur die Hälfte der Ladung wurde in Maracaibo gelöscht, mit der anderen Hälfte mußte ich oben in die Bay von Maracaibo hinauf, wohin wir bei Nacht fuhren. Bei einem Dorfe ankerten wir. Von hier wurden die Waren eine Strecke lang mit Pferdebahn und weiter auf Eselsrücken bergauf, bergab nach dem Inneren befördert. Vom Dorfe aus zeigte man mir die Berge, hinter denen sich damals noch „wilde Menschen“ versteckt hielten. Unweit des Dorfes habe ich mir, aufgefordert von einigen Bewohnern, bei Mondschein im Freien einen größeren Indianertanz angesehen. Unheimlich sahen die Gestalten aus. Fast lautlos verlief das Fest, mir insofern interessant, als der Tanz ganz anderer Art war als die Indianertänze in Mexiko.
In Maracaibo ergänzten wir unseren Ballast, und hier klarierte ich das Schiff für die Reise nach Laguna aus. Maracaibo liegt hübsch und hatte schon damals elektrische Beleuchtung. Am Nachmittag um drei Uhr segelten wir ab; eine deutsche Brigg hatte eine halbe Stunde vor uns die Anker gelichtet, wollte auch nach Laguna segeln. Es währte aber nicht lange, da kreuzten wir an diesem Schiff vorbei und erreichten den nächsten Ankerplatz um fünf Uhr, eine Stunde früher als die Brigg. Diese kam übrigens auch vier Tage später als wir in Laguna an.
Etwa zweieinhalb Monate blieb ich in Laguna, machte eine Reise nach der Morentes-Rancho, um mir das dort geschlagene Blauholz anzusehen, kaufte im ganzen drei Schiffsladungen, zum Teil von der Firma Anizan, woselbst um diese Zeit Gustavo Juliane Chef war, seitdem Don Moisés Urquiolax gestorben war.
Nach schlechten Erfahrungen reiste ich per Dampfer via New York nach Hamburg ab, um meinen Geschäftsfreunden über die Zustände in Laguna Bericht zu erstatten.
Bei unserer Firma wurde beschlossen, daß Friedrich und Requena liquidieren sollten. In Laguna wollte man jedoch in Konkurs gehen, wozu es aber nicht gekommen ist.

Gustav Seetzen, der Sohn Peter Seetzens, reiste nun nach Laguna, um seinen Vetter bei der Liquidation zu unterstützen, die Sache zu regeln.
Ich war den ganzen Sommer über in Hamburg tätig. Peter wohnte in Bremen, und Carl Seetzen, der in Hamburg lebte, war mit seiner Familie in Bad Heringsdorf. Da inzwischen die Cholera in Hamburg ausgebrochen war, nahm Carl später mit seiner Familie in einem Hotel in Bremen Wohnung. Aus Furcht vor Ansteckung wagte man sich nicht nach Hamburg zurück.
Während ich in Hamburg tätig war, wurde am 1. Juni unsere kleine Hilka geboren. Auf diese freudige Nachricht hin haben Carl Seetzen und Carlos Richers mit mir ein paar Gläser Wein geleert. „De mutt begaten worn", sagte Carl.
Ich hatte viel Arbeit mit den anwesenden Schiffen und im Kontor. Furcht vor Ansteckung hatte ich nicht, obgleich die Cholera in der Nähe unseres Kontors begonnen hatte, um die Zeit, als das erste Obst in den Straßen verkauft wurde. Es waren sehr heiße Tage, und da das Trinkwasser in Hamburg als schlecht bekannt war, wurde dies als die Ursache der gefährlichen Krankheit angegeben, was man später durch gründliche Untersuchung der Wasserleitungsrohre bestätigte. Hunderte von Menschen starben täglich. Zweimal habe ich einen Mann beim Fuhrwerk umfallen sehen. Sie machten den Eindruck, als wenn sie Krämpfe hätten. Überall sah man Trauer. Meine liebe Frau war zu Hause in großer Sorge um mich, jeden Tag mußte ich Nachricht geben. Ich lebte in Hamburg wie immer, das schlechte Wasser hatte ich auch vorher nicht trinken können, aber Obst zu essen vermied ich, und dann trank ich täglich zwei Cognacs.
Wer Hamburg nicht gleich bei Ausbruch der Cholera den Rücken gekehrt hatte, der wurde anfangs nicht herausgelassen. Erst später, als man Desinfektions-Vorrichtungen auf allen Bahnhöfen größerer Städte eingerichtet hatte, woselbst alles, was von Hamburg kam, desinfiziert wurde, konnte abreisen, wer wollte und mußte. Daß aber auf den kleinen Stationen niemand aussteigen konnte, dafür sorgte man, indem die Wagen abgeschlossen wurden.
Als ich nach Hause reisen konnte, war die Krankheit beinahe ganz vorüber. Eben vor Abgang des Zuges wurde der Wagen abgeschlossen, und in Bremen wurden alle, die von Hamburg kamen, beim Aussteigen von der Polizei empfangen. Ich wurde nach dem Oldenburger Zug geführt. Die Polizei hielt sich in einer Entfernung von etwa drei Schritten so lange in meiner Nähe auf, bis ich einsteigen mußte. Die Neugier hatte mir den Mann einen Schritt nähergeführt. Vorsichtshalber hielt er jedoch sein Taschentuch dicht vor den Mund. Als ich ihm dann meine in Hamburg gemachten Erfahrungen mitteilte, ihm meine Meinung über die allzu große, fast ins Lächerliche reichende Vorsicht sagte, da wurde er etwas zutraulicher und meinte, so schlimm werde es wohl auch nicht sein.
Auf der Fahrt von Bremen muß der Oldenburger Schaffner übersehen haben, daß ich von Hamburg kam. Ich konnte in Oldenburg aussteigen und eine Tasse Kaffee trinken, ohne daran gehindert zu werden. Von Oldenburg bis Sande verlief die Fahrt ebenfalls gut, aber hier hatte man dem Schaffner der Küstenbahn einen Wink gegeben, und als ein Mann zu mir in den Wagen zweiter Klasse stieg, wurde er gleich herausgeholt. Ich merkte, daß der Mann einen großen Schreck bekam; vielleicht kam ihm die Angst, daß er bereits von mir angesteckt sei, und auf dem Perron sah ich verblüffte Gesichter nach meinem Wagenfenster schauen, worüber ich mich amüsierte.
Auf der Fahrt nach Jever dachte ich, noch einige Bonbons für die Kinder kaufen zu

müssen. Kaum war der Zug in Jever zum Stehen gebracht, da sprang ich auf den Perron, eilte nach dem Wartesaal und bestellte Bonbons und ein Glas Bier. Gleich danach berührte ein Polizist schon meine Schulter mit den Worten: „Sie dürfen hier aber nicht herein, mein Herr!" Ich bat zu entschuldigen, ich hätte Durst und wolle eine Kleinigkeit für die Kinder mitnehmen. Ich sei auch durchaus gesund, er könne unbesorgt sein.

Auch in Esens stand ein Polizist am Bahnhof, kümmerte sich hier jedoch nicht um mich. Nach einer halben Stunde kam aber der Mann in Uniform zu mir ins Haus und sagte, daß er beim Magistrat Anzeige über meine Ankunft von Hamburg machen müsse. „Dagegen habe ich nichts einzuwenden", bemerkte ich, „bitte sagen Sie dem Herrn Bürgermeister, daß ich mich durchaus wohlfühlte." Dann kam der Stadtdiener und bat, wir möchten unsere Kinder für eine Woche von der Schule zurückhalten um des lieben Friedens willen. Die Kinder waren über diese Botschaft sehr erfreut und tollten im Garten umher.

Im Sommer 1893 starb unsere Tochter Ella im zarten Alter von elf Jahren nach dreiwöchiger Brustkrankheit. Das war ein harter Schlag, und zudem war Anny im Krankenhause.

18. Enttäuschungen im Holzimport und Neubeginn

Während ich im Laufe dieses Sommers in Hamburg tätig war, war Carl Seetzen mit seiner Familie in Bad Oeynhausen. Inzwischen schrieb ich von Hamburg aus an Peter Seetzen in Bremen einen ausführlichen Brief über unseren Geschäftsrückgang und darüber, was wir zu tun hätten, um den richtigen Geschäftsgang wieder herzustellen. In erster Linie müsse den jungen Leuten so lange das Ruder aus der Hand genommen werden, bis sie zur Reife geraten seien und genügend Geschäftskenntnisse besäßen. Bis dahin müßten wir den Ton angeben, und wenn er, Peter Seetzen, und sein Bruder Carl darin nicht mit mir einiggingen, dann wolle ich mit Ende des Jahres ausscheiden. Ich sei nicht gewillt, mein verdientes Geld durch unsinnige Unternehmungen der jungen Leute wieder zu verlieren, zu einer Zeit, in welcher wir mindestens fünfzehn bis zwanzig Prozent Reingewinn hätten erzielen müssen.

Nun kam plötzlich und ganz unerwartet Gustav Seetzen von Laguna in Bremen an, und es war natürlich, daß der Vater dem Sohn meinen Brief zeigte, in dem er und sein Vetter von mir getadelt wurden.

Mit dem Ende des Jahres 1893 stieg ich aus dem Geschäft aus, nachdem ich noch einmal mit Peter in einen nicht angenehmen Briefwechsel kam, weil er noch wieder Extra-Abschreibungen auf die große Forderung bei der Firma B. Anizan & Co. gemacht hatte, wodurch mir 3600,— Mk verlorengingen. Und die Dividende betrug für das Jahr 1893 nur drei Prozent. Auf meine Vorstellung, daß gar keine Ursache für die Abschreibung auf die Forderung bei Anizan vorhanden sei, hatte er viele, aber keine stichhaltigen Argumente. Dennoch willigte ich endlich ein und quittierte endgültig ab, wie er es verlangte. Der Bankier Carl F. Plump & Co., Bremen, zahlte mir mein Guthaben von 60 000,— Mk aus. Ich hatte eingewilligt, weil mir ein weiterer Briefwechsel mit Peter in der Seele zuwider war.

Drei Jahre waren mir in meinem besten Mannesalter, in welchem ich mindestens

40 000,— Mk hätte verdienen müssen, ohne Gewinn vergangen. Das war hart; denn 1894 war ich ebenfalls ohne Beschäftigung. Mit Carl Seetzen blieb ich nach wie vor in regem Briefwechsel. So wurde ich denn auch nicht wenig im Januar 1895 durch ein Telegramm überrascht, in dem Frau Carl Seetzen mir den Tod ihres Mannes anzeigte. Ein Schlaganfall hatte seinem Leben ein Ende bereitet. Damit war auch unser Projekt zu Ende.

Im Februar wurde meine Frau schwer krank, sie nahm innerhalb von vierzehn Tagen stark ab, so daß die Ärzte alle Hoffnung aufgegeben hatten. Plötzlich war sie von einem sehr schmerzhaften Darmleiden (Blinddarmentzündung) befallen worden. Wir ließen nun per Telegraph Professor Hahn in Berlin bitten, möglichst sofort zu einer Operation zu kommen. Am folgenden Vormittag kam er schon mit seinen Bedienten hier an. Von einer Operation wollte er jedoch nichts wissen; er betrachtete den Zustand meiner Frau nicht als so ungünstig. Sein Hilfsmittel führte dann auch nach und nach zu guter Besserung. Nach drei Wochen konnte sie schon wieder auf einige Stunden das Bett verlassen, und im Laufe des Sommers wurde sie ganz wiederhergestellt.

Nun fing ich abermals an, darüber nachzudenken, auf welche Weise ich wieder Beschäftigung finden könnte, entweder zur See oder im Geschäft mich zu betätigen. Anfangs hatte ich vor, mich an Anizan in Paris zu wenden. Dann dachte ich wieder: „Wer weiß, wie er meine Mitteilung über sein Laguna-Haus aufnimmt?"

Danach kam mir dann der Gedanke, als Schiffsführer anzufangen, natürlich mit Widerwillen, weil ich meine gründlichen Kenntnisse im Mahagoni-, Zedern- sowie Blauholzgeschäft mit den entsprechenden Erfahrungen ungern begraben wollte.

Tag und Nacht grübelte ich darüber nach. Endlich entschloß ich mich, an meinen Freund Asmus in Hamburg zu schreiben. Er kam täglich an die Börse. Dieser schrieb mir, ich solle mich doch an Alex Oetling & Co. wenden, eine mir sehr bekannte Firma, die nicht allein ein Geschäftshaus in Laguna, sondern an mehreren Plätzen in Mexiko besaß. Darauf schrieb ich an Oetling & Co., mir sei bekannt, daß sie mit ihrer Vertretung in dem Laguna-Hause eine Änderung vornehmen müßten. Ich hielte mich empfohlen, weil ich, wie ihnen ja bekannt sei, einige Kenntnisse in der Holzbranche in Laguna gesammelt hätte, Land und Leute kennte usw. Mit umgehender Post erhielt ich Antwort; sie fragten an, in welcher Art und Weise ich mich zu beschäftigen wünschte und wie ich mir die Geschäfte in Laguna derzeit dächte. Ihren Vertreter Enrique Corrßen hätten sie kurz vorher durch Ernesto Homeyer ersetzt, der in der Branche aber noch nicht erfahren sei.

So schrieb ich denn ausführlich meine Ansicht über die Laguna-Geschäfte und daß ich mich eventuell mit dem Ankauf und der Verschiffung der Exportprodukte zu beschäftigen wünschte, mich aber vorläufig nur auf ein Jahr binden wolle. Nun fragte die Firma an, was ich haben wolle. Ich verlangte freie Hin- und Rückfahrt, freie Station in Laguna und 4000,— Mk bei halbjähriger Zahlung an meine Frau. Ich erwartete deshalb nicht mehr, weil ich mit Bestimmtheit annahm, daß die Firma Oetling & Co. unter diesen Bedingungen zustimmen würde, und schrieb, daß ich erst wissen müsse, was ich für sie in Laguna tun könne. Später könne das eventuell geändert werden. Ich erwähnte noch, daß ich bei den Gebrüdern Seetzen nie unter 10 000,— Mk verdient hätte. So wurden wir gleich einig, ich teilte mit, daß ich mit erster Gelegenheit abfahren wolle, und bedang mir aus, daß mit dem Tage meiner Abfahrt mein Gehalt beginnen müsse. Auf dem Dampfer CHERUSKIA[258] unter Kapitän Fröhlich hatten Oetlings einen Platz für mich nach Vera Cruz[259] belegt.

Nun wurden meine Sachen in Ordnung gebracht, aber einige Tage vor meiner Abreise begegnete uns zu Hause noch ein Schicksalsschlag, als um ein Uhr nachts bei schwerem Gewitter der Blitz oben durch den Giebel an der Südseite unseres Hauses schlug, dann durch den Boden, so daß von der Decke größtenteils der Putz abfiel, darauf durch die Wand im Korridor oben, damals Mädchenzimmer, und weiter das Treppenhaus hinunter in den unteren Korridor, schließlich von hier durch die Vorder- und Wohnstubentür. Ein Stück Holz des Türrahmens lag an der entgegengesetzten Seite der Stube beim Spiegeltisch auf dem Fußboden. Ein Strahl war unter dem schmalen Fenster oben vor der Kellertür durch die Mauer nach außen gegangen. Die Stube oben, der Korridor und die Treppe waren mit Kalk bedeckt. Eben vorher waren meine Frau und ich im Korridor bei der vorderen Tür gewesen, waren dann in die Schlafstube gegangen und hatten beschlossen, die Kinder zu wecken. Nur die kleine Hilka, drei Jahre alt, sollte liegenbleiben. Gleich darauf war der schwere Schlag gekommen. „Der ist in unser Haus geschlagen", hatte ich zu meiner Frau gesagt, die vor Schreck leichenblaß geworden war. Nach einigen Sekunden hatte ich die Schlafstubentür nach dem Korridor aufgemacht, ein starker Schwefeldunst war mir entgegengeströmt. Das Mädchen kam verängstigt von oben, war aufgewacht von dem elektrischen Glockengeläute, veranlaßt durch den Blitzstrahl in ihrem Zimmer. Nun ging ich nach oben, um zu sehen, ob das Haus brannte. Nein, Gott sei Dank nicht. Nur das Rohr unter den Decken entlang war schwarz angesengt. So kamen wir mit dem Schrecken davon. Da ich bald abreisen wollte, bestellte ich am folgenden Morgen per Telegraph in Emden die sofortige Anfertigung eines Blitzableiters und sagte zu meiner Frau und den Kindern: „Ich will euch wenigstens in Sicherheit wissen, soweit es möglich ist."
Es wurde Zeit, daß ich wieder in Tätigkeit kam, die Unkosten häuften sich immer mehr, und ich hatte ja in vier Jahren so gut wie nichts verdient. Ein Übel war dem anderen gefolgt.
Anny war nun wieder zu Hause und so weit hergestellt, daß sie gehen konnte. Der Blitzableiter war angebracht worden. Anfang August reiste ich mit der CHERUSKIA von Hamburg via Havre, Haiti und Port au Prince nach Vera Cruz ab. Der Abschied von zu Hause war mir nach all den traurigen Vorfällen recht schwer geworden.
In Hamburg hatte ich mit dem alten Alexander Oetling ausführliche Besprechungen. Er ließ mir noch 100,— Mk Taschengeld aushändigen, damit ich auf dem Dampfer ein Glas Bier trinken könne. Auch sein Sohn war sehr liebenswürdig gegen mich, was mich angenehm berührte, zumal ich bei Seetzens so viele Bitterkeiten erlebt und von ihnen mit Undank für meine aufopfernde Tätigkeit belohnt worden war. Sichtlich waren Oetlings sehr erfreut, daß ich nun bald ihre Geschäfte in Laguna in die Hand nehmen würde, wohl wissend, daß ich aus anderem Stoff war als ihre bisherigen Vertreter, die dem Trunk ergeben waren und viele faule Geschäfte gemacht hatten oder wenig beschickten.
Daß ich Geschäfte mit der Firma Anizan zu machen beabsichtigte, davon wollten sie nichts wissen, sie hatten durch Enrique Corrßen zu schlechte Erfahrungen mit Anizan gemacht. Ich dachte im stillen dennoch, sofort nach meiner Ankunft in Laguna mit Anizan in geschäftliche Verbindung zu treten, weil gerade von diesem Hause die Produkte am Platze zu kaufen waren, die andere erste Firmen alle für ihre eigene Rechnung exportierten. Erst in den letzten Jahren hatte man damit begonnen. So hatten sich die Geschäfte durch die Einführung der Telegraphie und der Dampferlinien wesentlich zu unserem Nachteil geändert.

Wohlgemut trat ich nun meine Reise an. Auf der CHERUSKIA waren wir nur mit sechs Passagieren. Sie konnte auch wenig mehr aufnehmen, weil sie ein Frachtdampfer war. Zwei Reisende, ein Ehepaar, stiegen in Havre aus, ein junger Haitianer in Cap Haiti, während die anderen jungen Männer mit nach Vera Cruz fuhren, um dort in ein Geschäft einzutreten. Der Haitianer spielte sehr hübsch Mandoline, er war auch sonst ein angenehmer junger Mann. In Heidelberg hatte er studiert.

In Havre, wo ich zum ersten Male war, gefiel es mir sehr gut. Der Hafen liegt schön, sehr bequem. Die Stadt hat schöne Anlagen mit herrlichen Blumenbeeten. Des Abends ging ich mit Kapitän Fröhlich in ein Café, in dem es ein Unterhaltungskonzert gab. Auch die anderen Passagiere waren anwesend. Zwei Tage blieben wir in Havre.

Auf der Weiterfahrt hatten wir durchgehend schönes Wetter und ruhiges Meer. Wir passierten die Azoren in nächster Nähe. In Haiti waren wir zwei Tage, vier in Port au Prince. Sehr traurige Erinnerungen aus meiner Jugendzeit wurden hier wieder wach. Die Erlebnisse auf dem Schoner NICOLAUS gingen durch meine Gedanken, hier hatten wir gleich nach der Ankunft die Leiche des Kapitäns de Vries gelandet, der in der Nacht davor gestorben war. Unter welch anderen Verhältnissen war ich nun wieder hier! Mit den beiden anderen Passagieren wollte ich dem deutschen Gesandten meinen Besuch machen. Er wohnte in dem schönen Villenviertel, war aber nicht zu Hause.

Herrliche tropische Pflanzen und Blumen schmückten die Gärten und Anlagen. Dagegen war die Geschäftsstadt unansehnlich und schmutzig. Viele Neger wohnten dort. Schwere Gewitter hatten wir hier, das langanhaltende Donnergegroll in den Bergen hatte etwas Berauschendes. Von hier fuhren wir nach Tampico und Vera Cruz. Durch das Anlaufen der zahlreichen Häfen ging viel Zeit verloren, so daß ich im Hinblick auf die Mahagoni-Käufe für die Herbstlieferungen zu spät in Laguna ankommen würde. Das mißstimmte mich auf der Reise.

In Vera Cruz besuchte ich gleich einige gute Bekannte von früher, unter anderen auch den Bankier Krahnstöver von der Firma Gustavo Struck & Co. in Vera Cruz und Mexiko-Stadt. Er war nicht wenig erfreut, mich wiederzusehen, wiederholt wurde ich von ihm zu Tisch geladen. Er wohnte sehr schön außerhalb der Stadt und lebte als alter Junggeselle ganz vorzüglich. Das Essen mundete mir außerordentlich gut bei ihm.

Einmal wurde ich auch von Konsul Burandt, dem Chef des Hauses Sommer, Hermann, zu Tisch geladen. Er meinte, daß ich bei Alex Oetling & Co. keine angenehme Stellung haben würde, keiner von deren Vertretern habe bei dieser Firma lange ausgehalten. Ich war anderer Ansicht und erzählte, daß ich es fünfzehn Jahre bei den Gebrüdern Seetzen ausgehalten hätte, und glaubte nicht, daß es so schwierig und unangenehm sein würde, für Oetlings zu arbeiten. Die Vertreter hätten wohl mehr Schuld als Alex Oetling & Co. gehabt. Erst nach fünf Tagen Aufenthalt konnte ich mit dem Küstendampfer MEXICO[260] via Coatzacoalkos[261] und Frontera[262] nach Laguna weiterfahren. Das war ein schmutziger Dampfer, die Kajüte war vollgepfropft mit Passagieren beiderlei Geschlechts, worunter sich wohl auch zweifelhafte Personen befanden. Die Mehrzahl wollte von Coatzacoalkos mit der Bahn nach Tehuantepec[263] reisen.

Bei gutem Wetter fuhren wir des Abends ab, dann stellte sich der unangenehme Norder mit Regen ein, so daß keiner an Deck sein konnte, weil die Wellen herüberschlugen. In der Kajüte war es zwischen den verschiedenen Menschen und Seekranken ebenfalls kaum auszuhalten. Mit Mühe konnten wir vormittags um elf Uhr die Barre von Coatzacoalkos passieren, und hocherfreut waren vor allem die Seekranken, jetzt bald landen zu können und den Gefahren auf See entronnen zu sein. Nun kam Luft in die Kajüte, und wir wenigen, die noch an Bord blieben, waren ebenfalls froh, daß wir uns wieder frei drinnen und auf Deck bewegen konnten. Drei Tage mußten wir in diesem Nest wegen stürmischen Nordwindes liegen bleiben. Endlich, nach sieben Tagen, kamen wir von Vera Cruz in Laguna an.

Luis Anizan begrüßte mich an der Landungsbrücke und erinnerte mich an die früheren guten Beziehungen zu der Firma B. Anizan & Co., wo man erwarte, daß ich sie bald besuchte. Vom Deutschen Hause hatte der Geschäftsführer Ernesto Homeyer einen jungen Mann nach dem Dampfer geschickt, um mich zu empfangen, weil er selber mich nicht kannte.

Im Konsulat fand meine Begegnung mit Homeyer statt; er war Verweser des Deutschen Konsulats. Ich fand Homeyer etwas erregt, aber die Begrüßung war höflich und freundlich. Dagegen schaute der Advokat des Hauses, Choza, der schon viele Jahre als solcher für ein monatliches Gehalt von mex. $ 150,— die Dienste in Rechtssachen wahrnahm, mich mit Argusaugen an. Daß ich kein willkommener Gast sein konnte, war natürlich, aber an diesem Advokaten merkte ich es gleich. Er wußte auch nur zu gut, daß ich kein Freund des früheren Chefs aus dem Hause Enrique Corrßen gewesen und daß ich keiner von denen war, die die Zeit mit unnützen Redensarten bei einem Glas Bier und Rum hinbrachten. Jedenfalls hatte er gleich gewußt, daß seine guten Tage in diesem Hause nun bald gezählt sein würden.

Die erste Nacht hatte ich in einem Hotel verbracht, aber sehr schlecht. Als ich meine Kleider anziehen wollte, hatte ich wohl zehn Minuten zu bürsten, um die vielen Ameisen aus ihnen zu entfernen. Das Essen mochte ich auch ganz und gar nicht. Hier konnte ich unmöglich wohnen bleiben, bemühte mich daher gleich am folgenden Morgen, eine andere Wohnung zu bekommen. Diese erhielt ich bei einem Beamten des Hauses Anizan, bei Fernando Castro an der Calle Real.

Das Zimmer war gut, aber da ich kein Moskitonetz hatte, schlief ich auch hier die erste Nacht fast gar nicht. Bald legte ich mich unter die Hängematte auf den harten Fußboden und bald in die Hängematte hinein. Nirgends fand ich Ruhe von der Moskitoplage. Das ging so nicht weiter, wenn ich nicht krank werden wollte. Am Morgen sagte ich dem Don Fernando, meinem Hauswirt, daß ich ohne Netz nicht schlafen könne. Am Nachmittag brachte er mir ein Moskitonetz mit, von Luis Anizan geliehen, und spannte es um meine Hängematte. Damit war mir nun so lange geholfen, bis das, was ich bei Goyta Garcia & Co. bestellt hatte, fertig war.

Ich aß von nun an bei Noy, einem Katalonier, der früher Koch auf einem spanischen Schiff gewesen war. Der Kapitän hatte viele Schmuggelwaren an Bord gehabt, und die Beamten hätten ihn abgefaßt, weshalb die mexikanische Regierung dem Kapitän das Schiff abgenommen habe, und so sei Noy in Laguna geblieben und habe ein Restaurant gemietet, das beste in Laguna, für uns aber doch schlecht in jeder Weise. Zwei Richter und ein mexikanischer Professor von der Privatschule in Laguna waren beständig meine Tischgenossen.

Im Hause Anizan war in den drei Jahren meiner Abwesenheit Wandel geschaffen worden. Die Familie, der alte Don Benito und der Neffe Don Franzisco Anizan, waren auf zwei Jahre in Laguna gewesen und hatten die Schmarotzer aus dem Hause entfernt. Der Kummer um den Niedergang des Hauses hatte aber beide das Leben gekostet. Don Benito war in Laguna und Don Franzisco Anizan auf der Heimreise nach Frankreich gestorben und ins Meer gesenkt worden. Die alte Mutter war mit ihrer Tochter Genévieve allein nach Paris zurückgekehrt. Luis Anizan, ein unehelicher Sohn Don

Benitos, war nach wie vor im Hause das fünfte Rad am Wagen, er beaufsichtigte Kanus und die Warenhäuser usw., ritt und fuhr spazieren. Zu sagen hatte er im Geschäft des Hauses nichts, er erhielt monatlich so viel Geld, daß er mit seiner Familie davon leben konnte.
An Alex Oetling & Co. schrieb ich erst, nachdem ich mich eine Woche lang gehörig in Laguna umgesehen hatte. Ich wollte erst einen klaren Begriff vom Markt haben. Der Hafen lag voll von Schiffen, und die Zufuhren von Blauholz aus den Ranchos erfolgten zügig. Es gab aber eine große Nachfrage nach Blauholz, daher waren die Preise hoch, und die Konkurrenz war gestiegen. Verschiedene ansässige Spanier, die früher nur Waren für ihre eigenen Läden importierten, hatten auch mit dem Export begonnen, sich aber infolge ihrer Unwissenheit in dieser Branche später großen Schaden zugefügt und andere in Mitleidenschaft gezogen. Als Fachmann und Kenner in diesem Geschäft dachte ich, daß auf diese Aktion eine Reaktion folgen werde. Jedenfalls würde ich mit dem Blauholzkaufen vorsichtig sein, eventuell nur beste Ware nehmen. So schrieb ich an Oetling, ich würde mich vorläufig etwas reserviert verhalten.
Dagegen hatte ich ein anderes Projekt ins Auge gefaßt. Auf Kuba war Revolution[264], und nach meiner Annahme mußte von dort der Zedernexport vollständig aufgehört haben. Die Folge davon wäre, daß die Zedern in Europa sowohl als auch in den Vereinigten Staaten im Preis steigen würden, zumal in Friedenszeiten sehr viel Zedernholz von Kuba exportiert wurde. Deshalb sei es nach meinem Ermessen die richtige Zeit, um Zedern selbst mit fünfmonatiger Lieferzeit zu kaufen. In diesem Glauben bestärkte mich noch die Ankunft eines Amerikaners namens Belis von Kuba, der dort für ein Chicago-Haus habe Produkte kaufen wollen, wegen der Revolution aber gar nichts habe machen können.
Auf meine Frage erzählte mir Mr. Belis, daß Kuba, selbst wenn die Revolution nach sechs Monaten zu Ende sei, doch in zwei Jahren weder Zedern noch Mahagoni verschiffen könne, weil in der Nähe der Küste bereits alle Zedern- und Mahagonibäume abgeholzt seien und die Nutzhölzer weit aus dem Inneren des Landes herangeschafft werden müßten, was viel Zeit in Anspruch nehme. Daß nach dieser Revolution die Holzzufuhr aber nicht so bald möglich sei, das war begreiflich.
An demselben Nachmittag kaufte ich 500 Tons Zedern und 500 Tons Mahagoni von B. Anizan & Co. auf Lieferung im Juni, Juli 1896. Wir datierten derzeit den 10. November 1895. Ich zahlte dafür so hohe Preise, wie sie Anizan vorher nicht bekommen hatte. Meine erste Offerte war nicht akzeptiert worden, weil mich ein Spanier namens Iglesia von der Firma Goyta Garcia & Co. überboten hatte mit dem Bemerken, er wolle nicht, daß ich in die Geschäfte hineinkäme. Carlos Perez zeigte mir dessen briefliche Offerte vertraulich. Nun bat ich Don Carlos, mir bis zum nächsten Tage 24 Stunden Zeit zu lassen, damit ich meine Kalkulation wiederholen könne. Mit einem Gebot von mex. $ 5,— pro Tonne mehr als der Spanier und einem Vorschuß von mex. $ 20 000,— zu fünf Prozent gegen diese Lieferung schlug ich den Spanier aus dem Felde. Damit war es mein Geschäft. Daß Anizan Geld brauchte, wußte ich. Carlos Perez lief sofort mit meiner Offerte zu seinem Kollegen Vidal Peres ins Nebenkontor und holte seine Zustimmung.
Nun telegraphierte ich an Oetling, damit er mir den Kredit eröffnete. Die Firma war aber mit dem Ankauf der Zedern nicht einverstanden. Darauf telegraphierte ich zurück, daß ich dann dieses Geschäft für mich privat machen würde, schrieb gleich dar-

auf an Oetling, daß er es sich doch wohl überlegen möge, und legte meine Kalkulation mit ein. Ich erwähnte dabei, daß ich ja nicht herausgekommen sei, um Privatgeschäfte für mich zu machen usw.
Nun akzeptierte die Firma den Zedernankauf. Aber das Mahagoni war Oetling zu teuer, worauf ich erwiderte, meine Bedingungen seien so gestellt, daß die Firma verdienen müsse. Bald darauf kaufte ich 10 000 Zentner Blauholz von ausgesuchter Qualität, von denen etwa 4000 Zentner in der Niederlage fertig zum Verschiffen lagen und der Rest noch aus den Ranchos zugeführt werden mußte. Auf Oetlings Wunsch zeigte ich ihm auch diesen Kauf mit Preisangabe per Telegraph an, worauf sie per Draht antworteten: „Fokken hat 19 Real zu hoch bezahlt."
Diese Antwort war natürlich ein Gaudium für Don Ernesto Homeyer, den Advokaten Choza und auch für das übrige Kontorpersonal, aber in erster Linie für den Prokuristen Don Pepe und für den Buchhalter Sell. Dieser war ein Bremer, jener ein Mexikaner. Alle verstanden aber gleich wenig vom Geschäft; in meinen Augen waren sie nur Federfüchse. Als ich deren Schadenfreude merkte, sagte ich rein heraus, daß sie alle ja gar keinen Begriff von dem Wert des von mir gekauften Holzes hätten, sie hätten es ja nicht einmal der Mühe für wert gehalten, sich das betreffende Holz in der Niederlage anzusehen usw.
Um aber Alex Oetling & Co. zu beweisen, daß ich nicht zu teuer gekauft hatte, verkaufte ich sofort den Lagerbestand von 4000 Zentnern an den bekannten spanischen Kapitän Matemala aus Barcelona mit einem halben Real Verdienst an einem Zentner und telegraphierte nach Hamburg: „Habe meinen Lagerbestand zu 19 ½ Real verkauft", hatte also damit bewiesen, daß ich nicht zu teuer gekauft hatte. Homeyer und seine Leute im Kontor waren darüber ganz erstaunt. Den Rest von 6000 Zentnern, der noch aus den Ranchos zugeführt werden mußte, verkaufte ich aber nicht und ließ ihn bei Anizan lagern. Damit wollte ich Oetling beweisen, daß ich auch für den Hamburger Markt nicht zu teuer gekauft hatte. Ich ließ ein Schiff im Februar für eine Ladung chartern und erhielt den Hamburger Dreimastschoner DURANGO von der Crasemann-Linie. Die DURANGO sollte nach meiner Berechnung gegen Ende Februar oder Anfang März von Laguna absegeln, um Ende April, zu welcher Zeit der Hamburger Markt bisher immer am besten gewesen war, dieses Holz auf den Markt zu bringen, was mir auch gelang.
Von Anfang an legte ich großen Wert darauf, daß Oetling Vertrauen zu meinen Käufen faßte. Deshalb ließ ich die Ladung der DURANGO, etwa 8500 Qtl. (Zentner, spanisch), sorgfältig sortieren. Auch der Kapitän dieses Schiffes war sehr mit mir zufrieden, weil sein Schiff tief beladen und möglichst schnell expediert wurde. Die Ladung hat in Hamburg einen hohen, ja, sehr hohen Preis erzielt, so daß Oetling mir telegraphierte, ich solle nun mehr solches Blauholz kaufen.
Vorsichtshalber schrieb ich Oetling, daß ich von nun an den Kredit bei Scherrer in meinem Namen eröffnet wünschte, es seien Unregelmäßigkeiten vorgekommen, für die ich nicht verantwortlich sein möchte. Außerdem hielte ich es auch für richtiger, direkt zu trassieren[265], weil Scherrer uns zu hohe Kurse berechne, ich also sonst viel günstiger operieren könne. Von Scherrer wollten Oetlings anfangs nichts wissen. Erst als ich Beweise für seine Korrektheit lieferte, gingen sie auf meinen Vorschlag ein.
Nachdem ich einige Male mit meiner Wohnung gewechselt, hatte ich nun endlich eine nach Wunsch bekommen, und zwar in einem neuen Hause, das Don Casimiro Paoli gehörte, den wir früher schon kennengelernt haben. Das Haus war erst sechs Monate

von einer Familie bewohnt gewesen, es wurden aber gleich Flöhe darin gefunden, und so ließ ich es denn jeden Sonnabend von zwei Arbeitern gehörig mit Wasser ausschrubben; das half. Flöhe gibt es in diesem Lande überaus viele.
Joaquin Quintana, der Spanier, den wir schon früher kennengelernt haben, als ich noch mit den Gebrüdern Seetzen arbeitete, war über meine Ankunft auch durchaus nicht erfreut, das merkte ich sehr wohl. Aber dieser Hidalgo war schlau und setzte bald eine freundliche Miene auf. Vom Deutschen Hause war ich der einzige, der zum Privatball in sein Haus eingeladen wurde. Homeyer war darüber sehr ärgerlich und sagte, das werde er dem Joaquin nicht vergessen; ich sei eben erst angekommen und würde überall eingeladen, das könne er nicht verstehen. Um ihn zu beruhigen, sagte ich: „Das ist doch ganz natürlich. Sie vergessen, daß ich hier seit vielen Jahren mit den ersten Häusern in geschäftlicher Verbindung stand und im allgemeinen gut befreundet war. Hier gibt es fast kein Kind in der Straße, welches mich nicht kennt. Daher kommt das, lieber Homeyer."
Im Februar machte ich nochmals eine Reise nach Chenkan (San-Pablo-Rancho), um mir die Qualitäten des gekauften Mahagonis, Zedern- und Blauholzes anzusehen. Auf einen Empfehlungsbrief von Anizan hin wurde ich nach Anordnung des Inspektors Santiago Gongora, der nun die Stelle innehatte, aufs beste bewirtet. Nur einen Teil des geschlagenen Holzes konnte ich besichtigen, weil der andere noch im Innern des Waldes lag und die Feldbahn nur von der Küste Chenkans bis zum Hauptdorf San Pablo lief (etwa 20 Kilometer). Die ganze Besitzung hat einen Flächeninhalt von 64 Leguas = 104 000 Hektar. Ich war mit der Qualität sowohl als auch mit der Beschaffenheit des Holzes sehr zufrieden. Im Juni sollte die Lieferung erfolgen. Oetlings hatten schon Order von mir, rechtzeitig Schiffe für mich zu befrachten.
Die Reisen in einem Boot von Laguna nach Chenkan sind recht anstrengend. Tag und Nacht ist man unterwegs, und dann fährt man von Chenkan bis San Pablo noch drei Stunden mit einer Cayuco den Arroyo hinauf, weil in den Wintermonaten die Feldbahn des Wassers wegen nicht benutzt werden kann. Der Arroyo ist ein schmal gegrabener Kanal und dient zum Herunterschaffen der einzelnen Mahagoni-Blöcke. Damit er auch in der trockenen Zeit Wasser führt, wurden verschiedene Dämme errichtet. Er mündet in einen großen Bach bei Chenkan.
Vom Inneren bis zum Dorf San Pablo wurde das Holz mit Carretas und mit Tiros-Ochsen gebracht, 15 bis 25 Tiere vor einen Block gespannt. San Pablo hat bedeutende Mahagoni-, Zedern- und Blauholzwälder, früher hatte es auch Zuckerplantagen und eine bedeutende Viehzucht. Das Land eignet sich auch zur Anpflanzung von Henequen, Yucatan-Hanf. Das Klima ist hier leider recht ungesund, ein großer Teil der Arbeiter leidet beständig, aber am meisten in den Wintermonaten, am Fieber. Angestellte und viele der Arbeiter kannte ich von früher.
Früh am Morgen stiegen der Inspektor und ich aufs Pferd und ritten dahin, wo die Mahagoni- und Zedern-Blöcke zerstreut an den Haupt- und Waldwegen lagen. Das Blauholz war aufgestapelt, aber alles mit Palmen und Kokosblättern vor der Sonne geschützt. Hier machte ich meine Notizen über Qualität, Dimensionen und Beschaffenheit der Ware und erstattete darüber Bericht nach Hamburg. Zum Frühstück um 10 1/2 Uhr waren wir wieder zu Hause und blieben hier bis vier Uhr nachmittags, bis die größte Hitze vorüber war. Dann ritten wir noch ein paar Stunden in eine andere Richtung.
Vier Tage war ich dort. Danach fuhr Don Santiago mit mir in einem Cayuco den

Büro der Fa. Juan Fokken, der als Agent von Alexander Oetling & Co., Hamburg, 1896 das frühere „deutsche Haus" des Konsuls Guillermo Willms von dem letzten Inhaber E. Homeyer übernahm

Arroyo hinunter nach Chenkan. In dem engen Fahrzeug konnte man sich nicht rühren, ganz steif waren einem die Glieder beim Aussteigen. In Chenkan angekommen, wurden wir von einem Nordwind unangenehm überrascht, so daß wir an unsere Abfahrt nicht denken konnten.
Unser Boot mußte von Ochsen weiter auf den Strand gezogen werden. Wir übernachteten in Chenkan, wo nur einige jämmerliche Indianerhütten mit ein paar schlechten Hängematten standen. Moskitos plagten uns die ganze Nacht. Für mich war es nicht möglich, auch nur einen Augenblick zu schlafen. Ich lief daher die ganze Nacht am Strande auf und ab, während die Mexikaner ruhig weiterschnarchten. Da am folgenden Tag der Sturm anhielt, war wegen des dadurch entstandenen hohen Seegangs an eine Abfahrt nicht zu denken. Wir fuhren deshalb wieder mit dem Cayuco nach San Pablo zurück.
Nach zwei Tagen reisten wir von neuem ab und kamen glücklich, aber sehr ermüdet in Laguna an. Die früher erwähnte DURANGO war nun angekommen und mit dem erwähnten Blauholz von Anizan beladen worden, von mir das erste Schiff für Oetling. Die Sortierung überwachte ich persönlich scharf, um meinen Freunden in Hamburg mit dieser ersten Ladung zu zeigen, daß ich meiner Sache gewiß war. Später kam nach dem Telegramm auch ein Brief voll Lobes über diese schöne Lieferung. Nun wußte die Firma, daß ich nicht zu teuer gekauft hatte, und Homeyer wie seine Prokuristen, Pepe Durántes und der Advokat Choza, sagten kein Wort.
Mit Sell und einigen Mexikanern mußte ich mir vorläufig, so gut es ging, helfen. Das Geschäft im Hause war fast null geworden; eine mühsame Arbeit für mich, es wieder hochzubringen. Die Firma hieß nun Juan Fokken.
Die Blauholzpreise waren in Europa gesunken, so daß ich mit meinen Käufen sehr vorsichtig sein mußte. Stillsitzen war richtiger als Kaufen, weil man sich an den Rückgang der Preise in Laguna noch nicht gewöhnen konnte. Zu meiner Verwunderung waren jüngst noch große Lieferungskäufe zu den bisherigen hohen Preisen, namentlich von Castellot aus Campeche, gemacht worden. Dieser hatte in den letzten Jahren in Laguna alles gekauft, dessen er habhaft werden konnte, und gut daran verdient. Aber diesmal konnte ich ihm große Verluste nachrechnen, daß er bis zu mex. $ 8000,— an den Schiffsladungen verlor. Das war dem Manne gesund; er glaubte nämlich, das Monopol zu haben, der Blauholzexportkönig zu sein. Bei einigen Kontratisten kaufte ich, Vorschuß gebend, zu niedrigsten Preisen, aber immer nur kleine Quantitäten. Ich war sehr unzufrieden, daß ich im Laufe dieses Sommers nur wenige Käufe wagen durfte.
Nun begann die Holzverschiffung von Chenkan aus. Zuerst wurde der Dreimastschoner MARACAIBO[266] an der Küste mit Zedern beladen, dann die norwegische Bark DAGMAR[267] mit Mahagoni und Blauholz. Das Messen des Holzes besorgte ich selber gewissenhaft. Ich sorgte auch dafür, daß der Norweger gehörig beladen wurde, wofür mir der Kapitän sehr dankbar war. Er bat mich, sein Schiff für die nächste Reise wieder zu befrachten. Ich selber war auch sehr zufrieden mit der Abladung, wohl wissend, daß Oetlings sehr gut daran verdienen würden.

Schonerbrigg ACTIV*, Brake, Kapitän Folkert Janssen Dröst aus Dornumersiel. Öl, V. Hoffmann, um 1888.*
Diese Schonerbrigg segelte mehrmals nach Laguna de Terminos, um Edelhölzer von dort nach Hamburg zu bringen. Ihr Kapitän stammte aus demselben Heimatort wie Fokken und war mit ihm verwandt. Vgl. Anmerkung 268!

19. Deutscher Konsul in Mexiko

Einen Reisenden vom Hause Sommer, Hermann, Vera Cruz, der mich besuchte, bat ich, sich für mich auf seinen Reisen nach einem tüchtigen jungen Mann umzuhören, der nach zwei Jahren eventuell das Haus übernehmen könnte. „Ja, sehr gerne", sagte er, „ich weiß einen in unserem Geschäft, den ich Ihnen empfehlen kann: Pablo Knorr aus Coburg, gegenwärtig Sekretär unseres Chefs im Konsulat. Er ist schon sechs Jahre bei uns und hat mich beauftragt, ihn zu empfehlen, wenn ich einmal hören sollte, wo er Aussichten auf schnelles Weiterkommen habe, weil bei Sommer, Hermann einer ihm vorstehe, mit dem er sich nicht gut vertragen könne." Der konnte mir passen. Ich hatte nämlich das Konsulat als Verweser übernommen und war wiederholt von dem Generalkonsul Kosidowsky und Freiherrn von Ketteler, dem deutschen Gesandten in Mexiko, aufgefordert worden, mich um das Konsulat zu bewerben[268]. Ich hatte zuerst abgelehnt mit dem Bemerken, daß ich nur zwei Jahre in Laguna bleiben würde. „Und dennoch wünschen wir, daß Sie sich darum bewerben", schrieb man mir. Da durfte ich schon aus Höflichkeit nicht abermals ablehnen. Ich sandte eine kurze Lebenslaufdarstellung an den Reichskanzler, welche von einem Schreiben des Gesandten von Ketteler begleitet wurde.

Mit Pablo Knorr kam ich in einen lebhaften Briefwechsel, und schließlich sagte ich zu, ihn einzustellen. Aber erst im Februar 1897 kam er zu mir. So lange hatte ich mich mit Sell behelfen müssen, ohne mich geschäftlich recht bewegen zu können. Es war eine zum Teil verlorene Zeit.

Den Chef des Hauses Anizan, Carlos Perez, hatte man wegen Intrigen entlassen. Don Vidal Perez war nun allein Chef. Das war ein großer Fehler für das Haus und hatte im ersten Jahr auch sehr nachteilige Folgen für mich. Don Vidal war nicht der Mann, und zwar wegen Mangel an Intelligenz, der das Haus allein leiten könnte, er war lediglich ein tüchtiger Kontorvorsteher, weiter nichts.

Die Gebrüder Seetzen hatten bei Anizan eine Forderung von mex. $ 100 000,— und wollten dem Hause keinen Kredit mehr gewähren. Gustav Seetzen war deshalb von Hamburg nach Paris gereist, um sich darüber mit der Gerantin[269] Fräulein Anizan zu verständigen. Nur wenn sie Kapitän Dircks als Leiter ihres Hauses annehmen wolle, würde die Firma weitere Kredite gewähren. Die Dame ging darauf ein und berichtete darüber nach Laguna, und als Kapitän Dircks seine Vollmacht im Hause Anizan vorzeigte, wurde er abgewiesen. Es kam nun die eingeführte Klausel zur Geltung: daß nämlich alles mit dem Einverständnis von Don Luis gemacht werden müsse. Depeschen und Briefe zwischen Laguna und Paris wechselten sich ab. Das Resultat war und blieb, daß man Kapitän Dircks nicht im Hause haben wollte. Nun kam Gustav Seetzen nach Laguna, um die mex. $ 100 000,— zu retten.

Auf meiner Reise nach dem Inneren übernachtete ich zuerst in Palizada. Am folgenden Morgen ging es mit dem Raddampfer weiter flußaufwärts. Die zweite Nacht blieb ich bei dem Geschäftsfreund Salustino Abreo, dessen Landgut (Hacienda) unmittelbar am Ufer des Usomacinto lag. Hier wurde der Dampfer mit Brennholz für die Weiterfahrt versorgt. Don Salustino war Witwer seit vielen Jahren, hatte einen Sohn und eine erwachsene Tochter, beide noch ledig, bei sich. Er führte ein gastliches Haus. Alle bei ihm einkehrenden Reisenden wurden aufs herzlichste bewirtet.

Das große Haus, umgeben von einer breiten Veranda mit Holzgittern, war einfach gebaut, nur mit dem Allernotwendigsten möbliert und wenig gepflegt. Der große Vorgarten war mit tropischen Pflanzen unregelmäßig besetzt; auch hier fehlte die pflegende Hand. Kakao, Kaffeepflanzen, Palmen, Oleander in voller Blüte usw. wechselten sich ab. Einige Rehe fühlten sich, daneben eingefriedigt, ganz zu Hause.

Am Ufer dicht beim Hause hatte Abreo eine Schiffswerft für den Bau von Kanus. Dreihundert Arbeiter waren auf der Hacienda Chablé beschäftigt, größtenteils mit dem Holzschlag, aber auch in einer nicht unbedeutenden Viehzucht. 1500 Stück Vieh brachten dem Besitzer ein gutes Einkommen. Die Arbeiterwohnungen lagen etwa 300 Schritt vom Herrenhause entfernt.

Don Salustino kam öfter nach Laguna, vor allem dann, wenn er Geld brauchte. An Bargeld fehlte es ihm sehr oft, er verstand es auch nicht, das Geld zu halten, er war ein leidenschaftlicher Pokerspieler und hatte meist immer Pech. Beim Spiel kannte er den Wert des Geldes nicht. Beim Verkauf seiner Produkte war er aber sehr überlegt, er wollte das Äußerste immer herausholen. 12 000 Zentner Blauholz kaufte ich von ihm gegen Vorschuß. Es hatte mich aber Mühe gekostet, ihn glauben zu machen, daß die Blauholzpreise in Europa heruntergegangen seien und daß Oetlings an den letzten, an Homeyers Ladungen Geld verloren hätten.

Von Chablé fuhr ich bis Pocwicuk, einer Besitzung des langjährigen Geschäftsfreundes Amali Ocambo. Schon seit Willms' Zeiten hatte er den größten Teil seiner Produkte

Wir Wilhelm,
von Gottes Gnaden
Deutscher Kaiser, König von Preußen,
etc: etc: etc:

thun kund und fügen hiermit zu wissen:
daß, nachdem Wir im Namen des Reichs gut
befunden haben, das erledigte Konsu-
lat in Laguna de Terminos wieder
zu besetzen, Wir dazu den wegen sei-
ner Kenntnisse und übrigen guten Ei-
genschaften Uns angerühmten
Kapitän Johann Fokken
in Gnaden ausersehen und angenommen haben.
Wir thun solches auch hiermit und kraft Dieses,
dergestalt, daß er das Interesse des Reichs, na-
mentlich in Bezug auf Handel, Verkehr und
Schiffahrt thunlichst schützen und fördern, die Be-
obachtung der Staatsverträge überwachen und
den

1. Seite der Bestallungsurkunde des Kapitäns Johann Fokken als Konsul des Deutschen Reiches in Laguna de Terminos

den Angehörigen des Reiches, sowie anderer be-
freundeter Staaten in ihren Angelegenheiten Rath
und Beistand gewähren, überhaupt Alles thun
und ausführen soll, was in den Reichsgesetzen
und seinen Instruktionen vorgeschrieben ist, und
wie Unser Allergnädigstes Vertrauen solches
als den Pflichten eines redlichen, geschickten und
fleißigen Konsuls entsprechend von ihm erwartet.

Wir ersuchen übrigens hiermit Alle und
Jede, welchen Dieses vorkommt, oder sonst zu
wissen nöthig ist, geachteten

Johann Fokken

als Konsul des Deutschen Reiches in Laguna de Terminos
zu erkennen, auf die Vorstellungen, welche er
in solcher Eigenschaft thun wird, willfährige
Rücksicht zu nehmen, ihm alle zur Ausübung
seines Amtes etwa dienliche Hülfe und
Beistand zu bewilligen, auch ihm alle Frei-
heiten und Vorrechte, welche dortigen Orts
die Konsuln anderer befreundeter
Mächte genießen, angedeihen zu lassen, wogegen
Wir dieses Alles bei vorkommenden Gelegen-
heiten zu erwidern nicht ermangeln werden.

Das

2. Seite der Bestallungsurkunde

Das zu Urkund haben Wir gegenwärtige Bestallung Allerhöchst Selbst vollzogen und mit Unserem Insiegel versehen lassen.

So geschehen und gegeben Neues Palais den [illegible]ten Dezember 1897.

Wilhelm I. R.

von Bülow

Bestallung

für den Kapitän Johann Fokken als Konsul des Deutschen Reichs in Laguna de Terminos für die Staaten Tabasco und Campeche.

3. Seite der Bestallungsurkunde

an das Deutsche Haus in Laguna geliefert. Er war auch allein durch die Vorschüsse des Deutschen Hauses hochgekommen; das sagte Ocambo selber gerne. Die Vorschüsse hatte er zu niedrigem Zinsfuß erhalten und auch die Schwächen meiner Vorgänger auszunutzen verstanden, sie nicht allzuviel verdienen lassen.

Pocwicuk ist eine schöne Besitzung. Das Herrenhaus, groß und schön, lag etwa 300 Schritt vom Ufer entfernt. Daneben befanden sich eine Werft für den Bau von Kanus und Cayucos und diverse Blauholz-Niederlagen. Hier wurde ich außerordentlich liebenswürdig bewirtet.

Ocambo hatte zwei Söhne und zwei erwachsene Töchter. Die Söhne waren verheiratet, im selben Geschäft mit tätig und standen dem Vater kräftig zur Seite. Hier war alles besser geordnet, auch der große Garten schöner gehalten als in Chablé. Die Viehzucht wurde ebenfalls sorgfältig betrieben; sehr schönes Hornvieh hatte Ocambo.

Er nannte aber auch noch andere Besitzungen als dies Pocwicuk sein eigen, z. B. Reforma mit viel Mahagoni, Zedern und Zapote[270], welcher den Chicle[271] liefert und von den Amerikanern gut bezahlt wird.

Zwei Tage war ich hier und sah ein sehr freundliches Familienleben. Für die so liebenswürdige Bewirtung war ich äußerst dankbar. Der älteste Sohn Pompóso wohnte in Balancan, einer Ortschaft einige Meilen flußaufwärts, am Ufer gelegen, wohin ich mit Ocambo und seinen beiden Töchtern auf seinem eigenen kleinen Flußdampfer fuhr.

Wenn ich aber jemals eine Insektenplage erlebt habe, dann war es hier in unausstehlichem Maße der Fall. Man hatte mir nach dem Essen eine Hängematte auf der Veranda ausgespannt, damit ich mich von der Reise ausruhen konnte. Ich schlief auch gleich ein, wurde aber bald von einem heftigen Jucken am Handgelenk wach, einem Jucken, das nicht aufhörte und dessentwegen ich mehrere Nächte nicht habe schlafen können. Später ging die Stelle in Eiterung über und besserte dann nur langsam.

Die Nächte waren hier sehr kühl, so daß mich fror. Ich kaufte mir daher für die Weiterreise eine Decke von Ocambo. Die Familie wurde anscheinend von dieser Insektenplage nicht belästigt.

Ein Kontrakt über 1000 Tons Mahagoni wurde fertiggestellt. Es hatte mich aber viele Worte gekostet, um zum endgültigen Abschluß zu kommen. Ich offerierte einen hohen Preis und wollte dafür auch scharfe Bedingungen in dem Kontrakt stipuliert haben, zumal ich einen Vorschuß von mex. $ 15 000,— zu fünf Prozent bewilligte. Ich verlangte durchaus fair merchantable Bedienung.

Nun fuhren wir nach Pocwicuk zurück. Hier überließ Ocambo mir seinen kleinen Dampfer auf zehn Tage, pro Tag zu mex. $ 16,—, für die Reise nach Macuspano und Palenque. Der Dampfer wurde mit den notwendigen Lebensmitteln ausgerüstet. Die Besatzung bestand aus dem Führer Berzunza, einem Maschinisten und zwei Indianern.

* **Esens.** — Kapt. Joh. Fokken von hier, z. Zt. in Laguna de Terminos, ist zum deutschen Konsul von Campeche und Texas ernannt worden.

Mitteilung der Ostfriesischen Zeitung vom Juni 1896 über die Ernennung Fokkens zum deutschen Konsul von Campeche und Texas

Tag und Nacht ging die Fahrt vor sich, hie und da legten wir an einem Gehöft an, wo wir unser Brennmaterial (Holz) ergänzten, und ich kaufte dann auch Geflügel, Eier und Milch. Die Speisen wurden ganz gut von den Indianern zubereitet. Vor allem Berzunza entwickelte einen guten Appetit. Ich hatte wenig Hunger, litt sehr unter der Moskitoplage und brachte die Nächte fast schlaflos zu.
Es gab hier weder Bett noch Hängematte, dafür war kein Platz vorhanden. Auf der Bank hinter der Maschine lag eine recht harte Matratze, und darüber wurde des Abends ein altes Moskitonetz ausgespannt, welches aber immer einige Moskitos hereinließ, die mich nicht schlafen ließen. Dazu störte das Geräusch der Maschine in unmittelbarer Nähe. Das waren unangenehme Nächte.
Eine Stunde vor Macuspano hielten wir bei dem Gutsbesitzer Roviróso an. Die sehr primitive Wohnung lag am Ufer. Seine Kakao-, Tabak-, Kaffee- und Maisfelder sowie sein Mahagoni waren Super-Klasse.
Gleich nach meiner Ankunft ließ er zwei Pferde satteln, und wir beide ritten über die Felder. Von welch guter Qualität war das Mahagoni! Zu meinem größten Ärger hatte er einige Tage vorher das geschlagene Holz an einen Herrn aus San Juan Bautiste (Tabasco) verkauft, gegen Vorschuß, weil er Geld nötig hatte. Ich hätte ihm gerne zehn Dollar mehr für die Tonne zu 40 Kubikfuß gegeben. Nun hatte ich die weite Reise unnötig gemacht; denn erst nach zwei Jahren würde er, Roviróso, wieder Mahagonibäume fällen.
In südlicher Richtung von hier sah man die hohen Berge von Chiapas[272], wo Friedrich Seetzen sich zusammen mit einigen Deutschen durch seines Onkels Hilfe an einer Kaffeeanpflanzung beteiligt hatte. Die Landschaft war schön, aber nicht weniger bewunderte ich immer von neuem Rovirósos Besitzung. Wegen des Klimas und der Lage war die Vegetation hier ganz vorzüglich.
Von hier dampften wir wieder flußabwärts, ohne die Ortschaft Macuspano zu besuchen, nach Playaso in einer Fahrt von drei Tagen. Auf einigen Gehöften kaufte ich kleine Partien Mahagoni zu ermäßigten Preisen. Um zum Dorfe zu gelangen, mußte ich mit einer Cayuco eineinhalb Stunden bis Playaso über eine Lagune fahren, welche nicht genug Tiefe für unseren Dampfer aufwies. Mit einem Empfehlungsbrief führte ich mich bei dem Kommissionisten und Ladenbesitzer Gonzales ein. In Abwesenheit des Mannes nahm die etwas korpulente Frau Gonzales meinen Brief an, dessen Inhaltes wegen ich sehr gut bewirtet wurde.
Nur mein Schlafraum war recht kümmerlich: eine Hütte, deren Dach und Seitenwände aus dünnen Stöcken bestanden, bekleidet mit Palmen und Kokosblättern, durch die die kühle Nachtluft zu stark ventilierte und die innen nur mit einer Hängematte versehen war, unter der sich des Nachts die Ratten lustig machten. Kein Fußboden, noch Wasser zum Waschen und Trinken waren darin vorhanden. Ein Gasthaus existierte hier nicht, überhaupt nirgends in den Dörfern.
Überall wurde man durch Empfehlungsbriefe bei einer Familie eingeführt. Vor dem Schlafengehen hatte ich mir einen Führer mit zwei Pferden engagiert und ihm gesagt, daß wir um zwei Uhr früh spätestens nach Palenque abreiten wollten. Um Punkt zwei Uhr standen die Pferde gesattelt bei meinem Schlafstall. Die gute Belohnung, die ich dem Führer geboten, hatte ihn wohl diensteifrig gemacht. Und da ich keine Toilette machen, noch etwas zu trinken bekommen konnte, war ich im Nu fertig und sprang in den Sattel.
Der Führer ritt mir in der Dunkelheit voran die Waldwege entlang. Bald hörten wir

das Kreischen der Vögel, die wir in ihrer nächtlichen Ruhe störten, bald ein anderes Geräusch von Tieren, die durch unseren raschen Ritt verscheucht wurden. Stellenweise waren die Wege auch miserabel, so daß wir nur langsam vorwärtskamen. Ritten wir aber in schlankem Trab oder im Galopp, dann wurden wir ab und zu von den herabhängenden Zweigen am Kopfe belästigt.

Erst mit Tagesanbruch erreichten wir eine Gruppe von sechs Indianerhütten. Daneben befand sich eine große Wiese mit ein paar Dutzend Hornvieh. Ich bat den Führer, eben anzuhalten und zu sehen, ob wir nicht ein wenig Kaffee, Schokolade oder Milch bekommen könnten. Das Herannahen des Pferdehufenschlags hatte schon einige Bewohner aufmerksam gemacht; zwei dicke Weiber, kümmerlich bekleidet, sahen uns mit verschlafenen Augen bereits entgegen. Meine Anrede auf Spanisch verstanden sie nicht, sie sprachen nur die Lengua Mayo (Indianersprache). So mußte mein Führer dolmetschen und fragen, ob sie Kaffee hätten. „Nein." — „Kakao?" „Nein." — „Milch?" „Nein." — „Zum Donnerwetter, Sie haben dort doch Kühe laufen, was trinken Sie denn?" — „Pousul." Das ist gemahlener Mais mit Wasser und Zucker. Dann trinkt nur Pousul, dachte ich, gab meinem Pferd einen Peitschenschlag, und wir galoppierten weiter.

Noch hatten wir einen weiten Weg vor uns, aber es war nun Tag. Die Landschaft wurde, je näher wir Palenque kamen, schöner, aber auch die Sonnenstrahlen wurden immer heißer. Erst um elf Uhr kamen wir schwer ermüdet in Palenque an.

Ich hatte einen Empfehlungsbrief an den Franzosen Lacroix mitbekommen, der hier die erste Persönlichkeit im Dorfe war, obgleich er durchaus keinen solchen Eindruck machte. Wie ich bald erfuhr, trank und spielte er liebend gerne. Als wir seinem Hause näherkamen, stand er bereits, von fünf Personen umgeben, draußen, uns zu empfangen. Ein allgemeiner Ausruf „Caramba!"[273] folgte aus aller Munde, als man uns erblickte. Über und über rot waren mein Kopf und Hals von dem ungewohnten, anstrengenden Reiten im Trab und Galopp von morgens zwei bis vormittags elf Uhr, ohne daß wir auch nur einen Tropfen Wasser bekommen hatten. Außerdem hatte die glühende Vormittagssonne mir das Blut zu Kopf steigen lassen. So einfach war das alles nicht in meinem Alter von 51 Jahren, wo ich doch schon acht bis zehn Tage lang vorher nicht eine Nacht mich bequem hatte hinlegen und schlafen können.

Lacroix war trotz seines widerlichen Aussehens ein höflicher Gastgeber. Als er meinen Empfehlungsbrief gelesen hatte, entschuldigte er sich, mich in seinem Hause wegen Mangel an Platz nicht aufnehmen zu können. Er werde mir aber alles, so gut es hier zu haben sei, besorgen. Zuerst wurde ich mit meinem Führer nach einem etwa 200 Schritt entfernt liegenden ländlichen Restaurant geführt, wo wir uns das Essen trotz aller Müdigkeit gut schmecken ließen. Milch, Eier, Fleisch und Geflügel, alles schmeckte sehr gut. Dann legten wir uns in einer Hütte in die Hängematte. Moskitos waren hier nicht, aber desto mehr Flöhe. Ich glaube, die ganze Erde saß voll von diesen lästigen Insekten. Einen Fußboden gab es nicht in der Hütte. Der Mensch ist ein Gewohnheitstier, dachte ich, denn sonst würden die doch so nicht leben können.

Als die Sonne sich hinter den hohen Bergen verkrochen hatte, machte ich einen Spaziergang durch das Dorf und konnte mich nicht genug darüber wundern, daß in dieser schönen Gottesnatur die Menschen ein so kümmerliches Dasein fristeten. Das ganze Dorf bestand nur aus jämmerlichen Hütten, ärmlich ausgestattet, nur mit dem Allernotwendigsten versehen. Dagegen war die Natur reich an Schönheit. Man sah eine Vegetation, wie man sie sich nicht großartiger denken kann. Die Wasserverhältnisse waren günstig; wie Kristall sah das Wasser aus. Das fiel mir gleich auf. Der Boden war schwer, die Wiesen waren ganz vorzüglich. Aber man gewann dem Boden zuwenig ab, das Land war zu dünn bevölkert, und die wenigen, die da waren, arbeiteten wohl nicht mehr, als zum Leben nötig war. Die hohen Berge sahen in der Abendsonne herrlich aus, ich konnte mich nicht satt daran sehen. Ich machte Lacroix einen kurzen Besuch und meldete mich für den anderen Tag geschäftlich an. Heute wollte ich mich ausruhen.

Am folgenden Tag schloß ich einen Vertrag über etwa 1000 Tons Mahagoni ab, Lieferungszeit im Juli, und bewilligte einen Vorschuß von mex. $ 6000,—.

Palenque ist ein Indianerdorf, eine Trümmerstätte von drei Meilen Umfang. Gerne hätte ich mir die berühmten Ruinen von Palenque[274] angesehen, gönnte mir dazu aber nicht die Zeit. Ich hätte dann noch einen Tag länger dort bleiben müssen, weil die Ruinen weit abseits vom Dorfe liegen, etwa zwei Stunden zu Pferde. Dazu war ich auch zu müde und ruhte mich also aus, war ich ja doch eigentlich gekommen, um Geschäfte zu machen.

Glücklich, nur etwas ermüdet, kam ich in Laguna an, war aber mit dem Resultat meiner Reise insofern zufrieden, als mich die Lieferanten dort im Inneren des Landes kennengelernt hatten. Da ihnen meine Preise gefielen, konnte ich darauf rechnen, daß man später zu mir kommen würde.

Knorr war froh, daß ich wieder da war. Er beklagte sich sehr über den Buchhalter Sell, auch darüber, daß er selber nicht genügend Arbeit habe, freute sich aber sichtlich über meine Käufe. Ich tröstete ihn damit, daß ich schon Arbeit für ihn besorgen würde, daß es daran nicht fehlen solle.

20. Neue Erfahrungen als Holzkaufmann

Inzwischen kam eines Vormittags Don Luis Anizan mit seinem Advokaten Don Antonio Cardenas in mein Konsulat, um mich zu besuchen, worüber ich ganz erstaunt war. „Was verschafft mir die Ehre?" fragte ich. Der Advokat nahm das Wort: „Wir sind gekommen, um anzufragen, ob Sie vielleicht die Leitung unseres Hauses übernehmen wollten." — „Wie kommen Sie dazu, Don Antonio? Sie wissen doch, daß ich bereits mehr Leben in die Geschäfte dieses Hauses bringe und voraussichtlich genug zu tun bekomme. Und dann habe ich noch einen Kontrakt mit Hamburg. Ich denke, es sind andere genug da, die gerne die Leitung Ihres Hauses übernehmen werden." — „Ja, es haben sich schon, selbst von Campeche aus, mehrere gemeldet, die wir aber alle nicht gebrauchen können." — „Das verstehe ich, Sie brauchen einen Mann, der Kredit hat, den Wert Ihrer Produkte schätzen kann, der überseeische Geschäftskenntnisse besitzt und den Markt in Hamburg besonders gut kennt. Das will meinerseits überlegt sein, und dann muß ich mich zunächst mit meinen Freunden, den Herren Alex Oetling & Co. in Hamburg, in Verbindung setzen." Damit waren die Herren entlassen.

Anfangs hatte ich nicht ohne Grund wenig Neigung, das Anizansche Haus mitzuübernehmen, weil ich gehört, daß auch ohne Seetzens Forderung das französische Haus viele Schulden hatte. Carlos Peres, der frühere Chef, hatte es mir gesagt. Von ihm wußte ich aber auch, daß das Haus trotz der vielen Schulden immer noch eine Million Wert hatte.

Die Schulden waren es also nicht allein, die mir zu denken gaben, vielmehr der Sozius Don Luis Anizan, dessen Charakter und Unwissenheit in Geschäften mir zu gut bekannt waren; ich wußte, daß er sich stets von Hintertreppen-Wandlern leiten und aufhetzen ließ und daß namentlich auch der Advokat Don Antonio seinen Compadre nach Belieben hin- und herzog, wie er es bei dem Mahagoni- und Zedern-Geschäft zum großen Nachteil des Anizanschen Hauses für Quintana fertiggebracht hatte.
Nach reiflicher Überlegung und nach Anregung durch Knorr, der ganz Feuer und Flamme dafür war und meinte, mich dort im Hause noch unterstützen zu können, setzte ich mich mit Hamburg über das Projekt in Verbindung. Ich schrieb über den Status des Anizanschen Hauses. Für den Fall, daß man sich mit meiner Zusage einverstanden erkläre, würde ich die beiden Häuser miteinander verbinden, dem Hause Anizan Vorschüsse in Kontokorrent geben, wogegen ich, Juan Fokken, entweder die Produkte kaufen oder nach Hamburg in Konsignation senden würde und bei gleichem Gebot von anderer Seite wir, die Firma Juan Fokken, das Vorkaufsrecht hätten. Auch Seetzens Forderung von mex. $ 100 000,— teilte ich Oetlings natürlich mit und bat um telegraphische Antwort. Sie blieb auch nicht lange aus. Man überließ alles ganz meinem Ermessen, mit nächster Post komme Näheres.
Nach ungefähr dreieinhalb Wochen, als Don Antonio Cardenas mit Luis Anizan in derselben Angelegenheit zu mir kam, konnte ich ihnen bereits mitteilen, daß die Angelegenheit nunmehr in meinen Händen liege. Bis zu meiner endgültigen Entscheidung wolle ich aber noch Oetlings briefliche Antwort abwarten. Darüber war Luis Anizan, wie mir schien, unzufrieden. Er wollte nicht gern noch so lange warten, brauchte mich notwendig im Hause, wohl auch deshalb, weil Kapitän Dircks, der ja mit seiner Vollmacht abgewiesen war, nun ernstlich die Auszahlung der mex. $ 100 000,— verlangte. Ich entließ den Advokaten und Don Luis mit dem Versprechen, daß ich gleich nach Eintreffen des Briefes von Oetling Nachricht geben würde. Mit Genoveva Anizan hatte man sich inzwischen meinetwegen verständigt. Die Dame hatte sich auch schon in Hamburg nach mir erkundigt, doch dies erfuhr ich erst später.
Der sehnlichst erwartete Brief war gekommen, so daß ich gleich mit Anizan verhandeln konnte, aber nicht ohne Schwierigkeiten. Den Kontrakt, den der Advokat entworfen hatte, lehnte ich entschieden ab. Vom Notar Poveda ließ ich nun selber einen Entwurf nach meinen Vorstellungen ausarbeiten; ich war es doch, der die Bedingungen zu stellen hatte. Unter 800 mexicanische Silber-Dollar monatlich bei freier Wohnung wollte ich absolut nicht gehen und auch nicht länger als für drei Jahre einen festen Vertrag abschließen. Für den Fall, daß ich krank würde, wollte ich die Person, die mich vertreten sollte, bestimmen können.
Nun mußte wieder hin und her nach Paris gedrahtet werden; einige Tage gingen dadurch abermals unnötig verloren. Schließlich mußte man mir das Verlangte doch gewähren. Daß man im allgemeinen in Laguna nicht davon erbaut war, wenn ich die Leitung des Anizanschen Hauses erhielt, lag daran, daß viele Geschäfts- und Privatleute bisher großen Nutzen von dem Hause hatten, die Geschäftsleute durch Lieferungen von Lebensmitteln für die vielen Ranchos und andere wegen des hohen Zinsgewinns bis zu sechzehn Prozent auf Darlehen, die man Anizan bewilligt hatte. Daß ich nun im Interesse des Hauses Wandel schaffen würde, nahm man allgemein an. Der deutsche German Hahn, ein Kommissionär, hatte Don Luis sogar gewarnt, ich sei zu sehr der Mann für das Anizansche Haus. Er selber hätte natürlich gern die Anstellung erhalten, man wollte ihn aber nicht haben. Um so mehr wurde er nun mein Widersacher.

Das ständige Melken der gutgebenden Kuh sollte mit meinem Eintritt in das Anizansche Haus aufhören, das war mein Hauptgedanke. Gewissenhaft und mit viel Edelsinn für die alleinstehende alte Dame in Frankreich wollte ich ihr und ihres Vetters Vermögen aus den Klauen der Egoisten und Verschwender retten. So ging ich ans Werk.

Gustav Seetzen war von Chiapas zurückgekommen und machte nun Versuche, ich möge seine Forderung bei Anizan für Oetling gegen eine Vergütung von fünf Prozent — mehr wollte er nicht ablassen — übernehmen. Ich kam mit Oetling überein, je die Hälfte à 50 000,— zu übernehmen. Die erste Hälfte sollte nach drei, die zweite nach sechs Monaten ausgekehrt werden. Als die zweite Hälfte zur Auszahlung gelangte, ließ ich durch Oetlings meine Forderung an Friedrich Seetzen in Höhe von 2250,— Mk in Abzug bringen. Von Anizan hatte ich meiner Firma Juan Fokken in Laguna zwei Wechsel über mex. $ 100 000,— geben lassen, mit denen ich später, wie wir sehen werden, eine gute Kalkulation anstellte.

Schon in den ersten Tagen meiner Tätigkeit in dem französischen Hause fand ich die finanzielle Lage dort weit schwieriger als vermutet. Don Luis und der Advokat hatten sich in den zehn Monaten, während derer sie die Geschäfte geleitet hatten, so festgeritten, daß sie sich nicht mehr rühren konnten: etwa 500 000,— Dollar Schulden, deren Zinsfuß zwischen fünf und achtzehn Prozent lag. Die Produkte waren auf sechs Monate Ziel verkauft, die Gelder dafür bereits verbraucht, und an barem Geld war so gut wie nichts vorhanden. Dabei brauchte das Haus täglich fast 1000,— Dollar zur Deckung der laufenden Unkosten.

Wie nun weiterwirtschaften? Die hohen Zinsen mußten unter allen Umständen beseitigt werden. Quintana hatte eine Forderung von 50 000,— gegen neun Prozent, Theboud Brothers in New York besaßen eine Hypothek von 50 000,— zu neun Prozent. Außer für Seetzens Forderung betrug der Zinsfuß zwölf bis achtzehn Prozent in Beträgen von 5000,— bis 10 000,—. Die Hypothek der Theboud Brothers war zudem nach vierzehn Tagen fällig; um eine Verlängerung mußte notwendig angehalten werden. Das Haus stand vor dem Konkurs, wenn nicht bald Hilfsmittel zu erreichen waren. Diesbezüglich hatte ich nun eine ernste Unterhaltung mit Luis Anizan und dem Advokaten und sagte, daß ich ohne einen großen Kredit unmöglich die Geschäfte des Hauses fortsetzen könne. Eine Reise über Mexiko-Stadt nach Hamburg sei durchaus notwendig. Ich müsse die Schulden mit dem hohen Zinsfuß zurückzahlen und einen hohen Kredit für das laufende Konto haben. In Mexiko wollte ich einige mir bekannte Bankiers besuchen, von denen ich vorläufig mex. $ 50 000,— zu bekommen hatte, damit man sich während der Dauer meiner Europa-Reise im Hause helfen konnte. Mit diesem meinem Projekt war Luis Anizan vollkommen einverstanden.

21. Geschäftsreise über Mexiko nach Hamburg

Beladen mit Urkunden all der Anizanschen Besitzungen, welche eine Fläche von 345 000 Hektar Land aufwiesen und von denen nur eine Besitzung mit einer Hypothek von mex. $ 50 000,— durch das New Yorker Haus Theboud Brothers belastet war, reiste ich mit dem Küstendampfer TEHUANTEPEC[275] nach Vera Cruz ab. Don Pablo Knorr hatte ich Prokura erteilt, damit er meine Firma, Juan Fokken, vertreten konnte. In Vera Cruz besuchte ich meinen Freund Krahnstöver und war des Abends bei ihm zu Tisch geladen. Er interessierte sich sehr für meine Geschäftsunternehmungen, ich fand bei ihm wieder die liebenswürdigste Aufnahme.
Am folgenden Morgen um 6.20 Uhr fuhr ich mit der Bahn 1. Klasse nach Mexiko ab. Anfangs passierten wir die Gegend, in der viel Vanille wuchs, sonst war sie eintönig, hin und wieder sah man Vieh. Aber als wir höher fuhren und Orizaba[276], der Hauptstadt des Staates Vera Cruz, näherkamen, war die Gegend entzückend schön, die Vegetation ganz vorzüglich. Es zeigten sich viele Kaffee-, Kakao-, Zucker- und Baumwoll-Anpflanzungen; hier herrschte ein angenehmes Klima.
Die Stadt Orizaba liegt 1200 Meter über dem Meeresspiegel an der Eisenbahn von Vera Cruz nach Mexiko inmitten üppiger Vegetation mit Blick auf den schneegekrönten Pik von Orizaba, der 5450 Meter hoch ist[277]. Die Stadt dient den wohlhabenden Veracruzanern zum angenehmen Sommeraufenthalt. Während unten eine unerträgliche Hitze herrscht, hat man hier die angenehmste Temperatur.
Auf der Eisenbahnstation von Orizaba war es mir sehr interessant; hier zeigte sich ein anderes Leben als unten in der Tierra caliente (dem heißen Land). Hier sah ich wieder europäische Trachten, Damen mit eleganten Hüten, Reisende, verschiedenen Nationen angehörend. Wie angenehm berührte mich das alles, nachdem ich ungefähr zwei Jahre in Laguna in der Hitze gelebt hatte. Gutes Bier gab es am Bahnhof und nicht teuer, für den halben Preis wie in Laguna, wo dazu das Bier wegen der Hitze des guten Geschmacks entbehrte.
Bei Orizaba beginnt die Tierra templada[278], jene glückliche Gegend, in der weder Kälte noch Hitze unerträglich sind. Die mittlere Temperatur beträgt 20 °, hier sieht man ein einziges Grünen und Blühen. Es ist die Gegend, in der sich der Wanderer ohne Furcht vor dem Gelben Fieber oder dem Schwarzen Erbrechen allen erhabenen Naturgenüssen überlassen kann und wo er, in mächtigen Wäldern wandelnd, doch bei jedem Schritt an die Tropen erinnert wird.
Eine große Bierbrauerei und Flaschenfabrik sah man eben oberhalb der Station. Umfangreiche Anpflanzungen von Tabak und Gummibäumen waren im Staate Vera Cruz und höher im Inneren gemacht worden. Seit dem Silbersturz zeigte man in Mexiko, daß man es nicht nötig hatte, die Werte aus den Minen zu ziehen, daß die Oberfläche allein genug bietet, um das Volk zu ernähren. Fabriken stiegen seitdem wie Pilze aus der Erde. Vor allem waren es die Amerikaner, die sich daran mit großem Kapital beteiligten.
Die Eisenbahnstrecke von Orizaba bis Esperanza gehört wohl zu den schönsten der Welt. Auf halbem Wege dorthin liegt das große Dorf Maltrata. An dieser Station, an der der Zug etwas länger hält, bieten die Indianer, vorzugsweise Frauen und Mädchen, selbstgearbeitete Sachen den Reisenden zum Verkauf an. Maltrata liegt in einem Tale, umringt von hohen Bergen. Hier bekommt der Zug zwei Lokomotiven der großen Steigung wegen bis Esperanza. Oben am Berge angelangt, schaut man, zuweilen durch

vorüberziehende Wolken gehindert, auf Maltrata hinab, wo die Häuser nun wie kleine Hütten aussehen, die Menschen wie Zwerge.
Auf dieser Strecke stehen alle Reisenden vor den Fenstern oder auf der Plattform der Eisenbahn, um den schönen Anblick der Natur zu genießen. Wer diese Fahrt auch noch so oft gemacht hat, immer wieder drängt es ihn, die schöne Natur zu betrachten: Maltrata tief unten im Tale, gegenüber hohe, bewaldete Berge mit tiefen Schluchten und Wasserfällen, ein entzückender Anblick. Zudem ziehen die Wolken unter- und oberhalb unserer Bahnlinie entlang.
Auf der Station Esperanza empfindet man die kühle Temperatur stärker, wenn man aus der Tierra caliente kommt. Von hier fährt der Zug stundenlang auf der Hochebene bis zur Hauptstadt und bietet einen weniger interessanten Ausblick auf Weiden. Vieh und Anpflanzungen von Mais und Pulpe[279] wechseln ab. In weiter Ferne sieht man die hohen Berge mit Schnee bedeckt. Häufig wirbelt der starke Wind der Hochebene Staubwolken über den Bahndamm, so daß man kaum hindurchblicken kann. An den Stationen, wie in Maltrata, werden von den Indianern gefertigte Holzschnitzereien, Spazierstöcke usw. den Reisenden angeboten, ebenso Pulpe, das Nationalgetränk.
Ungefähr eine Stunde vor Mexiko stieg der Exkriegsminister mit seinen Adjutanten ein und nahm mir gegenüber Platz. Bald kamen wir in eine angeregte Unterhaltung, während der er sich als ein liebenswürdiger Mann zeigte. Als er von mir hörte, daß ich zum ersten Male nach der Hauptstadt fuhr, da hatte seine Sorgsamkeit um mich kein Ende; ich möge vorsichtig sein, meine Reisetasche auf der Station nicht aus der Hand geben, es gebe dort zu viele unehrenhafte Menschen. Er empfahl, welche Art von Kutschen ich nehmen sollte. Es sei oft vorgekommen, daß der Kutscher mit den Reisenden eine falsche Richtung genommen und sie beraubt habe. Als wir ausstiegen, erbot sich der Alte, mir eine Kutsche zu besorgen, und wich nicht von meiner Seite. Dann bat er seinen Adjutanten, zu mir einzusteigen, um mich nach dem Hotel zu begleiten. Das war sehr liebenswürdig.
Das Hotel lag in der Hauptverkehrsgegend. Hier verlangte ich das beste Zimmer im ersten Stock; es war geräumig und hübsch möbliert, der Fußboden mit dickem, schwerem Teppich belegt. Nachdem ich mich vom Staub gereinigt hatte, ging ich hinunter in das Gartenrestaurant, wo ich alles sehr sauber und freundlich fand, um zu speisen. Und da ich in guter Stimmung war, trank ich dazu eine gute Flasche Rotwein.
Dann zündete ich mir eine Zigarre an und ging auf die Straße, um mir einen Augenblick lang das Leben und Treiben der Großstadt anzusehen. Aufs Geratewohl wanderte ich die Hauptverkehrsstraße entlang, sah dann in ziemlicher Entfernung am Ende einer Querstraße große elektrische Lampen leuchten, auf die ich erwartungsvoll lossteuerte; und bald wurde mir klar, daß ich mich nicht geirrt hatte. Vor einem taghell beleuchteten Gebäude standen zwei Portiers in Uniform, von denen ich erfuhr, daß es ein Zirkus sei. Nicht lange besann ich mich, löste ein Billett und ging hinein. Eine angenehme Überraschung wurde mir zuteil. Neben meinem Sitz saßen zwei mir bekannte Männer, die sofort aufstanden und mich freundlichst baten, zwischen ihnen Platz zu nehmen, sichtlich sehr erfreut, mich hier zu sehen. Der eine war der junge Herr Paullada aus Laguna, der in der Hauptstadt Medizin studierte, und der andere sein Schwager, der Professor, den ich früher bei Noy in Laguna im Restaurant kennengelernt hatte und mit dem ich damals stets am selben Tisch speiste. Er hatte sich kürzlich mit Paulladas Schwester verheiratet und wohnte nun in der Hauptstadt. Dieses zufällige Zusammentreffen war uns allen sehr angenehm. Die Vorstellung gefiel mir, man hatte hier ganz

vorzügliche Artisten. Während der Pause tranken wir ein Glas Bier, und ich mußte dabei erzählen, was mich nach der Hauptstadt geführt hatte.
Wie angenehm wirkt doch die Abwechslung im Leben auf des Menschen Gemüt! Alles, was man in Laguna entbehren mußte, fand man hier vor. Wie in Europa, dachte ich, so heimelte mich vieles an. Die ganze Umgebung war so ordentlich, Menschen in gediegener Kleidung, dazu die angenehme Temperatur, während in Laguna alles sehr gewöhnlich war, der Schweiß einem schon des Morgens beim Ankleiden von der Stirne tropfte. — Nach der Vorstellung begleiteten die beiden mich nach dem Hotel und warnten mich, ja keine Zugluft durch mein Zimmer gehen zu lassen, weil sie in dieser Höhe sehr gefährlich sei, vor allem für Personen, die von unten aus der Tierra caliente kämen.
Am folgenden Vormittag um 9 1/2 Uhr machte ich zuerst einen Besuch beim deutschen Konsul Kosidowsky, den wir früher schon kennengelernt haben. Gegen seine sonstige Gewohnheit fand ich ihn nach der ersten Begrüßung schweigsam, er war nachdenklich. „Was der wohl hat", dachte ich. „Man hat Ihnen einen Streich gespielt", sagte er endlich. — „Meinen Sie wegen des Konsulats?" — „Ja." — „Nun, dann weiß ich auch schon, woher der Wind weht und weshalb meine Ernennung nicht erfolgt. Die Gebrüder Seetzen sind Mitglieder der Handelskammer in Hamburg und Bremen und haben auf jeden Fall ihren Kapitän Dircks für das Amt vorgeschlagen, den sie auch als Chef im Hause Anizan haben wollten. Und ich weiß nun auch gleich, welchen Grund man gegen meine Ernennung angeführt hat.
Dieser Dircks, der sich wegen Angelegenheiten der Firma Anizan & Co. im Interesse der Gebrüder Seetzen längere Zeit in Laguna aufgehalten, hat sich seiner Zeit wiederholt bei mir erkundigt, wie lange ich dort zu bleiben gedächte, worauf ich ihm gesagt, daß ich nur zwei Jahre dort bliebe, wie ich vorher an den Gesandten Freiherrn von Ketteler geschrieben hätte.
Nun werden Seetzens in der Handelskammer gesagt haben, daß gegen meine Ernennung weiter nichts einzuwenden sei, als daß ich höchstens noch eineinhalb Jahre in Laguna bliebe und es sich somit nicht der Mühe lohne." Weiter erzählte ich Kosidowsky, was ich mit Seetzens erlebt und weshalb ich mich von dieser Firma getrennt hätte. Und ich fügte hinzu, ich wolle nun auch nicht Verweser des Konsulats bleiben, so ließe ich mich nicht einspannen. „Nun ärgern Sie sich auch noch", sagte er gutmütig, „hätte ich Ihnen doch nur nichts gesagt." — „Dafür bin ich Ihnen dankbar, ich weiß nun doch, woran es hapert", erwiderte ich.
Konsul Kosidowsky hatte darauf am selben Vormittag noch eine Audienz beim Gesandten, und dieser schrieb wahrscheinlich gleich über die Angelegenheit nach Berlin.
Am selben Vormittag besuchte ich die Bankiers Gustavo Struck und Wichorst. Wichorst freute sich unendlich, mich persönlich kennenzulernen, aber mit dem Hause Anizan wollte auch er nichts zu tun haben. „Ihnen strecke ich gerne sofort mex. $ 50 000,— vor, der Firma Juan Fokken. Aber Sie wollen nach Europa, können unterwegs Unglück haben, und dann haben wir unsere Last mit Anizan." Dasselbe hatten mir die anderen Bankiers gesagt. Das Haus Anizan war sehr in Mißkredit geraten. Meine Hoffnung, von den Bankiers Geld zu bekommen, mußte ich aufgeben. Deshalb schrieb ich an Anizan, daß sie sich wie bisher noch einige Monate behelfen müßten, bis ich meinen Versuch in Hamburg gemacht hätte. Luis Anizan mußte also inzwischen noch mehr Schulden zu hohen Zinsen machen. So hatte ich meinen Kopf voller

Sorge. Was tun, wenn auch Alexander Oetling & Co. mir den Kredit für Anizan verweigerten?
Nachdem ich noch dem Bankier Scherrer meinen Besuch gemacht hatte, ging ich zu Tronkoso, Cilveti & Co., die ein großes Terrain mit Zedern- und Mahagoni-Wäldern in Chiapas erstanden hatten, wo der Bruder dieses Cilveti als Inspektor und Leiter angestellt war. Ich hatte nämlich auf meiner Inlandsreise nach Macuspano von Bekannten sowohl in Juanuta wie in Pocwicuk, dort bei Amali Ocambo, gehört, daß die Besitzung der Tronkoso, Cilveti & Co. aus großen Flächen mit Mahagoni- und Zedernbäumen bestand, aber auch, daß man wegen Wassermangel große Schwierigkeiten hatte, das Holz nach dem Fluß zu schaffen, und daß die Firma bereits viel Geld für eine Feldbahn usw. aufgewandt hatte, um die Schwierigkeiten dadurch zu beseitigen. Man glaubte allgemein, daß ich mit diesen Leuten ein Geschäft machen könnte.
Der Zufall wollte, daß ich auf meiner Rückkehr von Palenque den Inspektor Cilveti in Juanuta antraf. Er war nach Mexico gewesen, kam von Frontera und hatte eine Stunde Aufenthalt in Juanuta, während dessen ich das Notwendigste mit ihm besprechen konnte. Er war es, der mir die Adresse seines Hauses in Mexico gegeben hatte.
Bei meinem ersten Besuch kam ich mit dieser Firma soweit überein, daß sie mir 1500 Tons Mahagoni und Zedern verkaufte, wofür ich ihr einen Vorschuß von mex. $ 30 000,— zu fünf Prozent pro Anno bewilligte. Da dies das erste Geschäft war, das die Firma in dieser Branche machte, so überließ sie es mir ziemlich vertrauensvoll, den Kontrakt, wie ich ihn sonst für Geschäfte mit meinen Lieferanten erstellte, auszuarbeiten. Der Älteste erwähnte dabei, sie hätten bereits von anderer Seite gehört, daß sie mir volles Vertrauen schenken dürften. Den Kontraktentwurf faßte ich im Hotel ab. Dann ging ich zu Oetlings Agenten Kramer, um mir dort zwei Exemplare in korrektem Spanisch fertigstellen zu lassen, welche ich am anderen Vormittag um neun Uhr abholen wollte.
Emil Hauenschildt, Chef des Hauses Spann Succ. Sr., Hamburg, den ich im letzten Winter in Laguna kennengelernt hatte, besuchte mich abends im Hotel und forderte mich auf, mit ihm im Club zu speisen, erzählte mir, daß er in zwei Tagen via Laredo[280] mit der Bahn nach New York und nach Hamburg zurückwolle. Sechs Monate war er von Hamburg fort. Ich wollte auch in zwei Tagen reisen, aber nach Vera Cruz und von dort mit einem amerikanischen Dampfer via Havanna nach New York. Die Reise mit der Bahn, fünf bis zehn Tage lang, war mir zu anstrengend. Nun entschloß sich Emil Hauenschildt, mit mir zu reisen. Er wunderte sich nicht wenig, daß ich, kaum 24 Stunden in der Hauptstadt, schon ein so großes Geschäft abgeschlossen hatte. Ich stellte nun Hauenschildt ein Geschäft mit 500 Tons Mahagoni von Chamé & Sastré in Tabasco vor, das Oetlings abgelehnt hatten. Im Vertrauen zu mir nahm Hauenschildt das Geschäft an, ich mußte aber das Delkredere[281] über den Vorschuß von drei Prozent übernehmen. Ich verdiente aber zusätzlich noch vier Prozent Kommission auf Faktura an dem Geschäft, hatte insgesamt also einen netten Nebenverdienst.
Am folgenden Vormittag um 10 $^{1}/_{2}$ Uhr ging ich zu Tronkoso, Cilveti & Co. und schloß das Geschäft ab, erhielt den vom Notar beglaubigten Kontrakt. Da ich noch wieder nach dem Hotel mußte, um mich möglichst in Gala zu setzen, kam ich etwas zu spät bei Kosidowsky an.
Von Kosidowsky erhielt ich die Einladung zur Zentenarfeier[282] unseres großen Kai-

sers im Club „Harmonia". Ich entschuldigte mich wegen Mangel an Garderobe, aber das half nichts, ich mußte zusagen. Abends im Club klagte ich über meine diesbezügliche Verlegenheit, aber einige Männer wußten gleich Rat: Sie wollten mir ihren Smoking leihen. Sofort wurde der Hausdiener ausgeschickt, um den Anzug zu holen. Die Jacke paßte ziemlich, nur die Weste war gar zu eng. Da wurde denn hinten die Naht aufgetrennt. Aber die Hose konnte ich nicht tragen; so mußte ich mich mit der dunkelgrauen, die ich mitgebracht, behelfen. Diesen Abend blieben wir mit sechs Männern bis spät zusammen; erst um Mitternacht begleitete E. Hauenschildt mich nach Hause.
Am folgenden Tag fuhren wir beide lange spazieren, durch die Alameden[283] nach dem Dorfe Tecubaya, eine Stunde von der Stadt entfernt, mit schönen Landhäusern und Gärten. Wir besahen uns das Schloß und den schönen Park Chapultepec. Das Schloß auf einem 200 Fuß hohen Porphyrhügel[284] liegt herrlich, verbunden durch eine Zypressenallee mit der Stadt. Mexiko gilt als eine der schönsten Städte Amerikas. Die Straßen sind kanalisiert, mit Gas oder elektrisch beleuchtet; elektrische Bahnen fahren bis weit außerhalb der Stadt in verschiedene Richtungen. Solange man den Vorstädten und unbebauten Stellen nicht zu nahekommt, wirkt sie sehr reinlich. In den letzten Jahren sind vor allem durch Unternehmungen der Amerikaner viele große, schöne Villen in Richtung Chapultepec gebaut worden. Die alten Häuser haben flache Dächer, sind aber durchweg solide, aus Stein gebaut und vielfach mit reichen Ornamenten versehen, auch mit offenen Höfen und mit Balkonen vor den Fenstern. Nicht weit von Mexiko liegen die Riesenvulkane Popocatepetl[285] und Iztaccihuatl[286], beständig mit Schnee bedeckt. Die Fahrt machte mir viel Vergnügen. Unterwegs begegneten wir einigen Männern vom Club „Harmonia" zu Pferde, die fast regelmäßig schon früh morgens einen Spazierritt nach Tecubaya unternahmen. So verging der Tag sehr angenehm. Emil Hauenschildt war ein umgänglicher Mann.
Abends fuhren wir zusammen nach dem Club zur Zentenarfeier des großen Kaisers. Herrlich waren die Räume mit Fahnen, schönen Blumen und Grünpflanzen geschmückt; vor allem der Festsaal war großartig. Eine solche Pracht von Rosen und anderen Blumen, mit denen der lange Tisch geschmückt war, hatte ich vorher noch nicht gesehen. Der Tisch war für 68 Personen elegant gedeckt. Nach und nach waren die Gäste vollzählig zur Stelle, Aristokraten und Notabilitäten[287], alle im Frack. Hauenschildt sagte zu mir: „Wir wollen uns zusammen etwas nach rechts setzen." Kaum hatten wir Platz genommen, da beeilten sich die Diener, uns eine Kornblume, die Lieblingsblume des Altkaisers, ins Knopfloch zu stecken. Hochfein war die Zubereitung der Speisen, tadellos waren die Weine. Der Generalkonsul Kosidowsky hielt die erste Rede; es wurde nach und nach lebhafter, die Stimmung heiter. Der Wein tat seine Schuldigkeit. Nach dem Kaffee nahmen wir Münchner Bier und andere Getränke zu uns und unterhielten uns dabei in Gruppen noch lange in gemütlicher Stimmung. Erst um 2 1/2 Uhr kam ich im Hotel an.
Am nächsten Vormittag schrieb ich über den Geschäftsabschluß mit Tronkoso, Cilveti & Co. an Knorr, damit er auf dem laufenden war. Während des Vormittags kaufte ich dann einige Sachen für die Kinder, machte mich reisefertig und engagierte einen Prokuristen, den Deutschen German Harsch, für das Französische Haus. Harsch war mir von Hauenschildt empfohlen, Kosidowsky sagte mir aber gleich, daß dieser kein Mann für mich sei. Was sollte ich aber tun, ich hatte mich schon in Vera Cruz bemüht, konnte aber keine passende Persönlichkeit finden. Harsch war drei Jahre in Paris, dann zwei

Jahre in den Vereinigten Staaten und zuletzt zwanzig Jahre ein Mexico tätig gewesen, so daß er wenigstens vier Sprachen perfekt beherrschte. Während der beiden letzten Jahre war er Agent für Spann Succ. Sr. in Hamburg. Ich engagierte ihn als Kassierer und Korrespondenzführer.

Am folgenden Morgen früh um sieben Uhr fuhren wir in einem Extra-Wagen erster Klasse mit noch einigen mir bekannten Männern und zwei Damen nach Vera Cruz ab, der reiche Pianino und der Fabrikant Wagener waren mit darunter. Wagener hatte wohl hauptsächlich für gut belegte Butterbrote, Bier und Champagner gesorgt; es wurde ziemlich viel auf dieser Fahrt getrunken. Als wir die schöne Gegend von Maltrata durchfuhren, war natürlich die ganze Reisegesellschaft wieder an den Fenstern und auf der Plattform. Zwischen Orizaba und Vera Cruz wurde es wieder sehr heiß; die Männer aus Mexiko-Stadt klagten nicht wenig über die große Hitze und waren bei der Ankunft in Vera Cruz wie von Schweiß gebadet.

Wir fanden hier alle im selben Hotel Wohnung für die Nacht und speisten des Abends zusammen. Nach dem Essen unternahmen wir noch eine Bootsfahrt im Hafen. Am folgenden Nachmittag schifften wir uns ein. Auf dem amerikanischen Dampfer traf ich mit Meenen zusammen, der mir erzählte, daß er auch nach Esens wolle, zur Hochzeit seiner Schwester. Sie sei mit einem Holz-, Eisen- und Kolonialwarenhändler verlobt. Den Namen wußte er nicht. „Das kann kein anderer sein als der Vetter meiner Frau", sagte ich, „das trifft sich ja gut."

YUCATAN[288] hieß der Dampfer, auf dem wir insgesamt 52 Passagiere waren. Abends, eben vor Sonnenuntergang, fuhren wir ab. Angenehm ist die Fahrt durch den Golf von Mexiko in den Sommermonaten. Das Meer war ruhig, es wehten nur leichte Winde; durch das Sonnensegel waren wir des Tags vor der Sonne und des Abends vor Tau geschützt.

Es ist ein Hochgenuß, so auf Deck zu sitzen. Selten legt man sich vor Mitternacht schlafen. In Progresso legten wir an, luden hier 2000 Ballen Yucatan-Hanf, und dann ging es weiter nach Havanna. Das Meer war fortwährend ruhig. Abends wurde viel musiziert und gesungen, auf Deck sowohl als auch im Salon. Den ganzen Tag über bis tief in die Nacht saßen im Raucherzimmer einige Gruppen von Männern beim Kartenspiel.

In Havanna ergänzten wir unsere Ladung; 3000 Barrel Apfelsinen wurden in 36 Stunden übergeladen. Dann ging es weiter nach New York, begleitet vom schönsten Tropenwetter. In angenehmer Gesellschaft war die Überfahrt doppelt genußvoll. Vor allem war ich wohl innerlich hocherfreut, täglich der Heimat und der lieben Familie näherzukommen. Dazu hatte ich das angenehme Bewußtsein, daß ich nun täglich achtzig Mark verdiente.

In New York wohnten wir im Hotel Belvedere. Auf Hauenschildts Veranlassung waren wir mit den Damen und Herren, die mit uns von Mexiko gekommen waren, noch einen Abend zusammen. Hauenschildt hatte die Gesellschaft zum Diner eingeladen.

Auf dem Dampfer LAHN[289] des Norddeutschen Lloyd hatten wir unsere Plätze belegt, hatten je ein Zimmer erster Kajüte für 410 Mk. In New York erledigte ich zuerst meine geschäftlichen Verpflichtungen, besuchte Marquardt & Co. in der Williamstraße und dann Theboud Brothers, um für Anizan die Zahlung der Hypothek auf einige Monate zu verlängern, was mir mit einigen Zugeständnissen auch endlich gelang. Meenen und die übrige Gesellschaft wollten noch einige Tage in New York bleiben.

Der Schnelldampfer LAHN war nicht sehr besetzt, es herrschte aber an Bord ein recht angenehmes Leben, wozu das fortwährend schöne Wetter wohl seinen Teil beitrug. Mit vier Männern machten wir es uns meistens recht gemütlich, wir nahmen nach Tisch gemeinschaftlich im Raucherzimmer den Kaffee. Hier spendierte Hauenschildt eines Abends Zigarren zu 1,25 Mk das Stück. „Für besondere Gelegenheiten darf man sich wohl was Gutes erlauben", meinte er. An dem sogenannten Kapitänsabend gab es großen Ball auf Deck.

Wir tanzten in fröhlicher Stimmung, weil es nach Hause ging, ich verschiedene Male mit einer jungen Amerikanerin, Miss Ellen, die mit ihrer Mutter und einer Gesellschaftsdame eine Rundreise durch Europa machen wollte.

Bei dem Kapitänsessen wurden plötzlich die vielen elektrischen Lampen verdunkelt, und herein traten in den Speisesalon zahlreiche Stewards mit bunten Lampions und mit Icecream, die mit farbigen Fähnchen, Knatterbonbons usw. sehr hübsch dekoriert war. Die Stewards bedienten im Frack und mit weißen Handschuhen, marschierten wie im Gänsemarsch durch den Speisesaal, wobei die Musik „Die Wacht am Rhein" spielte.

Nach den vielen Strapazen und großen Entbehrungen auf meinen Reisen nach San Pablo und der Zehn-Tage-Reise mit dem kleinen Dampfer auf den Flüssen nach Macuspano, Palenque usw. hatte ich nun auf diesem luxuriösen Schnelldampfer viel angenehme Abwechslung. In Plymouth legten wir nur einige Stunden an; nach Ablieferung der Postsäcke, Landung einiger Passagiere und deren Bagage fuhren wir weiter. Nun gab es am Abend und auch noch am folgenden Morgen schöne, frische Seezungen. Wie gut die mir schmeckten! Auf der Nordsee war es sehr kalt; bei Nacht fuhren wir die Weser hinauf und legten des Morgens um sechs Uhr in Nordenham an die Pier.

Mein Bruder Hinrich war mit Evi, die von Bad Grund gekommen war, dort, um mich abzuholen. Wir fanden uns erst bei der Zollrevision im Schuppen. So gab es leider keine Zeit mehr für sie, den Dampfer zu besehen. Mit dem Lloydzuge fuhren wir über Hude nach Bremen, nachmittags um zwei Uhr von Bremen nach Hause. In Jever waren meine Frau und die kleine Hilka, fünf Jahre alt. Das war ein freudiges Wiedersehen nach zwanzig Monaten Abwesenheit! Nach einigen Tagen Aufenthalt zu Hause reisten meine Frau und Evi mit nach Hamburg. Dort wohnten wir im Alster-Hotel an der Alster, waren aber nicht zufrieden. Es war teuer, aber wenig schön.

In etwas gedrückter, banger Stimmung ging ich um zehn Uhr vormittags zu Alexander Oetling & Co., um hier einen geschäftlichen Vortrag bezüglich einer Anleihe des Hauses B. Anizan & Co. zu halten. Wider Erwarten wurde ich von Vater und Sohn gleich liebenswürdig empfangen. Vieles hatte ich zu berichten, erhielt aber wegen der Anleihe eine abschlägige Antwort. Der alte Alexander Oetling meinte, es mit einer so großen Summe bei Anizan nicht riskieren zu dürfen, sie hätten früher zu schlechte Erfahrungen in Laguna gemacht. „Dann muß ich anderweitig versuchen, die Anleihe zu bekommen. Zunächst wollte ich Ihnen jedoch das Geschäft anbieten, was ich sicher nicht getan hätte, wenn ich ein Risiko darin erblickt hätte. Ich würde unter der Voraussetzung auch bei keinem anderen Geldgeber Versuche unternehmen, sondern gleich zum Verkauf von Besitzungen übergehen", bemerkte ich.

Von hier ging ich sofort zu Emil Hauenschildt, damit er mich dem Direktor Schinkel von der Norddeutschen Bank vorstellte. Nach kaum einer Viertelstunde konnte Hauenschildt schon mit mir gehen. Hauenschildt hatte bereits vorher an der Börse Direktor Schinkel ein wenig vorbereitet für den Fall, daß Oetlings ablehnen würden. Von einem Beamten der Bank wurden wir in den großen Sitzungssaal geführt. Meinen beachtlichen Stoß Dokumente hatte ich soeben auf den langen, grünen Tisch gelegt, als drei Herren eintraten, voran Max Schinkel, dem ich zuerst vorgestellt wurde. Hauenschildt empfahl sich, und ich nahm Platz am grünen Tisch, den drei Herren gegenüber. Nachdem ich ihnen Einsicht in die Dokumente gegeben und sie ihnen zum Teil erklärt hatte, ebenso den Status quo des Anizanschen Hauses, bat ich, mir 500 000,— Mk zu neun Prozent, verteilt auf all die Besitzungen, als erste Hypothek zu bewilligen.

Mit diesem Gelde wollte ich die Schulden mit hohen Zinsen bezahlen und die Hypothek bei Theboud Brothers einlösen. Die Bank war nicht abgeneigt, wollte aber nicht die ganze Summe übernehmen, verlangte, daß ich mich persönlich mit 100 000,— Mk daran beteiligen solle. Das mußte ich ablehnen, weil Anizan meine Beteiligung falsch deuten, annehmen könnte, daß ich in meinem Interesse arbeitete. Das mußte ich vermeiden. Da meinte Direktor Schinkel, daß vielleicht Alexander Oetling & Co. einen Teil übernehmen würden. Ich gab noch einige Erklärungen über die Sicherheit und ging zu Oetling, erzählte, daß die Norddeutsche Bank das Geschäft mit mir machen wolle, nur nicht mit mir allein. Da meinte der Sohn, sie könne es vielleicht zusammen mit den Gebrüdern Oetling machen. Nun kam Leben in die Sache, und mir wurde leichter ums Herz.

Nachmittags ging ich zu den Gebrüdern Oetling, und das Geschäft kam zustande. Ebenso wurden mir Gelder in nicht unbedeutender Höhe im Kontokorrent bewilligt. Ein Vertragsentwurf wurde in spanischer Sprache von Fritz Oetling aufgesetzt, danach sollten die Zinsen der Hypotheken halbjährlich gezahlt und sämtliche Produkte gegen Zahlung von 2 1/2 Prozent Kommission an Alexander Oetling & Co. gesandt werden, wenn anders die Firma Juan Fokken die Produkte nicht kaufte. Der Kredit sollte erst dann eröffnet werden, wenn die Hypothek ausgestellt und zu Händen des Bevollmächtigten Knorr in Laguna gelangt sei. Da mehrere Exemplare angefertigt werden mußten, gingen darauf einige Tage hin. Deshalb reiste ich wieder mit Frau und Tochter nach Hause.

22. In Paris und erneut nach Mexiko

Nach einer Woche konnte ich von hier, mit allem Notwendigen versehen, nach Paris abfahren. In Paris war ich zum ersten Male, wohnte dort im Hotel „Normandie" in der Avenue de l'Opéra. Gleich am ersten Abend besuchte ich die Gerantin Genoveva Anizan, die ihren Vetter von Sainte Marie, Oloron, zu sich hatte kommen lassen wegen gemeinschaftlicher Verhandlung. Genoveva, jetzt 60 Jahre alt, kannte ich von Laguna her, wo sie früher so viele Jahre gewohnt hatte.

Sie lebte jetzt in einem neuen, hocheleganten Hause im dritten Stock an der Avenue des Ternes 2. Es war ein moderner Bau mit zwei Aufzügen, für Dienstboten und Herrschaften getrennt. Die Wände bestanden aus Granit, die bequemen Marmortreppen waren mit schwerem, rotem Läufer und der Flur und die Korridore mit schwerem, rotem Teppich belegt. Meine Absicht war, mich an diesem Abend nicht auf geschäftliche Angelegenheiten einzulassen, aber es kam doch dazu.

Da diese Informationen über die Geschäfte nicht rosig für die Interessenten klangen, hatte die Dame darauf eine so schlechte Nacht, daß ich sie erst am dritten Tag mit

Erlaubnis des Arztes wieder sprechen konnte. Der Vetter Juan Cartié war die größte Zeit des Tages bei mir, bemühte sich, mir die Sehenswürdigkeiten von Paris zu zeigen. Einen Sonntag verbrachten wir in Versailles. Erst am vierten Tag konnte die Dame mit ihrem Hausfreund und Vertrauten, Herrn Duprat, dem Direktor der französischen transatlantischen Dampfschiffahrtsgesellschaft, den Vertragsentwurf durchsehen.

Lange dauerte es, bis man sich zur Annahme der etwas scharfen Bedingungen entschloß. Ich erwähnte, daß wir nicht an Hamburg gebunden seien. Für den Fall, daß sie in Paris bessere, für sie günstigere Bedingungen erhalten könnten, sei das um so besser. Aber Duprat sah wohl ein, daß sich in Paris dazu wohl niemand finden ließe. Nun hatten wir zu tun, bald zum Notar und dann zum mexikanischen Konsul zu gehen, um die Sache perfekt zu machen. Erst am elften Tag konnte ich befriedigt nach Hause abreisen. Die Dokumente wollte man mir nach Hamburg senden.

Nachdem ich nun noch elf Tage zu Hause verlebt hatte, reisten meine Frau und die kleine Hilka mit mir nach Hamburg. Diesmal wohnten wir im Hotel Moser am Rathausmarkt. Das Leben im Hotel machte der Kleinen sichtlich Spaß. Der alte Oetling besuchte uns dort auch einmal. Er kam mit eigener Equipage, wohl eine Stunde blieb er, unsere kleine Maus machte ihm Freude.

Von Hamburg reisten wir nach Bremen und besuchten meinen Bruder und dessen Familie. Darauf fuhren wir mit dem Lloydzuge nach Bremerhaven, unsere Schwägerin hatten wir eingeladen. Der Schnelldampfer ALLER[290] lag unten beim Hoheweg-Feuerturm vor Anker; bis dorthin wurden wir mit dem kleinen Lloyddampfer KEHRWIEDER[291] gebracht und wie immer mit Musik empfangen. Im Speisesalon der ALLER waren die Tische zum Lunch gedeckt; so konnten meine Frau und Schwägerin sich noch eben vor dem Abschied den Luxus ansehen. Ich bestellte beim Steward eine Flasche guten Portwein mit feinen Kuchen und suchte dann mein sehr kleines Zimmer auf. Ein Agent aus Hamburg war mein Zimmergenosse. Mit dem Portwein linderten wir unseren Abschiedsschmerz ein wenig.

Einen Herrn Krimmert und Frau aus Bremen lernte ich bald bei Tisch kennen, und da sie meine Schwägerin kannten, kamen wir gleich in lebhafte Unterhaltung. Krimmert war seit einigen Jahren Lloyd-Agent in New York. Und als ich über mein kleines Zimmer klagte, war er gleich bereit, dafür zu sorgen, daß ich ein größeres für mich alleine erhielt. Schon als wir Southampton verließen, konnte ich umziehen.

In Cherbourg kamen noch recht viele Passagiere an Bord, unter anderen ein Herr Schaus, Gemäldehändler aus New York, der unser Tischnachbar wurde. Im ersten Augenblick machte Schaus keinen angenehmen Eindruck auf uns, er war ein wenig betrunken. Das passierte ihm auch zuweilen des Abends auf der Reise; auf eine Flasche Sekt mehr oder weniger kam es ihm nicht an, er war Lebemann. Trotzdem wurden wir Reisefreunde. Schaus war Witwer und hatte nur eine Tochter von sechzehn Jahren, die, wie es hieß, sehr reich war.

In Cherbourg war auch die Familie Butle, bestehend aus fünf Personen, an Bord gekommen. Diese Familie machte auf mich einen sehr netten Eindruck, und zwar gleich, als sie an Bord kam. Ich wurde aber erst mit ihr bekannt, als wir bereits die Hälfte der Reise zurückgelegt hatten. Im Raucherzimmer hatte sich Butle zu mir und Krimmert an den Kaffeetisch gesetzt. Er hatte mit seiner Frau, den beiden Kindern und seiner Schwägerin eine Rundreise durch Europa gemacht, die für ihn zugleich eine Geschäftsreise gewesen war. Jeden Sommer komme er nach Europa, er wohne in New York an der 14ten Straße, dort besitze er mit seinem Bruder ein Warenhaus.

Am folgenden Vormittag begegnete er mir auf dem Promenadendeck. Dort machte er mich mit seiner Familie bekannt, und von nun an unterhielten wir uns täglich ein Stündchen. Die Familie hörte gerne meinen Berichten aus Mexiko zu, gab mir ihre Adresse und bat mich wiederholt, sie doch in New York zu besuchen.
In New York wurden Krimmert und ich am Tag nach der Ankunft von Schaus zum Diner in dem feinen Restaurant „Delmonika" und ins Theater eingeladen. Krimmert holte mich um 6.45 Uhr vom Hotel ab. Inzwischen hatte ich auch schon eine Einladungskarte von Butle bekommen. Da die 14te Straße meinem Hotel nahe lag, ging ich persönlich hin, um mich zu entschuldigen. Ich wunderte mich nicht wenig, daß die Butles ein so großes Geschäft hatten.
Um Punkt acht Uhr am folgenden Tage zog ich in einer einsamen Villenstraße die Haustürglocke an Butles Villa. Hier wurde ich auf das liebenswürdigste empfangen. Von hier ging ich zum Atlethic Club, wo Krimmert und Schaus mich erwarteten. Mein Kommen hatte ich versprechen müssen. Die beiden schienen bereits gehörig getrunken zu haben, sie waren angeheitert. Ich drängte fortwährend, nach Hause zu gehen, aber erst um elf Uhr bestiegen wir eine cab[292]. Vor dem Hoffmanhause ließ Schaus halten, einem feinen Restaurant. Hier ließ er Austern, Rheinwein und feinen Lunch servieren.
Theboud Brothers machte ich nun die Mitteilung, daß ich den gewünschten Kredit für Anizan in Hamburg erhalten hätte und deren Hypothekenforderung demnächst von Hamburg überweisen würde. Herr Triest, der Chef des Hauses Marquardt & Co., lud mich zum Frühstück ein, wobei wir uns geschäftlich angenehm unterhielten. Triest interessierte sich sehr für meine Unternehmungen.
Mit dem amerikanischen Fracht- und Passagierdampfer YUMURI[293] fuhr ich via Havanna nach Yucatan. Unweit Cap Hatteras[294] hatten wir einen schweren Sturm mit hohem Seegang zu bestehen. Nachmittags um fünf Uhr schlug eine Welle das eine Boot und die Riegelung entzwei, wobei ein Mann über Bord gespült wurde, ein anderer sein Bein verletzte. An eine Rettung war nicht zu denken, dazu lief die See zu hoch. Der Kapitän schien ängstlich zu sein, ich war viel bei ihm auf der Kommandobrücke. Beim Dunkelwerden hatte er die Absicht, die YUMURI unterwinds zu legen. Von diesem Gedanken brachte ihn ihn ab, weil ich die Sache für nicht so gefährlich ansah. Wir nahmen nun die nördliche Route, blieben nördlich des Golfstroms, weil hier das Meer ruhiger war. Des Nachts heulte der Wind stark, wir blieben aber unversehrt. Am anderen Morgen ließ der Wind nach, wir hatten den Sturm überstanden.
Meenen, der bis New York mit der KAISER WILHELM DER GROSSE[295] gefahren war, traf ich wieder auf demselben Dampfer. Er war beständig mit einem jungen Ehepaar, einem Lehrer aus Hannover, zusammen, das sein Glück in Mexiko versuchen wollte. Er hatte auch noch eine junge Dame, ich glaube, aus dem Oldenburgischen, bei sich, so daß ich ihn täglich nur flüchtig sprach.
Ohne weitere Unfälle fuhren wir nach sechstägiger Fahrt in den Hafen von Havanna ein. Am folgenden Morgen um sieben Uhr dampften wir schon nach Yucatan weiter. Angenehm und schön war diese Fahrt bei herrlichem Wetter und ruhiger See, ein Hochgenuß, unter dem Sonnensegel im Sessel zu sitzen und die warme, reine Seeluft einzuatmen. Ich landete in Progresso und fuhr nach zwei Tagen mit dem Küstendampfer CAMPECHE[296] nach Laguna weiter. Bei Tagesanbruch passierten wir die Barre, und um sieben Uhr früh konnte ich an der Zollbrücke aussteigen. Knorr und Luis Anizan begrüßten mich hier.

Von Knorr erhielt ich gleich eine recht unangenehme Nachricht. Obgleich ich ihr keinen Glauben schenkte, blieb ich darüber doch in Sorge. Die Konkurrenz in Laguna hatte während meiner Abwesenheit alle denkbaren Versuche unternommen, mich zu schädigen oder mir etwas am Zeuge zu flicken. Zum Beispiel hatte man meinen Prokuristen Don Pablo Knorr, der noch jung und unerfahren war, in Schrecken darüber versetzt, daß Chamé & Sastré insolvent seien. Nun hatte Knorr aus Vorsicht einen Angestellten meines Hauses, der in Tabasco nicht unbekannt war, nach San Juan Bautiste geschickt, um auszukundschaften, ob sich das Gerücht bestätige.

Anstatt aber wie ein geheimer Polizist vorzugehen, war dieser Sandioval[297] zu öffentlich mit der Sache herausgerückt, so daß es auch bald zu Ohren der betreffenden Firmenleitung kam. Das hieß Pech ins Feuer gießen, und das bei einem Hause, das finanziell gut dastand. Ein so böses Gerücht zu verbreiten konnte für die Firma unangenehme Folgen haben. Wohl hatte die Firma Chamé & Sastré einen Prozeß auszufechten, weshalb der eine Chef schon seit Monaten in Mexiko weilte, die Sache war aber nicht einmal so schlimm, daß selbst bei Prozeßverlust die Firma einmal in Zahlungsschwierigkeiten geraten könnte.

Nun wurden Chamé & Sastré gegen die Firma Fokken gehässig und machten Schwierigkeiten bei der Mahagonilieferung. Die Lieferung wurde nicht eingehalten, man entschuldigte sich, wegen Wassermangel das Holz nicht herausschaffen zu können.

Durch diese Verzögerung mußte ich das Stahlschiff CARL[298] unter Kapitän Warneke, das der Firma Gebrüder Seetzen gehörte und das zur Aufnahme des Holzes bereits in Laguna lag, an eine andere Firma zum Beladen abgeben. Und als später das Holz geliefert wurde, waren die Dimensionen der Blöcke nicht so gehalten, wie sie laut Vertrag hätten sein sollen, wodurch mir viele Scherereien entstanden. Nun mußte ich das Holz zu erhöhter Frachtrate in Dampfer verladen, was sich nachteilig auf dieses Geschäft auswirkte. Und dann ließen Spann Succ. Sr. das Mahagoni nach London beordern, anstatt nach Hamburg, wo der Markt zweifellos günstiger war. So wurde das Geschäft gleich null, und ich hatte nur Arbeit, Sorge und viel Verdruß damit gehabt.

Einen schweren Stand hatte ich jetzt im Hause Anizan. Don Luis, der bekanntlich Sozius war, wollte nun als solcher auch sein Recht bezüglich der eingefügten Klausel im Sozietätsvertrag „todo intencionado con Luis Anizan"[299] geltend machen. Außer Rand und Band zeigte er sich über die scharfen Bedingungen in dem Hypotheken-Vertrag. Er war auch wohl von anderen, von seinen Freunden, aufgehetzt worden, und da er mir gegenüber unhöflich wurde, bemerkte ich ganz kühl, daß ich ihn ebensowenig wie seine Verwandten in Frankreich zwingen wolle, den Hypotheken-Vertrag zu unterschreiben. Wenn er glaube, anderweitig bessere Bedingungen erhalten zu können, dann möge er nicht unterschreiben.

Endlich bequemte er sich doch und unterschrieb, wohl wissend, daß in Mexiko so wenig wie in den Vereinigten Staaten einer zu finden sei, der dem Hause günstigere Bedingungen machen, daß auch wohl keiner dem Hause Geld vorstrecken würde.

Damit war es nun selbst Joaquin Quintana unmöglich gemacht, durch Intrigen billig von Luis Anizan zu kaufen. Von nun an setzte ich die Preise fest, aber so, daß auch Luis Anizan nie Einwände machen konnte. Notar Poveda war mit seinen Söhnen beschäftigt, die Hypotheken fertigzustellen und im Grundbuch eintragen zu lassen. Erst nachdem alles regelrecht in Ordnung war, sollte uns der Kredit bei der Norddeutschen Bank eröffnet werden. Inzwischen streckte aber die Firma Juan Fokken dem Anizanschen Hause die benötigten Gelder in Kontokorrent vor.

German Harsch war inzwischen auch angekommen, hatte lange auf sich warten lassen. Er war ein guter Kontorarbeiter, weiter aber auch nichts, wie ich bald herausbekommen hatte. Knorr in meinem Hause war ihm an Geschäftskenntnissen weit überlegen und besaß keine Falschheit.
Den Inspektor Santiago Gongora hatte ich zu mir kommen lassen, um ihn zu fragen, wieviel jeder Rancho an Mahagoni und Zedern bei möglichst großer Anstrengung liefern könnte. Ich legte ihm auch dringend ans Herz, alles Mögliche zu tun, um in diesem Jahre viel Mahagoni und Zedern zu liefern. Danach machte ich den Verkaufskontrakt zwischen Anizan & Co. und Juan Fokken fertig und legte darin meine Wechselforderung von mex. $ 110 000,— als Vorschuß gegen diese Lieferung zugrunde. Dann überreichte ich Don Luis den Kontrakt zur Einsicht.
Erst am folgenden Tag brachte er mir seine Zufriedenheit darüber zum Ausdruck. Er hatte wohl erst mit dem Advokaten Don Antonio Cardenas und mit seinem zweiten Compadre Don Joaquin Quintana die Sache besprechen müssen, denn Luis Anizan selber hatte von solchen Geschäften wenig Begriff.
Der große Kredit hatte bald seine Verwendung gefunden, und das Kontokorrent war auch bereits stark angewachsen, während ich, um möglichst ein Gleichgewicht zu halten, den Blauholzschlag etwas forciert hatte und auch sämtliche Produkte für die Firma Juan Fokken kaufte. Somit war ich in meiner Stellung für B. Anizan & Co. Verkäufer und für Alexander Oetling & Co., Hamburg, Käufer im Namen meiner Firma in Laguna.
Von beiden Häusern wurde ich besoldet, ich hatte keine Veranlassung, das eine oder andere zu bevorteilen, aber meine Position war nicht rosig und leicht. Meine Aufgabe war, die mittlere Linie genau einzuhalten, und das, was sogar einigen Chefs der ersten Geschäftshäuser in Mexico unmöglich schien, nämlich die beiden Häuser in Laguna miteinander zu verbinden, war für mich ein Leichtes. Ich hatte meinen bisherigen Grundsatz, in Geschäften durchaus korrekt sein zu wollen, beibehalten.
So mußten Anizan sowohl als auch Oetling zufrieden sein, und von keiner Seite konnte man meine Handlungsweise tadeln. Sachkundig in der Branche, den Markt sowohl in Hamburg als auch in Laguna genau kennend, täuschte ich mich sehr selten in der Wertschätzung der verschiedenen Qualitäten. Wenn ich mir auf den Anizanschen Besitzungen das Mahagoni genau angesehen hatte, dann wußte ich auch, welchen Preis ich für Oetling bezahlen durfte. Ebenso war es mit den anderen Holzarten.
Bald, sehr bald kam ich zu der Einsicht, daß ich das Haus Anizan nicht würde hochbringen können. Meine ehrliche Handlungsweise wollte oder konnte der Sozius und zweite Chef, Don Luis Anizan, nicht verstehen. Ich zog den Wagen voraus, er ihn möglichst wieder zurück. Wie konnte ich so ruhig nachdenken? Hinzu kam, daß die Blauholzpreise in Europa stark heruntergingen, ja, bis zu 25 Prozent war der Preis gesunken, und von diesem Holz verkaufte Anizan jährlich 100 000 Zentner.
Ich hatte keine Mitarbeiter, die Mayordomos waren zu sehr an den alten Schlendrian auf den Besitzungen gewöhnt, und Don Luis stand auf beständigem Kriegsfuß mit dem Inspektor Santiago Gongora. Dieser gab in den Ranchos Befehle und Don Luis Gegenbefehle; so gab es beständigen Streit. Die Angestellten hielten sich auf Don Luis' Seite, schmeichelten ihm, während Don Santiago ihm an Kenntnis und Umsicht weit überlegen war. Dieser hielt sich zwar an mich, befolgte auch meine Instruktionen, aber deren Ausführung verlief mir zum Teil zu langsam, er war mir zu bequem, scheute anstrengende Reisen und Strapazen in den Wäldern. Sonst war er tüchtig; sein Studium

als Ingenieur, seine praktischen Kenntnisse kamen ihm auf den Ranchos und in den Wäldern sehr zustatten. Aber wenn dem Menschen die Lust zur Ausübung seines Berufes vergeht, dann hat auch alle Fähigkeit keinen Sinn.
Nachdem Santiago Gongoras Familie mehrere Jahre wegen der Erziehung und des Studiums seiner Kinder in Belgien gelebt hatte — der eine Sohn war auch Ingenieur geworden —, war die Frau nun mit den Kindern nach Mexiko-Stadt gezogen. Die Familie hatte ihn vorher immer sehr viel Geld gekostet, so daß ihm der Mut vergangen war. Die Gongoras waren arm geworden, wogegen sie um die Zeit, als ich noch die Bark SCHWAN führte, als reich galten und es auch waren.
Amali Ocambo war mit seinem älteten Sohn Pompóso nach Laguna gekommen, um Einkäufe für seine Ranchos zu machen und anzuzeigen, daß 500 Tons Mahagoni bald empfangen werden könnten. Dabei hörte er nicht auf, mich zu bitten, das Mahagoni selbst anzunehmen, was ich dann endlich mit Don Luis' Einverständnis unter der Bedingung tat, daß das Holz in Pocwicuk bei seinem Wohnhause und nicht in Reforma geliefert werden sollte, weil ich hier Telegraph- und Telephon-Verbindung mit Laguna hatte, während ich in Reforma von der Welt abgeschlossen war.
Mit Anizans Motorboot und mit genügenden Konserven für die Fahrt ausgerüstet, fuhr ich eines Vormittags ab. Ein Angestellter meines Hauses, Eduardo Fields, hatte ich zum Holzmessen mitgenommen. Nachdem wir einige Stunden in Palizada und Juanuta angehalten hatten, erreichten wir des Nachts um ein Uhr die Anizansche Besitzung Chinal an einer Stelle, an der einige Hütten standen, in welchen Kontratisten des Hauses wohnten. Hier ergänzten wir unser Benzin, und ich erhielt in einer Hütte eine Hängematte. Mit dem Schlafen wurde es aber nichts, Hunde und Schweine lagen dort oder liefen aus und ein, und mit Tagesanbruch gesellten sich noch die Hühner dazu, auch die lästigen Moskitos fehlten nicht.
Früh um acht Uhr fuhren wir nach einer schlecht verbrachten Nacht wieder ab und kamen nachmittags um drei Uhr in Pocwicuk an. Ich war hier aber nicht wenig enttäuscht, von Ocambo zu hören, daß das Holz in Reforma sei. Gleich wollte ich mit dem kleinen Boot zurückfahren, und daß ich es nicht getan, mich von Ocambo bereden ließ zu bleiben, habe ich nachher lange bereut, erstens wegen des Zeitverlustes und zweitens wegen der vermehrten Anstrengung und des miserablen Lebens in der Reforma-Rancho, wo jetzt keine Familie und das ganze Haus voller Flöhe war. Es war dort nicht möglich, zu schlafen. Zu Dutzenden waren die Insekten des Morgens in der Hängematte. Wie oft ich des Nachts vor Hitze und Plage aufgestanden bin, weiß Gott. Das ganze Land mußte voll von diesem Ungeziefer sein. Des Nachts war ich ohne Schlaf und am Tage von morgens bis abends in der brennenden Sonne auf den Flößen, um Mahagoniblöcke zu messen, wobei es nichts als Scherereien gab.
Der älteste Sohn Pompóso lieferte das Holz ab und wollte mich wie früher Casimiro Paoli in Laguna absichtlich betrügen. Er hatte wohl damit gerechnet, daß ich mir nicht zuviel Zeit gönnen dürfte, um all die Blöcke gründlich zu untersuchen, hatte von den Mahagoniblöcken die beste Seite nach oben gekehrt und fest in einen oder mehrere Flöße zusammengepackt, so daß auch nicht ein Block im Wasser umgedreht werden konnte. Alles war zum Hinunterflößen nach Laguna gehörig zusammengebunden. Tadellos sah das Holz von oben aus, war aber so gelegt, daß ich gleich mißtrauisch wurde. Die Dimensionen waren meinem Wunsch entsprechend, auch die Bearbeitung der Blöcke, aber den Verdacht, daß die besten Seiten oben lagen, konnte ich nicht loswerden; ich fragte deshalb den Pompóso: „Ist das Holz auch unten so beschaffen wie

oben? Sie hätten die Blöcke frei schwimmen lassen müssen, damit ich sie von allen Seiten besehen und im Wasser umdrehen könnte, was jetzt nicht möglich ist, oder die ganzen Flöße müßten wieder auseinandergenommen werden. Ich werde, um nicht zuviel Zeit zu verlieren, das Holz so empfangen, wie es liegt, finde ich aber in Laguna Mängel daran, so bringe ich Ihnen das in Abzug, einen Empfangsschein bekommen Sie jetzt nicht von mir."

Inzwischen kamen noch mit den Carretas Zufuhren von Mahagoni aus dem Walde. Diese Blöcke wurden in Reforma zu Wasser gelassen. Da hatte ich also Gelegenheit, sie von allen Seiten, so bald sie ankamen, einzeln zu betrachten, sagte aber nichts über die Mängel. Pompóso wollte diese Nachlieferung lieber erst dann messen, wenn alles zu Wasser war; das sei weniger umständlich, meinte er. Ich verstand, aus welchem Grunde, und ließ es nach seinem Belieben. Endlich war auch der letzte Block gekommen, und ich drängte zum Messen, damit ich reisen konnte.

In Laguna nahm ich später die Abzüge vor, verschiedene, ja, eine Anzahl von Blöcken verschiffte ich nicht, ließ sie zu Ocambos Verfügung am Strande liegen. Während des Messens, als Pompóso über meine Abzüge nörgelte, zog ich einen Mexican Silberdollar aus der Tasche und fragte ihn, ob in dem Dollar auch Risse und Wurm seien. Meine Bedingungen im Kontrakt lauteten: frei von Wurm und anderen Mängeln. „Daß ich mich hier nicht von Ihnen und von keinem anderen übers Ohr hauen lasse, das sollten Sie schon längst wissen."

Von Pocwicuk fuhr ich mit Ocambos Kanus, von seinem Dampfer geschleppt, nach Frontera. Die Kanus waren mit Chicle und Kautschuk beladen, das von Frontera nach New York verschifft werden sollte. Die ganze Nacht blieben wir unterwegs, und ich war übermüdet. Wie froh war ich, hier am anderen Tag den Küstendampfer besteigen zu können, um nach Laguna zu fahren! Mex. $ 250,— hatte ich mir zwar auf dieser Reise verdient, aber ich hatte auch sehr gelitten, der Anstrengungen waren zu viele.

Nach Hamburg hatte ich von meiner Firma aus rechtzeitig Order gegeben, die erforderlichen Schiffe zu chartern, die nun auch nach und nach einliefen, um größtenteils an der Küste von San Pablo bei Chenkan und sonst zu Trinidad am Rancho Pom zu laden. Zwei von diesen Kapitänen, ein Engländer und ein Norweger, zeigten mir Briefe von ihren Reedern, in denen sie die Kapitäne baten, in jeder Weise dem Ablader Fokken gefällig zu sein, wo sie nur konnten. „Herr Fokken hat sich durch die Art der Behandlung unserer Kapitäne sowohl als auch in der Weise, in der er unsere Schiffe beladen hat, sehr nobel, verständig gezeigt, und wir müssen ihn hochschätzen. Wir halten ihn für den besten Ablader des Platzes", hätten sie gesagt. Ein anderer Kapitän sagte zu mir auf Englisch: "You have not a bad name, Mr. Fokken." Ich entnahm daraus, daß sein Reeder ihm Ähnliches geschrieben hatte.

Es war natürlich, daß das Beladen der Schiffe keiner am Platze besser verstehen konnte als ich. Dazu war ich zu lange Schiffsführer gewesen. Ich ließ die Schiffe gehörig vollstopfen, wodurch beide Partner Vorteile hatten: Ich als Ablader verdiente dadurch an der möglichst großen Ladung, Oetling am verminderten Ausfuhrzoll. Zur Zeit lagen fünf große Schiffe für mich am Hafen.

Mein Projekt, das nun auszuführen war, hatte ich längst durchdacht und zum Teil meine Kalkulation gemacht, weil nach meinen wiederholten Berechnungen die Besitzungen zuviel Geld verschluckten, während sie nicht genügend Produkte lieferten. Auch sonst waren die Unkosten des Hauses hoch, und die Blauholzpreise sanken.

23. Wieder in Hamburg

Mein Projekt bei Anizan war gewesen: zu realisieren, und meine Ansicht, daß ich nur durch eine vollständige Realisation den Erben (Eigentümern) in Frankreich nützlich sein könnte, um ihr noch vorhandenes Vermögen zu retten. Und nun sollte der Versuch gemacht werden. Eine Depesche von Oetling gab mir Gelegenheit zum Zupacken. Ohne weiteres Besinnen erklärte ich Don Luis, daß die Herren Alexander Oetling & Co. keine weiteren Vorschüsse bewilligen wollten und könnten, und machte ihm den Status quo des Hauses klar. Es sei notwendig, daß ich nach Europa reiste, um mit Oetling und in Paris mit seiner Cousine Rücksprache zu nehmen. Don Luis war einverstanden.

German Harsch gab ich Prokura für die Dauer meiner Reise und sagte ihm monatlich für diese Zeit noch mex. $ 200,— mehr zu. Dafür sollte er mich solange vertreten und gut auf alles achten. Am Tag vor meiner Abreise überreichte ich ihm ein acht Seiten langes Instruktionsschreiben über die Besitzungen des Hauses, auf das er besonders zu achten hatte. Ebenso erhielt Knorr in meiner Firma eine ausführliche schriftliche Instruktion, und dann reiste ich, aber nicht ohne Sorgen, ab.

Mit dem Küstendampfer fuhr ich nach Vera Cruz, von hier mit der Bahn nach der Hauptstadt, woselbst ich mit Tronkoso, Cilveti & Co. wegen mangelhafter Lieferung von Mahagoniholz zu verhandeln hatte, dann nach Vera Cruz zurück und mit dem Worldline-Dampfer SARATOGA[300] via Yucatan und Havanna nach New York. Dies war wieder eine angenehme Reise, wir hatten beständig schönes Wetter.

In Havanna luden wir 2000 Barrel Apfelsinen. Der Krieg mit Amerika war beendet, über den Regierungsgebäuden und der Festung flatterten die amerikanischen Fahnen. Die Straßen von Havanna zeigten ein anderes Bild, von dem früheren Schmutz war nichts mehr zu sehen. Das energische Eingreifen der Amerikaner hatte Wandel geschaffen, und durch die Reinlichkeit war auch der Gesundheitszustand viel besser geworden. Aber die Unzufriedenheit der Kubaner war deutlich auf ihren Gesichtern erkenntlich. Der erste Druck, den die Yankees auf sie ausübten, schien den Kubanern zu schwer. Interessant war es auch, während der Fahrt nach New York die Unterhaltung der Passagiere, hauptsächlich von Spaniern und Amerikanern, anzuhören. Sie hatten große Meinungsverschiedenheiten über den Krieg dieser beiden Nationen und führten oft heftige Streitgespräche.

In New York wohnte ich wieder im Belvedere-Hotel, ich besuchte Marquardt in der South William Street, von dem ich meinen Kredit bekommen hatte, und konnte am dritten Tag mit dem Schnelldampfer KAISER WILHELM DER GROSSE nach Bremerhaven abfahren. Kaum hatte ich das große Schiff betreten, da sah ich am Eingang der ersten Kajüte im Gedränge der vielen Menschen dicht vor mir den früheren Reisekollegen Hermann Schaus. Auf der Kajütstreppe klopfte ich ihm auf die Schulter mit einem „Hallo, lieber Freund, wo geht die Reise hin?" Ganz erstaunt schaute er sich um, und dann konnte er seiner Freude nicht genug Ausdruck geben, daß wir wieder so zufällig zusammen reisen konnten. „Das ist meine Tochter", sagte er, „die will ich nach Wiesbaden zu ihrer Großmutter bringen, und nun kommen Sie, wir wollen nach dem Obersteward, damit wir einen Platz zusammen am Tisch bekommen."

Wir hatten einen Quertisch an der Backbordseite, an dem zwölf Personen Platz fanden. Zu meiner Rechten saß der Musikdirektor Scharrer mit seinem Vater aus Straßburg. Die beiden hatten eine Vergnügungsreise nach Amerika und Mexiko gemacht. Der

Hamburg, Segelschiffshafen

Vater hatte ein großes Hopfengeschäft. Weiter rechts saß ein Herr Rosenberg aus Stuttgart, ein feingebildeter und angenehm unterhaltender Jude, der mit Scharrers sehr bekannt war. Eine ganz famose, fidele Gesellschaft waren wir also an unserem Tisch, woselbst ich zeitweise meine Sorgen um das Anizansche Haus vergaß. Scharrer meinte eines Abends, daß es an unserem Tisch am vergnügtesten im ganzen Salon sei. Oft und sehr gerne hörte ich Scharrer im Gesellschaftssalon den Flügel spielen, neben seinem Vater hatte ich Platz genommen, als ich ihn darauf aufmerksam machte, daß so viele Damen und Herren vorüberliefen, ohne, wie es schien, die geringste Aufmerksamkeit für die schöne Musik zu haben. „Sie haben recht", sagte der Alte, „dies Volk ist ja so ungebildet und dumm, daß es kein Verständnis dafür haben kann. Nur mit ihrem Gelde protzen sie."

Der Riesendampfer war bis auf den letzten Platz besetzt, ich hatte eine schöne Kabine für mich. Es waren noch mehr Bekannte von mir an Bord. Scharrer und Sohn gingen in Plymouth von Bord. Hier bekamen wir wieder schöne Seezungen, die mir jedesmal vortrefflich mundeten. Schaus und Rosenberg fuhren mit nach Bremerhaven. Dort holten meine Frau und Johann mich ab und besahen sich den großen, schönen Dampfer. Mit dem Lloydzuge erster Klasse fuhren wir nach Bremen, am selben Tage noch weiter nach Hause, woselbst ich aber nur ein paar Tage sein konnte. Bald mußte ich nötig nach Hamburg, um Alexander Oetling & Co. den Zweck meiner Reise zu erklären und einen ausführlichen geschäftlichen Vortrag zu halten.

Freundlich und höflich wie immer wurde ich von Vater und Sohn in deren Privatkontor empfangen. Der Alte war in banger Sorge um den hohen Vorschuß, den wir Anizan im Kontokorrent bewilligt hatten. Als ich aber in meinem Vortrag aufzählte, wieviel Mahagoni und Zedern sowie Blauholz zum Verschiffen bereitliege und teils schon

schwimmend auf der Reise nach Hamburg sei und daß nach beendeter Verschiffung dieser Hölzer der Vorschuß mehr als gedeckt sei, da wurde er etwas ruhiger.
Dann erzählte ich, daß ich in den nächsten Tagen nach Paris wolle, um der Eigentümerin die Realisation des Hauses vorzuschlagen, damit deren Vermögen gerettet werde. Und dadurch, daß ich dem Hause keinen weiteren Kredit verschaffen würde, zwänge ich den Sozius Don Luis Anizan ebenfalls zum Verkauf der Besitzungen; denn ohne Vorschüsse könne nicht weitergearbeitet werden. Und als ich mit meinem Vortrag zu Ende war, wandte ich mich mit folgenden Worten an den alten Chef und Inhaber des Hauses: „So, Herr Oetling, hiermit habe ich Ihnen meine ganze Handlungsweise und mein Projekt der Realisation dargelegt. Wenn Sie mir nun noch einen besseren Rat erteilen können, dann nehme ich ihn dankend an."
Da erhob sich der Alte von seinem Stuhle und reichte mir die Hand mit den Worten: „Nein, Herr Fokken, das kann ich nicht. Alles, was Sie sagten, war gut, aber ich befürchte, daß Sie den Verkauf der Besitzungen nicht zustande bringen." „Ich bringe es fertig, Herr Oetling, und vorher reise ich nicht ab." Darauf gingen wir zusammen zur Börse.

24. Zum zweiten Male in Paris

Zwei Tage war ich in Hamburg, dann reiste ich nach Hause, von hier nach einigen Tagen mit meiner Frau nach Paris. Wir hatten Rundfahrkarten genommen: Köln—Paris, Paris—Köln — Frankfurt — Schweinfurt — Coburg. Hier besuchten wir Knorrs Eltern am Festungsberg und wohnten im Bahnhofshotel, in dem es uns sehr wohl gefiel. Von Coburg fuhren wir nach Eisenach. Hier trafen wir Evi am Bahnhof, die in Herleshausen im Pensionat war.
In dem mir bekannten Hotel Normandie in Paris hatten wir Wohnung genommen, wo es uns vor allem der günstigen Lage wegen sehr gefiel. Am folgenden Vormittag fuhren wir nach der Avenue des Ternes, um Genoveva Anizan zu besuchen und ihr mein Projekt zu unterbreiten. Sie hatte schon vorher alles mit ihrem Ratgeber Duprat infolge meiner brieflichen Mitteilungen besprochen, war mit meinem Vorschlag, das Ganze zu realisieren, vollkommen einverstanden und überließ alles meinem Ermessen. Einige Dokumente mußten nun noch für mich angefertigt werden, die der mexikanische Konsul dort beglaubigen sollte. Dadurch verlängerte sich unser Aufenthalt in der Stadt um einige Tage, so daß wir Zeit fanden, uns Paris etwas anzusehen.
In Gemeinschaft mit Genoveva Anizan besuchten wir unter anderem das Mausoleum Napoleons I. An einem Sonntagnachmittag fuhren meine Frau und ich bei herrlichem Wetter mehrere Stunden in dem schönen Boulogne-Wald spazieren. Mitten im Walde auf der Veranda eines Caféhauses nahmen wir unseren Kaffee und amüsierten uns sehr. Viele Miet- und Privatequipagen hielten hier, kamen und fuhren ab. Haus und Veranda waren voll besetzt. Das fremdländische, internationale Leben und Treiben berührt einen angenehm. Da gibt es immer viel zu beobachten, verschiedene Trachten, andere Sitten und Gewohnheiten. Eine halbe Stunde rasteten wir hier.
Des Abends amüsierten wir uns über das Leben am Boulevard Italien. Wir brauchten nur die sehr breite, schöne Avenue de l'Opera hinaufspazieren auf das große Opernhaus zu, dann waren wir schon am Duval-Restaurant. Entschieden besser war das Essen

jedoch im Hotel Normandie. Dort wurde ganz vorzüglich serviert, es war aber auch teuer. Den Louvre, welcher nur ein paar hundert Schritte vom Hotel entfernt liegt, besuchten wir auch einige Male, was besonders für meine Frau interessant war.
Acht Tage waren wir in Paris. Auf unserer Rückfahrt nach Köln lasen einige Franzosen die Zeitung mit der Nachricht, daß Bismarck, der große Kanzler, gestorben war. Diese Nachricht berührte uns tief.
Nachts blieben wir in Köln und fuhren am folgenden Tag bis Mainz mit dem Rheindampfer und von Mainz mit dem Zuge gleich weiter nach Frankfurt. Ich wurde schon ungeduldig, es ging mir durch diese Fahrt zuviel Zeit verloren. Um Mitternacht kamen wir in Frankfurt an und gingen, nachdem wir einen schlechten Tee im Hotel bekommen, zu Bett, um am anderen Morgen um sechs Uhr nach Coburg weiterzufahren. Hier wurden wir von der Familie Knorr, den beiden Alten und zwei Töchtern, freundlich aufgenommen.
In Esens erwartete mich schon eine Anzahl Depeschen und Briefe aus Mexiko und Hamburg. Alexander Oetling & Co. hatten Depesche auf Depesche gesandt, da sie mich in einer wichtigen Angelegenheit unbedingt sprechen mußten. Deshalb reiste ich am folgenden Morgen schon wieder nach Hamburg ab. Es handelte sich um einen Vorschuß an Anizan. Der alte Oetling war etwas leidend, daher nicht im Kontor anwesend. Nachdem ich das Notwendige in Hamburg erledigt hatte, reiste ich wieder nach Hause, um das Weitere aus Laguna abzuwarten. Es sollte aber nicht lange währen, bis die Sache klappte. Das setzte ich mit Sicherheit voraus, weil ich wußte, daß Anizan ohne weiteren Vorschuß die Hände gebunden waren.
Leider wurde ich vorher noch durch eine traurige Nachricht überrascht; eine Depesche zeigte mir das Ableben des alten Oetling an, er war an einem Schlaganfall gestorben. Tieftraurig stimmte mich diese Nachricht, zumal ich seine unnötigen Sorgen kannte. Nun war er aus dem Leben geschieden und hatte nicht mehr erfahren können, daß ich den Verkauf einiger der Anizanschen Besitzungen schon so bald zustande bringen würde und daß die erwähnten Schiffsladungen in kurzer Zeit mehr als den bewilligten Vorschuß im Kontokorrent deckten, daß sein Geld nicht allein voll und ganz bei ihm eingehen, sondern trotz der von mir gezahlten hohen Preise auch noch einen ordentlichen Gewinn erbringen würde.
Auf einen Brief von Anizan, nach dem man Kredit brauche, haben müsse, telegraphierte ich, daß er die Besitzungen Pom, San Migual, San Geronimito und Polvochal sowie einige Häuser in Laguna der Vinda de Repetto zum Verkauf anbieten solle. Zwei Tage darauf kam die Offerte der Vinda de Repetto, worauf ich telegraphierte: „Annehmen, wenn Sie nicht besser tun können." So kam der große Verkauf zustande, dessen Erlös hinreichte, die Hypothekenschuld sowohl als auch andere Schulden des Hauses zu bestreiten. Auch eine Hypothek auf Anizans Besitzung in Sainte Marie, Oloron, im Betrage von frcs 24 000,— zahlte ich an Madame Rousseau mit Zinsen ab.
Damit war das Haus schuldenfrei, und die Firma hatte noch mex. $ 36 000,— Cassa. Die Besitzungen von San Pablo mit 104 000 Hektar Chinal[301], 21 500 Hektar Weideland mit etwa 4500 Stück Hornvieh, 600 Stuten zur Zucht der Maulesel, etwa 350 Maulesel, die Ländereien am Rio Candelario, außerdem verschiedene Häuser und Holzniederlagen in Laguna und Palizada waren dem Hause noch erhalten geblieben, immerhin ein schönes Vermögen, wenn nur ordentlich gewirtschaftet würde. Im ganzen hatte das Haus Anizan eine Grundfläche von 345 000 Hektar.

25. In Laguna erwartet

Auf die erhaltene Laguna-Offerte schrieb ich sofort an Oetling, die Norddeutsche Bank zu benachrichtigen und zu ersuchen, daß sie ihren Bevollmächtigten Knorr in Laguna zur Zurücknahme des Hypotheken-Vorschusses ermächtige. Mit dem nächsten Schnelldampfer des Norddeutschen Lloyd, KAISER WILHELM DER GROSSE, fuhr ich von Bremerhaven ab, wohin meine Frau mich begleitet hatte. In Bremerhaven empfing ich auf dem Dampfer noch einen Brief von Fritz Oetling, in dem er seiner Freude über die glückliche Lösung Ausdruck gab. Sehr bedauerte ich, daß der alte Oetling das nicht hatte erfahren können.

Unser Abschied in Bremerhaven war tieftraurig, um so mehr, als meine Frau mit ihrem Abschiedsschmerz allein blieb. Sehr bald konnten wir uns nicht mehr erkennen, das Schwenken der Tücher und Hüte hatte aufgehört.

Ich gab mich bald den Geschäftsgedanken hin, auch damit, daß ich mich demnächst von dem Anizanschen Hause lösen und überhaupt Laguna den Rücken kehren wollte. Mein Gewinn war in den letzten beiden Jahren so reichlich gewesen, daß wir nun wohl bei vernünftig haushälterischer Wirtschaft von unseren Zinsen leben konnten. Meine Gesundheit hatte so sehr unter den Strapazen und den vielen Sorgen gelitten, daß ich es auch nicht lange mehr in Laguna aushalten würde.

Trotz meines durchaus soliden Lebenswandels kam mein altes Leiden immer mehr zum Ausbruch. Hohes Fieber bis zu 41 1/2 Grad hatte ich bereits gehabt. Damit lag ich allein in meiner Wohnung. Santiago Gongora besorgte mir einen treuen Bedienten, einen seiner früheren Mayas[302] aus Pom, Pablo Chi, einen guten, treuen Mann. Die Ärzte hatten schon an meiner Besserung gezweifelt, der Advokat und Luis Anizan liefen aus und ein, Frau Anizan ließ mir täglich eine schöne, kräftige Suppe kochen. Man war sehr besorgt um mich, der Advokat Don Antonio meinte, man könne mich noch nicht entbehren.

Während meiner Europa-Reise hatte Knorr, der Prokurist in meinem Hause, viele Scherereien mit Don Luis Anizan gehabt. Unter anderem sollte der Holzmesser Sandioval[303] aus meiner Firma die Firma B. Anizan & Co. mit dem Maßstabe beim Messen der Mahagoniblöcke betrogen haben. Obgleich Anizans Inspektor Santiago Gongora selber das Mahagoni abgeliefert hatte, beständig beim Messen des Holzes zugegen gewesen war und Knorr dem Luis erklärt hatte, daß ich schriftliche Instruktionen hinterlassen hätte, beim Messen des Holzes korrekt und genau die Bedingungen des Kontrakts einzuhalten, war Don Luis doch nicht zu beruhigen gewesen. Natürlich hatten andere ihm wieder den Kopf heißgemacht und verdreht.

Der Advokat Don Antonio Cardenas fehlte nie bei dem Plauderstündchen des Mittags bei Quintana. So war er nun zu Luis Anizan gegangen, und dieser hatte sich wieder bei Rafael Gonzales erkundigt, der Don Luis jedoch eines Besseren über mein Verfahren beim Messen belehrte. Gonzales hatte Don Luis erzählt, daß er noch nie ein so korrektes Holzmessen gesehen habe, wie Don Juan es mache. Ich hätte sogar einige Blöcke, die er von Don Luis und seinem Zimmermann vorher als Rechazada[304], das heißt Ausschußholz (minderwertig), aus der Partie herausgenommen habe und zum Schiffbau, Kanubau verwenden wolle, wieder zurückholen lassen, gemessen und dabei gesagt: „Das ist gerade die schönste Qualität unter dem ganzen Holz und zu wertvoll, um hier verarbeitet zu werden.“

Harsch wurde nun entlassen, ich hatte ihn nicht mehr nötig, tröstete ihn damit, daß ich selber auch meine Demission auf den 1. Mai eingereicht hätte, weil das Haus keine zwei Chefs mehr gebrauche, Don Luis es nun allein bewältigen müsse. Die großen Auslagen müßten vermieden werden. An Alexander Oetling & Co. sowohl als auch an Genoveva Anizan schrieb ich um meine Demission. Bei Oetling war mein Kontrakt längst abgelaufen, nicht so bei Anizan. Hier lief er noch ein Jahr weiter. Als Vertreter für Oetling empfahl ich meinen Prokuristen Knorr, der auch die Stelle bekam. Anizan gegenüber erwähnte ich in erster Linie meine heruntergekommene Gesundheit. Ich war wirklich sehr leidend, würde es dort auch kein Jahr ohne eine Kur in Karlsbad mehr aushalten können, das fühlte ich zu gut.

Verschiedene Briefe wurden diesbezüglich zwischen Genoveva Anizan und mir gewechselt. Sie, die Dame, sträubte sich aufs äußerste gegen meine Demission, aber schließlich mußte sie doch einwilligen. Mein Plan war nun, von Europa aus die Realisation der Anizanschen Besitzungen zu Ende zu führen, und zwar für den Fall, daß man es in Paris wünschte.

Anfang Mai, an einem Nachmittag, bestieg ich den Dampfer; Knorr schloß für diesen Nachmittag das Geschäft. Einige Herren waren zum Abschied zu mir auf den Dampfer gekommen, auch Don Joaquin Quintana. Luis Anizan ließ sich nicht sehen, er wie einige Konkurrenten waren froh, daß ich Laguna den Rücken kehrte. Luis Anizan rechnete wohl nicht damit, daß ich es ähnlich wie der General im Kriege machen würde, der einem übermächtigen Feind wohl ausweicht, aber doch darüber nachsinnt, wie er ihm den Todesstoß versetzen, die endgültige Niederlage bereiten könnte.

Ich hatte nämlich alle möglichen Versuche unternommen, Don Luis zum Verkauf der weiteren Besitzungen San Pablo, Chinal usw. zu bewegen und ihm die günstigsten Propositionen gestellt, aber er hatte stets Einwendungen gemacht, unterstützt von anderen Personen, denen der Verkauf keine Gewinne brachte. Und Don Luis Anizan hatte sich auch wohl die fixe Idee in den Kopf gesetzt, wenn seine etwas kränkelnde Cousine in Paris einmal stürbe, dann könne er seine Hand auf das Ganze legen, vorausgesetzt, die letzten Besitzungen wären nicht verkauft worden. Im anderen Fall würde der Erlös nach Frankreich hinüberwandern, und die Cousine könnte über ihren Nachlaß verfügen. Da Don Luis Sozius war, konnte ich mit Gewalt nichts erzwingen. So mußte ich denn andere Versuche ins Auge fassen.

26. Zu Hause in Esens und zur Erholung in Karlsbad

In New York mußte ich mich drei Tage zu Bett legen und während der Reise auf dem Schnelldampfer KAISER WILHELM DER GROSSE den Arzt konsultieren, der mir Karlsbad empfahl. Glücklich zu Hause angekommen, konnte ich nun mit mehr Ruhe das Familienleben einmal wieder genießen. Mit Genoveva Anizan unterhielt ich regen Briefwechsel, und wir beschlossen gemeinschaftlich, eine Kur in Karlsbad zu machen. Wir könnten uns in Köln treffen, und ich hätte nicht nötig, nach Paris zu reisen, um sie über den Stand des Hauses in Laguna aufzuklären.

Zuerst reiste ich nach Hamburg, um mich persönlich von Alexander Oetling & Co. zu verabschieden. Die Herren waren alle sehr liebenswürdig.

Nach etwa sechswöchigem Aufenthalt zu Hause reiste ich mit meiner Frau nach Köln ab. Wir wohnten wie immer im St.-Paul-Hotel beim Dom. Am folgenden Tag kam Genoveva Anizan von Paris an. Zum Ausruhen blieben wir noch einen Tag in Köln. Nach und nach begann unsere geschäftliche Unterhaltung, die, nachdem Genoveva mit Bestimmtheit von mir gehört hatte, daß ich nicht wieder nach Laguna wollte, in heftige Szenen ausbrach. Die Dame war ganz außer sich, als sie einsah, daß ich mich nicht zur Rückkehr nach Laguna bewegen ließ. Mit Recht konnte sie ihrem Vetter die Verwaltung des Hauses nicht anvertrauen, aber sie selbst hatte ihn zum Sozius und Prokuristen gemacht, obgleich sie gewußt, daß Don Luis von Geschäften nichts verstand und vorher auch nie darin zugelassen war. Große Summen waren durch seine Unwissenheit und Schwäche dem Hause verlustig gegangen, und nun, da er wieder allein war, ging die Sache erneut ihren alten Gang. Die nächste Lieferung Mahagoni und Zedern ging abermals zu einem niedrigen Preis an Joaquin Quintana, der es in Kommission für ein New Yorker Haus wie früher kaufte. Juan Fokkens hohe Offerte war deshalb nicht angenommen worden, weil seine Bedingungen angeblich wieder zu scharf waren.
Das Kind mußte einen Namen haben, und nur ein Nichtkenner konnte sich von anderen so beeinflussen lassen wie Luis Anizan. Quintana war nicht allein Egoist, er wollte, wie es schien, die Firma B. Anizan & Co. schädigen, wo er nur konnte, und zwar aus Rache, weil er nicht zu vergessen vermochte, daß Señorita Genoveva Anizan ihm einen Korb gegeben hatte. Man hatte wohl auch geglaubt, daß ich mich mit dem Anizanschen Hause festreiten würde. Das war mir eingefallen, als Francisco Pallas mir eines Tages auf der Straße sagte: „Wenn man glaubt, daß es mit Don Juan schiefgeht, dann geht es ihm gerade am allerbesten.“ Das war, als wir die Besitzungen an Vinda de Repetto verkauft hatten.
Ich sagte Genoveva Anizan nun deutlich, daß ich alles Mögliche für sie getan, das Haus schuldenfrei gemacht hätte, aber mich nun noch weiter mit ihrem Vetter zu zanken, um mich ganz zugrunde zu richten, das könne ich meiner Familie gegenüber nicht verantworten. Ich könne und wolle mich nicht umbringen, nahe daran sei ich schon ein paarmal gewesen, so viele Bitterkeiten hätte ich in ihrem Hause erlebt. Ich bot ihr aber meine Unterstützung an und wollte ihr gerne von hier aus mit Rat und Tat zur Seite stehen, aber nicht wieder mit ihrem Vetter das Geschäft leiten. Allein hätte ich es gern getan, aber sie konnte Don Luis nun eben nicht wieder als Sozius loswerden, konnte ihm nur die Prokura nehmen. Von meinem Vorhaben, gleich einen neuen Vertrag mit der Dame abzuschließen, ließ ich wegen einiger Widerwärtigkeiten ab, die ich hier nicht weiter erörtern will. Später und noch heute bedauere ich jedoch, mein Vorhaben nicht zur Ausführung gebracht zu haben.
Einen Tag blieben wir in Frankfurt, wohnten im Frankfurter Hof. Deutschland schien der alten Dame sehr zu gefallen, sie sah es zum ersten Male. In Karlsbad wohnten wir im National-Hotel an der Gartenzeile. In unseren Gesprächen geriet ich oft in Widerspruch zu Genoveva Anizan, aber ich wollte mich hier durch geschäftliche Angelegenheiten nicht aufregen, zumal auch die Notwendigkeit dazu noch nicht vorlag. Ich wollte erst meine zerrüttete Gesundheit aufbessern, ganz der Kur leben. Vier Wochen blieben wir, dann begleiteten wir Genoveva bis Frankfurt; diesmal wohnten wir im Hotel Schwan. Von hier reisten meine Frau und ich über Hannover, wo wir zwei Tage blieben, nach Hause.

27. Neue geschäftliche Sorgen, abermaliger Aufenthalt in Karlsbad und dritte Reise nach Paris

Von Esens aus besorgte ich nun die geschäftliche Korrespondenz für Genoveva Anizan. Don Luis wirtschaftete wieder sehr schlecht, in der kurzen Zeit von zehn Monaten hatte er das Haus wieder in 80 000,— Dollar Schulden gebracht; da mußte ich Wandel schaffen.

Ich reiste nach Paris, erklärte der Gerantin Anizan, daß Don Luis die Prokura unbedingt genommen werden müsse. Gleich wurde eine Vollmacht für Miguel Gil ausgestellt, einen guten Bekannten. Wenn auch keine Person für die Anizanschen Geschäfte, so war er uns doch als ein ehrlicher Mann bekannt.

Bei meiner Abreise von Laguna hatte ich Don Miguel Gil schon auf mein Projekt aufmerksam gemacht, mich auch vergewissert, daß er die Stelle im Hause Anizan gerne annehmen wollte. Ich dachte mir damals, daß ich ihn mit meinen ausführlichen brieflichen Instruktionen von Esens aus schon genügend unterstützen könnte, um dann mit seiner Hilfe die Verkäufe der noch vorhandenen Besitzungen zustande zu bringen. Don Luis hatte sich zuerst gegen seine Entlassung und Gils Ernennung gesträubt, aber unsere angegebenen Gründe gegen ihn wogen so schwer, daß er wohl oder übel aus dem Hause mußte.

Für San Pablo wußte ich bereits einen Käufer. So war meine erste Instruktion an Gil, sich mit dem amerikanischen Agenten Mr. Bell in Verbindung zu setzen. Der Verkauf von San Pablo kam für mex. $ 350 000,— an ein Chicagoer Haus zustande, cash down[305], wie ich es verlangt hatte. Hiervon bekamen Don Luis ein Sechstel und Juan Cartié in Sainte Marie, Oloron, ebenfalls ein Sechstel. Nachdem die Schulden von 80 000,— gedeckt waren, erhielt Genoveva Anizan mex. $ 180 000,— an die Crédit-Lyonnais in Paris überwiesen. Mit diesem Verkauf hatte ich Genoveva Anizan wieder einen großen Dienst erwiesen. Auf ihren Wunsch reiste ich nach Paris, um die Gelder zu belegen.

1900 wurde ich von Genoveva Anizan eingeladen, die Weltausstellung zu besuchen[306]. Ihren Vetter Juan Cartié hatte sie auch eingeladen, der wohnte bei ihr im Hause. Für mich hatte sie eine sehr nette Privatwohnung bei Madame Sellier de Sancy, 7 Rue Frederic Bastiat, gemietet. Zehn Tage war ich in Paris. Die meiste Zeit brachten wir auf der Ausstellung zu, Cartié war stets mein Begleiter.

Über die Anizanschen Verhältnisse hatten wir zuweilen Meinungsverschiedenheiten, und da ich ihn dabei genügend durchschaute und wußte, daß ich für all mein Bemühen, ihr Vermögen zu retten, nichts zu erwarten hatte, so setzte ich schon während meines Aufenthalts in Paris meinen Plan fest, baldmöglichst einen kleinen Vertrag mit der Gerantin Anizan abzuschließen. Als Gast wurde ich aber sehr liebenswürdig behandelt; man war unermüdlich bestrebt, mir alles zu zeigen. Großartig war die Ausstellung, aber auch ermüdend. Man sieht zuviel, für das man nicht das richtige Verständnis aufbringt. Mich interessierten am meisten die Gemäldeausstellung, dann die Marine und die Möbelausstellung. Das Kajüt-Modell des Schnelldampfers DEUTSCHLAND[307] z. B. hat mich fasziniert. Die deutsche Abteilung war nicht groß, wurde aber im allgemeinen großartig, chic genannt.

In Köln traf ich mit Evi und Anni zusammen, die sich den Rhein ansehen wollten. Bis Koblenz fuhren wir mit dem Zuge, hatten ein interessantes holländisches Ehepaar als

Reisegesellschaft bei uns im Coupé, einen Kapitän mit seiner lebhaften Frau. Die Unterhaltung war angeregt und angenehm. In Koblenz speisten wir zu Mittag, fuhren dann mit dem Dampfer RHEIN[308] bis Rüdesheim.
Auf dem Dampfer gab es allerlei Szenen, so daß unsere Kinder ihre Menschenkenntnisse etwas erweiterten. Ein Herr machte einen großen Skandal, daß er nicht prompt genug bedient werde. An einem Tisch zechten übermäßig laut vier junge Leute, die wohl zum ersten Male eine Rundreise zusammen machten. An Reiseutensilien fehlte es ihnen nicht, Fernrohr (Krimstecher) und Photoapparate führten sie mit sich. Einem älteren Mann, der mit seiner Familie reiste, war das Toben der jungen Männer zuviel, er bat, sie möchten sich doch etwas ruhiger verhalten. Damit war der Spektakel vollkommen. Freche Lümmels waren es, sie meinten, an ihrem Tisch tun und lassen zu können, was sie wollten. Dann molestierten[309] sie den Alten mit dem Apparat so lange, bis die erwachsene Tochter sie höflichst bat, es zu unterlassen. Das half.
Von Rüdesheim fuhren wir nach Wiesbaden, ließen uns durch die ganze Stadt fahren und reisten abends nach Frankfurt, woselbst wir im Hotel Schwan Wohnung nahmen. Anni schmeckte das Essen in keinem Hotel, sie meinte, Bohnensuppe zu Hause sei ihr lieber; Evi war anderer Meinung. Im übrigen gefiel ihr das Hotel Schwan sehr.
Von Frankfurt fuhren wir nach Hannover, blieben zwei Tage, und von dort reiste ich nach Karlsbad, die Kinder nach Hause.
Mein altes Leiden war wieder stärker zum Ausbruch gekommen, mir war oft recht schlecht. In Karlsbad erhielt ich die Zusage auf meine bescheidene Besoldung. Von nun ab gab ich weitere energische Instruktionen an Miguel Gil und setzte sie bis zum Februar 1902 fort. Als ich nun keine Fortschritte mit den weiteren Verkäufen erzielen konnte, da schöpfte ich Verdacht, daß Gil in Übereinkunft mit Don Luis die Verkäufe nicht vornehmen sollte, Gil wohl deshalb nicht, weil er durch die weiteren Verkäufe seine Stelle loswürde, die ihm einen netten Verdienst einbrachte.
Diese Gedanken konnte ich nicht loswerden; ich schrieb deshalb in diesem Sinne nach Paris. Die Dame hatte darauf eine Unterredung mit ihrem dortigen Freund und Ratgeber Duprat. Dieser machte den Vorschlag, mich für eine Reise nach Paris und Laguna zu engagieren, damit ich selber die Liquidation des Hauses einleiten und ausführen möge. Darüber entstand dann ein lebhafter Briefwechsel zwischen uns, welcher meine Reise nach Paris zur Folge hatte. Ich wollte nicht gerne nach Laguna reisen und machte den Vorschlag, man solle doch eine passende Persönlichkeit in Paris engagieren, an intelligenten Leuten fehle es dort doch nicht. Mit Rücksicht auf meine Gesundheit könne ich mich schwer entschließen, zumal ich gerade um die heißeste Zeit in Laguna ankommen würde. Duprat meinte aber, da ich nun einmal die Verhältnisse des Hauses Anizan gründlich kennte, sei es doch am besten, am richtigsten, wenn ich die Sache in die Hand nähme. Darin hatte er wohl recht.
Duprat machte mir auch ein gutes Angebot: 33 Prozent von dem Erlös sagte man mir zu. Ich lehnte deshalb ab, weil ich unmöglich auf so lange Zeit in Laguna sein konnte und wollte. Dazu wäre ich großem Verdruß mit Don Luis ausgesetzt. Den wollte ich vermeiden und forderte am folgenden Tag bessere Bedingungen für mich mit Rücksicht auf meine Gesundheit. Ich wollte die Reise nach Laguna machen, um mich zu überzeugen, wie es mit der Verwaltung des Hauses stehe, eventuell für Miguel Gil meinen Nachfolger im Deutschen Hause, Pablo Knorr, ernennen und das sonst Notwendige einleiten, aber nicht lange dort bleiben und ließ mir für diese Reise eine festgesetzte Summe zahlen.

Mit einer General-Vollmacht ausgerüstet, reiste ich ab. Auf das beste war ich von Genoveva Anizan bewirtet worden. Ein Beamter Duprats begleitete mich eines Abends in die Oper: Die Meistersinger von Nürnberg (Richard Wagner) wurden gegeben. Welch berauschende Musik und was für Glanz und Luxus in diesem Opernhaus!

28. Wieder in Mexiko

Befriedigt mit dem Resultat meiner Reise kam ich abends in Köln an. Hier löste ich gleich eine Retourfahrkarte von Bremen nach New York. Mit dem Dampfer KAISER WILHELM DER GROSSE konnte ich am 11. März abfahren, somit noch etwa zehn Tage zu Hause sein.

In dieser Zeit, fünf Tage vor meiner Abreise, erhielt ich von Genoveva Anizan die Anzeige über Duprats Ableben. Am Gehirnschlag war er gestorben, als Folge übermäßiger Arbeit. Diese Nachricht stimmte mich tieftraurig. Duprat war ein angenehmer und einsichtsvoller Mensch, er war mir stets entgegengekommen, teilte ganz meine Ansichten. „Schade, daß Sie kein Französisch können", hatte er zu mir gesagt, „ich würde Ihnen dann sofort eine Stelle anbieten, die 24 000 pro Jahr einbringt." Genoveva Anizan verlor mit ihm einen angenehmen, aufrichtigen Freund und Ratgeber.

Am 11. März vormittags fuhr ich mit dem Lloydzuge erster Klasse von Bremen nach Bremerhaven. Auf dieser Fahrt machte ich gleich die Bekanntschaft zweier Mitreisender nach New York, des Direktors einer großen Eisenbahngesellschaft und dessen Agenten, eines früheren Obersten, beide aus Philadelphia. Auch am Kapitänstisch saßen wir einander im Speisesalon gegenüber und hielten während der Reise gute Freundschaft. Der große, schöne Dampfer lag an der Kaje in Bremerhaven. Nachdem ich mein Zimmer aufgesucht und es mir angesehen hatte, ging ich ins Schreib- und Lesezimmer. Eine Anzahl Briefe für die Mitreisenden lag auf einem Tisch, und der Lesezimmer-Steward brachte, als ich eintrat, noch einen Stoß Briefe, die mit der letzten Post angekommen waren.

Obgleich ich selber keinen Brief hier zu erwarten hatte, sah ich mir doch die Adressen an, ob nicht vielleicht ein Bekannter darunter war. Zu meiner großen Freude fand ich einen Brief an den Konsul Paul Kosidowsky adressiert, der in Southampton an Bord kommen sollte. Das war reiner Zufall: mein bester Freund aus Mexiko-Stadt mit mir auf demselben Dampfer! Angenehmeres hätte ich mir nicht wünschen können. In Southampton kam der Dicke im Gedränge der vielen Menschen den Steg pustend herauf, und sobald er den Fuß auf Deck setzte, faßte ich ihn am Arm; er war nicht wenig erstaunt, mich hier auf dem Dampfer zu treffen. Nach kurzer freudiger Begrüßung wurde er von einem anderen jüngeren Mann angesprochen, es war sein Prokurist Gottwaldt, der schon in Bremerhaven an Bord gekommen war. Die beiden hatten einander geschäftliche Mitteilungen zu machen, weshalb ich mich entfernte und beim Obersteward die freien Plätze neben mir am Kapitänstisch für sie belegte, damit wir auch bei Tisch zusammen waren.

Je mehr wir uns New York näherten, desto mehr Einladungen erhielt ich, am nachdrücklichsten aber von dem Eisenbahndirektor aus Philadelphia, dort mit ihm zu frühstücken. Mit seiner Equipage wolle er mich vom Bahnhof abholen. Dreihundert Personen habe er meistens in seinem Office beschäftigt. Ich hatte auch die Absicht, ihn

zu besuchen, wurde aber durch einen sehr verdrießlichen, unangenehmen Zwischenfall daran gehindert.
Da die Lloydpiers in Hoboken[310] nach dem großen Brand von 1900 noch nicht wieder gänzlich fertig waren, mußte der Dampfer KAISER WILHELM DER GROSSE diesmal noch an der New Yorker Pier anlegen. Es war ungefähr 4 1/2 Uhr nachmittags, als wir landeten. An der Pier nahm mich der Agent des Hotels Belvedere, der mich von früher bereits kannte, in Empfang und erbat meinen Gepäckschein, damit er meine Sachen besorge. Meine Handtaschen wollte ich mit in die Droschke nehmen. „Ach was", sagte er, „weshalb wollen Sie zwei Dollar für die Droschke ausgeben? Da an der Ecke hält der elektrische Wagen, damit können Sie für ein paar Cents bis vor das Hotel fahren. Lassen Sie mir die Taschen nur hier, die bringe ich mit auf meinem Gepäckwagen."
Als die Zollrevision vorüber war, fuhr ich mit der elektrischen Car nach dem Hotel. Abends, als der Wagen, beladen mit Koffern und Handgepäck, vorfuhr, achtete ich beim Abladen auf meine Sachen, wobei ich dann das Fehlen meiner großen Handtasche bemerkte. Der Hotelbeamte meinte, das sei nicht möglich, aber es stimmte.
Nach etwa zwanzig Minuten mußte er mit mir nach der Pier fahren. Dort hatte man bereits Feierabend gemacht, die noch vorhandenen Beamten wußten von einer ledernen Handtasche nichts. Des Nachts war es mir nicht möglich, auch nur einen Augenblick zu schlafen. Meine Sorge um die Tasche war groß, weniger des Wertes als der Verlegenheit über das Fehlende wegen. Meine General-Vollmacht befand sich in der Tasche, und ohne sie konnte ich in Laguna nichts machen.
Am folgenden Morgen fuhren wir abermals nach dem Pier-Office. Dort konnte man uns nun sagen, man sei per Telephon benachrichtigt worden, daß eine gestohlene Reisetasche auf der Hauptpolizeistation liege, man wisse aber nicht, ob die Tasche von der Pier gestohlen worden sei. Auf der Polizeistation legitimierte ich mich und gab auf Verlangen den Inhalt der Tasche an. Nach Beantwortung mehrerer Fragen wurden wir in ein kleines Zimmer geführt, wo die Tasche auf einem Tisch stand. Die Riemen waren heruntergerissen und der Längsstab verbogen. Zwei gemeine Spitzbuben hatten die Tasche vom Hotelwagen am Ende der Pier gestohlen, während der Kutscher auf der Pier dem Wagen den Rücken zugekehrt hatte. Die Kerls seien damit über die Straße gerannt und in einer Seitenstraße in den Korridor eines Hauses gegangen, was ein junger Herr gesehen, wobei er gleich gedacht habe, daß die schöne lederne Tasche denen nicht gehören könne. Deshalb habe er einem Schutzmann gewinkt, der die beiden im Korridor beim Aufbrechen der Tasche überrascht und danach eingesperrt habe.
Die Tasche durfte man mir aber noch nicht mitgeben, bevor die Diebe abgeurteilt worden waren. Einen Beamten gab man uns mit nach dem Gericht, woselbst ich vorgestellt wurde, meine Karte mit Titel abgab und bat, mich möglichst schnell abzufertigen, weil ich mein Billett für den Dampfer nach Havanna gelöst hätte und am folgenden Tag abfahren wolle, sonst acht Tage Zeitverlust hätte. Die Richter waren sehr höflich und kamen meinem Wunsch entgegen. Es saßen wohl über hundert Personen vor mir in dem großen Saal auf Bänken und warteten die Entscheidung der Richter ab. Aber es dauerte länger, als erwartet. Es mußten noch der junge Mann und auch der betreffende Schutzmann herangeholt werden. Den jungen Mann, der bei seinem Vater im Kommissions-Geschäft tätig war, konnte man in der großen Stadt so schnell nicht finden. Die beiden Spitzbuben wurden jetzt aus dem Gefängnis vorgeführt.
Nun wurde alles zu Protokoll genommen, und ich mußte meinen Eid ablegen, daß die

ganze Sache sich wie vorgelesen zugetragen habe und die Tasche mein Eigentum sei. Den Wert der Tasche hatte ich mit 500,— Dollar angegeben, und zwar der Vollmacht wegen. Erst am folgenden Morgen, einige Stunden vor meiner Abreise, empfing ich die Tasche zurück. Durch Zahlung an den jungen Mann kostete die Angelegenheit mich 25 Dollar = 100,— Mk. Dazu hatte ich zwei aufregende, sorgenvolle Tage ohne Schlaf; denn ohne die Vollmacht hätte ich nichts machen können.
Mittags schiffte ich mich auf dem Schnelldampfer ESPERANZA[311] von der World-Line ein, einem schönen neuen Schiff; es machte erst die zweite Reise. Die Passagiere gehörten fast alle der besseren Gesellschaft an. Ich hatte hier Unterhaltungen mit sehr gediegenen Amerikanern, die noch des Lobes voll waren über den Besuch des Prinzen Heinrich von Preußen, der kurz vorher Amerika besucht hatte. Gleich in New York war mir aufgefallen, daß selbst das einfache Publikum von dem Prinzen begeistert war.
Wir hatten mit dem Dampfer eine sehr angenehme Reise. Gottwaldt fuhr auch mit, während Kosidowsky in Chicago zu tun hatte und von dort mit der Bahn nach Mexiko reisen wollte. In Havanna gingen wir für ein paar Stunden an Land.
In Progresso (Yucatan) stieg ich aus, und nachdem ich hier zwei Tage in einem sehr schlechten Hotel verbracht, reiste ich mit der TEHUANTEPEC[312] via Campeche nach Laguna. Abends um elf Uhr, als wir Progresso verließen, fuhren wir ein Fischerboot an, so daß es umschlug. Es hatte kein Licht gezeigt, erst durch das Geschrei der Insassen wurden wir aufmerksam. So mußten wir ankern und ein Boot aussetzen, um die Leute zu retten. Bevor jedoch unser Boot helfen konnte, waren andere Fischerboote rasch herbeigeeilt und hatten die Leute, die gute Schwimmer waren, bereits aufgenommen. Wegen dieses Vorfalls mußten wir zwei Tage auf der Reede von Campeche bleiben, weil der Kapitän hier die Unfallursache beim Gericht klären mußte.
Früh um 6 ½ Uhr kamen wir in Laguna an; mit dem Zollboot fuhr ich an Land, wo Knorr mich empfing. Als Miguel Gil mich zu Gesicht bekam, wurde er leichenblaß. Jedenfalls vermutete er nichts Gutes bei meiner plötzlichen, unerwarteten Ankunft. Er und Francisco Pallas gingen mit uns nach Knorrs Wohnung, wo wir uns zunächst ein Stündchen unterhielten. Am folgenden Tag machte ich meine Besuche bei der Vinda de Repetto, bei Quintanas und Paoli. Don Joaquin Quintana war vor eineinhalb Jahren gestorben, die Söhne führten das Geschäft weiter, so gut sie es verstanden.
Wie früher, so wurde ich auch jetzt sehr freundlich von der Familie empfangen, ja, liebenswürdig behandelt. Ohne Zweifel freuten sie sich sehr über meinen Besuch und erwähnten, es sei gut, daß ich gekommen sei, um die Sache bei Anizan einmal wieder in die Hand zu nehmen. Quintanas hatten ja auch immer etwas Interesse an dem Anizanschen Hause, weil Lola, die älteste Tochter, mit dem ersten Vertreter und Leiter des Hauses Anizan, Don Moisés Urquiolac, verheiratet gewesen und oben im Geschäftshause auf der großen, schönen Etage ein Jahr, leider in keiner glücklichen Ehe, gewohnt hatte. Kurz nach der Hochzeit war Don Moisés schwer erkrankt und innerhalb eines Jahres gestorben. Lola war dann wieder zu ihren Eltern gezogen, wo sie als Witwe seit Jahren wohnte.
Eingehend erkundigte sich Frau Quintana nach meiner Familie, von der sie nur meine Frau kennengelernt hatte. „Que tiempos differente, que cambios en la vida“, sagte sie, d. h. wie veränderlich sind die Zeiten, und wie wechselvoll ist das Leben. Ja, sie hatte auch hinreichend Freud und Leid kennengelernt.
In den ersten Tagen erfuhr ich bereits, daß Miguel Gil sich im Interesse des Hauses Anizan wenig rührte, ich fand meine Vermutung voll und ganz bestätigt und über-

zeugte mich persönlich davon. Zu meinem Leidwesen war aber der Advokat Don Antonio Cardenas nicht anwesend, er war in Campeche und wollte nach Mexiko-Stadt fahren. Ohne ihn konnte ich nicht fertigbringen, was ich wollte. Er war Don Luis' Compadre und stets auf dessen Seite gewesen. Jetzt wollte ich ihn für mich gewinnen, koste es, was es wolle, und daß ich es erreichen würde, daran zweifelte ich nicht. Ohne ihn für mich gewonnen zu haben, konnte ich mit Socio Don Luis nichts werden, das wußte ich. Ich telegraphierte deshalb nach Campeche, daß Cardenas zurückkommen möge wegen einer Sache von Belang für ihn.

Mit einem Kanu kam er an, weil keine Dampfergelegenheit in den nächsten Tagen zu erwarten gewesen war. Nachdem ich Cardenas mein Projekt in Knorrs Gegenwart dargelegt hatte, begann der schwere Kampf mit Don Luis Anizan, weil er bei einer Liquidation seinen Vorteil zu sehr ins Auge faßte. Darauf wollte ich nicht eingehen. Zitternd vor Aufregung stand er in der Junta[313] bei uns, wir kamen zu keinem Entschluß.

Um nun möglichst allen Streitigkeiten, allem Verdruß und persönlichen Verhandlungen mit Luis Anizan aus dem Wege zu gehen, verständigte ich mich mit dem Advokaten Cardenas und Pablo Knorr. Gil wollte ich entlassen und Knorr zum Bevollmächtigten ernennen, dann beide zu Liquidatoren der Firma B. Anizan & Co. einsetzen und, obgleich ich General-Vollmacht besaß, darüber die Einwilligung, das Zugeständnis von Genoveva Anizan einholen. Nach elftägigem Aufenthalt reiste ich mit Cardenas mit demselben Dampfer nach Progresso ab, ich konnte somit auch die ESPERANZA, die von Vera Cruz zurückkam, noch erreichen. Auf dieser Fahrt hatte ich Zeit, mich gründlich mit Cardenas über alles zu verständigen. Die Hitze in Laguna war mir unerträglich, und die drei Tage Aufenthalt in Progresso waren nicht minder unausstehlich in dem schlechten Hotel.

Wie glücklich war ich, als ich das Deck der ESPERANZA betrat. Zwei Männer, die mit mir von New York gefahren, begrüßten mich freudig, sie kamen schon wieder von der Hauptstadt zurück, hatten ihre Geschäfte sehr schnell erledigt. Ich erhielt eine sehr schöne Kabine und nahm gleich ein Bad. Zwei Tage später sagte man mir, daß ich mich schon gut erholt hätte, ich hätte krank ausgesehen, als ich an Bord gekommen sei. Die angenehm frische Seeluft unter dem Sonnensegel auf diesem schönen Dampfer mußte wohl die Kranken bald gesunden, so daß auch ich mich schnell etwas erholte. Die Reise verlief wieder über Havanna nach New York, vom schönsten Wetter begünstigt. Diesmal waren weniger Passagiere auf dem Schiffe, aber es war eine angenehme Gesellschaft.

Auf dem Broadway nahm ich in einem großen Hotel Wohnung und traf hier einen Reisekollegen, einen Amerikaner, der mit der Bahn von Mexiko-Stadt zurückgekommen war. Am dritten Tag konnte ich wieder mit dem Schnelldampfer KAISER WILHELM DER GROSSE abfahren, der Heimat zu.

In Plymouth und Cherbourg legten wir an; dort verließen auch die meisten Passagiere das Schiff. In Plymouth bekamen wir wieder die berühmten wohlschmeckenden Seezungen. Welch herrliches Leben auf diesem Dampfer!

29. Geschäftsabschlüsse von Hamburg aus

Über meine rasche Heimkehr war man in Paris wohl nicht besonders erfreut, aber man fand sich darin. Nachdem ich meinen geschäftlichen Vortrag gehalten und den Vorschlag gemacht, Don Miguel Gil sofort seine Demission zu geben und Knorr Vollmacht zu erteilen, ihn zugleich mit dem Advokaten Cardenas als Liquidator einzusetzen, da wurden Genoveva Anizans Ratgeber bald einig mit mir, so daß der Notar Vallejo und ich den Liquidations-Vertrag mit Knorr und Cardenas fertigmachten, der in allen Teilen angenommen wurde. Miguel Gil bekam die Order, seine Vollmacht an Pablo Knorr zu übertragen. Damit war meine Mission in dieser Sache glücklich beendet.

Von nun an trat ich in einen regen Briefwechsel mit Knorr, und die Sache nahm einen immer besseren Verlauf. Die Häuser und Niederlagen in Palizada sowohl als auch in Laguna kamen zum Verkauf, aber mit Luis Anizan war wegen der Verkäufe der anderen Besitzungen schwerlich fertigzuwerden; er machte den Liquidatoren viel Kummer, immer verlangte er wieder neue Zugeständnisse für sich.

Endlich, nach einem Jahre, wurden die Besitzungen gegen An- und Ratenzahlung an einen Unternehmer Teruel in Mexiko-Stadt verkauft. Wegen der Ratenzahlungen stellten sich nach und nach immer mehr Schwierigkeiten ein, weil Teruel sein Geld in große Unternehmungen, Eisenbahnbauten usw. gesteckt hatte und diese nicht so bald preiswürdig an die Regierung verkaufen konnte. Genoveva Anizan wollte ihr Geld haben. Das Wehklagen nahm kein Ende. Teruel hatte einen guten Teil mit den Zinsen von sechs Prozent abbezahlt, und dazu hatten wir eine ganz vorzügliche Hypothek von Chinal in den Händen, so daß für uns die Sache durchaus sicher war. Teruel war dabei hereingefallen und konnte nun, ohne Schaden zu erleiden, die Besitzungen nicht wieder loswerden. Knorr schlug einen Prozeß gegen Teruel vor, doch darauf wollte ich mich nicht einlassen. So entschloß ich mich denn im Einverständnis mit Genoveva Anizan, nochmals eine Reise nach Mexiko-Stadt zu machen, um die Sache endgültig zu regeln, acht Tage nach Evis Hochzeit im Juli 1905.

30. Letzte Reise nach Mexiko

Am 25. Juli verließen wir Passagiere der ersten Klasse früh um 7.30 Uhr mit dem Lloydzuge Bremen und kamen um 8.45 Uhr in Bremerhaven an der Kai an. Von dort wurden wir mit dem kleinen Lloyd-Dampfer KEHRWIEDER nach dem Dampfer KAISER WILHELM DER GROSSE, der auf dem Strom vor Anker lag, befördert und wie immer mit Musik empfangen. Zuerst suchte jeder seine Kabine auf, dann den Badesteward, um die Zeit anzugeben, zu der man des Morgens baden wollte. Ich wollte jeweils um sechs Uhr früh mein Bad nehmen. Sodann ging ich nach dem Postschalter, um anzuzeigen, daß man Briefe erwarte, und von dort zum Obersteward, um die Nummer der Tischkarte zu holen. Dabei kann man seine Wünsche aufgeben, etwa wo man gerne sitzen möchte usw. Ein paar Mark Trinkgeld haben da gute Wirkung. Belegte Brote und Bouillon wurden vormittags im Rauchérzimmer und an Deck gereicht.

Um zwölf Uhr passierten wir Rotesandleuchtturm, das Wetter war anfangs regnerisch, klarte aber bald zur Freude aller auf. Um ein Uhr gab es den schönen, reichhaltigen

Lunch, zwei Arten Suppe, Beefsteak, Koteletts, Heringe, Ham and Eggs, Brot, Butter, Käse, mehrere Sorten Kaffee oder Tee, also das, was man gerade wünschte. Wohl gesättigt spazierte man dann zufrieden das schöne, große Promenadendeck auf und ab, bald den Blick nach Helgoland, bald nach der Insel Wangerooge gewandt, während sich unzählige Seemöwen an der Seite des Riesendampfers aufhielten, um dann und wann Nahrung aus dem Spülwasser der großen Küche zu erhaschen. Zu Dutzenden schossen die Möwen ins Wasser. Leichten Fluges kamen sie mitunter so nahe, daß man sie beinahe mit der Hand vom Promenadendeck aus greifen konnte.

Um sieben Uhr abends gab es Diner mit schöner Tafelmusik. Meinen Platz am Tisch hatte ich gewechselt, ich saß nunmehr in der Mitte des Salons. Den Kaffee nahm ich im Raucherzimmer, er schmeckte mir vorzüglich.

Abends um elf Uhr legte ich mich zu Koje; mein Stubenkollege, ein junger Deutschamerikaner, bot mir die Unterkoje an. Einschlafen konnte ich wegen der ungewohnten Erschütterungen und des Getöses nicht. Um 0.30 Uhr erschallten die ersten Töne des Nebelsignals und hielten bis zum folgenden Morgen an. Zeitweise wurde die Schraube auf Halt gestellt. Auch weil ich die Gefahren erkannte, war es mit dem Schlafen vorbei. Um sechs Uhr nahm ich ein warmes Salzwasserbad. Ich traf denselben Badesteward von früher, einen gewandten Mann seines Berufes. Er erzählte mir, daß der frühere Obersteward an Diabetes gestorben und vor sechs Wochen beerdigt worden sei, eine Frau mit sechs Kindern hinterlassend. Der frühere Obermaschinist Baum habe sich noch auf die KAISER WILHELM II.[314] versetzen lassen, gehe aber diesen Herbst 64jährig in den Ruhestand.

Um acht Uhr hörte man noch aus allen Richtungen Nebelsignale, sie wechselten mit unseren ab. Der dumpfe Ton unseres Dampfers klang unheimlich und übertönte alle anderen. Sehr langsam verlief die Fahrt, und häufig wurde gestoppt. Wenn es einen Augenblick aufhellte, ging es gleich Volldampf voraus, um keine Minute zu verlieren. Erst um drei Uhr nachmittags erreichten wir die Kai von Southampton und konnten nach Übernahme der Passagiere und Post um 4 1/2 Uhr wieder abfahren. Wir kamen aber nicht weit, bei den Needles (Westende der Insel Wight) mußten wir wegen undurchsichtigen Nebels ankern.

Der Nebel hielt an. Infolge der vorigen schlaflos verbrachten Nacht legte ich mich um 9.30 Uhr zur Ruhe. Die Lage der Kabine 208 war nicht sehr günstig, im Gang daneben hatte eine Anzahl Stewards ihre Station. Die Unterhaltungen endeten des Abends spät und begannen des Morgens früh. Die ganze Nacht herrschte dichter Nebel, erst des Morgens um 5 1/2 Uhr wurde der Anker gelichtet, und langsam, sehr langsam dampften wir im Nebel ab. Wir hatten jetzt totale Windstille, das Meer war spiegelglatt, so daß man die Nebelsignale weithin hören konnte. In der Nacht war ich durch heftige Schmerzen in der linken Achselhöhle bis zur Schulter hinauf aufgewacht. Sie waren wohl durch den Zugwind in der Kabine entstanden. Der Zimmersteward hatte das Ventilationsrohr während der Nacht offengelassen, und die kalte Nebelluft hatte beständig meinen linken Arm gestreift.

Nachdem ich um sechs Uhr ein Bad genommen und Kaffee getrunken hatte, ging ich an Deck. Einige Passagiere waren mir doch noch zuvorgekommen, aber wirklich nur einzelne. Dichter Nebel lag ringsumher, sonst war es schön, das Meer glatt. Beim Frühstück um 8.15 Uhr setzte sich mir links gegenüber ein junger, nicht übel aussehender Mann mit schwarzem Haar und Schnurrbart nieder. Er war in Southampton eingestiegen und wegen seiner Unterhaltung mit dem Steward auf Deutsch vermutlich ein gebo-

Schnelldampfer KAISER WILHELM II.
Postkarte um 1898

rener Deutscher. Nachdem er seinen Blick weltmännisch kühn im Saal hatte umherschweifen lassen, setzte er sich behaglich hin, schien aber keinen großen Appetit mitgebracht zu haben, obgleich er am vorhergehenden Abend nicht an dem Diner teilgenommen hatte. Seiner Brieftasche entnahm er einen Brief, vermutlich von seiner Geliebten, weil er mit sichtlichem Wohlgefallen die Zeilen verfolgte und dann und wann ein Lächeln nicht unterdrücken konnte. Er saß noch einen Augenblick schweigend auf seinem Platz und entfernte sich wieder. — Im Laufe des Vormittags unterhielt ich mich auf dem Promenadendeck mit einem Passagier namens Thiermann. Erst um 11.45 Uhr verschwand der Nebel; wir hatten schon zwanzig Stunden Verspätung. Kaum war der Anker auf der Reede von Cherbourg gefallen, als sich auch schon ein kleiner Dampfer längsseits legte, der die Bagage der hier an Bord kommenden Passagiere und Postsäcke brachte. Eine halbe Stunde später kam ein anderer Dampfer mit den Passagieren von Cherbourg herüber und legte bei uns längsseits an. Unter ihnen befanden sich der russische Finanzminister mit Frau und Töchtern sowie acht Männer seines Gefolges, die ihm bei der schwierigen Arbeit in Washington um die Friedensbedingungen mit den Japanern — sie erwarteten ihn dort — behilflich sein sollten.
Das Gabelfrühstück, der Lunch, wurde am Morgen wegen der zu stark in Anspruch genommenen Stewards von den neu hinzugekommenen Passagieren eine Stunde später eingenommen. Um zwei Uhr nachmittags fuhren wir ab, aber kaum hatten wir den Hafen verlassen, als sich, während wir zu Tisch waren, von neuem der verwünschte Nebel einstellte.
Abends um 9.30 Uhr hatten wir Bishop-Rock-Feuer dwarsab in Sicht, ein elektrisches Blinkfeuer. Dem Zimmersteward gab ich Order, mir noch ein kleines Kopfkissen zu

besorgen und die Ventilationsklappen dichtzumachen. Mit Mühe konnte ich mich noch eben allein entkleiden, solche Schmerzen hatte ich. In Cherbourg hatte ich noch einen Brief von Genoveva Anizan bekommen, in dem sie ihrer Freude über meine Reise Ausdruck gab. Ihr jetziger Ratgeber Dillon habe ihr gesagt, daß kein anderer die Mission so gut ausführen könne wie ich. Um zehn Uhr legte ich mich zur Ruhe, an Schlaf war aber nicht zu denken, die ganze Nacht nicht. Das Liegen, das Sitzen, alles war mir beschwerlich, laut aufschreien hätte ich mögen, die ganze Reise wurde mir dadurch verdorben.

Das Frühstück schmeckte mir nicht, ich legte mich wieder hin. Eine Dreiviertelstunde schlief ich nun. Mittags um ein Uhr ging ich mit zum Lunch. Die Gesellschaft zu meiner Rechten und vis-à-vis schien ihre Erlebnisse gestern erzählt zu haben und legte heute ein wenig Aufmerksamkeit für ihre Tischnachbarn an den Tag. Man empfing mich nämlich schon mit einem stummen Kopfneigen, worüber ich mich wunderte, weil am Abend davor alles um sie herum für sie nicht existierte. Die Dame, die mir gestern bei Tisch halb rechts den Rücken zugekehrt hatte, war heute zuvorkommender. Sie erzählte mir, daß ihre Mutter wegen Kopfweh nicht zu Tisch könne und daß sie drei Monate in England, meistens in London, gewesen sei und in Brooklyn wohne. Die Blondine mir gegenüber, die in Cherbourg eingestiegen war, war lebhaft, und beim Lachen zeigte sie eine Reihe weißer, tadelloser Zähne. Sie erzählte, daß sie Deutsch in der Schule gelernt habe, daß ihre Mutter eine Deutsche sei. Im Sprechen habe sie aber zuwenig Übung. Ich merkte aber, daß das, was sie sprach, korrekt war. Als sie dreizehn Jahre alt gewesen sei, sei ihre Mutter nach Amerika gekommen.

Am Nachmittag hatte ich wieder stärkere Schmerzen; ich mußte mich zurückziehen, konnte aber nicht liegen, stand auf und machte Notizen. Zum Lesen hatte ich keine Muße. Den Masseur bestellte ich zu neun Uhr abends. Das Wetter war sehr schön, ich bedauerte, nicht auf Deck gehen zu dürfen. Der Masseur erzählte mir, daß er den Titel Heilgehilfe führe, daß er eine schlechte Nacht gehabt; er habe lange Zeit Wache bei einer verrückt gewordenen Frau aus der zweiten Kajüte gehalten. Nach seinem Vertrag habe er das zwar nicht nötig, aber da ihn der Arzt gefragt, habe er nicht nein sagen dürfen. Matrosen dürfe man mit einer solchen Aufgabe nicht betrauen, weil sie dabei noch ihre Scherze machen würden.

Um 7 $^{1}/_{2}$ Uhr am nächsten Morgen schallte wieder das Hornsignal zum Aufstehen durch die Wandelgänge. Eitingens, meines Zimmerkollegen, Unterhaltung mit mir begann wieder. Nachdem er sich recht höflich nach meinem Befinden erkundigt hatte, erzählte er auf meine Frage nach seiner Herkunft, daß er seines Vaters Pelzwarengeschäft in New York übernommen habe und daß seine Eltern, die beide Deutsche seien, nun in Leipzig wohnten, woselbst sein Vater ein Bankgeschäft gegründet, aber auch noch Einkäufe für ihn und andere New Yorker Häuser besorge. In seinem Geschäft setze er jährlich zwei Millionen Dollar um. Er selber sei seit zwei Jahren verheiratet, seine junge Frau habe er bis September in Leipzig bei den Eltern gelassen, weil es bis dahin sehr heiß in New York sei. „Ich wundere mich", fügte ich hinzu, „daß Sie bei Ihrem Reichtum in dieser Kabine wohnen." „Warum denn nicht? Das Geldausgeben ist sehr leicht, das Verdienen kostet viel Arbeit, und wenn man Geld hat, soll man es möglichst zusammenhalten, weil schlechte Zeiten eintreten können. Ich wohne schön und lebe gut zu Hause. Damen sind zu dumm, die wollen die Mode mitmachen, was für mein Geschäft ein Glück ist. Meine Frau z. B. ist auch von dieser Modesucht befallen, sie hat sich eine Jacke für 800 Mk gekauft, ein Kleid zu 500 Mk machen lassen, obgleich sie in ihrem Elternhause zur Sparsamkeit angehalten worden war. Ich lasse sie aber damit gewähren, denn mein Geschäft geht gut, ihr Vater hat als Rentner ein Jahreseinkommen von 150 000 Mk und braucht davon nur 50 000 Mk, so daß jährlich 100 000 Mk gespart werden. Vier Kinder haben wir.“ Auf der Ausreise mit seiner Frau habe er eine Kabine zu 1400 Mk gehabt. Da habe er nicht anders können, aber alleine falle es ihm nicht ein, Geld unnütz auszugeben.

Auch heute ging ich wieder nicht zum Lunch, Schmerzen und Appetitlosigkeit hielten mich zurück. Ich blieb im Lesezimmer sitzen, ging auch einmal unruhig auf und ab. Zwei Damen, dunkel gekleidet, hatten an der anderen Seite Platz genommen, wie es schien, Mutter und Tochter, was sich auch bestätigte. Ihre Zurückgezogenheit war mir aufgefallen, entweder sah ich sie im großen Salon oder hier im Lesezimmer, aber stets für sich allein.

Meine Vermutung, daß sie sich ebenfalls nicht wohlfühlten, bestätigte sich auch. Die junge Dame war die Treppe hinuntergegangen, da dachte ich, die Mutter mit einer Anrede wohl nicht zu stören, und ging auf sie zu. Ich erfuhr dann auch, daß sie seekrank war und ihre erste Reise über den Ozean machte; sie sei aus Budapest und wolle ihren Sohn, der Techniker auf Long Island (bei New York) sei, besuchen. Ihr Mann sei Rechtsanwalt in Budapest. Ihre alte Mutter sei vor einigen Monaten gestorben, deshalb gehe sie in Trauer. Die junge Dame kehrte bald zurück, und an dem freudigen Ausdruck, der jetzt auf ihrem Gesicht lag, bemerkte ich, daß meine Unterhaltung mit ihrer Mutter sie angenehm berührte. Ich stand sofort auf, um mich nach der Vorstellung wieder auf einem Stuhle niederzulassen. Nun beteiligte sich auch die junge Dame angeregt an unserem Gespräch. Sie meinte, daß gegen Rheumatismus eine Einreibung mit Spiritus viel wirksamer sei als Salbe; ihr Bruder habe diese Krankheit auch einmal sehr schlimm gehabt und anfangs nicht gewußt, daß es Rheumatismus war. Der Bruder trage nun fortwährend sehr starke Flanellärmel, jetzt sei es besser. Nicht wenig wunderte ich mich über ihr Wissen in der Politik. In der weiteren Unterhaltung merkte ich bald, daß beide sehr gebildete Damen waren.

Am nächsten Tag ging ich um ein Uhr mit zum Lunch, obgleich mein Appetit sehr gering war. Nur mit Mühe konnte ich einige Bissen nehmen, den linken Arm dabei nicht bewegen. Im Wiener Café nahm ich mit Thiermann und Duisenberg, einem weiteren Mitpassagier, zusammen den Kaffee. Wir blieben hier oben längere Zeit; später kam auch der Minister Witte nach oben, und ebenso wie in Cherbourg, als er an Bord kam, blieb er stehen und schaute mich fest an. Wahrscheinlich hatte ich täuschende Ähnlichkeit mit jemandem aus seiner Bekanntschaft. Gerne hätte ich ihn angeredet, aber man sagte mir, daß er kein Deutsch und nur sehr wenig Englisch sprechen könne. Er ging allein auf dem obersten Deck auf und ab; mit meinem schmerzhaften Arm wagte ich mich nicht zu ihm in den Zugwind.

Am 31. Juli nachmittags verbrachte ich ein paar Stunden im Salon; die junge Ungarin aus Budapest setzte sich einen Augenblick neben mich und erbot sich, mir auf dem Flügel etwas vorzuspielen, damit ich auf andere Gedanken käme. Sehr schön spielte sie. Danach erzählte sie mir, daß der eine Bruder Advokat sei in Budapest und ein anderer Künstler, der dritte Ingenieur der Elektrizitäts-Werke bei New York. Der spiele außerordentlich schön das Cello, sagte sie. Sie selber konnte auch sehr gut Geige spielen und führte das Instrument mit sich, um mit ihrem Bruder zusammen zu spielen.

Am 1. August hatte ich wieder eine schlechte Nacht, und am folgenden Tag war ich auch nicht frei von heftigen Schmerzen, ich fühlte mich ganz krank davon.

Am 2. August war das Wetter schön. Witte war viel auf dem Promenadendeck, stets sehr einfach gekleidet. Am Dienstag, dem 1. August, war mein Zustand unverändert geblieben. Am Morgen des Mittwoch sagte ich dem Heilgehilfen, daß er meine Rechnung bringen solle, weil das Einreiben doch nichts geholfen, keinen Erfolg gebracht habe. Gegen Abend schickte ich den Zimmersteward hin, die Rechnung zu holen. Die Antwort war, daß ich keine Rechnung erhalten würde, ich möge nach meinem Ermessen zahlen. Zwanzig Mark hielt ich für angemessen, das meinte auch mein Zimmerkollege.

Am folgenden Tag gab es Kapitäns-Essen und abends Ball, Tanz auf dem Promenadendeck. Alle, die sich wohlfühlten, kamen in großer Toilette zu Tisch. Ich blieb im Lesezimmer, war ohne Appetit, konnte mich auch nicht umkleiden. Eben vor Tisch kamen Thiermann und Duisenberg, um sich nach meinem Befinden zu erkundigen, dann die junge Dame aus Budapest; sie gab ihrem Bedauern Ausdruck, daß ich nicht zu Tisch gehen könne. In großer Toilette war sie sehr chic. Nach Tisch möge ich doch in den Salon kommen, sie wolle mir etwas vorspielen.

Das Promenadendeck war abends schön mit Flaggen dekoriert und durch ein Segel gegen Zug geschützt. Es war aber wenig Tanzlust zu merken; die Amerikaner seien nicht fürs Tanzen, bestätigte man mir wieder. Witte sah sich das Fest auch einen Augenblick an. Die Nacht zum 2. August hatte ich etwas besser verbracht, schickte den Zimmersteward, den Heilkünstler zu holen. „Nun, was bekommen Sie denn für Ihre Arbeit?" — „Für das Massieren bekommen wir jedesmal einen Dollar."

Am Nachmittag liefen wir in New York ein. Der Präsident Schaeper hatte noch eine längere Unterhaltung mit mir, forderte mich auf, noch einen Cognac mit ihm und seinem Sohn zu trinken, bevor wir auseinandergingen. Zum Abschied sagte er, auf jeden Fall möge ich ihn auf meiner Retourreise doch eben besuchen, ich würde ihm eine große Freude bereiten.

Erst um 4 1/2 Uhr nachmittags kamen wir an die Pier in Hoboken, und um sechs Uhr kam ich im Hotel Westminster an. Die Fahrt mit der Droschke, in der ich jetzt all meine Sachen bei mir führte, kostete umgerechnet 17 Mark, war also sehr teuer. Ich verlangte ein Zimmer zu drei bis vier Dollar mit Badezimmer; dies schien dem Wirt etwas zuviel für mich zu sein, er fragte nämlich nach, ob ich das Zimmer für mich allein haben wolle. "Yes, for myself", sagte ich. Dann sprach er wieder mit seinem Sozius hinter der Barre und meinte, daß er nur ein Zimmer zu $ 2,50 mit Badezimmer frei habe. „Gut", sagte ich und dachte: Da kannst du vier Mark sparen. Das Zimmer war groß, aber Tageslicht schien fast gar nicht hereindringen zu können, ebensowenig frische Luft. Ein Fenster blickte nach einem eingeschlossenen Hof und war dazu noch über die Hälfte mit einer festen Rollade behängt. Ich versuchte zu öffnen, aber es ging nicht. Die Luft war beklemmend in dem Zimmer. Jetzt nach dem Kontor Marquardts in der Williamstreet zu gehen, war zu spät. Mit dem Bleistift schrieb ich nun einige Zeilen an meine Frau und an Genoveva Anizan, die mich darum gebeten hatte. Dringend hatte sie mir auch in ihrem Briefe nach Cherbourg aufgetragen, vor allen Dingen während der Reise auf meine Gesundheit zu achten.

Das wenige Abendbrot schmeckte mir im Hotel nicht. Ich lief denn noch ein paarmal vor dem Hotel die Straße auf und ab und legte mich um 9.20 Uhr zu Bett, konnte aber nicht schlafen. Ich hatte schreckliche Schmerzen, und dazu kam mir die Luft wie zum Ersticken vor. Bald stand ich auf und legte mich dann wieder hin, stand fast halb verrückt im Kopfe wieder auf, um bei elektrischem Licht im Zimmer auf- und abzugehen.

Für einen Augenblick schlummerte ich in den Morgenstunden ein, und als ein wenig Tageslicht in den Hof drang, stand ich auf, um meine Sachen für die Tropen umzupacken. Dabei fühlte ich mich sehr schlecht. Was nun tun? dachte ich, und zum Besinnen war keine Zeit; der Dampfer sollte um zwölf Uhr mittags fahren. Ich nahm ein warmes Bad, und dann folgte die schwere Arbeit des Anziehens. Ich konnte vor Schmerzen den linken Arm nicht heben, noch weniger krümmen. Es war zum Verzweifeln, und wie schön angenehm hätte doch die Reise sein können! Es war bereits acht Uhr, als ich hinunterging; schnell nahm ich den Kaffee und fuhr gleich mit der Elektrischen nach der Wallstreet und Williamstreet 35, zu Marquardt & Co.
Außerordentlich liebenswürdig wurde ich von Herrn Triest und seinem Sozius empfangen und behandelt. Hier nahm ich mein weiteres nötiges Reisegeld, und per Telephon bestellte man mein Billett. Dann fuhr ich schnell nach dem Hotel, um meine Sachen zu holen. Ein junger Mann von Marquardt & Co. begleitete mich bis auf den Dampfer. VIGILANCIA[315] war der Name des Schiffes, es war alt und nicht schnell, aber die Kajüten waren modernisiert. Mein Zimmerkollege, ein Engländer, hatte nur ein Auge, er war seit 28 Jahren in Mexiko bei einer Silbermine und jetzt dort als Agent tätig. Vier Kinder hatte er, seine älteste Tochter, 24 Jahre alt, führte ihm den Haushalt. Vor sechs Jahren war seine Frau gestorben. Seit 28 Jahren war er nun zum ersten Male wieder unterwegs nach England, seiner Heimat, um seine Geschwister zu besuchen.
Beim Cap-Hatteras-Feuerschiff wurde ein Faß mit Inhalt über Bord geworfen und vom Feuerschiff aus mit dem Boote geholt. Das Wetter war wunderbar schön und warm, dabei hatten wir ruhige See. Schade, daß ich so leiden mußte, das Schöne nicht voll genießen konnte. In dem krankhaften Zustand und der Eile früh morgens im Hotel hatte ich meine drei falschen Zähne auf dem Zimmer liegenlassen; erst auf dem Dampfer bemerkte ich es.
Am 5. August war die Nacht schmerzvoll; erst um 11 ½ Uhr hatte ich mich hingelegt, aber ans Schlafen war nicht zu denken. Das Aus- und Einsteigen in das Oberbett kostete mich viel Mühe, war verbunden mit Schmerzen. Erst früh um vier Uhr wagte ich es, herauszuklettern, vorher hatte ich vergebliche Versuche gemacht. Mein Zimmerkollege schnarchte die ganze Nacht hindurch, ohne aufzuwachen.
Am Abend passierten wir einen Passagierdampfer derselben Gesellschaft, zu der unser Schiff gehörte. Dampfsignale wurden gewechselt, mit der Flagge wurde salutiert. Und die Passagiere der SANTIAGO[316] schwenkten zu Hunderten ihre Servietten; es war gerade Suppertime.
Am 6. August hatten wir warmes Wetter; abwechselnd war es regnerisch, sonst schön. Ich frühstückte seit langer Zeit mal wieder mit Genuß. Abends erbot sich der zweite Steward, mir den Arm mit Kampferliniment einzureiben, und danach wickelte er mir den Arm in feine Baumwolle und befestigte sie mit einer Binde, wodurch der Arm stets warm und auch unbeweglich gehalten wurde. In der Nacht schlief ich mit etwas weniger Schmerzen auch länger.
Abends und des Nachts hatten wir starkes Gewitter mit Regen. Sonntag früh um 6 ½ Uhr erfolgten eine neue Einreibung und Umwicklung meines Arms. Wir hatten Windstille, herrliches Wetter. Mittags um zwölf Uhr sahen wir Florida, passierten um zwei Uhr nachmittags den bei amerikanischen Millionären beliebten Badeort Palm Beach. Wir steuerten dicht unter der Küste entlang, um aus dem starken Gegenstrom zu kommen. Es war sehr warm, erst nachts um 0.30 Uhr legte ich mich zu Bett, hatte mich

vorher bald mit Amerikanern, bald mit Spaniern oder Mexikanern unterhalten. So war die Zeit rasch dahingegangen. Ich hatte auch weniger Schmerzen, die Wärme tat dem kranken Arm und der Schulter sehr wohl.

Um fünf Uhr wachte ich aber schon wieder vor Schmerzen auf, doch sie waren nicht mehr so heftig wie vorher. Am 7. August konnte ich mich beim Aufstehen schon etwas besser bewegen, zog nun meine Tropenkleider an und nahm den Kaffee mit etwas mehr Appetit, hatte auch mehr Freude an der Unterhaltung. Um 11 1/2 Uhr kamen die Berge von Havanna in Sicht, und ich bekam zudem Hoffnung, daß mein Arm sich endlich besserte.

Nachmittags fuhren wir in den Hafen ein, löschten bis nachts um zwölf Uhr. Es war sehr warm. Viele Passagiere, auch einige von denen, die weiter mitfuhren, schliefen während der Nacht der Kühle wegen im Hotel. Früh um acht Uhr fuhr ich eben mit an Land, kaufte mir ein Glas Medizin und einige Ansichtskarten. Gegen elf Uhr war ich zum Lunch längst wieder an Bord, er war reichhaltig, schöne Früchte gab es, Aguacate[317], Guayaba[318], Ananas, Melonen, Apfelsinen und Bananen (Bananas). Wir bekamen auch recht schmackhafte Fische. Die hat man fast immer in reicher Auswahl in Havanna. Die Leute wunderten sich alle, daß ich so gut Spanisch konnte. Nachdem ich so lange Spanisch nicht gesprochen hatte, wunderte ich mich selber, daß mir das Wenige, das ich gelernt, so gut wieder zu Gebote stand.

Die MAINE[319], das 1896 im Hafen von mörderischer Hand durch eine Mine in die Luft gesprengte amerikanische Kriegsschiff, war seit meinem letzten Hiersein noch tiefer in den Sand gesunken. Nur der Schornstein und die Masten waren noch über Wasser sichtbar. Für den hier jüngst verstorbenen berühmten General Gomez[320], der sich in so hervorragendem Maße für die Freiheit Kubas bewährt und geopfert hatte, wurde ein schönes Denkmal am Hafeneingang errichtet. Bei der Beerdigung des Generals hatte es große Aufregung gegeben. Die Neger hätten unbedingt die Leiche nach dem Friedhof tragen wollen, was man allein deshalb verweigert habe, weil das öftere Wechseln der Träger eine zu große Störung verursacht hätte. Der jetzige Präsident Palmas, der intimer Freund Gomez' war, bewährte sich angeblich gut. An Zöllen habe die kubanische Regierung heute bereits einen Überschuß von 29 Millionen Dollar Silber. Ein Dollar Silber ist etwa gleich vier Mark.

Am 9. August um sieben Uhr abends dampften wir ab. Verschiedene Passagiere, größtenteils für Merida bestimmt, füllten die leer gewordenen Plätze auf. Nachts war es sehr warm, ich stand einige Male auf, obgleich ich mich erst um 11 1/2 Uhr hingelegt hatte. Am Morgen kam ich um fünf Uhr aus dem Bett. Allmählich minderten sich die Schmerzen, die Wärme tat gute Wirkung. Mir gegenüber am Tisch saß ein katholischer Geistlicher oder Missionar, ich weiß es nicht; schon früh am Morgen hielt er im Salon seine Morgenandacht.

Am Donnerstag, dem 10. August, kamen wir vormittags um neun Uhr in Progresso an und fuhren am Nachmittag um fünf Uhr nach Übernahme einer Anzahl Passagiere und Post wieder ab. Es war langweilig auf diesem Dampfer. Die Reisegesellschaft war sehr gemischt, nicht angenehm.

Am 12. August, früh um neun Uhr, liefen wir in Vera Cruz ein. Der Dampfer WASHINGTON[321] von derselben Gesellschaft wie der unsrige, welcher drei Stunden nach uns von New York abgefahren war, strandete an der Küste von Florida, kam später wieder frei und lief in Key-West ein.

Vera Cruz, 12. August. Im Hause Sommer, Hermann lieh ich mir $ 25,— und be-

grüßte hier den früheren Freund Ilsemann. Auf der Eisenbahnstation war die Hitze unerträglich. Alle Reisenden klagten, aber es gab doch Augenblicke, in denen man lachen mußte. Ein Mann aus Costarica[322], der mit von New York gekommen, beklagte sich, daß man ihm für die Aufbewahrung seiner Tasche (nur eine Stunde) einen Dollar abgenommen habe. In Arizaba[323] stieg ich wie viele andere Passagiere aus, blieb die Nacht im Hotel Francia, einem sehr guten Hause. Ich hatte ein schönes Balkon-Zimmer mit herrlicher Aussicht. Wie angenehm war das Klima hier!
Wie die meisten besseren Häuser in den Tropen besaß auch dieses Hotel ein Atrium, und der schöne Platz war mit herrlichen Tropenpflanzen geschmückt, unter denen runde Kaffeetische plaziert waren, was beim Schein des elektrischen Lichtes reizend aussah. Das Abendessen war ganz vorzüglich, und des Nachts schlief ich auch recht gut in dem schönen Himmelbett. Den Frühkaffee nahm ich unten in dem kleinen hübschen Pflanzenpark an einem runden Tisch behaglich ein.
Die Eisenbahnfahrt von Arizaba bis Esperanza berauschte wieder jeden Reisenden. Es war ein herrlicher Blick von hoch oben an den Bergen, wo der Zug mit rasender Geschwindigkeit durch die Wolken, welche sich an den Bergen hinuntersenkten, dahinsauste. Die schöne Vegetation und der Ort Maltrata, auf den man niederschaut, boten einen unvergeßlichen Anblick. In Esperanza, einer Station in der Hochebene, waren dreißig Minuten Aufenthalt Zeit genug, um zu Mittag zu essen. Die meisten nahmen diese Gelegenheit wahr. Hier verabschiedete sich mein Zimmergenosse, der Einäugige, von mir.
Von Esperanza fährt der Zug mit rasender Geschwindigkeit die Hochebene entlang. Wir hatten angenehme Unterhaltung. Es ging mir auch besser, so daß ich mehr Mut bekam hinsichtlich meiner Mission. Außerdem fühlte ich mich von den beiden Advokaten aufgemuntert. Um sieben Uhr abends kamen wir glücklich in der Hauptstadt an. Knorr empfing mich am Bahnhof, freudestrahlend, mich hoch oben in Mexiko zu sehen. Er brachte mich nach dem Hotel Palacio, welches mir sehr wohl gefiel, mir aber zu teuer war: 14,— Mk pro Tag. Ich fand diese Forderung unverschämt. In der Nacht schlief ich leidlich.
Am folgenden Vormittag um zehn Uhr besuchte ich den deutschen Konsul Kosidowsky, und um elf Uhr ging ich mit Knorr zum Advokaten des Hauses Anizan, Alarcon. Dieser Advokat empfing mich nicht sehr liebenswürdig, meine Friedensliebe gefiel ihm nicht. Knorr hatte ihm nämlich eine Anleitung zum Prozeß gegen Teruel gegeben, und da war mein Telegramm von Esens gekommen, daß ich keinen Prozeß wolle. Das gefiel dem Alten nicht, weil ich ihm die Hoffnung, den Prozeß zu führen, genommen hatte. Von hier gingen wir zu Teruel, der sein Kontor ebenfalls in einem großen, eleganten, modernen Neubau an der 5 de Mayo hatte, Alarcon schräg gegenüber. Teruel, ein Mann von 62 Jahren, schwerhörig, aber mit klugen Augen und sehr gesund aussehend, empfing uns äußerst freundlich und machte einen sympathischen Eindruck. In meiner Angelegenheit wegen der rückständigen Zahlungen war er aber wenig zugänglich.
Zum Zeitvertreib sah ich mir des Nachmittags die Stadt ein wenig an. Wie verabredet, gingen wir am Dienstagvormittag zur festgesetzten Stunde wieder zu Teruel; er verlangte eine Ausdehnung der Ratenzahlungen auf weitere fünf Jahre, was ich entschieden ablehnte. Schließlich bewilligte ich ihm eine Verlängerung um zwei Jahre, aber auf eine Entschädigungsforderung von $ 5000,— wegen fehlenden Hornviehs ging ich nicht ein. Unzufrieden verließ ich sein Kontor, und als Knorr sich von mir im Hotel verab-

schiedet hatte, faßte ich einen anderen Plan. Ich schrieb an die Banco Aleman Transatlantico und bot ihr den Kredit bei Teruel zu günstigen Bedingungen zum Kauf an, erwähnte, daß Knorr sich eventuell gerne zur Hälfte an der Übernahme des Kredits beteiligen wolle.

Am 16. August vormittags händigte ich Kosidowsky, dem Chef der Bank, meinen Brief aus mit den Worten: „Ich biete Ihnen hiermit ein sicheres Geschäft zu so günstigen Bedingungen an, daß Sie gar nicht ablehnen können." Mit ernster Miene las Kosidowsky mein Schreiben; ohne eine Veränderung des Gesichtsausdrucks legte er es zur Seite, um es seinem Kollegen Christin zu zeigen. Auf meine Frage, wie er darüber denke, meinte er, sich noch nicht äußern zu können. Vielleicht müßten sie auch noch erst in Berlin wegen eines solchen Geschäftes anfragen. Es sei ja auch nicht ausgeschlossen, daß es doch noch mit Teruel zum Prozeß komme.

Jedenfalls machte er mir keine Hoffnung, daß sie auf das Geschäft eingehen würden. Draußen sagte Knorr zu mir: „Ich mache das Geschäft allein mit Ihnen, oder wollen wir beide das Haus übernehmen?" — „Nein", sagte ich, „Sie können sterben, und dann sitze ich damit in der Patsche, ich kann es auch schon deshalb nicht mit übernehmen, weil Genoveva Anizan dann annähme, daß ich mir dabei Geld in die Tasche steckte, und das will ich nicht. Die Bank, welche hier bestehen bleibt, auch wenn einmal einer der Direktoren abgeht oder stirbt, kann es am besten in die Hand nehmen. Sollte Kosidowsky ablehnen, dann werde ich es bei einer anderen Bank versuchen."

Auf Knorrs Veranlassung war Koll mir jedoch sehr gefällig; er besorgte mir, nachdem ich acht Tage im Hotel gewohnt hatte, eine Wohnung in der Reforma Bruxelles 601 bei dem Advokaten Ramos. Hier bekam ich einen kleinen Salon mit Schlafzimmer für täglich $ 2,—, wogegen ich im Hotel $ 7,— und $ 5,— pro Tag ohne alles zahlen mußte.

Von Kosidowsky war ich eines Abends mit noch einigen anderen Herren zu Tisch geladen. Mit ihm, von Döring und Kreuzinger fuhr ich mit der Elektrischen eine Dreiviertelstunde bis zu seiner schönen Besitzung weit außerhalb der Stadt. Es war ein großes, einstöckiges Gebäude, weit ausgedehnt, mit flachem Dach, an der Straße gelegen. Am Ende des Gebäudes führte der Eingang durch eine große, starke Pforte. Nach ein paar Schritten im Garten bestiegen wir eine breite, acht Stufen hohe Treppe aus Marmor, die auf einer breiten Terrasse endete, welche neben dem Hause am Garten entlangführte.

Neben derselben Terrasse, die rechts nach dem Garten zu sehr breit war, lag, getrennt vom Herrenhause, ein ovales Gebäude mit bunten, schönen, großen Fenstern, von den schönsten Schlingpflanzen bewachsen. Dort lag der Speisesaal, welcher von der weit abgelegenen Küche mit einem Pflasterweg unter einer schönen Verdachung verbunden war. Die Pfeiler, auf denen die Verdachung ruhte, waren von blühenden Schlingpflanzen umringt. Hochaufgewachsene schöne Bäume beschatteten das Ganze. Nur mit Mühe konnten die Sonnenstrahlen durchdringen.

Kosidowsky führte mich zuerst durch den Garten. Es machte ihm große Freude, daß ich die einzelnen Pflanzen so sehr bewunderte und so großen Gefallen an der Besitzung fand. Er erzählte mir, daß er mex. $ 26 000 dafür bezahlt und mex. $ 7000 für die Ausbesserung angelegt habe; ich fand das sehr billig. Von hier führte er Kreuzinger und mich in seine Schreibstube, die sehr reichhaltig ausgestattet war, die Wände mit prachtvollen Bildern geschmückt. Das Bild der Königin Luise war großartig, eines stellte Kaiser Wilhelm I. und eines den Fürsten Bismarck dar.

Der Kaffee wurde in Kosidowskys Stube serviert. Da wir hier etwas beengt saßen, machte Frau Kosidowsky den Vorschlag, in den anschließenden Saal zu gehen, wobei sie mit Barre, einem jungen Mann aus einem bedeutenden deutschen Geschäftshaus, gleich aufstand und dorthin ging. Herr Kosidowsky und ich folgten und wandelten einige Male durch die eleganten, großen, schönen Räume auf und ab, während wir uns geschäftlich unterhielten. Seine Frau hielt mit Barre freundliche Konversation. Sie hatten sich auf Sesseln niedergelassen; die übrige Gesellschaft war im kleinen Zimmer geblieben.
Nach unserer Unterhaltung gab ich mich der Hoffnung hin, daß unser gegenseitiges Geschäft zustande kommen müsse. Nach dem Kaffee wurde ein feiner Likör gereicht, später tranken wir Bier bei angenehmer Unterhaltung. Inzwischen war ich einmal wieder auf die Terrasse gegangen und ergötzte mich an dem herrlichen Anblick der schönen Natur. Es war Mondschein, und die Sterne funkelten am wolkenleeren Himmel. Kosidowsky gesellte sich wieder zu mir, um einige Male mit mir auf- und abzugehen. „Wie großartig wohnen Sie doch hier!“ bemerkte ich wieder. Er erzählte mir, daß der frühere Eigentümer sehr reich gewesen sei, sein Geld durch Silberminen verloren und deshalb die Besitzung verkauft habe.
Um Mitternacht fuhren wir zu vieren zur Stadt; erst um ein Uhr kam ich nach Hause. Um 6 ½ Uhr früh stand ich regelmäßig auf, ging um sieben Uhr, nachdem ich Kaffee getrunken, entweder zu Fuß nach dem Alameda-Stadtpark oder fuhr mit dem elektrischen Wagen nach Chapultepec, wo ich dann bis 10 ½ Uhr im Park spazierenging. Dann fuhr ich zur Stadt und holte Knorr ab. Erst Ende August konnte ich die Bedingungen bezüglich der Verlängerung der Ratenzahlung mit Teruel festschreiben und nun auch definitiv mit der Banco Aleman Transatlantico und Knorr verhandeln. Nun war ich zufrieden, zumal die Umschreibung der Dokumente (Hypothekenvertrag usw.) vor sich gehen konnte, jedoch nicht, ohne daß ich vorher noch eine Unterredung mit Kosidowsky hatte. Er war in seiner Forderung unverschämt geworden.
Im Vereinsclub war ich zweimal von Kosidowsky zu Tisch geladen, woselbst wir uns nach dem Essen lange geschäftlich unterhielten. Auf einem Sonntagmittag waren wir, Knorr, Koll und ich, bei dem Wurstfabrikanten Meenen, dem Bruder von Frau Hedlefs, geladen, wo wir zur größten Freude Kolls gehörig zu essen bekamen.
Am 12. September, dem Gedenktag für die gefallenen Kadetten in einer Schlacht gegen die Amerikaner, fuhren wir frühzeitig nach Chapultepec, wo alles festlich geschmückt war. Wir drei nahmen dort Aufstellung, wo der Präsident Porfirio Diaz und sein Gefolge uns in nächster Nähe passieren mußten. Das Militär war bei unserer Ankunft bereits in Paradeuniform aufgestellt; eine große Tribüne an der Südseite des Schloßbergs war sehr schön mit Blumen geschmückt.
Der Präsident, 73 Jahre alt, sah sehr ehrwürdig aus. Wir fuhren zum Mittag zur Stadt zurück nach dem Palma-Restaurant Weber. Den Kaffee nahmen wir wie gewöhnlich im Café Imperial. Dort trennten wir uns; gegen Abend fanden wir uns entweder beim fife o'clock tea (Imperial) oder bei Weber wieder.
Nach dem Abendessen wurde entweder Billard gespielt oder in Knorrs Wohnung Skat. An dem Tage, an welchem wir unser Geschäft endgültig regelten, nahmen wir des Nachmittags eine Privatkutsche nach Chapultepec und des Abends zu vieren eine Loge zweiten Ranges im Theater. Mir gefiel die Vorstellung nicht besonders, auch das Ballett nicht. Von Döring, Frau Kosidowsky und ihre Freundin waren an diesem Abend auch im Theater, ebenso der zweite Direktor der Banco Aleman mit seiner Gemahlin.

Mit einem Landsmann, Sieverts aus Leer, der Prokurist in dem großen Juwelen-, Uhren-, Gold- und Silberwarengeschäft Joya an der Calle San Franzisco war, hatte Knorr mich auf Sieverts' Wunsch bekanntgemacht. Die Folge dieser Bekanntschaft war, daß ich mir in diesem Geschäft verschiedene Sachen im Werte von mex. $ 250,— gleich 500,— Mk kaufte. Der große Laden hatte die Form eines Halbmondes. Als ich eines Morgens um neun Uhr — es war zwei Tage vor meiner Abreise — meine gekauften Sachen abholen wollte, war wohl der frühen Stunde wegen nur eine Käuferin in dem großen Geschäft anwesend. Sie war eine gesetzte Dame, elegant gekleidet, und unterhielt sich angeregt mit einem Mexikaner (Verkäufer), der ihr verschiedene Broschen und Tuchnadeln vorgelegt hatte.
Bei meinem Eintritt schaute mich die Dame überrascht an, was mir auffiel und weshalb ich schnell höflichst meinen Hut zog, während ich auf Sieverts wartete, der gerade hinten im Laden beschäftigt war. Als wir uns einen Augenblick unterhalten hatten, kam der stattliche Verkäufer herüber und fragte Sieverts im Flüsterton, ob ich Kapitän Fokken sei, was Sieverts bestätigte. Darauf ging er wieder zu der Dame, und einen Augenblick später kamen beide in unsere Nähe, wo sich die Dame ebenfalls Schmuck zeigen ließ. Gleich darauf fragte mich der Verkäufer, ob ich die Dame nicht kennte. Nun schauten wir uns gegenseitig an, während die Dame eine freundliche Miene machte. „Die Gesichtszüge scheinen mir bekannt, aber ich entsinne mich nicht", bemerkte ich höflichst. Da nahm die Dame das Wort: „Kennen Sie mich nicht mehr, Herr Kapitän? Ich bin Frau Saldivar (Margarita Paoli)" — „Perdone, Senora! Son muchos anos pasado cuando nos vimos la ultima vez" (Entschuldigen Sie, Madame, es sind viele Jahre vergangen, seit wir uns zuletzt gesehen haben). Es war wie bei ihrem Mann ein aufrichtig freudiges Wiedersehen; lange ruhte ihre Hand fest in der meinen, Erinnerungen an die längst vergangene, schöne Jugendzeit wurden sichtlich wieder in ihr wach.
Am 16. September war das große Nationalfest wegen der Unabhängigkeit Mexikos. 95 Jahre waren seitdem verflossen, und noch jedes Jahr feierte man diesen denkwürdigen Tag in großem Stil. Die Stadt war festlich mit Blumen und Fahnen geschmückt. Tausende von elektrischen Lampen waren zur Illumination an geeigneten, würdigen Plätzen angebracht. Wir hatten mit fünf Männern ein Zimmer mit Balkon an der deutschen Apotheke an der Calle San Franzisco zu unserer Verfügung. Der Besitzer war mit seiner Familie verreist. Der großartige Festzug ließ lange auf sich warten. Aber Langeweile kam dennoch nicht auf, es gab viel Abwechslung für unsere Augen: Sämtliche Balkone waren mit Frauen und Männern besetzt, ebenso die Fenster.
In der Straße hatten sich an beiden Seiten dichte Menschenmassen zusammengedrängt. Krensch bediente seinen Photoapparat, was uns schräg gegenüber auf dem Balkon, wo einige junge Damen sich zusammengefunden hatten und vergnügt ausschauten, nicht unbemerkt blieb. „Die müssen Sie knipsen, Krensch", so hieß es wie aus einem Munde; und es währte auch nicht allzulange, da hatte er zwei runde Gesichter mit dunklen Augen und schwarzen Haaren, bedeckt mit einem roten, eleganten Hut, auf die Platte gebannt, und die allgemeine Freude war groß. Jedesmal, wenn Krensch mit seinem Apparat wieder zum Vorschein kam, strich sich die eine oder andere junge Dame unwillkürlich mit der Hand über die Haare oder trat ein wenig zurück. Dieses Spiel schien allen Spaß zu machen. Inzwischen ließen wir Bier und belegte Brote von dem schräg gegenüberliegenden Restaurant Bach holen und ließen es uns gut schmecken, wobei manches Scherzwort fiel. Jedenfalls verbrachten wir die Zeit angenehm, immer etwas gespannt auf das Kommende.

Erst um 12 1/2 Uhr passierte uns der Präsident im Landauer mit Gefolge und Leibgarde, eine Viertelstunde später die Infanterie und dann die reitende Artillerie mit Feldgeschützen und Munitionswagen, von kräftigen Mauleseln gezogen. Wenn auch der große Schneid fehlte, so erblickte ich doch einen gewaltigen Fortschritt bei diesem Militär gegenüber früher. Jetzt folgte die Kavallerie in blauer Uniform, Reiter und Pferd jeweils in sehr guter Haltung. Die Reiter trugen an den Mützen gelbe Bänder. Abwechselnd spielte ein Musikkorps. Danach erschienen die Rurales[324], eine große Reiterschar in gelber Lederuniform. Sie trug Mützen mit blauen Bändern. Es waren sehr kühn aussehende Reiter mit gleichfarbigen prächtigen Pferden. Wie bei der Kavallerie ritten mehrere Musikkorps zu Pferde mit. Diese Rurales (reitende Landgendarme) hatte Porfirio Diaz früher aus Sträflingen zusammengezogen und ausbilden lassen. Sie werden noch heute dazu benutzt, das Land von Vagabunden zu befreien. Das war insofern ein kluger Gedanke, als diese Leute alle Schlupfwinkel, Wege und Schlauheiten der Verbrecher kannten. Erst um vier Uhr gingen wir zu viert zu Weber, um dort zu essen. Abends sahen wir uns die Illumination an.
Am vorigen Sonntag machten wir, Knorr und ich, unseren Abschiedsbesuch bei Kosidowsky. Da die elektrischen Wagen überfüllt waren, kamen wir erst abends um 6 1/2 Uhr dort an. Es war wieder viel Besuch da, der Nachbar von Döring und zwei Gesandte der Deutschen Botschaft. Die beiden entfernten sich jedoch bald, und als wir uns dann auch verabschieden wollten, gab es allgemeinen Widerspruch: Wir sollten bleiben, und dann wollten Kosidowsky, von Döring und Knorr nach Tisch einen Skat spielen. Schließlich willigte ich ein, um nicht unhöflich zu sein. „Herr Kapitän, unterhalten Sie sich mit meiner Frau“, sagte Kosidowsky zu mir. Erst um zwölf Uhr kamen wir in die Stadt, gingen dann — wir waren unserer drei — noch eine halbe Stunde ins Theater Prinzipal. Die Vorstellung gefiel uns aber nicht. Ärgerlich darüber gingen wir bald davon. Ich nahm eine Droschke, um nicht auf die Elektrische warten zu müssen.
Am Tage unserer Abreise hatten wir noch einer Einladung bei Teruel Folge zu leisten. Mittags um 1.15 Uhr stiegen Knorr und ich in eine gute Kutsche und kamen pünktlich um 1.30 Uhr vor der Villa an. Wie bei Kosidowsky führte der Eingang zum Gebäude durch ein großes, starkes, eisernes Gittertor. Einen herrlichen Anblick bot das Ganze. Eine Terrasse zog sich an der Gartenseite des Hauses entlang, mit schönen Sitzplätzen nach dem niedlichen Garten zu. An dieser Seite war die ganze Außenwand des Gebäudes mit Ölbildern (Landschaften) geziert. Teruel saß auf der Terrasse an einem kleinen runden Tisch, uns erwartend. Er erhob sich bei unserem Erscheinen und hieß uns recht herzlich willkommen.
Nachdem ich meiner Bewunderung über seine reizende Besitzung Ausdruck gegeben hatte, gab er dem Diener in Livree einen Wink, der uns dann einen feinen Sherry auf der Terrasse servierte. „Wie schön lebt der Mensch!“ dachte ich, „und dabei kann er doch seinen Verpflichtungen nicht nachkommen.“ Sein Haus war ähnlich dem Kosidowskys, aber noch schöner. Ging man von der Eingangspforte geradeaus, traf man weiter hinten am Garten auf ein stattliches, sauberes, zweistöckiges Gebäude. „Wer wohnt da?“ fragte ich. — „Mein Sohn.“ — „Verheiratet?“ — „Nein.“ — „Der hat aber eine aufwendige Wohnung,“ dachte ich. Die Pfeiler der Verdachung über der Terrasse waren von schönen Schlingpflanzen bewachsen.
Nach kurzer Unterhaltung gingen wir zu Tisch; der große Speisesaal war wunderschön ausgestattet: ein Riesenbuffet, ein ovaler Tisch in der Mitte, der vornehm, hochelegant gedeckt war, die Wände mit kostbaren Gemälden geziert. Der Hausherr schaute mich

wohlgefällig an, als er merkte, daß ich seinen Speisesaal musterte, der sich den anderen Räumen und der Küche anschloß. Teruel saß am Ende des Tisches, ich zu seiner Rechten und neben mir sein Sohn, der etwas später kam, Knorr mir gegenüber. Der Sohn, wohl 26 Jahre alt, sah etwas blaß aus, war aber in der Unterhaltung sehr angenehm. Viele Scherze wurden bei Tisch gemacht; wir waren ja nur unserer vier und ohne Damen. Somit war die Unterhaltung etwas freier.
Abends um acht Uhr brachten Krensch und Adolfo Koll uns nach dem Bahnhof, auch Sieverts kam noch, um uns den letzten Gruß mit auf die Reise zu geben. Knorr hatte seine Fahrkarte für den Pullmancar (Schlafwagen) später als ich gelöst, keinen Platz mehr in meinem Wagen bekommen, es war alles besetzt. Gleich, nachdem der Zug die Station verlassen, ging ich mit in seinen Wagen. Dort erhielten wir zufällig noch einen Drawingroom, eine abgeschlossene Kabine für uns allein, zahlten dafür mex. $ 10,— mehr, hatten dadurch aber unsere große Bequemlichkeit. Die Kabine war elegant ausgestattet und mit allem Notwendigen versehen. Die Hauptsache war, daß wir unter uns waren.
Wir ließen uns sechs halbe Flaschen Bier hereinbringen und machten es uns gemütlich, unterhielten uns über die angenehm verbrachte Zeit in Mexiko-Stadt usw. Erst um elf Uhr ließen wir die Betten zubereiten. Es war das erstemal, daß ich einen Schlafwagen benutzte. Das Bett war breit und bequem, aber dennoch schlief ich wenig. Des Morgens um sechs Uhr ließen wir uns bei Arizaba das Frühstück in die Kabine bringen. Früh um acht Uhr kamen wir in Vera Cruz an. Die Familie Saldivar trafen wir auf der Landungsbrücke; die Freude des Zusammenseins auf dem Dampfer bis Progresso war allgemein groß.
Der Tag in Vera Cruz war für Knorr und mich ernst. „Wer weiß, wann wir uns wiedersehen", bemerkte ich beim Abschied. Er mußte nun wieder in das heiße Laguna, wo das Leben wenig Angenehmes bietet.
Auf der SECURANCE[325] wurde ich von Saldivar unter anderem auch der Familie Vales vorgestellt, die ebenfalls von Merida aus eine Vergnügungsfahrt nach Mexiko gemacht hatte. Es war der Vater mit zwei Töchtern. Die älteste spielte und sang sehr gut (gewöhnlich wurde nach dem Souper im Salon gespielt und gesungen). Am zweiten Tag auf See, während ich neben der Familie Saldivar und Vales auf Deck unterm Sonnensegel saß, entdeckte ich neben Marie Vales ein junges Mädchen mit bekannten Gesichtszügen, durch die ich an die Tochter Santiago Gongoras erinnert wurde. Leise fragte ich Frau Saldivar, ob Eugenia Gongora noch in Merida sei. „Si, Capitan, es este" (Ja, diese da ist sie). Eugenia kannte mich natürlich nicht mehr, sie war wohl elf Jahre alt gewesen, als ich bei ihren Eltern zehn Monate gewohnt hatte, und das war nun vierzehn Jahre her. Sie klagte mir, daß ihr Vater keinen centaro an ihre Mutter in den letzten Jahren abgegeben habe und daß er nicht von der Küste fortwolle. Er sei sehr eigensinnig; deshalb sei sie zu der Familie Vales gekommen, wo sie es sehr gut habe. Die Vales gehörten zu den ersten Familien in Merida und waren sehr sympathisch. Der Abschied von Saldivar und seiner Frau war herzlich. „Nun sehen wir uns wohl nicht wieder", bemerkte die Frau, indem sie meine Hand lange festhielt. „Das kann man nicht wissen", erwiderte ich, „unsere Wege sind oft sonderbar." Mit einem kleineren Dampfer fuhren die für Merida bestimmten Passagiere ab, das Schwenken der Taschentücher war der letzte Gruß.
In Havanna war es sehr heiß. Wegen der Quarantäne durfte keiner von den Passagieren, die nach New York wollten, an Land. Wir nahmen hier nur wenig Ladung, fuhren

somit schon am folgenden Mittag wieder ab. Vier Tage dauerte die Fahrt bis New York. Einen Tag lang war das Wetter stürmisch und regnerisch; das war ungemütlich auf diesem Dampfer.

Am 29. September 1905, abends um neun Uhr, ankerten wir bei der Zollstation. Im Hotel Westminster erhielt ich die ersehnten Briefe von Zuhause mit guten Nachrichten, die mich freudig stimmten. Nun besuchte ich Marquardt & Co. In der guten Stimmung, in der ich mich befand, erinnerte ich mich an die Einladung von Miss Spooner und ihren Töchtern vom Bijou-Theater in Brooklyn. Ich erkundigte mich nach der Gesellschaft, und zwei Herren am Kontor, die in Brooklyn wohnten, bestätigten, daß es eine sehr angesehene Gesellschaft und daß sie in Brooklyn allgemein beliebt sei.

Reimers, der mir oft gefällig gewesen war, lud ich zum Frühstück bei Schulz ein. Dieser Schulz war früher auf dem Dampfer LAHN von Bremerhaven aus mit mir zusammen nach New York gefahren. Reimers nahm an, und hier beim Frühstück beschlossen wir, uns per Telephon mit dem Bijou-Theater, mit Frau Spooner in Verbindung zu setzen. Sie sagte, sie freue sich sehr über das Wiedersehen und würde mir nach dem Hotel die Freibilletts senden.

Von der Brooklyn-Brücke fuhren wir mit der Untergrundbahn bis in die Nähe meines Hotels. Reimers versprach, mich am nächsten Abend rechtzeitig fürs Theater abzuholen. Die Loge A war uns ganz zur Verfügung gestellt worden. Des Vormittags löste ich mir ein Billett nach Hamburg mit dem Riesendampfer AMERIKA[326], der seine erste Reise machte und am 26. Oktober abfahren sollte, also reichlich spät. Ich mußte deshalb noch einige Tage länger bei Georg, meinem Sohn, bleiben, den ich in Jowa bei Pioneer besuchen wollte.

Nachdem ich an unserem zweiten Theaterabend Miss Etna meine Bewunderung über ihr großartiges Spiel ausgedrückt und mich ebenfalls bei der Mutter für die große Liebenswürdigkeit und Aufmerksamkeit bedankt hatte, verabschiedete ich mich, weil ich am folgenden Tag nachmittags um drei Uhr nach Chicago abfahren wollte. Ich wurde aber von allen dringend gebeten, bei meiner Rückkehr auf jeden Fall noch einmal wiederzukommen. Per Telephon brauchte ich sie nur vom Hotel aus über mein Kommen zu benachrichtigen, damit sie rechtzeitig in Box A für mich reservierten. Gegen Mitternacht kamen Reimers und ich mit der Untergrundbahn an der 14ten Straße in der Nähe meines Hotels an, unterhielten uns noch einen Augenblick bei einem Glas Bier und verabschiedeten uns dann.

Wie ein Schuß aus der Kanone fuhr der Zug, genannt Lake Shore Train, ab und jagte dann mit rasender Geschwindigkeit am Ufer des Hudson-River entlang. Bis zur Dunkelheit genoß ich diesen herrlichen Anblick. Der Zug bestand aus nur drei Wagen (Schlafwagen) erster Klasse, einem Speisewagen und einem Raucherwagen, alle gleich elegant und peinlich sauber gehalten. Es waren große, breite und lange Wagen. Der Durchgang lag in der Mitte. Inwendig waren die Wagen aus Mahagoni. Das Holz glänzte, der geringste Staub wurde sofort von den aufmerksamen Dienern in Uniform beseitigt.

Abends um sieben Uhr war Diner. Mir gegenüber am Tisch hatte ein junger Gentleman von etwa dreißig Jahren Platz genommen, mit dem ich eine Unterhaltung begann. „Dieser Zug ist großartig", bemerkte ich, „und fährt trotz der rasenden Geschwindigkeit so geräuschlos und bequem, wie ich nie zuvor einen Zug kennengelernt habe, und was mir ganz besonders auffällt, ist die Höflichkeit und Aufmerksamkeit der Bedienung." „Ja", erwiderte der junge Mann, der sich mir als Schwede vorgestellt hatte und

der in Chicago in demselben Hotel wie ich Wohnung nehmen wollte, „auf die Bedienung legt die Gesellschaft dieses Zuges, der erst vor fünf Monaten eingeführt wurde und der schnellste aller Züge ist, die wir in Amerika haben, ganz besonderen Wert. Nirgends auf der Welt werden Sie Besseres finden. Der Konkurrenz wegen gehören, wie Ihnen bekannt sein wird, in Amerika die Eisenbahnen nur Privatgesellschaften."
Das Diner war ganz vorzüglich und für einen Dollar, gleich vier Mark, nicht teuer. Nach jeder zurückgelegten Meile gab der Zug einen dumpfen Dampfton ab. Auf der langen Fahrt hielt er nur fünfmal an, dreimal an Hauptstationen und zweimal, um die Maschine zu wechseln. Sie wurde bis Chicago auf der 18-Stunden-Fahrt fünfmal gewechselt, der großen Hitze wegen. Nicht weniger als 60 englische Meilen wurden in der Stunde zurückgelegt.
Des Morgens war ich einer der ersten, die aufstanden. Ich machte einen Spaziergang durch sämtliche Wagen, ungehindert, da noch alles schlief. Der Raucherwagen war mit schweren ledernen Sesseln möbliert, hatte außer einer kleinen Bar eine kleine Barbierstube und ein Badezimmer. Der dritte, hinterste Schlafwagen war zur Hälfte in einzelne Schlafzimmer eingeteilt, die andere Hälfte hatte einen eleganten Spiegelsalon mit schwerem Teppich und eleganten Sesseln. Hinten am Wagen befand sich eine kleine Veranda mit schönen Rohrsesseln.
Hier in diesem Salon saß ein Beamter des Zuges; bei ihm erkundigte ich mich über die Züge von Chicago nach Jowa (Pioneer). Der Alte war sehr gefällig, aber allzugut Bescheid wußte er über die Züge dorthin nicht. Um neun Uhr vormittags kamen wir in Chicago an. Am Bahnhof war Georg nicht zu finden. Ich ließ mich nach längerem Warten nach dem Hotel Auditorium fahren, einem Riesenhotel, dem besten in Chicago, wie mir der Schwede gesagt hatte. Hier war ich bereits zwei Stunden, als Georg hereinkam. Er erkannte mich gleich. An seiner Haltung erkannte ich die Spuren harter Arbeit, das Gesicht war stark von der Sonne verbrannt, er schien der richtige amerikanische Landmann. Wie ganz anders hatte ich ihn mir gedacht!
Wir machten einen Gang in die Stadt, woselbst ich Einkäufe für Georgs Frau tätigte. Danach speisten wir in einem schönen Restaurant-Keller. Um uns zu beschäftigen, fuhren wir nachmittags nach dem Lincoln-Park, den wir aber in einem schlechten Zustand antrafen und bald wieder verließen. Um sechs Uhr abends fuhren wir ab, bekamen jeder ein Unterbett in einem Pullmanwagen.
In Fort Dodge mußten wir nach Monson umsteigen, kamen dort um fünf Uhr morgens an. Georgs Schwiegervater war mit seinem Gespann auf der Station, um uns abzuholen. Kaffee war auf der kleinen Station noch nicht zu bekommen; wir fuhren also wohl oder übel mit nüchternem Magen in dem leichten, offenen Wagen ab, hatten eine zwei Stunden lange, kühle Fahrt bis Georgs Farm.
Georgs Frau, eine blonde, schlanke Person, begrüßte mich etwas schüchtern am Wagen. Ein kurzer umherschweifender Blick von mir genügte, um zu erkennen, daß die Verhältnisse, Zustände hier nicht so rosig waren. Nur das große Kornfeld (Maisfeld) war wohl tadellos zu nennen. Das Wohngebäude aus Holz war sehr klein, und an Stallungen war nur ein alter, hölzerner Pferdestall vorhanden, in dem vier Pferde und zwei Kühe stehen konnten. Dann waren da noch eine kleine Hütte für Getreide und eine für Hühner.
Im Frühjahr war die Familie hierher gezogen. Meine Bemühungen, diesen Platz zu retten, der nur 120 Äcker, aber sehr guten Landes, hatte, scheiterten, weil man 75 Dollar, also einen zu hohen Preis verlangte. Mehr als 60 Dollar für den Acker wollte ich nicht

geben, weil auch noch mindestens 600 Dollar in die Bauten hätten gesteckt werden müssen. Was mir aber gefiel, war der kleine Junge von zwei Jahren, ein prächtiger Bube.
Verdrießlich und unzufrieden mit allem reiste ich am 15. Oktober bereits wieder ab. Die junge Frau weinte, als ich ihr die Hand zum Abschied reichte. Mit Georgs Buggy fuhren wir bis Pioneer; von hier fuhr Georg auf mein Verlangen mit nach Fort Dodge, um dort einen Advokaten zu beauftragen, die vor drei Jahren von Georg an einen Landmann ausgeliehenen 400 Dollar Gold, wenn möglich, einzuklagen. Der Advokat zweifelte daran, daß da noch etwas zu retten sei, weil der Bauer überschuldet sei.
Fort Dodge ist eine kleine Stadt mit wenigen gepflasterten Straßen. Die Häuser sind größtenteils aus Holz gebaut. Viel Schönheitssinn an Gärten usw. hat man hier nicht. Das Gras läßt man bis an die hölzernen Villen heranwachsen; nur einige Blumenbeete habe ich in dem ganzen Ort gesehen, obgleich die Lage hügelig ist und dazu gut geeignet wäre. Nachmittags um vier Uhr verabschiedeten wir uns an der kleinen Eisenbahnstation. Ich hatte noch bis sieben Uhr abends, bis zur Abfahrt nach Chicago, Zeit und war nicht wenig froh, als ich endlich einsteigen konnte, zumal es regnerisch und kalt war. Der Zug war voll besetzt; ich mußte mich mit einem Oberbett begnügen. Nirgends, soweit ich in der Welt herumgekommen bin, haben mir die Menschen so wenig gefallen wie in Nordamerika.
Nach einer schlechten Nacht kam ich um zehn Uhr vormittags in Chicago an und fuhr um 2 1/2 Uhr nachmittags mit demselben Lake Shore Train nach New York ab, mit dem ich von New York bis Chicago gefahren war.
Der Tisch war abends elegant gedeckt, und das Essen war prächtig. Es fehlte nicht an schönen Blumenbuketts, die den Tisch schmückten. Nach dem Essen diente Rosenwasser zum Reinigen der Lippen und Finger. Wieder mußte ich im Oberbett die Nacht verbringen, die Unterbetten waren schon frühzeitig am Tage vorher belegt worden. Das Frühstück war wieder reichhaltig, aber teuer. Es kostete einen Dollar, gleich, ob man viel oder wenig forderte. Dicht vor New York kamen die Diener und bürsteten unsere Kleider ab, auch die Hüte und Mäntel, eine große Aufmerksamkeit in jeder Hinsicht.
Nach dem Frühstück saß ich wohl eine Stunde in dem hinteren Salonwagen und unterhielt mich angenehm mit einem Mann aus Chicago, der daselbst eine große Holzhandlung besaß. Dieser erzählte mir, daß der Lake Shore Train erst seit fünf Monaten fahre, und machte mich auf die Wasserrille zwischen den Schienen aufmerksam, aus der der Zug sein von ihm benötigtes Wasser mit einem Schlauch während der Fahrt saugte. Wir fuhren wieder am Ufer des Hudson-River entlang. Um 9.45 Uhr vormittags kamen wir in New York an. Meinen Reisekoffer hatte ich im Hotel gelassen, ich führte nur eine Handtasche und Reisedecke mit mir.
Nachdem ich mich im Hotel Westminster umgekleidet hatte, besuchte ich Marquardt & Co. und dann das Office der Hamburg-Amerika-Linie, um mein Billett für den Dampfer AMERIKA mit dem für den Hamburger Schnelldampfer DEUTSCHLAND umzutauschen. Die DEUTSCHLAND sollte nämlich am folgenden Morgen um 8 1/2 Uhr nach Hamburg abfahren, die AMERIKA erst am 28. Oktober. Mit dem Umtausch war ich bald fertig und ging dann mit Reimers nach Schulzes Restaurant zu Mittag. Bei Tisch überlegte ich, wie ich es am besten mit Spooners machte; denn so stillschweigend am nächsten Morgen abzureisen schien mir und auch Reimers doch zu unhöflich und undankbar zu sein.

Die beiden letzten Nächte hatte ich fast ohne allen Schlaf auf der Eisenbahn verbracht, und nun am Abend wieder nach dem Brooklyn-Theater zu gehen, woher ich kaum vor zwölf Uhr nachts zurücksein konnte, und am nächsten Morgen wieder früh aufzustehen, um mich einzuschiffen, dafür hatte ich wenig Sinn. Ich war zu müde, aber so abzureisen, ohne etwas von mir hören zu lassen, wollte ich auch nicht. Reimers hatte sich noch während meiner Abwesenheit über die Spooners erkundigt und auch die angenehme Erfahrung gemacht, daß Spooners einen tadellosen Ruf genossen und in Brooklyn allgemein sehr beliebt seien. Diese Mitteilung führte mich zu dem Entschluß, per Telephon anzufragen, ob ich für diesen Abend einen Sitz in Box A bekommen könne. Reimers konnte nicht mitgehen, er hatte sich mit einigen Freunden verabredet. „Ja, ich halte drei Plätze für Sie reserviert", antwortete Frau Direktor Spooner.

Die Vorstellung war wieder ganz vorzüglich. Gleich am Ende des ersten Aktes erhielt die älteste Tochter, Miss Etna, zwei schöne Buketts, und am Schluß wurden meine Buketts vom Orchester aus auf die Bühne gereicht.

Man lud mich nach dem Theater ein, das Souper mit ihnen zu nehmen, was ich aber dankend ablehnte, weil ich müde war und am folgenden Morgen abreisen wollte. Bald reichte ich allen zum Abschied die Hand. Um 11.50 Uhr war ich im Hotel und packte noch vor dem Schlafengehen meine Sachen.

Der Schnelldampfer DEUTSCHLAND, ein schönes, stolzes Schiff, gefiel mir noch besser als der Dampfer KAISER WILHELM DER GROSSE vom Norddeutschen Lloyd. Da wir uns schon spät im Herbst befanden, war der Dampfer wenig besetzt. Wir hatten eine schöne Überfahrt. Bekannte traf ich diesmal unter den Passagieren nicht an. Oft dachte ich während der Fahrt, daß dies wohl meine letzte Seereise sei.

In Hamburg waren meine liebe Frau und Hilka am Bahnhof, das war ein freudiges Wiedersehen! Zwei Tage blieben wir dort. Dann reisten wir nach Hause.

*

Johann Friedrich Fokken konnte seine Lebenserinnerungen nicht vollenden, weil er am 10. Oktober 1910 überraschend starb. Wie es seinem Wesen entsprach, versuchte er mutig, bei Esens ein durchgehendes Pferdegespann aufzuhalten. Die Deichsel durchbohrte seinen Körper.

Anmerkungen

1 Ein sehr alter Hafenort, der erstmals 1289 in einer Bremer Urkunde als „Seeort Akomy", der „denen Seeleuten wohl bekannt" sei, erwähnt wird. Heute gehört er zu Dornumersiel, dem staatlich anerkannten Küstenbad.

2 Johann Fokken hatte fünf Geschwister, davon drei Schwestern: Anna Margaretha, Ida und Gesine Elisabeth.

3 Der Vater hieß Fokke Hedden Fokken. Die Stammfolge der Familie lautet wie folgt:

1. Foko, Warfs- und Gefolgsmann, erwähnt 1598
2. Foko Tamme, half beim Deichbau und erwarb 1637 Land im Schutze des Deiches.
3. Tamme Foko, erwähnt 1673
4. Foko Tammen Foken aus Dornum, verheiratet 1696 mit Talea
5. Fokke Hedden Fokken, Schiffer auf Westeraccumersiel, verheiratet am 12.8.1732 mit Ettje Mammen aus Damsum, die am 27.2.1707 geboren worden war
6. Fokke Hedden, Hausmann, geboren am 28.3.1733, gestorben am 23.10.1816, verheiratet am 9.3.1763 mit Fentje Dirks, geboren am 9.3.1736, gestorben am 20.2.1781
7. Dirk Folkers Fokken, Gastwirt und Fuhrmann, Ortsvorsteher, geboren 14.1.1774, gestorben 27.11.1856, verheiratet am 16.5.1802 mit Anna Hinrichs, geboren am 16.4.1771, gestorben am 30.4.1839
8. Fokke Hedden Fokken, Schiffer, geboren 10.2.1803, gestorben in den Wellen im April 1859, verheiratet am 23.10.1836 mit Geeske Hinriette Brandenburger, geboren am 1.1.1810, gestorben 1874
9. *Johann Friedrich Fokken,* Kapitän und Konsul, geboren am 9.1.1846, gestorben am 10.10.1910, verheiratet am 15.8.1877 mit Anna Maria Rodenbäck, geboren am 28.4.1852, gestorben am 13.5.1933

4 Diedrich ertrank 1861 als 19jähriger Seemann. S. Anm. 35!

5 Hinricus Janssen wurde Kapitän. Mehrere Jahre führte er das Vollschiff BALTIMORE aus Bremen. Er starb 1927. Vgl. Anm. 154!

6 Den Zöllnern stand ein Zollboot zur Verfügung, das in regelmäßigen Abständen eine Rekognoszierungsfahrt unternahm, eine Probefahrt, auf der die Tüchtigkeit des Schiffes nachgewiesen wurde.

7 Neues, dem Meere abgewonnenes Land, das nur noch bei höheren Fluten überspült wird

8 Die Kuff WILHELMINE war 20,10 m lang, 4,81 m breit, 2,21 m tief und zu 21 $^1/_3$ Commerzlasten, 32 Lasten oder 54 BRT vermessen. Das Schiff mit der Flaggennummer 249 und dem späteren Unterscheidungssignal KBVC gehörte seinem Kapitän Ulfert Hayungs Wilken und führte eine vierköpfige Besatzung. Die Kuff war 1849 in Weener von Schiffsbaumeister Reinhard Borg erbaut worden. 1886 ging die Kuff in den Besitz von Kapitän Ulrich Georg Wilken über. 1895 wurde sie abgewrackt. Das Schiff machte viele Reisen nach England, Holland, Norwegen und in die Ostsee.

9 Die PAULINE, Flaggennummer 530, späteres Unterscheidungssignal KBWN, war eine Hecktjalk. Das 1842 in Papenburg auf der Werft der Wwe. Meyer und deren Sohnes Franz W. Meyer erbaute Schiff war 60 Fuß, 6 Zoll lang, 14 Fuß, 5 Zoll breit, 6 Fuß, 7 Zoll tief (Groninger Maße) und zu 17 Commerzlasten, 25 $^1/_2$ Lasten oder 50 Registertonnen vermessen. Es gehörte seinem Kapitän Onne Jacobs Pauls. Am 19.2.1867 wurde die Hecktjalk an Berend Peters Daniels in Neuharlingersiel verkauft. Sie unternahm viele Reisen, hauptsächlich nach England, aber auch nach Holland, Dänemark und Norwegen. — In der Nacht zum 14. November 1870 sank das Schiff auf einer Reise von Brake nach Grimstad vier Meilen westlich von Helgoland.

10 Tieferes Wasser vor dem Außentief

11 Zeit des Hochwassers

12 Noch bis etwa 1960 blieben diese Möglichkeiten die wesentlichen Freizeitbeschäftigungen der Jugend auf dem Siel.

13 Unterricht in holländischer Sprache war in den Sielorten wegen der Navigation und des Handelsverkehrs mit Amsterdam üblich.

14 Die CATHARINE, Vorgängerin der ANNA CATHARINA oder mit ihr identisch, gehörte ihrem Kapitän Tjark Hinrichs von Spiekeroog. Seine letzte Reise von der Insel nach Emden unternahm der damals im achtzigsten Lebensjahre stehende Seemann im Dezember 1893.

15 Die 30 Lasten à 4000 Pfund oder 56 Registertonnen große Kuff JUNO, Flaggennummer 177, wurde zwischen 1831 und 1834 in Halte erbaut. Reeder war R. E. Betten aus Neuharlingersiel, um 1865

C. M. Lüdeling Wwe. in Wittmund. Das Schiff führte Kapitän Hinr. Betten. Über 1865 hinaus ist es nicht nachweisbar.

16 Warner Schuster war gleichzeitig Korrespondentreeder mehrerer Dornumersieler Schiffe und erteilte Navigationsunterricht.

17 Siehe Anmerkung 9.

18 Ein Rahsegel bei Kuffen, Schmacken und ähnlichen Schiffen, die sonst nur Gaffel- und Stagsegel führten. Die Brefock wurde nur dann gebraucht, wenn man vor dem Winde segelte.

19 An der Südostküste Norwegens

20 In der Mitte der Ostküste Englands, am Tees gelegen

21 Das Roof befand sich auf Deck nahe vor der Kajüte, war aus Holz gebaut, hatte ein abgerundetes Dach und diente als Volkslogis. Es enthielt Kojen, Kisten und Behältnisse zum Mundvorrat. Zuweilen war auch die Kombüse (Schiffsküche) dort untergebracht.

22 Das Schiff unternahm nach Fokkens Abmusterung noch eine Reise von der Weser nach Grimstad (ab 13.10.), zurück nach Bremerhaven (an 6.11.) und von dort (ab 11.11.) nach Westeraccumersiel.

23 Die NICOLAUS, Unterscheidungssignal NFHM, 306 NRT groß, war eine Schonerbrigg und wurde von F. H. Nicolai und Cons. in Brake bereedert. Außer Kapitän Dood aus Westeraccumersiel haben de Vries und F. H. Oehlert das Schiff geführt. Unter Kapitän Dood ist für 1863 eine Reise von St. Domingo nach London (an 25.9.) belegt. — Am 25.8.1870 wurde die NICOLAUS von dem französischen Kriegsschiff TALISMAN aufgebracht und nach Fort Royal auf Martinique geschleppt. Vgl. Bremisches Jahrbuch, S. 145.

24 Am Bristolkanal im Südwesten Englands. Cardiff war größter Kohlehafen der Welt.

25 In der Mitte der Südküste Kubas

26 Schweinswale, Phocaenidae, Familie der Zahnwale mit drei Gattungen und sieben Arten. Der Schweinswal, Schweinsfisch, Braunfisch oder kleiner Tümmler ist auch an den deutschen Küsten häufig. In Gruppen, „Schulen", jagt dieser bis zwei Meter lange und fünfzig Kilogramm schwere Wal nach Fischen und Kopffüßern (Tintenfischen); gelegentlich dringt er in den Unterlauf der Flüsse ein.

27 Vor der Westküste Afrikas, nördlich der Kanarischen Inseln

28 Siehe Segelriß.

29 Die Seite, von der der Wind kommt

30 Die OCEANUS, zunächst als Brigg getakelt, 92 Commerzlasten oder 207 RT groß, wurde 1863 bei Hagens in Hammelwarden gebaut. Schumacher aus Brake bereederte sie. 1873 wurde das Schiff an G. & J. E. Pinkernelle in Hamburg verkauft. Vgl. Kresse, 2, S. 115.

31 Hafenstadt im Norden Venezuelas

32 Hafenstadt im Norden Venezuelas

33 Hafenstadt im Norden Venezuelas, an dem Fluß Magdalena gelegen

34 Eine Talje ist ein Flaschenzug, bestehend aus einem zweischeibigen und einem einscheibigen Block.

35 Die GERHARD war eine Bark, 523 RT groß, 1847 in Abo (Finnl.) erbaut. Kapitän H. Tönjes führte das Schiff mit 18köpfiger Besatzung. Reeder war G. Gross ainé (sen.) in Brake.

36 Die Schonerbrigg MIMI, Unterscheidungssignal NDBM, wurde 1861 bei F. Nicolai in Brake erbaut. Das 193 RT große Schiff gehörte der Reederei Heye J. Aden & Co. in Großefehn. Seine Kapitäne waren u. a. Thomsen (1863), E. Kettwich (vor 1877), Goerd aus Hamburg (um 1877), D. H. Aden aus Großefehn (1879—1882). Folgende Reisen der MIMI sind bekannt:
1880 Marseille — Buenos Aires (an 13.8.)
1881 Martinique — St. Nazaire (an 16.4.)
Newport-Mon (ab 14.6.) — Rio Grande
1882 Pernau (ab 5.7.) — Dundee
Am 28.10.1882 wurde die MIMI in der Nordsee bei Helgoland während ihrer Reise von Plymouth nach Hamburg mit einer Ladung Tonerde schwer leck, nachdem die Mannschaft seit dem 24.10. in stürmischem Wetter ständig vergebens gepumpt hatte. Die siebenköpfige Besatzung mußte das Schiff verlassen, das bald darauf sank. Sie wurde durch den Lotsenschoner HAMBURG gerettet, der sie an die Bark SVANEN weitergab. Auf Pellworm trieb später ein Kajütenschrank mit Briefen und Papieren des Schiffes an.
Die MIMI war mit 15 000 Mark in Paris versichert. Der Spruch des Seeamts Emden erfolgte am 2.12.1882.
Bis 1872 war die MIMI in Brake beheimatet gewesen. Sie hatte dort dem Reeder J. H. Nicolai gehört, Kapitän war damals L. C. Luths aus Varel.

37 Eine Insel der Großen Antillen in der Karibik
38 Vor dem Winde wenden
39 Lübbe Janssen Dood wurde am 27.1.1832 als viertes von sieben Kindern des Weber-Amtsmeisters Johann Eiben Dood zu Westeraccum getauft, kurz vorher also in Westeraccumersiel geboren.
40 Eine Winde
41 Insel der Großen Antillen in der Karibik
42 Gehören zu den Bahama-Inseln
43 Insel der Großen Antillen in der Karibik
44 Hillrich Peters Osterkamp (so lautet sein voller Name) starb als Matrose am 10.7.1863 im Alter von 33 Jahren. Vater des Verstorbenen war der Schiffer Cassen Behrends. Kapitän Dood und Johann Fokken bestätigten dem Pfarramt Westeraccum den Todesfall.
45 See- oder Längenuhr, so genannt, weil man mit ihr die geographische Länge finden kann
46 Süßkartoffeln
47 Klarieren: Die Güter eines Schiffes bei dem zu passierenden Zollhause angeben und den Zoll bezahlen, so daß es (exklarieren) ungehindert versegeln kann
48 In der Karibik, nördlich von Venezuela
49 Die stehenden Taue, die den Fockmast nach den Seiten hin halten und mit Webeleinen beflochten wurden, um als Strickleiter dienen zu können
50 Ein hänfener Faden zum Verfertigen von Tauen, hier zum Annähen der Segeltuchstreifen
51 Webeleinen sind dünne, geteerte Stricke, die vom Bord des Schiffes bis zum obersten Topp der Bramstengen durch alle Wanttaue geschoren werden und den Matrosen dazu dienen, in die Masten und Stengen zu steigen.
52 Regeling oder Reling, die rings die Deckkante umfassende Brustwehr
53 Das Schiff erreichte London von St. Domingo unter Kapitän Dood am 25.9.
54 Ein an Studenten erinnernder Brauch der jungen Seeleute, den ich hier erstmals bezeugt finde
55 Der Schoner WILHELMINE, 117 RT groß, war 1858 in Motzen erbaut worden. Das Schiff führte Kapitän B. D. Bunje, Reeder waren F. Kückens, Capt. & Co. in Lemwerder.
56 Behrend Claassen Wilken aus Westeraccumersiel (Steuermannszeugnis 1. Klasse der Navigationsschule Leer vom 28.3.1867) wurde 1870 Kapitän des größten in Hooksiel beheimateten Schiffes, der Brigg WANGERLAND. Mit ihr unternahm er folgende Reisen: Bordeaux — Buenos Aires (1870) — Patagonien (1871) — San José de Guatemala (1872) — Acajutla (Republik San Salvador) — Antwerpen (1873) — Ramsgate — London — Ramsgate — Bahia — Queenstown — London — East-London (1873) — Kapstadt (1874) — Port Adelaide — Kapstadt — Port Louis — Port Natal (ab 28.1.1875) — London (an 3.5.). Ab 1875 unternahm das Schiff Reisen in die Nord- und Ostsee sowie nach Holland, Frankreich (Bordeaux) und Nordrußland (Archangelsk) unter einem anderen Kapitän. Ab 1884 folgten Reisen nach New York, Martinique, Trinidad und weitere Fahrten in die Ost- und Nordsee bis nach Frankreich und Spanien.
Die WANGERLAND war das einzige der in den Sielhäfen beheimateten Schiffe, das das Kap Horn umrundete, um an die Westküste Mexikos zu segeln.
Die Frau des Kapitäns Wilken, Frauke, geb. Habbinga, hinterließ Erinnerungen an das Leben einer Kapitänsfrau in einer kleinen, 1928 auf Juist veröffentlichten Schrift, betitelt „Aus meinem Leben". Außerdem sind die Briefe des Kapitäns an seinen Reeder von 1870 bis 1875 erhalten geblieben.
1876 kaufte Wilken den zweimastigen Kutter JOHANNA AUGUSTE; vgl. Anmerkung 62!
57 Diese Reisen unternahm er auf der Kuff WILHELMINE. Vgl. Anmerkung 8!
58 Ein Tau, mit dem die untere Ecke des Klüvers, des vordersten dreieckigen Stagsegels am Klüverbaum, angespannt und nach hinten gezogen wird. Der Klüver ist eines der wichtigsten Segel, wenn man bei dem Winde segelt, und hat vor allem eine große Wirkung beim Abfallenlassen des Schiffes.
59 Horizontal liegender Plankengang, der das Oberdeck an der Bordwand abschließt
60 Quer am Fockmast hängende Segelstange
61 Gemeint ist wahrscheinlich das Hafenbecken am Ligurischen Meer.
62 Daß Wilken für immer dort geblieben sei, ist nicht ganz richtig; vgl. Anmerkung 56! Richtig ist aber der Hinweis auf den Kauf des ehemaligen Lotsenkutters und das Unglück. Das 1850/51 in Brake bei Ide Oltmanns erbaute zweimastige Schiff, Unterscheidungssignal KGBM, 20,15 m lang, 6,45 m breit, 3,17 m tief, zu 78,75 BRT vermessen und mit einer Kupferhaut versehen, kaufte Wilken 1876 von dem Oberlotsen Christian Ernst Wessels zu Fedderwardersiel. Das Schiff unternahm viele Reisen nach Norwegen, England, in die Ostsee und um das Nordkap. Am 30.4.1882 kenterte

es in der Nordsee bei Hanstholm auf der Reise von Gothenburg nach Middlesbrough mit einer Ladung Holz und ging verloren. Die vierköpfige Besatzung und die achtjährige Tochter des Kapitäns, die mit an Bord war, kamen ums Leben. Der Kutter wurde in gekenterter Lage am 31.7.1882 unweit der Doggerbank von einem dänischen Fischereifahrzeug gesehen. Am 11.10. sichtete ihn der aus Newcastle kommende Dampfer KRONEN bei Hanstholm. Versuche, das gekenterte Schiff ins Schlepptau zu nehmen, scheiterten. Später trieb die JOHANNA AUGUSTE bei Withernsea an den Strand.

63 Die dem Wind abgekehrte Seite

64 Es muß sich hier um die Bark CLARA mit dem Unterscheidungssignal QBPT handeln. Sie war 485 BRT groß, hatte 612,3 t Tragfähigkeit und war 1861 (Stapellauf 2.5.) auf der Werft R. C. Rickmers in Geestemünde gebaut worden. Bereedert wurde sie von Joh. Anton Schwoon & Co. in Bremerhaven. 1872 ist Joh. Daniel Probst jun. als Kapitän angegeben, später J. F. Gärdes (Mehrere Hinweise verdanke ich Herrn Havighorst, Bremen).

65 Ein für den Kapitän bestimmtes, schlank gebautes Boot von 16 bis 27 Fuß Länge

66 Bonite, Bezeichnung der Fischart Thynnus pelamys' (eigentlich, wie auch vom Kapitän so gebraucht, ein spanisches Seemannswort: span. bonito)

67 Eine als Stütze unter dem Bugspriet senkrecht angebrachte Spiere

68 Ein auf dem vordersten Teil des Oberdecks errichteter Aufbau, der sich von der einen zur anderen Seite des Schiffes erstreckt

69 Das Vollschiff LOUIS HENRY, 790 RT groß, wurde 1855 in Motzen erbaut. Reeder des Schiffes mit 19köpfiger Besatzung waren Faber und Fletcher in Bremen. Kapitän Diedrich Tegeler führte es auch bereits 1860, mindestens also fünf Jahre lang.

70 Siehe Segelriß.

71 Die Rahen durch Ziehen an den Brassen in die gewünschte Stellung bringen

72 Pier = Landungsbrücke (Lehnwort aus dem Englischen)

73 Siehe Segelriß.

74 Lange, starke Taue, die vom Topp der Stengen und Bramstengen nach beiden Seiten des Schiffs hinabgehen und hinter den Wanttauen wie diese selbst mit den Jungfern und Püttingen befestigt werden

75 Schanze, ein der Back (auf dem Heck) gegenüberliegender Deckbau. Hier ist aber mit Sicherheit das Schanzkleid gemeint (vgl. Anm. 84!).

76 Scherzhafte Bezeichnung für Matrose

77 Bank oder Untiefe an der Mündung eines Flusses

78 Peilen: mit dem Peilholz oder Peilstock untersuchen, wie hoch das Wasser in der Pumpe steht

79 In der Mitte der Ostküste der USA

80 Kalfatern: die Plankenfugen mit Werg und Teer verstopfen und dichten

81 Schwere Balken der Länge nach an dem Übergang von dem Boden und Bauch zur Seite des Schiffes, um dem Schiff Halt zu geben

82 Die Bark CUPIDO, Unterscheidungssignal QCFS, 555 BRT groß, wurde 1858 in Lussino erbaut und segelte zunächst offensichtlich unter italienischer Flagge. In Bremen war Anton Bahr Reeder des Schiffes, Kapitän Adolph Dannemann aus Bremen. Ab 1873 ist die Bark in deutschen Registern nicht mehr geführt. Sie wurde an J. Lie & Co. in Stavanger verkauft.

83 Im Englischen Kanal, südlich von Southampton gelegen

84 Schanzung oder Schanzkleid, die hölzerne Umkleidung der Reling

85 Meeresstraße, die die südlichen Inseln mit Kap Horn von Feuerland trennt

86 Vielleicht meint der Kapitän Bahia Honda, aber diese Hafenstadt liegt an der Nordküste Kubas.

87 Siehe Segelriß.

88 Die Brigg LEOPOLDINE wurde 1865 bei Reimers in Hammelwarden gebaut. Das 216 NRT große Schiff wurde von Arens in Bremen bereedert. 1878 wurde es verkauft an Georg Haeslop in Steinkirchen. Vgl. Kresse, 1, S. 184!

89 Die Brigg DELPHIN, Unterscheidungssignal QBCS, 231,05 RT groß, wurde 1865 bei Ide Oltmanns Wwe. in Brake erbaut. Reeder waren J. F. Haye sen. & Cons. aus Brake. Spätestens 1879 wurde Weener (Ems) neuer Heimathafen des Schiffes. Als Reeder sind dort genannt: Jan Luiken Janssen, O. Mustert (1883—1887), J. G. Sissing und Bernh. F. de Haan (1888—1895). Während der Weeneraner Zeit führten als Kapitäne das Schiff: C. S. de Jonge aus Emden (bis 1883), G. C. Huizenga aus Emden (1884—1887), J. Wehmeyer aus Weener (1888—1891), J. Duken aus Iheringsfehn (1892) und G. Woldenga (1893—1895). Die Besatzung bestand aus acht Mann. An Reisen sind nachweisbar:

1883 London — Batavia (Lizard passiert am 1.12.), 1885 Nickerie (Südamerika, ab 1.5.) — London (an 23.6.), 1886 Galveston (ab 12.1.) — Bremen.

Am 16.5.1880 war die Brigg auf der Reise von Bordeaux nach unbekanntem Ziel mit dem englischen Schoner LYDIA FAREWELL zusammengestoßen, wobei beide Schiffe mehrere Beschädigungen erlitten. Die DELPHIN hatte nach Bordeaux zur Reparatur zurücklaufen müssen. Anfang Mai 1881 hatte das Schiff Santander (Spanien) von New Orleans nach einer vierzigtägigen Reise erreicht. Anfang September 1895 wurde die Brigg auf ihrer Reise von Leer nach Trelleborg mit einer Ladung Koks auf der Höhe des Hörner Riffs bei dunklem, regnerischem Wetter in schwer rollender See von der Korvette GNEISENAU am Heck angerammt, erhielt ein starkes Leck und sank nach zwei Stunden. Wegen der stürmischen See konnten durch die Besatzung der Korvette von der DELPHIN nur der Steuermann Kamann, der Matrose Christophers und der Schiffsjunge Weerts gerettet werden, während der Kapitän Georg Joh. Woldenga (geb. 13.1.1867 in Weener) und der Leichtmatrose Walter J. Riechert (geb. 23.3.1876 in G.-Vinnigstedt) in den Fluten umkamen.

90 An der Südküste der USA, am Golf von Mexiko

91 Gaffelschoner: ein scharf geschnittenes Schiff mit Gaffelsegeln

92 Das Kasernenschiff BARBAROSSA war eine Korvette, 1839/40 in Glasgow erbaut, wurde 1849 für die deutsche Bundesflotte angekauft. Sie war 65 m lang, 9 m breit, 5,2 m tief und zu 1313 t vermessen. 1852 ging sie an Preußen und diente als Wohn- und Wachtschiff. 1880 wurde sie bei einem Torpedierungsversuch gesprengt und abgewrackt. Vgl. Kroschel-Evers, 1962, S. XXII und Nr. 1.

93 Die Panzerfregatte KÖNIG WILHELM lief am 25.4.1868 in London vom Stapel. Sie war 112 m lang und zu 9750 t vermessen. 1897 wurde sie Großer Kreuzer. Sie diente u. a. als Wohn- und Exerzierschiff für Schiffsjungen in Kiel und Mürwik. 1921 wurde sie abgewrackt. Vgl. Kroschel-Evers, 1962, Nr. 22.

94 Großrahe: unterste Rahe am Großmast

95 Windsack: eine aus leichtem Segeltuch gefertigte, unten offene Röhre, oben mit Klappe und Kausch zum Heißen und einer länglich viereckigen Öffnung mit zwei dreieckigen Flügeln und daran befestigten Brassen zum Richten gegen den Wind

96 Die META, Unterscheidungssignal NDQS, 325 BRT groß, war eine Schonerbrigg. Sie war 1869 bei L. Hilmer & Co. in St. Magnus erbaut worden. Das Schiff wurde von J. D. Bischoff aus Vegesack bereedert und von Kapitän A. v. Seggern aus Lemwerder geführt. 1881 wurde die Schonerbrigg an J. D. Heitmüller & Co. (zu dieser Partenreederei gehörte u. a. Gastwirt Harm Wiemann aus Hatzum) in Papenburg verkauft. Kapitän wurde dort Jürgen H. de Vries aus Manslagt. Im Februar 1887 kaufte sie Berend de Vries (geb. 14.8.1859 in Emden), sein Schwiegervater Jans van Loh wurde Korrespondentreeder. Am 21.5.1887 heirateten Berend de Vries und Heikeline van Loh (geb. 26.10.1866 an Bord der METTINE in Buenos Aires). Kurz nach der Hochzeit segelte die META von Papenburg nach Sundsvall. Heikeline de Vries war mit an Bord. Als Steuermann wirkte auf der Reise Johannes de Vries (geb. 29.5.1860 in Emden), der 1901 Kapitän des Borkum-Dampfers DR. VON STEPHAN wurde.

Die META hat viele weite Reisen unternommen, u. a. nach Mauritien und in die Java-See. Aufschlußreich für die Lebensverhältnisse der Seeleute ist der Hinweis, daß am 7.1.1889 im Hafen von Cooktown der Frau des Kapitäns ein Sohn geboren wurde. Auch als das Schiff am 19.4.1890 mit dem Laden von Mehl in Adelaide (Austr.) begann, war seine Frau schwanger. Am 24.4. segelte die Schonerbrigg nach Natal, nach dem 7.5. geriet sie dann in einen schweren Orkan. Nach geglückter Reise verkaufte de Vries das Schiff an D. J. Avery in Fremantle, der es in E. H. AVERY umbenannte. De Vries blieb bis 1891 Kapitän der Schonerbrigg. Danach wurde sie wegen Seeuntüchtigkeit kondemniert.

97 Es handelt sich um den Deutsch-Französischen Krieg von 1870/71.

98 Liverpool gegenüber

99 Die Schonerbrigg SCHWAN, Unterscheidungssignal NDTL, 315 BRT groß, wurde 1867 in Bardenfleth erbaut. Reeder und Kapitän war Peter Ulrich Seetzen.

100 Backbrassen: die Luvbrassen so weit anholen, daß der Wind von vorne in die Segel fällt und sie gegen den Mast legt

101 (Engl.) Faß, Tonne

102 Vgl. die vielen Hinweise zu Guayaquil in Karl-Heinz Wiechers (Hrsg.): Kurs auf ferne Küsten, H. J. de Bloom, Logbuch der HARMONIE 1822—1824, Hamburg 1979.

103 Corozo: Butter- oder Ölpalme

104 Chinarinde, von indian. kina, nicht von „China“; Fieberrinde, die Rinde mehrerer Arten des peruanischen Chinarinden-Baumes. Chinarinde dient als Magenmittel, Chinin als Fiebermittel.

105 Panamahüte bestehen aus Blattstreifen palmenartiger Bäume im nordwestlichen Südamerika.

106 Einklarieren (engl.: to enter at the customhouse, span.: entrar la aduana). In der Regel ist es nach Ankunft eines Schiffes am Bestimmungsort das erste, was ein Kapitän vorzunehmen hat, nämlich die von der Zollbehörde vorgeschriebenen Förmlichkeiten zu beachten. Gewöhnlich wird gefordert, ein genaues Inhaltsverzeichnis der Ladung (Manifest) im Zollamt zu deponieren, bevor dem Kapitän die Erlaubnis zum Löschen gegeben wird.

107 Johann Diedrich Bischoff gründete die Reederei im Jahre 1859. Er begann mit einem kleinen Schoner namens CONCORDIA. Seine Reederei war eine Partenreederei in Vegesack, an der viele Kapitäne und Kaufleute Vegesacks und Landwirte aus dem oldenburgischen und hannoverschen Gebiet beteiligt waren. Nach Anzahl und Tonnage der Schiffe gehörte das Unternehmen im vorigen Jahrhundert etwa dreißig Jahre lang zu den Großreedereien an der Weser. Vgl. Spengemann, 1936, S. 137 f.

108 Breusings Steuermannskunst und seine Nautischen Tafeln wurden von vielen Schülern der Navigationsschulen benutzt. Beide Bücher wurden später im Verein mit Dr. O. Fulst und Dr. H. Meldau neu bearbeitet und herausgegeben von Professor Dr. C. Schilling, dem späteren Direktor der Seefahrtschule in Bremen. Die Steuermannskunst erreichte mindestens sechs Auflagen, die Nautischen Tafeln kamen auf mindestens sieben.

109 Der Norddeutsche Lloyd war die zweitgrößte deutsche Schiffahrtsgesellschaft, gegründet 1857, mit ihrem Sitz in Bremen. Sie unterhielt Schiffsverbindungen nach allen Erdteilen.

110 So lautet der Text im Zeugnis zum Schiffer auf großer Fahrt.

111 Es handelt sich um die Kuffbark oder Galiotbark GELIE. Das 155 1/4 Lasten, 210 Roggenlasten oder 316 Registertonnen große Schiff war 1839 in Monikendam (Holland) gebaut worden, hatte zunächst unter holländischer Flagge gefahren und war dann nach Emden verkauft worden. Dort gehörte es der Reederei Garrelt Buismann und R. W. Remmers. Als Kapitäne führten in Emden das Schiff E. H. de Vries (um 1839), H. Oortgiese (um 1852), Willem Mennen (bis 1862), Johannes Jacobs Mennen (1863) und Joh. Remmersen (1863 bis mindestens 1869).

Die GELIE soll als Deap-water-ship auf großer Fahrt nach Insulinde, den niederländischen Kolonien, manches Mal das Kap der Guten Hoffnung umrundet haben. Während ihrer Emder Zeit segelte sie u. a. nach Malaga (1860), Triest, Venedig und England (1861), Riga und Paimbœuf (Loire-Mündung) (1862), Alexandrien und England (1863), wieder Alexandrien, Konstantinopel und England (1864), Antwerpen, Danzig und England (1865), Nord- und Ostsee (1866 bis 1869).

Die Bezeichnung Dreimastschoner ist nicht richtig, aber die Seeleute an der Weser nannten so solche Schiffe, die am Vortopp Rahen, am Groß- und Besanmast nur Schratsegel, Gaffel- und Toppsegel fuhren.

In der Vegesacker Zeit waren Kük und Dewers Kapitäne der GELIE. Bischoff verwandte das Schiff hauptsächlich als Holz-Trader in Fahrten nach Norwegen, Finnland, Rußland und zurück nach Bremerhaven. 1879 wurde es abgetakelt und als Hulk benutzt.

112 Urkunde, in welcher der Kapitän oder sonstige Vertreter des Reeders dem Ablader gegenüber erklären, die verladenen Güter erhalten zu haben, und sich verpflichten, sie an den in der Urkunde bezeichneten Empfänger abzuliefern

113 Erste Verlängerung des Fockmastes

114 Starke Taue zur Befestigung von Masten und Stengen nach vorne

115 Knüttel: eine dünne Art Leine, die mit den Händen von zwei Kabelgarnen zusammengedreht wurde

116 Klötern (ostfries. Platt): in der Bedeutung von „rasseln“

117 Monddistanz: Der Winkelabstand zwischen Mond und Sonne bzw. zwischen dem Mond und gewissen Fixsternen oder Planeten nahe an der Ekliptik. Die Monddistanzen sind in der nautischen Astronomie besonders wichtig zur Bestimmung der geographischen Länge. Vgl. Anmerk. 45!

118 Der Schoner FLORA, Heimathafen Elsfleth, Unterscheidungssignal NDSW, 245,87 BRT groß, wurde 1870 in Elsfleth bei F. Deetjen erbaut. Reeder war Johann Hinr. Hustede & Co., Kapitän J. R. Bringmann aus Elsfleth.

119 Demijohn (engl.): große Korbflasche

120 Hier: das Schiff festlich beleuchten

121 Erste Verlängerung des Bugspriets

122 Die ETZHORN, Unterscheidungssignal NDQB, 226 BRT groß, war eine Schonerbrigg mit Heimathafen Elsfleth. Sie war 1869 in Elsfleth bei J. Jürgens erbaut worden. Ihre Länge betrug 33,1 m, ihre Breite 7,5 m und ihre Tiefe 3,89 m. Bereedert wurde sie von Heinr. Ramien & Co., geführt von Kapitän J. O. Krüger aus Etzhorn.

123 Verkupfern: Der äußere Schiffsboden wird so weit von unten mit Kupferplatten beschlagen, wie das Schiff bei voller Ladung einsinkt. Dieser Beschlag schützt die Beplankung vor Bohrwürmern.

124 Ein Holzverschiffungsplatz im Süden des Golfs von Mexiko. Gerade dieser Ort sollte für den Kapitän Fokken von schicksalhafter Bedeutung werden. Die weiteren Ausführungen werden das belegen.

125 Die DETMAR, Unterscheidungssignal QCJF, war eine hölzerne Schonerbrigg, 261 BRT groß, 1869 in Bardenfleth von Gebr. Focke für Fr. Kückens & D. F. Meyer erbaut. Es war das erste Seetzen-Schiff, das in den Hamburger Registern auftaucht. Kapitän Müller führte es nach Kapitän J. H. Wenke aus Motzen. 1892 wurde die DETMAR an Wm. Philippi & Co. in Hamburg verkauft. Vgl. Meyer, 1971, S. 154.

126 Die Brigg LIENEN, später als Schonerbrigg getakelt, Unterscheidungssignal NCRK, wurde 1862 bei J. Ahlers in Elsfleth erbaut. Sie war zu 59 1/2 oldenburgischen Commerzlasten, zu 68 1/2 Commerzlasten bzw. 131 NRT vermessen. 1872 verkaufte der Reeder J. H. Schuhmacher das Schiff, das zuerst H. Schuhmacher geführt hatte, an Hein Lindemann & Hans Kröger in Blankenese. Im Mai 1884 wurde die LIENEN an L. Spigno in Montevideo verkauft und fuhr noch bis 1907 unter dem Namen LA PLATA. Später wurde das Schiff als Leichter verwandt. Vgl. Meyer, 1968, S. 204.

127 Auch Progreso geschrieben, am Golf von Mexiko, an der Nordküste der Yucatan-Halbinsel

128 Mexikanische Provinz an der Campeche-Bai

129 1826 bis 1915 Name der Stadt Villahermosa, landeinwärts am Rio Guyalva gelegen

130 Die Bark ALBATROS, Heimathafen Brake, Unterscheidungssignal NDQJ, 432 BRT groß, wurde 1869 erbaut. Reeder und Kapitän war Eduard Gerhard Seetzen aus Vegesack. Ab 1875 ist Bremen als Heimathafen des Schiffes genannt, als Reeder ist Peter Ulrich Seetzen angegeben.

131 Insel nordöstlich von Puerto Rico

132 An der Südküste Haitis (Große Antillen), westlich von Port au Prince

133 An der Ostküste Englands, am Humber gelegen

134 Im Süden Südamerikas, zwischen Rio de Janeiro und Uruguay

135 An der Ostküste Englands, am Humber gelegen

136 An der Küste Brasiliens (Salvador), südlich von Pernambuco (Recife)

137 Die hölzerne Bark SCHWAN von 324 BRT, 35,7 m lang, 7,4 m breit und 3,93 m tief, wurde 1876 von Joh. Lange in Vegesack erbaut und von Kapitän Johann Fokken, später von Kapitän H. Warneke geführt. 1891 wurde das Schiff in das Hamburger Register eingetragen, 1897 an Chr. Simoni in Aalborg verkauft und erhielt dort den Namen SVANEN. Vgl. Meyer, 1971, S. 154!
Da Fokken seine Reisen mit dieser Bark selber beschreibt, seien hier die nachgewiesenen Reisen unter Warneke aufgeführt:
1884 Laguna — Hamburg (an 8.3., ab Cuxhaven 28.4.) — Santos (an 6.7., ab 29.7.) — Laguna
1885 Laguna — Hamburg (an Cuxhaven 27.1., an Hamburg 3.2., ab 19.2.) — Laguna (ab 7.6.) — Hamburg (an Cuxhaven 11.8., ab Hamburg 23.8.) — Laguna (an 21.10.)
1886 Laguna — Dungeness (an 22.2.) — Laguna — Hamburg (an 27.8., ab 29.9.) — Santa Cruz (an 29.10., ab 11.11. von Teneriffa) — Laguna
1887 Laguna (ab 13.1.) — England
1889 Pernambuco und Barbados (an 1.12.)
1890 Barbados (ab 1.3.) — Kanal mit Dividivi
1892 Bremen — Cartagena (Kolumbien, an 15.4.) — Hamburg (an 14.9. von Altona)
1894 Hamburg — Rio de Janeiro (an 15.2., ab 28.2.) — Antonina (Südbrasilien) — Laguna (an 31.5.) — Hamburg (an Altona 19.9., ab Hamburg 6.11.) — Pernambuco
1895 Pernambuco (ab 22.1.) — Laguna
1896 Para (ab 24.6.) — Laguna (an 9.8. von Barbados)

138 Nördlich von Dover

139 An der Campeche-Bai (Golf von Mexiko)

140 Konsignieren, hier: ein Schiff mit besonderer Bestimmung (Holzkauf) an jemanden absenden

141 Kommission: Auftrag, der im eigenen Namen für Rechnung eines anderen ausgeführt wird

142 Es handelt sich um die Zeit kurz vor dem Regierungsantritt des Diktators Diaz, der von 1877 bis 1911 herrschte.

143 Straße zwischen Florida und den Bahamas, hier in Höhe von West Palm Beach

144 Er segelt also der Windverhältnisse wegen von Osten her durch die ganze Karibik, um in den Golf von Mexiko zu kommen.

145 Gemeint ist wohl die Tortilla, ein spanisches Nationalgericht aus Ei und Kartoffeln.

146 Kämpfer (eigentlich Adliger, Ritter, ritterlicher Mann)

147 Faktura: Warenrechnung

148 Die Brigg SEÑORA QUINTANA, 332 BRT groß, wurde 1879 in Brake bei Ide Oltmanns Wwe. erbaut. Kapitän war zunächst Peter Fr. Seetzen, danach zeitweise J. Fokken, A. Giese und später in Hamburg J. Martini. Dieses Schiff ist bis 1895 im Register geführt. Es strandete in dem Jahre bei Saona unter Kapitän Gerlitzky. Die Brigg war am 3.12.1894 von Hamburg nach San Domingo abgegangen.

Folgende Reisen der SEÑORA QUINTANA sind nachweisbar:

1884 Laguna de Terminos (an 9.7. unter Kapitän Fokken) — Laguna (ab Anfang September) — Hamburg (unter Kapitän Martini) — Laguna (an 27.12.)

1885 Laguna (ab 4.2.) — Hamburg (unter Kapitän Fokken, Lizard passiert am 7.3., an Cuxhaven 21.3.) — Laguna (unter Kapitän Giese, an 19.6., ab 19.9. unter Kapitän Wedel) — Hamburg (an Cuxhaven 2.11, ab Hamburg 11.12.) — Brazos de Santiago

1886 Brazos de Santiago (an 19.2.) — Laguna (ab 12.5. unter Kapitän Martini) — Hamburg (an 27.6.) — Puerto Cabello (an 12.10.) — Laguna

1887 Laguna (unter Kapitän Fokken, ab 13.1.) — Kanal (ab Cardiff 22.6. unter Kapitän Martini) — Vera Cruz — Laguna (ab 4.8.) — Hamburg (an Cuxhaven 1.11.)

1888 Hamburg (ab 7.1.) — Laguayra (an 26.2.) — Laguna — Hamburg (an 10.7., ab 30.7. von Cuxhaven) — Cardiff (an 12.8., ab 18.8.) — Vera Cruz (an 16.10.) — Laguna (ab 26.12.)

1889 An Hamburg (11.3., ab Cuxhaven 12.4.) — Maracaibo (an 24.6. von Puerto Cabello, war dort angekommen 11.6.) — Laguna (ab 14.8.) — Hamburg (ab Cuxhaven 25.12.) — Rio Grande

1890 Rio de Janeiro (an 20.2.)

1891 Laguna (ab 8.1.) — Kanal — Vera Cruz (an 10.7., ab 23.7.) — Laguna (an 28.7., ab 1.9.) — Hamburg (an 24.10., ab 12.12.) — Paranagua

1892 Buenos Aires (ab 30.6.) — Hamburg (an 17.8.) — Falmouth (ab 1.9.) — Antwerpen

1893 Laguna (ab 30.12.) — Kanal — Hamburg

1894 Hamburg (an Cuxhaven 25.2., an Hamburg 26.2., ab 17.4.) — Pernambuco (an 31.5., ab 29.6.) — Mexiko — Chencan (ab 1.9.) — Lizard (ab 15.10.) — Hamburg (an Cuxhaven 20.10., ab Hamburg 3.12.) — San Domingo

149 Westlich der marokkanischen Küste

150 Die Segel mit Geitauen unter die Rahen holen oder zusammenziehen

151 Landgut

152 Tiro: Gespann

153 Cayuco, m: Indianerboot ohne Kiel

154 Das Vollschiff BALTIMORE, ex VOLUNTEER, 1081,45 BRT groß, war ein Halbklipper. Er wurde 1863 bei W. F. Weld & Co in South Boston (Mass.) gebaut. In Deutschland wurde er anfangs von Carl Heinrich Kassebohm in Bremerhaven bereedert. 1875 wurde das Schiff an Joh. Friedr. Arens in Bremen verkauft. Zuletzt befand es sich im Besitz der Reederei Heinr. Julius in Bremerhaven. Kapitäne der BALTIMORE mit dem Unterscheidungssignal QCSW waren Hinrich Fokken aus Westeraccumersiel (bis 1889), Freese (um 1889), Arians aus Carolinensiel (bis 1894) und Hillmann (bis 1896). Kapitän Arians starb im April 1894 in New York. Für aufopfernde Hilfeleistung, die er auf seinen Fahrten mehreren amerikanischen Schiffen hatte angedeihen lassen, wurde er vom Präsidenten Harrison und vom Präsidenten Cleveland mit goldenen Chronometern beschenkt.

Folgende Reisen des Schiffes sind nachweisbar:

1880 Baltimore (29.6. Cap Henry passiert) — Bremen

1881 Bremerhaven (ab 13.1.) — Baltimore (Cap Henry passiert am 2.3.) — Antwerpen (an Vlissingen 21.4.) — Baltimore (ab 1.8.) — Bremen (an Bremerhaven 27.8.) — Baltimore (Dungeness passiert am 24.9.)

1889 Philadelphia — Hamburg (an 20.4. unter Kapitän Hinrich Fokken, ab 24.5. unter Kapitän Freese) — New York — Hamburg (an 12.9.)

Am 19.12.1896 lief die BALTIMORE von London nach New York aus und ging am 24.1.1897 auf

See unter. Dabei ertrank fast die gesamte 17köpfige Mannschaft. Lediglich der Matrose Gustav Christiansen aus Moos (26 Jahre alt) wurde gerettet. Den Tod fanden Kapitän J. Hillmann aus Geestemünde, erster Steuermann Fr. Vehling aus Bückeburg (24 Jahre alt), zweiter Steuermann Honke Tjarks Ulrichs aus Baltrum (geb. 18.11.1866), Carl Donner aus Dornumersiel (19 Jahre alt), Koch Jann Hinr. Poppinga aus Arle (geb. 27.7.1850), Matrose Otto Th. Marquardt aus Spiekeroog (geb. 17.9.1867), Matrose Th. Schmidt aus Linden bei Hannover (25 Jahre alt), Arthur Dannert aus Memel (19 Jahre alt), Henry Torkelsen aus Arendal (32 Jahre alt), John Christiansen aus Christiania (20 Jahre alt), Allay Exack aus Kapenanda (19 Jahre alt), Axel Larsen aus Stockfjord (49 Jahre alt), Leichtmatrose Wilh. Windhorn aus Egersdorf (21 Jahre alt), Leichtmatrose Otto Fonk aus Andernach (18 Jahre alt), Junge Peter Böning aus Bremerhaven (15 Jahre alt) und Junge Georg E. Walson aus London (15 Jahre alt).
Das Schiff hatte 600 Tonnen Kreide geladen.
Kapitän Hinrich Fokken, der Bruder Johann Fokkens, führte nach der BALTIMORE das Vollschiff UNION von 1882 bis 1889. Es gehörte ebenfalls der Reederei Arens. Der 1183 BRT große Segler war 1863 bei Toby & Littlefield in Portsmouth, N. H., gebaut worden und führte zunächst den Namen SEMIRAMIS. Auch dieses Schiff führte im wesentlichen Reisen nach Baltimore, New York und Philadelphia aus.

155 Hoofden: „Östliche Hälfte des Kanals von Dover nach Calais an"; eine nl. Bezeichnung, die im Nl. Wb. VI 952 aus dem Nl = Engl. Wb. von Sewel 1727 als Hoofden (the Channel between Dover and Calais, so called because those two places point forward as a head-land) und aus einer Quelle von 1646 nachgewiesen wird (nach Kluge). Die Hoofden gehören im deutschen Seekartenwerk zur „Nordansteuerung des Kanals", sind also der letzte Zipfel der südlichen Nordsee.

156 Zur Befestigung von Schiffen in den Häfen eingerammte Pfahlgruppen

157 Der Pico de Teide ist 3718 Meter hoch

158 Luxuswagen

159 Scharlachwurm, Kuzenelle, Kaktus- oder Nopalschildlaus (Coccus cacti), Insekt aus der Gattung der Schildläuse, in Mexico, Guatemala und Honduras auf Cactus opuntia, wird dort und nach Einführung der Mutterpflanze auch in Java, Spanien und Algerien sowie auf den Kanarischen Inseln gezüchtet. Kam getrocknet in den Handel und diente zur Erzeugung schöner rosen- und scharlachroter Farben in der Woll- und Seidenfärberei, zur Bereitung des Karmins und der roten Tinte sowie zum Färben von Konditorwaren.

160 Haumesser

161 Yellowmetal (engl.): Metall zur Herstellung von Münzen

162 Mozo, m; hier: Knecht, Tagelöhner

163 Vista, m: Zollbeamter

164 Contador, m: Rechnungsprüfer

165 Garnier-Unterlagen: Gegenstände, die durch Nässe nicht leiden, die im Boden, in der Kimm sowie an den Seiten des Schiffes gelagert wurden, um zu verhindern, daß Wasser mit solchen Gütern in Berührung kam, die durch Feuchtigkeit beschädigt werden oder verderben konnten

166 Lonja: Handelsbörse

167 Strickleiter, deren oberes Ende oben am Schiff befestigt ist, während das untere lose hängt

168 Hier: Öffnung im Schanzkleid, durch die man von außen an Deck gelangt

169 Cabo: Korporal

170 Pacotilla, f: eigentlich Ramschware, hier wohl Schmuggelware

171 Jakarandamöbel: aus dem Holz des Jakarandabaumes

172 Colli (ital.), Mehrzahl von collo: Frachtstücke

173 Östlich von Neufundland, am Ausgang des St.-Lorenz-Stromes in Kanada

174 Carreta, f: zweirädriger Wagen

175 Kleine Hafenstädte östlich des Golfs von Maracaibo

176 Gehört zu den Inseln Unter dem Winde (Hauptstadt: Willemstad)

177 An der Küste Südenglands, westlich der Insel Wight

178 Gedenkfeier zur Erinnerung an den deutschen Sieg über das Heer des französischen Marschalls Mac-Mahon und an die Gefangennahme Napoleon III. am 1./2.9.1870

179 Vor dem Eingang zum Golf von Darien

180 An der Mündung der Magdalena

181 Der Dreimastschoner FRI, Unterscheidungssignal GLRT, 264 RT groß, 1875 in Stavanger erbaut, wurde von G. & A. Berg in Stavanger bereedert und von Kapitän Exoksen geführt.

182 Die Brigg THEMIS, Unterscheidungssignal NFGR, 299,63 BRT groß, wurde 1874 erbaut. Reeder war Claus Diedr. Gerhard Haye aus Brake, Kapitän W. Strodthoff aus Delmenhorst.

183 Zweite Rahe von unten; siehe Segelriß.

184 Takel zum Aufziehen der Marsrahen

185 Die SCHWAN besaß also doppelte Marsrahen, d. h. an der Marsstenge befanden sich zwei Rahen übereinander, jede mit einem Segel. Das oberste wurde Obermarssegel genannt.

186 Kranbalken: zwei starke Stücke Holz, die vorn im Schiff auf jeder Seite der Back liegen, um den Anker, wenn er aus dem Wasser zum Vorschein gekommen ist, weiter in die Höhe zu winden oder auch hängend zu halten

187 Raumer Wind: der zum Segeln vorteilhafteste Wind

188 Herunterlassen

189 Vgl. Anm. 185!

190 Die JALAPA war eine Brigg, zu 116 Commerzlasten oder 229 BRT vermessen, 1859/60 bei Ernst Dreyer in Neuhof/Hamburg erbaut. Erstbesitzer war die Hamburg-Vera Cruz-Packetfahrtgesellschaft in Hamburg. Von ihr kaufte 1886 Aug. Bolten, Hamburg, das Schiff. Es wurde von Kapitän Boos geführt. Im August 1889 wurde die Brigg an P. F. L. Grampp in Rostock verkauft, der sie 1892 nach Schweden weitergab.

191 Zu dem dänischen Schoner CLEMENS waren keine weiteren Angaben auffindbar.

192 Tau von Hanf oder Draht, mit dem eine Stenge, also eine Mars-, Bram-, Royal- oder Skysegelstenge, seitwärts und nach hinten Befestigung erhält

193 Luvwärts

194 Der Wind schralt, wenn er anfängt, der Fahrt des Schiffes ungünstig zu werden und von vorne in die Segel fällt.

195 Insel der Azoren, nördlich von Flores

196 Gehört zu den Inseln über dem Winde. Der Kapitän wählt also immer wieder diesen Weg als Eingang in die Karibik.

197 Das Log ist ein altes Instrument zum Messen der Schiffsgeschwindigkeit.

198 Am unteren Ende gabelförmig gestaltetes Rundholz, das (in diesem Falle) um den Besanmast faßt, um das Oberliek des Gaffelsegels zu tragen

199 Im Gegensatz zum Rundtanz stehen beim Contratanz die Paare einander gegenüber. Zu dieser Tanzart gehören die Anglaise und die Française.

200 Die Quadrille ist ein französischer Tanz, von Gruppen zu je vier Personen ausgeführt.

201 Die Danza ist ein öffentlicher Tanz.

202 Böhmischer Tanz in lebhaftem Zeitmaß, der in Polen heimisch wurde

203 Die Henequen-Agave (Agave fourcroydes)

204 Durch den Krieg von 1898 verlor Spanien Kuba, Porto-Rico und die Philippinen an die USA.

205 Akkreditieren: Kredit einräumen

206 Der Schoner MÖWE, Unterscheidungssignal KMPB, 177,28 BRT groß, wurde 1874 in Motzen erbaut. Reeder war Eduard Gerhard Seetzen aus Vegesack, Kapitän H. Warnke aus Vegesack. Das Schiff wurde später an Zaldivar & Co. in Campeche, Yucatan, verkauft.

207 Die hölzerne Bark DOÑA DOLORES wurde 1883 von Schau & Oltmanns in Geestemünde erbaut und war zu 353 BRT vermessen. Später wurde sie in Hamburg von Kapitän W. Dircks geführt. Im Oktober 1897 wurde die Bark an Louis Lemasson in Granville unter dem Namen MATHILDE verkauft. Vgl. Meyer, 1971, S. 154! Von der DOÑA DOLORES , die zeitweilig auch von Kapitän Fokken geführt wurde, sind folgende Reisen nachweisbar:

1885 (unter Kapitän Wenke) La Guayra (ab 23.6.) — Laguna (an 7.7.) — Hamburg (an 26.9.)

1886 Laguna (ab 17.1.) — Hamburg (ab 5.5.) — La Guayra (an 18.6.) — Laguna (an 18.7.) — Hamburg (an 13.10., ab 31.10. unter Kapitän Fokken) — Laguna (an 18.12.)

1887 Laguna — La Guayra — Hamburg (an Cuxhaven 24.4.) — Porto Cabello (ab 4.8.) — Cartagena — Laguna (ab 26.10.) — Hamburg

1888 Hamburg — Laguna (an 7.4., ab 29.7. unter Kapitän Wenke) — Hamburg (an 30.9.)

1889 Hamburg — Laguna (an 15.1.) — Hamburg (ab Cuxhaven 18.6. unter Kapitän Hellberg) — La Guayra — Hamburg

1890 Havre (ab 1.2.) — Cardiff — Hamburg — Para (unter Kapitän Dircks an 21.12.)

1891 Para (ab 5.1.) — Laguna

1892 Laguna (ab 2.9.) — Falmouth

1893 La Guayra (an 23.12.)

1894 Laguna (ab 2.3. unter Kapitän Dircks) — Hamburg (an 6.5., ab Cuxhaven 26.7.) — Para

208 Die DURANGO war ein hölzerner Dreimastschoner, 1876 von C. C. A. Dreyer auf Neuhof bei Hamburg am Reiherstieg gebaut und zu 303 BRT vermessen. Aug. Bolten erwarb ihn 1894 und stellte ihn als DONA LUISA (2) in Dienst, nachdem er 1892 den Dreimastschoner DONA LUISA (1) nach Ostfriesland verkauft hatte. Das neuerworbene Schiff wurde von Kapitän W. Alm geführt. 1900 wurde es an K. Pedersen in Kragerö verkauft und erhielt den Namen MJÖLNER. Vgl. Meyer, 1971, S. 96! Crasemann hatte das Schiff 1886 angekauft.

209 Siehe Segelriß.

210 Vierkant brassen: mit den Brassen die Rahen in solche Richtung stellen, daß sie mit dem Kiel des Schiffes einen rechten Winkel bilden

211 Hier: an Wanten hinaufklettern

212 Verlängerung des Bugspriets

213 Zur norwegischen Bark ARCONA waren keine weiteren Angaben auffindbar.

214 Spitze des Großmastes

215 Ihnen wurde also der Wind von den anderen Segeln genommen.

216 Cojo: der Hinkende

217 Tratte: gezogener Wechsel

218 Die vordere viereckige Decksöffnung zum Ein- und Ausladen sowie zum Einsteigen in die unteren Räume

219 Luke zum Kabelgat, dem Aufbewahrungsort sämtlicher Verholtrossen und des nicht im Gebrauch befindlichen Tauwerks

220 Mit geteertem Segeltuch gegen das Eindringen von Wasser abdichten

221 Segel am Groß- oder Besanmast, das aufgezogen wird, wenn der Sturm so stark geworden ist, daß jedes andere Segel zu groß wäre

222 Beting: Ständer oder Säule aus Holz oder Eisen, um die auf dem Deck die Ankerketten oder Kabeltaue eines verankerten Schiffs gelegt werden

223 Fieren: Tau oder Kette „nachlassen"

224 Liek: Saumtau zur Einfassung des Segels

225 Spreetlatte: hölzerne Latte oder eiserne Stange, die quer über die Wanten gebunden wird, um beim Ausweben der Wanten sie voneinander abzuspreizen und in der entsprechenden Distanz voneinander zu halten

226 Siehe Segelriß.

227 Zweite Mastverlängerung als Fortsetzung über der Marsstenge

228 Südöstlich von Plymouth

229 Siehe Segelriß.

230 Es muß hier das Gaffelsegel am Besanmast gemeint sein.

231 Siehe Segelriß.

232 Zeitwort zu Stipulation: durch mündliche Vereinbarung rechtswirksam werdender Vertragsabschluß

233 Andere Quellen nennen als Bauwerft Schau & Oltmanns in Geestemünde (vgl. Anm. 207).

234 Kaplaken (niederl., niederd.): Sondervergütung für den Kapitän über das vertraglich vereinbarte Entgelt hinaus

235 Ausschußware, minderwertiges Holz

236 Die hölzerne Bark EDUARD, 359 BRT, wurde 1886 in Brake von Ide Oltmanns Wwe. erbaut und von Kapitän H. Wenke geführt. Im März 1898 wurde sie an Riotteau fils in Granville als LA MANCHA verkauft und in der Neufundlandfischerei eingesetzt (vgl. Meyer, 1971, S. 154).

237 Die ALBATROS (2, vgl. Anm. 130), 336 BRT groß, wurde 1887 von Ide Oltmanns Wwe. in Brake als deren letzte hölzerne Bark erbaut. Das Schiff führte Kapitän A. Giese. 1898 wurde die Bark an Hipp. Mignot in St. Malo verkauft und erhielt dort den Namen DIAMANT (vgl. Meyer, 1971, S. 154).

238 Schiften, eigentlich: eine Sache von einer Seite auf die andere bringen; hier: das dauernde Umspringen des Windes bezeichnend

239 An der Südküste der USA, westlich von New Orleans

240 Kaveling(en): Mindestmenge, die ein Käufer auf einer Auktion erwerben kann

241 Trinksprüche

242 Zum englischen Dampfer TORNHILL fehlen weitere Angaben.

243 Gebiet westlich des Usumacinto

244 Der Schnelldampfer EMS, 4728 BRT groß, wurde 1884 bei John Elder & Co. in Glasgow erbaut und war einer der ersten Schnelldampfer des Norddeutschen Lloyd. 1900 wurde er nach England verkauft.

245 Kontokorrent: Geschäftsverbindung, bei der die beiderseitigen Leistungen und Gegenleistungen in Kontoform einander gegenübergestellt werden und der Saldo von Zeit zu Zeit abgerechnet wird

246 Zum englischen Dampfer CARIBBEAN fehlen weitere Angaben.

247 Bolzen in einer dicken Planke, die an der Seite des Schiffes hervorragt, damit die unteren Wanttaue mit ihrem unteren Ende daran befestigt werden können

248 Auf dem Schloß Lütetsburg bei Norden (Ostfriesl.)

249 Die BREMEN war ein stählerner Dreimastschoner, 1891 von Johann Lange in Grohn/Vegesack erbaut und zu 343 BRT vermessen. Kapitän wurde Peter Friedrich Seetzen. Zu seiner letzten Reise hatte das Schiff, das ständig zwischen Hamburg und Maracaibo verkehrte, am 26.4.1895 unter Kapitän Seetzen den Hamburger Hafen mit Stückgütern verlassen und erreichte die Bucht von Maracaibo am 10.6. Eine Wendung versagte beim Einkreuzen in den Hafen, und so geriet das Schiff auf die Barre. Unmittelbar darauf ging eine See über die BREMEN hinweg. Alle Versuche, das Schiff abzubringen und die Ladung zu löschen, scheiterten. Nach einer Woche mußte die achtköpfige Besatzung das Schiff verlassen, das inzwischen zum Wrack geworden war. Der Schoner war mit 65 000 Mk versichert (vgl. Meyer, 1971, S. 154).

250 Auch die HAMBURG war ein stählerner Dreimastschoner, 1891 auf Langes Werft in Grohn/Vegesack erbaut. Das Schiff war zu 339 BRT vermessen. Kapitäne waren Johann Fokken, H. C. Seetzen und Hans Schade. Im Februar 1900 wurde die HAMBURG als THOR an Agent Petersen in Marstal (Dänemark) verkauft.

251 Pará, heute Belém, in Brasilien, südlich der Mississippi-Mündung

252 Want des Großmastes

253 Eine hölzerne oder metallene Pinne, die, in ein durch die Reling, Nagelbank usw. gebohrtes Loch gesteckt, zum Belegen des laufenden Tauwerks dient

254 Ein Bolzen, an dessen Kopf sich ein beweglicher Ring befindet

255 Püttingseisen

256 Nordwestspitze Spaniens

257 Der vierundzwanzigstündige Zeitraum von einem Mittag zum anderen

258 Der stählerne Dampfer CHERUSKIA, 3245 BRT groß, ex GLEN CALHAD TOWER, wurde 1890 in Hebburn/Tyne bei Stephenson erbaut und gehörte der HAPAG. 1916 wurde das Schiff in Lissabon beschlagnahmt, 1918 von einem deutschen U-Boot im Atlantik versenkt.

259 Am Golf von Mexiko, fast nördlich von Mexiko-Stadt

260 Ob dieser Küstendampfer mit dem ehemaligen deutschen Dampfer MEXICO, Unterscheidungssignal LCMB, 1324 BRT groß, 1882 auf den Howaldtwerken in Dietrichsdorf bei Kiel erbaut und der Reederei Gläfcke & Hennings in Hamburg gehörend, identisch ist, war nicht nachweisbar.

261 Coatzacoalcos (Porto Mexiko), in der Bucht des Isthmus von Tehuantepec

262 An der Mündung des Rio Grijalva

263 Im Süden des Isthmus

264 Seit 1895 gab es Aufstände gegen Spanien. 1898 mischten sich die USA ein, Spanien wurde besiegt und mußte Kuba abgeben.

265 Einen Wechsel auf jemanden ziehen oder ausstellen

266 Der Dreimastschoner MARACAIBO, Unterscheidungssignal NFKC, 323 RT groß, wurde 1892 in Grangemouth erbaut. Reeder war H. H. Clausen aus Nordby in Dänemark. Das Schiff führte Kapitän A. C. Svarrer.

267 Die norwegische Bark DAGMAR, Unterscheidungssignal JCBK, 268 RT groß, 1871 in Lillesand erbaut, gehörte der Reederei Acties „Dagmar" (Bröd. Jacobsen) in Fredrikstad. Kapitän war E. A. Eeg.

268 Das Abrechnungsbuch der Schonerbrigg ACTIV aus Brake enthält für den März 1897 eine interessante Eintragung. Das Schiff war von Pernambuco (heute Recife, Brasilien) nach Laguna gesegelt, um dort Mahagoni und Blauholz für Knörr & Burchardt in Hamburg zu laden. Ihr Kapitän Folkert Janssen Dröst aus Dornumersiel traf hier mit Fokken zusammen, der aus demselben Ort (Westeraccumersiel, heute zu Dornumersiel gehörend) stammte und mit dem er verwandt war.

269 Gerantin: Geschäftsführerin

270 Sapote: eßbare Frucht der Bäume Achras sapota und Casimiroa edulis

271 Chicle: Kautschuk aus dem eingedickten Milchsaft des Sapotillbaumes zur Herstellung von Kaugummi

272 Gebirge westlich des Usumacinto
273 Donnerwetter, zum Teufel!
274 Die berühmten Ruinen von Palenque, die noch heute viele Rätsel aufgeben, gehören in die Kultur der älteren Mayastaaten (um 300 bis 900).
275 Der Küstendampfer TEHUANTEPEC, 755 RT groß, 1896 bei A. Mc Millan & Son in Dumbarton erbaut, war in Tabasco registriert und wurde von Cia. Mexicana de Nav. bereedert.
276 Etwa 100 km (Luftlinie) landeinwärts westlich der Stadt Veracruz
277 Er erreicht eine Höhe von 5700 m
278 Tierra templada, das Land mit gemäßigtem Klima. Es umfaßt das Gebiet zwischen 1000 und 2500 m Höhe.
279 Gemeint sind Agaven, aus deren vergorenem Saft der Pulque, das berauschende Nationalgetränk der Mexikaner, hergestellt wird.
280 Am Rio Grande, an der Grenze zu den USA
281 Das Delkredere: Gewährleistung für den Eingang einer Forderung
282 Zentenarfeier = Zentenarium: Hundertjahrfeier
283 Anlagen
284 Hügel aus Ergußgestein
285 5452 m hoch, südöstlich von Mexiko
286 5286 m hoch, südöstlich von Mexiko. Die Höhenangaben beider Vulkane schwanken in verschiedenen Atlanten.
287 Veraltet: hervorragende Persönlichkeiten
288 Der Dampfer YUCATAN, 751 RT groß, 1896 von A. Mac Millan & Son in Dumbarton erbaut, war in Tabasco registriert und wurde von Cia. Mexicana de Nav. bereedert.
289 Die LAHN, 1887 in England gebaut, 5097 BRT groß, war ein Dampfer des Norddeutschen Lloyd in Bremen. 1904 wurde das Schiff nach Rußland verkauft.
290 Der Schnelldampfer ALLER, 1886 in England gebaut, 4964 BRT groß, gehörte dem Norddeutschen Lloyd in Bremen. 1902 wurde das Schiff verkauft, 1904 erfolgte sein Abbruch.
291 Der Dampfer KEHRWIEDER, 477 RT groß, wurde 1890 bei J. C. Tecklenborg in Geestemünde erbaut und gehörte dem Norddeutschen Lloyd.
292 Droschke
293 Der Dampfer YUMURI wurde 1890 bei R. Dixon & Co. in Middlesbrough erbaut und von P. G. Pettersen in Bergen (Norw.) bereedert.
294 An der Ostküste der USA, südlich von Washington
295 KAISER WILHELM DER GROSSE, ein Dampfer mit vier Schornsteinen, wurde 1897 auf den Vulkan-Werken in Stettin erbaut. Das Schiff war 199,5 m lang, 20,1 m breit und zu 14 349 BRT vermessen. Es gehörte dem Norddeutschen Lloyd in Bremen und war der erste deutsche Träger des „Blauen Bandes" (1897). 1914 wurde der Dampfer zu einem Hilfskreuzer umgebaut, am 27.8.1914 vor Rio de Oro (Westafrika) versenkt.
296 Der Küstendampfer CAMPECHE, 276 RT, 1897 von A. Mac Millan & Son in Dumbarton erbaut, wurde von Cia. Mexicana de Nav. bereedert und war in Tabasco registriert.
297 Sandioval, wohl von sandio = einfältig, dumm, simpel abgeleitet; hier also: Dummkopf. An anderer Stelle wird dieses Wort allerdings in der Bedeutung eines Namens benutzt.
298 Der stählerne Dreimastschoner CARL, 445 BRT groß, wurde 1896 bei F. W. Wencke in Bremerhaven erbaut. 1906 ist das Schiff nicht mehr im Register geführt. Vgl. Meyer, 1971, S. 155!
299 Todo intencionado con: völlig vorsätzlich mit
300 Der Dampfer SARATOGA, 2820 RT groß, 1878 erbaut bei J. Roach & Son in Chester, Pa., wurde bereedert von der New York & Cuba Mail S. S. Co, New York.
301 Vielleicht meint der Kapitän die südamerikanischen Bäume mit chininhaltiger Rinde. Vgl. Anm. 104!
302 Mayas: Maya-Indianer
303 Vgl. Anm. 297!
304 Rechazada-Holz, von rechazar = zurückweisen, also Ausschußholz
305 Cash down (engl.): bar
306 Es handelt sich um die Weltausstellung von 1900 in Paris.
307 Der Schnelldampfer DEUTSCHLAND, ein stählerner Zweischraubendampfer, wurde 1900 auf den Vulkan-Werken in Bredow bei Stettin erbaut. Das Schiff war 201,43 m lang, 20,5 m breit, 12,28 m

tief und zu 16 502 BRT vermessen. Es gehörte der HAPAG-Reederei. 1911 wurde der Dampfer umgebaut und erhielt den neuen Namen VICTORIA LUISE.

308 Über den Dampfer RHEIN lassen sich keine weiteren Angaben machen.

309 Molestieren (lat.): belästigen

310 Hoboken liegt am rechten Ufer des Hudson, schräg gegenüber der New Yorker Pier, gehört also zu New Jersey.

311 Der Schnelldampfer ESPERANZA, 4702 RT groß, erbaut 1901 von W. Cramp & Son & Co in Philadelphia, wurde von J. E. Ward & Co, Mgrs., bereedert.

312 Über die TEHUANTEPEC siehe Anm. 275!

313 Junta (span.): Versammlung

314 Der 1903 auf den Vulkan-Werken in Stettin gebaute Dampfer KAISER WILHELM II gehörte dem Norddeutschen Lloyd in Bremen. Das Schiff war 215 m lang, 21,5 m breit, 16 m tief und zu 19 361 BRT vermessen. 1917 wurde es von den USA in New York beschlagnahmt. Der Dampfer hatte übrigens 1903 für den Norddeutschen Lloyd das „Blaue Band" geholt.

315 Der Dampfer VIGILANCIA , 4115 RT groß, erbaut 1890 bei Delaware River Co in Chester, Pa., wurde bereedert von der New York & Cuba Mail S. S. Co in New York.

316 Über den Dampfer SANTIAGO waren keine weiteren Angaben auffindbar.

317 Birnenähnliche Frucht des Aguacate-Baumes

318 Frucht der Guajave (apfel- oder birnenähnlich)

319 Die Explosion des Kriegsschiffes MAINE im Hafen von La Habana (Havanna) am 15.2.1898 führte zur Kriegserklärung und Intervention der USA. Im Pariser Frieden vom 10.12.1898 trat Spanien Kuba an die USA ab.

320 Am 20.5.1902 übergab der amerikanische General L. Wood die Regierung dem ersten Präsidenten der Republik, T. E. Palma, und verließ mit seinen Truppen die Insel. Als sich 1906 die Liberalen gegen Palma, das Haupt der Moderados, empörten, griffen die USA ein. Die Intervention endete damit, daß an die Stelle Palmas der nordamerikanische Kriegsminister W. Taft trat und dann Oberst Ch. Magoon, der das Land verwaltete, bis 1909 der neugewählte J. M. Gomez die Regierung übernahm, der schon vor der Jahrhundertwende während der Wirtschaftskrise als einer der Führer eines Aufstandes gegen die Amerikaner eine Rolle gespielt hatte.

321 Der stählerne Dampfer WASHINGTON wurde 1894 in den Vulkan-Werken in Bredow bei Stettin erbaut. Er war 4408 BRT groß und gehörte der Deutsch-Amerikanischen Petroleum-Gesellschaft, Bremen. 1914 wurde er nach den USA verkauft.

322 Staat zwischen Nicaragua und Panama

323 Zwischen Vera Cruz und Mexiko-Stadt

324 Mexikanische Landpolizei

325 Über den Dampfer SECURANCE waren weitere Angaben nicht auffindbar.

326 Die AMERIKA war ein Zweischraubendampfer, 1905 bei Harland & Wolff in Belfast erbaut. Das Schiff war 203,9 m lang, 22,65 m breit, 14,5 m tief, zu 22 622 BRT vermessen und gehörte der HAPAG-Reederei. 1917 wurde der Dampfer beschlagnahmt und fuhr als AMERICA unter der US-Flagge.

Quellen und Literatur

I. *Handschriftlich*

1. Abrechnungsbuch der Schonerbrigg ACTIV, Kapitän Folkert Janssen Dröst; privat, Dornumersiel
2. Briefe des Kapitäns Behrend Claassen Wilken aus Westeraccumersiel an den Reeder der Brigg WANGERLAND; privat, Norderney
3. Familienkundliche Aufzeichnungen und Dokumente; privat, Herford
4. Johann Fokken, Mein Leben; Original privat, Herford
5. Kirchenbücher der Pfarrämter Dornum und Westeraccum

II. *Gedruckt*

1. Bobrik, Eduard, Allgemeines Nautisches Wörterbuch, Leipzig 1858
2. Bohrdt, Hans, Deutsche Schiffahrt in Wort und Bild, Hannover o. J.
3. Bremisches Jahrbuch (Sonderdruck), Band 54, 1976
4. Carstens, Friedrich, Romantische Seefahrt, Oldenburg o. J.
5. Ehrenmal Deutscher Seeleute, Berlin 1939
6. Germanischer Lloyd. Internationales Schiffsregister, Rostock und Berlin 1871 ff.
7. Handbuch für die Deutsche Handelsmarine, hrsg. vom Reichsamt des Innern, Berlin 1877 ff.
8. Höver, Otto, Von der Galiot zum Fünfmaster, Bremen 1934; Reprint Norderstedt 1975
9. Kluge, Friedrich, Seemannssprache; Fotomechanischer Nachdruck der Ausgabe 1911, Kassel 1973
10. Kozák, J., Taschenatlas der Schiffe, Hanau 1977[3]
11. Kresse, Walter, Seeschiffsverzeichnis der Hamburger Reedereien 1824—1888. Teil 1—3. Bd. V der Mitteilungen aus dem Museum für Hamburgische Geschichte. Neue Folge. Hrsg. von Walter Hövernick; Hamburg 1969
12. Kresse, Walter, Die Fahrtgebiete der Hamburger Handelsflotte 1824—1888; Hamburg 1972
13. Kroschel-Evers, Die Deutsche Flotte 1848—1945; Wilhelmshaven 1962
14. Le Bureau Veritas; Paris 1829—1928
15. van Loh, Kurt, Bauern-Reeder und Schiffahrt von Neermoor bis nach Australien; in: Canzler, Gerhard, Neermoor im Moormerland; Norden 1984
16. de Méville, H., Die Handelsmarine und ihre Laufbahnen; Rostock 1903
17. Meyer, Jürgen, 150 Jahre Blankeneser Schiffahrt 1785—1935; Hamburg 1968
18. Meyer, Jürgen, Hamburgs Segelschiffe 1795—1945; Hamburg 1971
19. Meyer, Jürgen, Vom Moor zum Meer; Hamburg 1976
20. Ostfriesische Zeitung, Emden; verschiedene Jahrgänge
21. Ried, Walter, Deutsche Segelschiffahrt seit 1470; München 1974
22. Schiffahrt auf alten Photographien, hrsg. von Gerhard Kaufmann, Fritz Kempe und Jürgen Meyer, Hamburg 1978
23. Spengemann, Friedrich, Die Segelschiffe der hannoverschen Weserflotte; Reprint der Ausgabe von 1936, Hamburg 1975
24. Szymanski, Hans, Deutsche Segelschiffe; Reprint der Ausgabe von 1934, Hamburg 1972
25. Wiechers, Karl-Heinz (Hrsg.), Kurs auf ferne Küsten, H. J. de Bloom, Logbuch der HARMONIE 1822—1824; Hamburg 1979
26. Wiechers, Karl-Heinz, Küste und Inseln auf historischen Postkarten und Photographien; Norden 1980
27. Wiechers, Karl-Heinz, Zur Geschichte Dornumersiels, in: Gästeführer 1981/82; Norden 1981
28. Wiechers, Karl-Heinz, . . . und fuhren weit übers Meer; Band I, Norden 1984
29. Wilken, Frauke, Aus meinem Leben; Juist 1928
30. Witthöft, Hans Jürgen, Norddeutscher Lloyd; Herford 1973
31. Witthöft, Hans Jürgen, Hapag, Hamburg-Amerika Linie; Herford 1973

Bildnachweis

Familienarchiv: Seiten 2, 39, 45, 53, 57, 61, 105, 127, 141, 145—147

Repro Bernhard Havighorst, Bremen: Seiten 29, 41, 63, 76

Foto Klaus Storsberg: Seite 12

Repro Meyer, Langeoog: Seite 27

W. Sanders & Sohn, Geestemünde: Seite 183

Eduard Bobrik, Handbuch der praktischen Seefahrtskunde, Leipzig 1848: Seite 6

de Meville: Seite 40

Spengemann: Seite 49

Archiv der Ostfriesischen Landschaft, Aurich: Seite 148

Alle anderen Bildvorlagen: Archiv des Herausgebers